CounterFactual Machine Learning

反実仮想機械学習

機械学習と因果推論の融合技術
の理論と実践

齋藤優太
YUTA SAITO

技術評論社

はじめに

反実仮想機械学習とは

　反実仮想（Counterfactual）- 起こりえたけれども実際には起こらなかった状況 - に関する正確な情報を得ることは、正確な意思決定を下すうえで必要不可欠です。「現在運用している推薦アルゴリズムを仮に別のアルゴリズムに変えたとしたら、ユーザの行動はどのように変化するだろうか？」や「仮にある特定のユーザ群に新たなクーポンを与えたら、収益はどれほど増加するだろうか？」「仮に個々の生徒ごとに個別化されたカリキュラムを採用したら、1 年後の平均成績はどれほど改善するだろうか」などの実務・社会でよくある問いに答えるためには、反実仮想に関する正確な情報を得る必要があります。こうした反実仮想の推定や比較に基づく意思決定の最適化を可能にするのが、**反実仮想機械学習（CounterFactual Machine Learning; CFML）と総称される機械学習と因果推論の融合技術**です。

機械学習と反実仮想機械学習の違い

　企業や社会における機械学習技術の応用の最たる用途に、「反実仮想」の比較に基づく意思決定の最適化が挙げられます。図 -1.1 に、意思決定最適化の例をいくつか示しました。例えば、ある配信サービスのユーザに対して、映画 1 と映画 2 のどちら

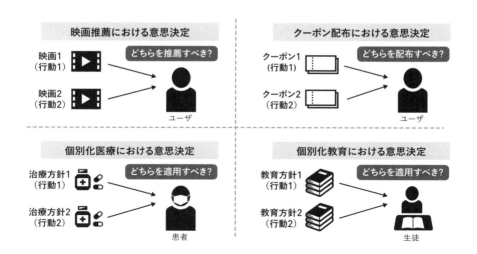

図 -1.1　意思決定最適化問題の例

を推薦することが視聴時間の最大化につながるのか。あるショッピングサイトのユーザに対して、クーポン 1 とクーポン 2 のどちらを付与することが収益の最大化につながるのか。ある疾患を患う患者に対して、治療方針 1 と治療方針 2 のどちらを適用することがより早期の治癒につながるのか。ある生徒に対して、カリキュラム 1 とカリキュラム 2 のどちらを適用することが将来のより大幅な成績向上につながるのかなど、いくつかの選択肢（行動と呼ぶ）の中から何らかの基準において最適な行動を特定する行為のことを、**意思決定（decision-making）** と呼びます。これらの「意思決定最適化」の問題を典型的な機械学習を用いて解く際には、過去に行われた意思決定とその結果に関するログデータ（トレーニングデータ）を用いて、異なる意思決定・行動の良さを予測するモデルを学習しておき、その予測値を比較します。例えば、映画 1 を推薦したときに発生する視聴時間が 30 分であり、映画 2 を推薦したときに発生する視聴時間が 60 分であることがわかれば、映画 2 を推薦することが視聴時間の最大化につながることがわかります。しかし、意思決定最適化の問題と典型的な機械学習が解いている予測問題には大きなギャップが存在します。それが「反実仮想」の存在の有無です。例えば、映画推薦の意思決定最適化を行いたい場合、与えられるログデータは以下のような形をしています。

$$\text{ログデータ} = \{(\text{特徴量}_i, \text{行動}_i, \text{行動の結果}_i)\}_{i=1}^{n} \tag{-1.1}$$

ここで特徴量とは、ユーザ属性や曜日など結果（視聴時間など）に影響を与える可能性がある情報の組のことです。また観測された特徴量に対して、ログデータが収集された期間に選択した行動（意思決定）の情報が含まれています。これは映画推薦の例においては、ある特徴量を持つユーザに対して、過去にどの映画を推薦したかという情報に対応します。最後に行動の結果が観測されています。これは例えば、あるユーザにある映画を推薦したときに観測された視聴時間やレーティングなどの情報を表します。式 (-1.1) の形式で観測されるログデータをもとに、（テストデータに含まれる）新たな特徴量に対してそれぞれの行動の良さを比較し最適な行動を選択することが、意思決定最適化問題における目標ということです。ここで注目すべきは、**ログデータに含まれる各特徴量について、複数存在する行動の候補のうちある一つの行動に関する結果しか観測されていない**ということです（図 -1.2）。すなわち、映画推薦の問題における行動の候補として映画 1・映画 2・映画 3 が存在するときに、ログデータ中のある特徴量に対して映画 1 が推薦されていたとしたら、映画 1 を推薦した場合の視聴時間などの結果は観測されますが、**仮に映画 2 や映画 3 を推薦した場合の結果は観測されない**のです。このように起こりえた（**映画 2 や映画 3 を推薦することもでき**

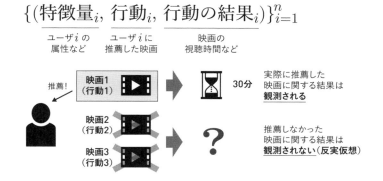

図 -1.2 意思決定最適化問題のログデータ（トレーニングデータ）に現れる反実仮想

た）**けれども実際には起こらなかった状況は、まさに反実仮想的な状況といえます。**反実仮想が存在する意思決定最適化の問題においては、ログデータ中にすでに観測されている特徴量についてさえも、最適な行動 – すなわち "答え" – がわからないというとても厄介な状況が発生します。あるユーザに対して映画 1 をすでに推薦していたらそれに紐づく視聴時間は観測されるものの、仮に映画 2 や映画 3 を推薦していた場合に発生していたであろう視聴時間は観測されないわけですから、これらの映画の良さを比較することができず、最適な行動がわからないことになります。これはログデータ（トレーニングデータ）中においては、各特徴量に対応する目的変数が "答え" として観測される教師あり学習との大きな相違点です（図 -1.3）。**教師あり学習の問題では反実仮想的な状況をまったく考慮していませんから、教師あり学習の考え方や手法を意思決定最適化の問題にそのまま適用してしまっていては、気付かぬうちに大きな落とし穴にハマってしまう可能性がある**のです。

　意思決定最適化における反実仮想の扱いの難しさや重要性を、クーポン配布問題を例として確かめてみましょう。いま 10 人のユーザのうち 4 人がアクティブユーザ、そのほかの 6 人が非アクティブユーザであるとします。ユーザがアクティブであるか非アクティブであるかという情報は、この問題における特徴量です。また我々がとれる意思決定は、「クーポンを配布しない」と「クーポンを配布する」の 2 種類だとしましょう。図 -1.4 に、それぞれのユーザにクーポンを配布しなかった場合と配布した場合における期待利益の値を示しました。この図によると、アクティブユーザはクーポンがなくとも高確率で商品を買ってくれるため、クーポンを配らずに元値で商品を

意思決定最適化問題（反実仮想機械学習）

ログデータ（トレーニングデータ）

$\{(特徴量_i, 行動_i, 行動の結果_i)\}_{i=1}^{n}$

・ログデータ = 過去の意思決定の結果の集合
・反実仮想に関する結果は観測されていない
・ログデータにおいても正解（最適行動）が不明

意思決定則 π
を学習

テストデータ

最適行動 $= \pi(特徴量)$

新たな特徴量に対して
最適な行動を選択する

目的変数予測問題（教師あり学習）

ログデータ（トレーニングデータ）

$\{(特徴量_i, 目的変数_i)\}_{i=1}^{n}$

・ログデータ = 特徴量と目的変数の組の集合
・反実仮想的な状況は存在しない
・ログデータにおいては正解（目的変数）が判明

予測器 f
を学習

テストデータ

目的変数 $\approx f(特徴量)$

新たな特徴量に対応する
目的変数をより正確に予測する

図 -1.3　意思決定最適化問題（反実仮想機械学習）と目的変数予測問題（教師あり学習）の比較

買ってもらうことで大きな利益につながることがわかります。一方で、非アクティブ
ユーザに対してはクーポンを配って購買意欲を刺激することにより、利益が少しばか
り大きくなることがわかります。仮に図 -1.4 のように、とりうるすべての意思決定に
関する帰結がわかっているならば、最適な意思決定を下すことができそうです。具体
的には、アクティブユーザにはクーポンを配布せず、非アクティブユーザにのみクー
ポンを配布することが利益最大化の意味で最適なことがわかります[*1]。

　しかし、実際の意思決定最適化問題において、図 -1.4 のようなデータを得ること
はできません。あくまで我々が観測できるのは、過去にとった意思決定の結果のみで
あり、仮にそれ以外の意思決定をとっていた場合の結果は観測されないのです。すな
わち、我々が実際に観測できるデータは、過去の意思決定に依存した図 -1.5 のよう
な不完全なものであるはずです。例えば、アクティブユーザ 1 にはクーポンを配布し
なかったので、クーポンを配布しなかったときに 500 円の利益が上がったことは事実
として観測されていますが、このユーザに仮にクーポンを配ったときにどのような利
益が発生していたかはわかりません。実際には図 -1.5 のような多くの反実仮想を含
む不完全なデータに基づいて、次にどのような意思決定則を実装すべきか、という問
いに答える必要があるのです。

　反実仮想を含むデータが引き起こす厄介な問題について理解するために、図 -1.5
のログデータを用いて、「誰にもクーポンを配布しない意思決定則（**意思決定則 1**）」

[*1]　仮にこの最適な意思決定則を実装できれば 1 ユーザあたり 230 円の利益を上げることができ、これ
はこの問題で達成可能な利益の最大値です。

ユーザ	クーポン非配布時の利益	クーポン配布時の利益
アクティブユーザ 1	500	400
アクティブユーザ 2	400	300
アクティブユーザ 3	500	400
アクティブユーザ 4	300	200
非アクティブユーザ 1	100	150
非アクティブユーザ 2	50	100
非アクティブユーザ 3	0	50
非アクティブユーザ 4	50	100
非アクティブユーザ 5	50	100
非アクティブユーザ 6	50	100

図 -1.4 各ユーザにクーポンを配布したときと配布しなかったときの期待利益

ユーザ	過去の意思決定	クーポン非配布時の利益	クーポン配布時の利益
アクティブユーザ 1	配布なし	500	未観測
アクティブユーザ 2	配布あり	未観測	300
アクティブユーザ 3	配布あり	未観測	400
アクティブユーザ 4	配布あり	未観測	200
非アクティブユーザ 1	配布なし	100	未観測
非アクティブユーザ 2	配布あり	未観測	100
非アクティブユーザ 3	配布なし	0	未観測
非アクティブユーザ 4	配布なし	50	未観測
非アクティブユーザ 5	配布あり	未観測	100
非アクティブユーザ 6	配布なし	50	未観測

図 -1.5 クーポン配布に関する過去の意思決定とそれに基づいて観測されるログデータ

と「全員にクーポンを配布する意思決定則（**意思決定則 2**）」のどちらを実装すべきか簡単に評価・比較してみることにしましょう。もちろん我々が観測しているデータには多くの反実仮想が含まれるので、これらの意思決定則の真の性能を直接比較するこ

とはできません。よって、過去にクーポンを配布しなかったユーザについて観測されている利益とクーポンを配布したユーザについて観測されている利益の平均を比較することで、二つの意思決定則の良さを評価してみることにします。

図 -1.5 のログデータに基づく**意思決定則 1**の利益評価

$$= \frac{500 + 100 + 0 + 50 + 50}{5} = 140(円/人)$$

図 -1.5 のログデータに基づく**意思決定則 2**の利益評価

$$= \frac{300 + 400 + 200 + 100 + 100}{5} = 220(円/人)$$

ここでは単純に、図 -1.5 のログデータにおいてクーポンが配布されていなかったユーザから得た利益の平均を意思決定則 1 の利益評価とし、クーポンが配布されていたユーザから得た利益の平均を意思決定則 2 の利益評価としてみました。この評価方法によると、意思決定則 2 を実装した方が得られる利益が高そうだということがわかり、全員にクーポンを配布した方がより大きな利益を得ることができるという判断につながります。

このログデータに基づいた評価が本当に正しいものであるか否かを確かめるために、（神のみぞ知る）図 -1.4 で示される反実仮想を含んだすべての情報を用いて各意思決定則の真の性能（利益）を計算してみることにしましょう。すると、

図 -1.4 に基づく**意思決定則 1**の真の利益評価

$$= \frac{500 + 400 + 500 + 300 + 100 + 50 + 0 + 50 + 50 + 50}{10} = 200(円/人)$$

図 -1.4 に基づく**意思決定則 2**の真の利益評価

$$= \frac{400 + 300 + 400 + 200 + 150 + 100 + 50 + 100 + 100 + 100}{10} = 190(円/人)$$

となり、実際には意思決定則 1 を用いた方がより大きな期待利益につながることがわかります。すなわち、**先に行ったログデータに基づいた意思決定則の性能評価には何らかの過ちが含まれており、結果として意思決定則の良し悪しについて誤った判断が導き出されてしまっていた**のです。

　このように反実仮想を含むログデータの使い方を誤ってしまうと、実際は意思決定則1の方が大きな利益を生むはずなのにもかかわらず、意思決定則2を実装してしまうという誤った意思決定を（誤りに気づかずに）下してしまいかねません。先に述べたように、典型的な教師あり学習の定式化や手法においては反実仮想の存在が考慮されていないわけですから、それらをそのまま用いて意思決定最適化の問題を解こうとしてしまうと、いわゆる**統計的なバイアス**の悪影響により、ここで見たような誤った意思決定を下してしまう可能性があるのです。よってログデータに基づく意思決定最適化を正しく実行するためには、反実仮想やバイアスの影響を考慮に入れた定式化や手法を用いる必要があります。主に因果推論の分野で培われてきた反実仮想推定の技術を機械学習による予測技術に組み込むことで、ログデータに基づく意思決定則の学習や評価を可能にするのが、まさに「反実仮想機械学習」の技術なのです。反実仮想機械学習をマスターするうえではまず、**ログデータ（過去に下した意思決定の結果）に基づいてあらゆる意思決定則の良さを推定・評価できることが重要**になります。そしてバイアスの存在を考慮した反実仮想の推定技術により意思決定の良さを評価できるようになったら、その評価値に基づき最も良い意思決定を選択（新たな意思決定則を学習）できるようになるはずです。先の例でいうと、図-1.4の表に近い情報をログデータのみから復元できるならば、「非アクティブユーザにのみクーポンを配布する」というより個別的で最適なクーポン配布が達成できるでしょう。これが、**反実仮想の正確な推定が意思決定最適化の最も重要な基礎**である所以なのです。そのため本書では、ログデータに基づいた反実仮想の推定技術に多くの紙面を割いています。さまざまな問題設定においてログデータから反実仮想を正確に推定できるようになれば、あとはそれを比較することで意思決定の最適化を行うこともできるはずなのです。本書の終盤では、それまでに培った推定技術を意思決定の最適化へと拡張するための汎用的な考え方と技術について解説します。

そのほかの関連分野と反実仮想機械学習の違い

　反実仮想機械学習と典型的な教師あり学習には、前者は主にログデータに基づく意思決定最適化の問題を扱う一方で、後者は予測誤差最小化に関心があるという違いがありました。また意思決定を扱う前者にはログデータに反実仮想的な状況が存在するため、それを注意して扱わないと、バイアスの悪影響を受けてしまうことも確認しました。しかし、教師あり学習以外にも反実仮想機械学習と関連のある分野は存在します。例えば、多腕バンディット（multi-armed bandit）や強化学習（reinforcement learning）などの分野は典型的に意思決定最適化の問題を解くことに興味があります（本多16, 斎藤22）。しかし、これらの分野ではログデータを活用して意思決定則を得るのではなく、データを新たに収集しながら意思決定則を学習することに興味があるという大きな違いあります。実務においては、教師あり学習が発展してきた通り、

ある程度のログデータがすでに蓄積している状況が多いですから、それらを活用できる状況では反実仮想機械学習の定式化がより有用です。また多腕バンディットや強化学習のアルゴリズムは実装や管理が容易ではなかったり、意図的にあらゆる行動を選択してデータを収集する（探索と呼ばれる）フェーズには常に失敗のリスクがつきまとうため、その意味でも反実仮想機械学習の定式化がより好まれる現場は多いといえます。しかし、反実仮想機械学習と多腕バンディット・強化学習の定式化は決して相反するものではなく、双方の知識を活かした定式化や手法も存在します。よって、現場の状況に応じて適切に使い分けたり融合できることが重要です。

　また統計的意思決定理論（statistical decision theory）も、意思決定の問題を数理的・統計的に扱う典型分野に挙げられます（馬場 21）。統計的意思決定理論では主に、何らかの予測を行いその結果を意思決定に変換するという 2 段階の手順を考えており、予測を意思決定に変換する方式や意思決定の良さの指標が多く開発・分析されています。一方で反実仮想機械学習では、意思決定則そのものの性能を評価したり直接的に最適化したりするより一気通貫な（予測を経由しない）定式化を採用しています。また反実仮想機械学習では、意思決定則を得る際のログデータが過去の意思決定則によって収集されているというより現実的な状況を考え、それにより生まれるバイアスの対処に関する手法が多く開発されています。しかし、反実仮想機械学習と統計的意思決定理論の定式化や技術も決して相反するものではなく、統計的意思決定理論で発展してきた意思決定の良さを測る指標は反実仮想機械学習の定式化に組み込むことができ、それによりさらに洗練された枠組みを作ることができます。

　なお、ここで簡単に解説した分野以外にも、反実仮想機械学習と関連があったり似ている（ように見える）分野が存在しているかも知れません。そのような分野を見つけたときに望まれる姿勢は、「我々の分野の方が同じ問題を先に解いていた」「我々の分野の方が正しい・優れている」という非建設的な主張をぶつけ合うことでは決してありません。実務課題の解決可能性を高めるためには、互いの類似点や相違点、生まれた経緯の違いを理解して、自らの武器を増やしたり、場面に応じてより適切なアプローチを選択できるための指針を築くことが重要です。あらゆる分野やアプローチの良さをとり入れ、課題解決に活かせるものはすべて活かしていく建設的な姿勢を持って本書に取り組んでいただくことを、著者としては期待します。

反実仮想機械学習の分類

　反実仮想機械学習に関するサーベイ [齋藤 20] では、反実仮想機械学習を以下の三つの領域に分類しています。

●オフ方策評価・学習（Off-Policy Evaluation and Learning; OPE/OPL）

● **個別的因果効果推定** (Individual Treatment Effect Estimation)

● **不偏推薦・ランキング学習** (Unbiased Recommendation and Learning-to-Rank)

オフ方策評価（OPE）の目的は、未だ実装したことのない新たな意思決定則（**方策**とも呼ばれる）の性能を、それとは異なる過去に運用していた方策が集めたログデータのみを用いて評価することです。またオフ方策学習（OPL）の目的は、同様のログデータを用いて、より良い意思決定方策を学習することにあります。オフ方策評価の技術を活用すると、アルゴリズムに変更を加える際に、その変更がもたらす性能の変化を危険で時間のかかるオンライン実験・A/Bテストを行うことなく見積もることができます。さらに、有望な学習アルゴリズムやハイパーパラメータ、特徴量をログデータのみを用いて選択する際にも役立ちます。オフ方策評価・学習の技術は、多くの企業が現場で抱える課題やモチベーションに応えるものであることから、機械学習やデータマイニングなどの主要国際会議で活発に研究されています。

個別的因果効果推定の目的は、（分析者が操作可能な）何らかの介入変数がある特定のサンプル・個人の目的変数に対して有する個別的な因果効果を予測することです。例えば、ある広告を見せるときと見せないときでユーザの商品購入確率がどれだけ変化するかを予測する問題は、個別的因果効果推定の典型的な応用例の一つといえるでしょう。先に扱ったクーポン配布の問題において各ユーザごとの因果効果を予測したい場合も、個別的因果効果推定の手法を用いることになります。これらの問題で課題となるのが、目的変数となる個別的因果効果が観測不可能なため、教師あり学習の技術をそのまま適用することはできないということです。このような困難な状況下で、個別的因果効果に対するより良い汎化誤差を達成するための損失関数や学習アルゴリズムを開発する研究が、反実仮想機械学習の一領域として行われています。

また推薦・検索システムで蓄積されるログデータは、我々が本来取り出したい情報とは異なるものになっていることがほとんどです。これは、データの観測過程が過去に用いていたアルゴリズムのみならず、分析者にコントロール不可能なユーザ行動の影響を受けることに起因します。例えば、クリック有無は推薦や検索モデルの学習によく用いられるデータですが、その解釈は容易ではありません。すなわち、ユーザがあるアイテムをクリックしたとしても、それが単なる誤クリックだった場合、正例として用いることは危険です。またクリックが発生していなかったとしても、ユーザが単にそのアイテムの存在に気づいていなかっただけの可能性もあり、必ずしもネガティブな意味を持ちません。これらのユーザ行動のニュアンスやそれに起因するバイアスの影響を無視してしまうと、単に世間的に人気なアイテムやアーティスト、クリエイターを推薦するだけの自明なモデルが学習されてしまい、パーソナライズに失敗したり一部のアイテムに不当に有利な不公平な状況が生まれたりするなどの厄介な問

題が発生します。不偏推薦・ランキング学習の目的は、推薦・検索のログデータに潜むバイアスの影響の推定、およびそれを除去するための手法を開発することです。これはオフ方策評価・学習のモチベーションと基本的に一致しますが、推薦・情報検索の分野で長らく扱われてきたユーザ行動に起因するバイアスに対処することが求められる点が独特です。モチベーションが実務課題に即したものであり、理論的な精緻さよりも未解決の問題を発掘して定式化しそれをシンプルな方法で解くという類の貢献が重視される傾向にあることから、推薦や検索をサービスの重要な構成要素として持つ企業が特に精力的に研究を進めている領域といえます。

本書の焦点

　本書では、上記の三つの領域のうち主に**オフ方策評価・学習**に焦点を絞って解説しています。これは、オフ方策評価・学習の考え方が反実仮想機械学習全体の基礎になっているからです。したがって、オフ方策評価・学習の定式化や理論、手法を押さえておけば、そのほかの二つの領域の内容も効率良く理解できるはずです。また広告配信や推薦、検索、医療、政策などの実応用においては、データに基づいた意思決定最適化を精度良く行えることが収益やユーザ満足、社会厚生などの最大化に直結する最も重要な要素だと考えられますから、オフ方策評価・学習の定式化や技術を先んじて網羅しておくことは実践的な意味でも有用だと考えられます。最適な意思決定を下すことに興味があるオフ方策評価・学習と比べ個別的因果効果推定は、各意思決定が目的変数にもたらす因果効果の量を正確に推定するという、より難しい問題に興味があります[*2]。したがって、意思決定の最適化のみならず、各意思決定がもたらす因果効果の量まで正確に知りたい場合は、個別的因果効果推定に関する文献や論文を当たるとよいでしょう。オフ方策評価・学習の基礎が身に付いていれば、効率的にサーベイを行うことができるはずです。また不偏推薦・ランキング学習は前著『施策デザインのための機械学習入門』[齋藤 21]の 3 〜 5 章にて詳しく解説を行っているので、本書を読んだうえでユーザ行動などに起因する追加的なバイアスの存在やその対処法に興味を抱いた方は、そちらを参照したり復習していただくのがよいでしょう。

本書の構成

　本書は、次のパートおよび章により構成されます。

[*2]　すべての意思決定・行動に関する個別的因果効果がわかれば最適な意思決定を下すことができますが、最適な意思決定を下せることは個別的因果効果を知っていることを必ずしも意味しません。すなわち、最適な意思決定をデータから学習する問題の方が、個別的因果効果を正確に推定する問題よりも簡単な問題なのです。

●0 章 基礎知識の整理

●Part 1:『推定・評価』
　－1 章 標準的なオフ方策評価
　－2 章 ランキングにおけるオフ方策評価
　－3 章 行動特徴量を用いたオフ方策評価
　－4 章 オフ方策評価に関する最新の話題

●Part 2:『学習』
　－5 章 オフ方策評価からオフ方策学習へ

●Part 3:『実践』
　－6 章 オフ方策評価・学習の現場活用

　まず 0 章では、1 章以降の本格的な内容を理解するうえで押さえておかなくてはならない「確率・統計」「教師あり学習」「因果推論」に関する重要な概念や基礎知識を簡潔にまとめています。反実仮想機械学習はこれらの分野の掛け合わせによって成り立っており、それぞれの概念を正しく掴んでおくことが、反実仮想機械学習の思想や手法を理解するうえで必須条件になります。したがって、これらの基礎知識に自信がない方はもちろんのこと、基礎知識にある程度の自信があったとしても、いくつかの概念について異なる捉え方をしてしまっていることがありえるため、0 章に目を通して理解やイメージを確実にしたうえで先に進むことをおすすめします。

　また本書では、Part 1 の『推定・評価』に多くの紙面を割いています。これは反実仮想の推定技術をすべての基礎に据えるという反実仮想機械学習の思想に基づいた構成です。まず 1 章では、最も単純な意思決定の問題における推定・評価技術を扱います。過去の意思決定に関するログデータに基づいて新たな意思決定則の性能を評価する問題は、それ自体が多くの実践で現れるだけではなく、より現実的で複雑な問題設定に取り組む際の重要な基礎となります。よって 1 章で解説する定式化や推定技術、それらの統計性質は、本書を通じて繰り返し登場することになります。

　2 ～ 4 章では、1 章で身につけた反実仮想推定の基礎をもとにして、より実践的で挑戦的な問題設定に対する反実仮想推定の最新技術を扱っていきます。具体的に 2 章では、ランキングの問題における推定・評価を扱います。ランキングとは、商品や求人、飲食店、宿泊施設などを並べ替えてユーザに推薦したり、検索結果として表示したりする場面で登場するとても実践的な問題設定です。一方で、ランキングアルゴリズムの性能評価は、意思決定の数が組み合わせ的に爆発することが原因で技術的に困難を極めることが知られています。2 章では、ランキングを最適化するアルゴリズムの性能評価に有効なユーザ行動モデリングに基づいた反実仮想推定の技術について詳

細に解説します。また 3 章では、1 〜 2 章までの問題設定を拡張し、行動に関する付随情報が得られているというより現実的な問題設定を考えます。例えば、映画の推薦アルゴリズムの性能評価を行う際に、典型的な定式化や推定技術では、映画（映画推薦問題における行動）のカテゴリや尺、年代、出演している俳優、サムネイルなどの付随情報を活用できません。しかし、行動間の類似性を示唆するこれらの付随情報が反実仮想推定に有用であることはいうまでもなく、より正確な推定のためにこれらを有効活用できるに越したことはありません。事実、行動に関する付随情報を有効活用することで反実仮想推定の精度を大きく向上させる手法が研究・開発され始めています。3 章では、それらのいわば "行動特徴量" を有効活用するための最新技術とその理論背景について解説します。最後に 4 章では、強化学習のオフ方策評価や行動が連続変数である場合のオフ方策評価、オフ方策評価の推定量に関する自動パラメータチューニングなどの最新技術を網羅的に解説します。

　Part 1 で推定・評価に必要な技術を身につけたら、Part 2 において、それらを意思決定方策の学習・最適化に結び付ける際の考え方や手法を学びます。（教師あり学習や反実仮想機械学習における）**学習は性能評価の延長線上にあります**。あるモデルパラメータの性能評価に基づいて、それが改善されるようにパラメータを更新するのが機械学習全般における基本的な枠組みでしょう。すなわち、任意の推定・評価手法を学習手法に変換するための考え方と技術を身につけておくことができれば、仮に今後新たな評価技術が登場したとしても、それを新たな学習手順に読者自ら一般化できるはずです。5 章では、Part 1 で扱った推定技術のうち特に重要なものについて、それらを意思決定最適化アルゴリズムへと一般化する手順を丁寧になぞることにより、性能評価を意思決定の学習につなげる汎用的な応用力を身につけます。

　Part 1・2 にて反実仮想推定の技術を駆使した評価と学習の基礎理論や手法を身につけたら、最後に Part 3 にて実践的なケーススタディに取り組むことで、それらの知識を応用可能なものに仕上げていきます。もちろん Part 1・Part 2 において、反実仮想機械学習の考え方や基礎技術を身につけることはとても重要です。しかし残念なことに、**手法や理論に詳しいだけでは反実仮想機械学習を使いこなして成果につなげることはできません**。実践においては、Part 1・Part 2 で学んだ手法を固有の問題設定に応じて適切に選択したり、**状況に応じて定式化や手法を読者自ら修正できることが重要**なのです。これらの**反実仮想機械学習を実応用する際の勘所**は、新規性や理論分析、性能比較に重きを置く学術論文を受動的に読み込むだけではなかなか身につきません。したがって Part 3 では、著者自ら作成した反実仮想機械学習のエッセンスが詰まったケース問題に実践的な観点から取り組む経験を積むことにより、**反実仮想機械学習を実践する際の思考の流れやコツ**を押さえていきます。

　なお本書では、推定量や学習アルゴリズムの特徴を着実に理解できるよう、背景となる重要な理論性質を丁寧に解説しています。そのうち重要なものについては導出を

行っていますが、紙面の関係上、すべての理論の導出を行うことはできません。また本書の内容を実践可能なレベルで理解するためには、時として読者自ら手を動かして計算や実装を行うことが重要です。よって、内容理解の補助となる問題や本書内では導出しきれない理論結果の導出などを各章末に章末問題としてまとめています。それぞれの問題は、以下の通り初級・中級・上級の 3 段階でレベル分けしています。

- ●**初級問題**：各章の基礎事項に関する理解をチェックするための問題。全員が解けることが望ましい。

- ●**中級問題**：各章の式展開を適切に応用できるか否かをチェックするための問題。紙面の都合上やむなく省略した定理の証明などを主に扱う。反実仮想機械学習の学術研究や現場応用を目指す人は解けることが望ましい。

- ●**上級問題**：式展開が煩雑だったり高度な思考力を要するために本文中では扱わなかった内容に関する問題。反実仮想機械学習に関する学術研究・論文執筆を行いたい人は解けることが望ましい。

これらの章末問題は、反実仮想機械学習の概要や既存技術を知ることができれば十分な場合取り組む必要は必ずしもありませんが、本書を実際の業務や研究に活用したい場合は積極的に取り組んでいただくことが望ましいでしょう。具体的には、反実仮想機械学習の企業などにおける現場応用を考えている方は初級および中級の問題を、学術研究・論文執筆を行いたい学生や研究者の方々は初級・中級・上級の問題に取り組んでいただくことが理想的です。章末問題の解答は、準備ができ次第本書 Web サイトにて公開予定ですので、そちらもぜひ学習に役立てていただけたらと思います。

想定読者と前提知識・読者に望む姿勢

　本書は、データを活用したビジネス施策の実践や意思決定の最適化に取り組んでいるすべての機械学習エンジニア・データサイエンティストに向けた指南書であり、機械学習と因果推論の融合領域における研究を始めようとしている学生や研究者に向けた導入書です。よって、反実仮想機械学習の中でも実践に役立つ内容を中心に構成しつつ、本書を読み終えたあとに関連論文を読者自ら読んでいくために必要な汎用理論に関しては無視せず、飛躍が生まれないよう丁寧に扱っています。

　また本書を読み進めるにあたっては、統計や機械学習の基礎知識を前提とします。具体的に本書では、以下に並べるキーワードは前提知識として扱っています。

●**確率・統計**：確率変数と実現値、推定量と推定値、期待値と分散、条件付き確率、

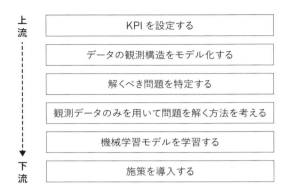

図 -1.6 機械学習実践のためのフレームワーク（『施策デザインのための機械学習入門』[齋藤 21] より）

　ベイズの定理、独立同一分布、正規分布、ベルヌーイ分布、不偏推定量

- **機械学習**：特徴量と目的変数、回帰と分類、学習と評価、損失関数、汎化誤差、過学習と正則化、訓練データと検証データ、交差検証、ハイパーパラメータ、線形回帰とロジスティック回帰、確率的勾配降下法、ソフトマックス関数

　上記の各キーワードに対応する内容がすでに定着している方は、本書をすぐに読み進めて問題ないでしょう。1〜2 個のキーワードについて理解があやふやだと思った方も、不明点に関して都度調べれば対応可能だと思われます。上記のキーワードの大半について聞いたことがない・何を指すものなのか説明できない場合は、統計や機械学習の入門書で前提知識を固めてから本書に戻ってきた方が効率的かもしれません。

　本書を読み進めるにあたって便利な予備知識やビジネス応用により近い話題を扱っている良書として以下のものが挙げられます。

- **確率・統計**：[東京大学出版会 91]・[難波 15]
- **機械学習・強化学習**：[金森 15]・[Mohri18]・[本多 16]・[斎藤 22]
- **因果推論・計量経済学**：[安井 20]・[Kohavi21]・[末石 15]・[Chernozhukov24]
- **ビジネス実践**：[有賀 21]・[齋藤 21]

　なお著者による前著『施策デザインのための機械学習入門』[齋藤 21] でも、反実仮想機械学習に関連する内容を一部扱っています。しかし [齋藤 21] では、図 -1.6 に示したいわゆる「機械学習実践のためのフレームワーク」の導入やその考え方の浸透

に力点を置いており、中でもこれまでに脚光を浴びてこなかった「データの観測構造をモデル化する」や「解くべき問題を特定する」といった比較的上流のステップに焦点を定めていました。一方本書では、比較的テクニカルで方法論的な話題に焦点を定め、前述のフレームワークにおける「ログデータのみを用いて問題を解く方法を考える」や「機械学習モデルを学習する」といった比較的下流のステップに対応する具体的な技術やその性質を解説し、現場で使える武器を増やすことを目的としています。また実践的なケース問題にも取り組むことで、知識や技術を応用する際の思考法やコツを身につけることも目指します。データに基づく意思決定の改善に日々取り組む機械学習エンジニアやデータサイエンティストの方々は、本書と [齋藤 21] を組み合わせることで、より正確で柔軟なモデリングを行うことができるようになるでしょう。また本書は技術的に最新で理論的な内容も一部扱っていることから、反実仮想機械学習の学術研究に取り組む学生や研究者の方の導入としても有用な内容に仕上がっているはずです。

　最後に、本書は決して唯一の正解を示すものではないことを強調しておきたいと思います。すなわち、本書で示している定式化や手法の定義はあくまで代表例・通例にすぎず、ありえる定式化や手法の定義はほかにも多数考えられます。よって重要なのは、具体的な定式化や手法を単に暗記することではなく、それらの背後に潜む思想やコツを理解して、現場で直面する新たな問題を読者自ら定式化したり手法の定義を調整したりできることです。したがって、「この目的関数の定義は我々の現場において適切だろうか？」「我々の現場においては、この手法よりもこちらの手法の方が有効そうだ」「仮に定式化をこのように修正したら、この手法の定義はこのように修正されるだろう」「この定式化にはこのような仮定が暗に含まれていそうなので、このような状況での使用には注意が必要なはずだ」「この手法の考え方を我々の現場で最大限活かすならば、このような拡張を加えるべきだろう」など常に思考を止めないことが重要です。逆に言うと、何の思考もないまま内容を単に受動的に受け入れているだけでは、本書から得られるものは多くないかも知れません。本書に書かれている内容を検討や調整なくそのまま現場適用したところで、成果が得られる可能性も高くないでしょう。本書はあくまで、読者が思考したり議論したりするきっかけをひたすらに与えているものだという前提を忘れずに読み進めていただけたらと思います。

サンプルコードと参考文献

　本書で行うサンプル実験は、Python で実行しています。コードの重要な部分は本書の中で解説しますが、全体の実装は GitHub 上で [BSD 3.0 LiCENSE] で公開しているので、そちらをご確認ください。

●https://github.com/ghmagazine/cfml_book

　また本書では、Python のコードを実行する環境として Jupyter Notebook を採用しています。Python と Jupyter Notebook のインストールや基本的な作法については、以下の公式ドキュメントなどを参照してください。

●https://jupyter.org/documentation

　なお、章内で言及している論文や参考にした資料については「参考文献」として章末にまとめて掲載しています。本書の解説をより深く理解したい場合などに参考にしてください。

参考文献

[有賀 21] 有賀康顕, 中山心太, 西林孝. 仕事ではじめる機械学習 第 2 版. オライリージャパン, 2021.

[金森 15] 金森敬文. 統計的学習理論. 講談社, 2015.

[齋藤 20] 齋藤優太. 私のブックマーク「反実仮想機械学習」(Counterfactual Machine Learning, CFML). 人工知能, Vol.35, No.4, 2020.

[齋藤 21] 齋藤優太, 安井翔太. 施策デザインのための機械学習入門. 技術評論社, 2021.

[斎藤 22] 斎藤康毅, ゼロから作る Deep Learning 4 強化学習編. オライリージャパン, 2022.

[末石 15] 末石直也, 計量経済学 ミクロデータ分析へのいざない. 日本評論社, 2015.

[東京大学出版会 91] 東京大学教養学部統計学教室. 統計学入門. 東京大学出版会, 1991.

[難波 15] 難波明生. 計量経済学講義. 日本評論社, 2015.

[馬場 21] 馬場真哉. 意思決定分析と予測の活用. 講談社, 2021.

[本多 16] 本多淳也, 中村篤祥. バンディット問題の理論とアルゴリズム. 講談社, 2016.

[安井 20] 安井翔太. 効果検証入門. 技術評論社, 2020.

[Chernozhukov24] Victor Chernozhukov, Christian Hansen, Nathan Kallus, Martin Spindler, Vasilis Syrgkanis. Applied Causal Inference Powered by ML and AI, 2024.

[Kohavi21] Ron Kohavi, Diane Tang, Ya Xu, (訳 大杉直也). A/B テスト実践ガイド. KADOKAWA, 2021.

[Mohri18] Mehryar Mohri, Afshin Rostamizadeh, and Ameet Talwalkar. Foundations of Machine Learning, Second Edition. MIT Press, 2018.

第0章：基礎知識の整理

　本章では、「確率」・「統計」・「教師あり学習」・「因果推論」という1章以降の本格的な内容を学ぶうえで必須となる基礎概念や知識を、重要なポイントに絞ってまとめます[*1]。図0.1に示すように、本章で扱うトピックは反実仮想機械学習の重要な基礎を成し、怪しい部分があると以降の内容を正確に理解することが困難になってしまうため、ここできっちりと復習してから先に進むことをおすすめします。一方で、これらの基礎知識がすでに完璧であるという方は、本章は軽く読み飛ばしたり、辞書的に用いていただいて問題ないでしょう。

0.1 確率の基礎

　本節では、連続確率変数 x と y が同時分布（joint distribution）$p(x, y)$ に従うものとします[*2]。なお、確率変数 (x, y) が分布 $p(x, y)$ に従うことを、$(x, y) \sim p(x, y)$ と表記することがあります。また x や y が離散値をとる離散確率変数の場合は、以降現れる積分記号 $\int$ が総和記号 $\sum$ に入れ替わることに注意してください。

■周辺分布と条件付き分布.　周辺分布（**marginal distribution**）とは、同時分布か

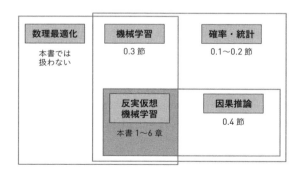

図 0.1　本章で扱う基礎知識と反実仮想機械学習の位置付け

[*1]　本章は、反実仮想機械学習を学ぶために必要な知識に特化した独特なまとめとなっているため、それぞれのトピックを広範かつ深く学び直したい方は、対応する教科書を参照してください。

[*2]　ある確率変数 $x \in \mathcal{X} \subseteq \mathbb{R}$ が従う分布（の確率密度関数）$p(x)$ は、$p(x) \geq 0, \forall x \in \mathcal{X}$ かつ $\int_{x \in \mathcal{X}} p(x) dx = 1$ を満たします。

ら一部の確率変数を消去した確率分布のことを指します。例えば、x と y の同時分布 $p(x, y)$ から積分操作を通じて確率変数 y を消去することで、x のみに着目した周辺分布 $p(x)$ を得ることができます。

$$p(x) = \int_y p(x, y)dy \tag{0.1}$$

このように周辺分布を得る積分操作を**周辺化（marginalization）**と呼びます。同様に周辺化により確率変数 x を消去することで、y のみに着目した周辺分布 $p(y)$ を得ることもできます。

$$p(y) = \int_x p(x, y)dx \tag{0.2}$$

　同時分布 $p(x, y)$ において、確率変数 y がある特定の値であることを条件付けた場合の x の分布を x の y についての**条件付き分布（conditional distribution）**と呼び、同時分布と周辺分布に基づいて次のように定義されます。

$$p(x \mid y) := \frac{p(x, y)}{p(y)} = \frac{p(x, y)}{\int_x p(x, y)dx} \tag{0.3}$$

同様にして、y の x についての条件付き分布は、次のように表されます。

$$p(y \mid x) := \frac{p(x, y)}{p(x)} = \frac{p(x, y)}{\int_y p(x, y)dy} \tag{0.4}$$

ここで式 (0.3) から $p(x, y) = p(x \mid y)p(y)$ であり、式 (0.4) から $p(x, y) = p(y \mid x)p(x)$ であることを利用すると

$$p(x \mid y) = \frac{p(y \mid x)p(x)}{p(y)}, \quad p(y \mid x) = \frac{p(x \mid y)p(y)}{p(x)} \tag{0.5}$$

が成り立つことがわかります。式 (0.5) は、**ベイズの定理（Bayes' theorem）**と呼ばれます。ベイズの定理は、特に 3 章で繰り返し用いることになります。

■**独立.** 同時分布 $p(x, y)$ が次のように x と y それぞれの周辺分布の積に分解できるとき、x と y は**独立（independent）である**と言います。

$$p(x, y) = p(x)p(y) \tag{0.6}$$

確率変数 x と y が独立であることを、$x \perp y$ と表記することがあります。

x と y が独立であるとき、式 (0.3) に基づくと、

$$p(x \mid y) = \frac{p(x, y)}{p(y)} = \frac{p(x)p(y)}{p(y)} = p(x) \tag{0.7}$$

より $p(x \mid y) = p(x)$ が成り立ちます。同様にして、式 (0.4) より $p(y \mid x) = p(y)$ が成り立ちます。すなわち x と y **が独立であるとき、どちらか一方をある特定の値に条件付けたとしても、もう一方の分布は変化しない**のです。

■**期待値と分散.** 期待値と分散は、どちらも確率分布の特徴を定量的に表す指標であり、本書の内容を理解するうえで非常に重要です。**期待値（expectation）**とは、確率変数（に関する関数）がとりうるすべての値に、それぞれの観測確率の重みを付けた加重平均のことです。確率変数 x が分布 $p(x)$ に従うとき、関数 $f(x)$ の分布 $p(x)$ に関する期待値は、次のように定義されます。

$$\mathbb{E}_{p(x)}[f(x)] := \int_x f(x)p(x)dx \tag{0.8}$$

同様にして、同時分布や条件付き分布に関する期待値を考えることも可能です。例えば、確率変数 x と y が同時分布 $p(x, y)$ に従うとき、関数 $f(x, y)$ の分布 $p(x, y)$ に関する期待値は、次のように計算されます。

$$\mathbb{E}_{p(x,y)}[f(x, y)] = \int_x \int_y f(x, y)p(x, y)dxdy \tag{0.9}$$

また、関数 $f(x, y)$ の条件付き分布 $p(x \mid y)$ に関する期待値は、次のように計算されます。

$$\mathbb{E}_{p(x|y)}[f(x,y)] = \int_x f(x,y)p(x\,|\,y)dx \tag{0.10}$$

　条件付き分布に関する期待値を**条件付き期待値**（conditional expectation）と呼び、$\mathbb{E}_{p(x|y)}[f(x,y)]$ や $\mathbb{E}_x[f(x,y)\,|\,y]$ などと表記します。条件付き期待値について、以下の**繰り返し期待値の法則**（law of iterated expectation）が成り立ちます。

$$\mathbb{E}_{p(x,y)}[f(x,y)] = \mathbb{E}_{p(x)}\left[\mathbb{E}_{p(y|x)}[f(x,y)]\right] \tag{0.11}$$

すなわち、関数 $f(x,y)$ の同時分布 $p(x,y)$ に関する期待値は、条件付き期待値 $\mathbb{E}_{p(y|x)}[f(x,y)]$ の周辺分布 $p(x)$ に関する期待値に等しいことが知られています。これは、次のように導かれます。

$$\begin{aligned}
\mathbb{E}_{p(x,y)}[f(x,y)] &= \int_x \int_y f(x,y)p(x,y)dxdy \\
&= \int_x \left(\int_y f(x,y)p(x,y)dy\right)dx \\
&= \int_x \left(\int_y f(x,y)\frac{p(x,y)}{p(x)}dy\right)p(x)dx \\
&= \int_x \mathbb{E}_{p(y|x)}[f(x,y)]p(x)dx \\
&= \mathbb{E}_{p(x)}\left[\mathbb{E}_{p(y|x)}[f(x,y)]\right]
\end{aligned}$$

なお、式 (0.11) と同様に $\mathbb{E}_{p(x,y)}[f(x,y)] = \mathbb{E}_{p(y)}\left[\mathbb{E}_{p(x|y)}[f(x,y)]\right]$ も成り立ちます。繰り返し期待値の法則も、本書で頻出する最重要の式変形の一つです。

　また期待値は積分（連続確率変数の場合）や総和（離散確率変数の場合）で定義されるため、次の**線形性**（linearity）を持ちます。

$$\mathbb{E}_{p(x,y)}[\alpha f(x) + \beta g(y)] = \alpha\mathbb{E}_{p(x)}[f(x)] + \beta\mathbb{E}_{p(y)}[g(y)] \tag{0.12}$$

$f(x)$ と $g(y)$ はそれぞれ x と y を入力とする実数値関数であり、α, β はある定数で

す。期待値の線形性は、推定量の性質を分析する際に頻出します。

　次に**分散**（variance）は、確率変数（に関する関数）の値のばらつき度合いを定量化する指標です。確率変数 x が分布 $p(x)$ に従うとき、関数 $f(x)$ の分布 $p(x)$ についての分散は、次のように定義されます。

$$\mathbb{V}_{p(x)}[f(x)] := \mathbb{E}_{p(x)}\left[\left(f(x) - \mathbb{E}_{p(x')}[f(x')]\right)^2\right] \tag{0.13}$$

これを展開して整理すると、

$$
\begin{aligned}
\mathbb{V}_{p(x)}[f(x)] &= \mathbb{E}_{p(x)}\left[\left(f(x) - \mathbb{E}_{p(x')}[f(x')]\right)^2\right] \\
&= \mathbb{E}_{p(x)}[f(x)^2] - 2\mathbb{E}_{p(x)}\left[f(x)\mathbb{E}_{p(x')}[f(x')]\right] + \mathbb{E}_{p(x)}\left[\left(\mathbb{E}_{p(x')}[f(x')]\right)^2\right] \\
&= \mathbb{E}_{p(x)}[f(x)^2] - 2\mathbb{E}_{p(x)}[f(x)]\mathbb{E}_{p(x)}[f(x)] + \left(\mathbb{E}_{p(x)}[f(x)]\right)^2 \\
&= \mathbb{E}_{p(x)}[f(x)^2] - \left(\mathbb{E}_{p(x)}[f(x)]\right)^2
\end{aligned}
$$

となります（$\mathbb{E}_{p(x)}[f(x)]$ が定数であることを用いました）。ここで得た $\mathbb{V}_{p(x)}[f(x)] = \mathbb{E}_{p(x)}[f(x)^2] - \left(\mathbb{E}_{p(x)}[f(x)]\right)^2$ という表現も頻出します。

　期待値の場合と同様に、同時分布や条件付き分布についての分散を考えることもあります。確率変数 x と y が同時分布 $p(x, y)$ に従うとき、関数 $f(x, y)$ の分布 $p(x, y)$ についての分散は、次のように計算されます。

$$\mathbb{V}_{p(x,y)}[f(x,y)] = \mathbb{E}_{p(x,y)}\left[\left(f(x,y) - \mathbb{E}_{p(x',y')}[f(x',y')]\right)^2\right] \tag{0.14}$$

　また、関数 $f(x, y)$ の条件付き分布 $p(x\,|\,y)$ についての分散は、次のように計算されます。

$$\mathbb{V}_{p(x|y)}[f(x,y)] = \mathbb{E}_{p(x|y)}\left[\left(f(x,y) - \mathbb{E}_{p(x'|y)}[f(x',y)]\right)^2\right] \tag{0.15}$$

条件付き分布についての分散を**条件付き分散**（conditional variance）と呼び、$\mathbb{V}_{p(x|y)}[f(x,y)]$ や $\mathbb{V}_x[f(x,y)\,|\,y]$ などと表記します。

　条件付き分散について、以下の**全分散の公式**（**law of total variance**）が成り立ちます（導出は章末問題としています）。

$$\mathbb{V}_{p(x,y)}[f(x,y)] = \mathbb{E}_{p(x)}[\mathbb{V}_{p(y|x)}[f(x,y)]] + \mathbb{V}_{p(x)}[\mathbb{E}_{p(y|x)}[f(x,y)]] \qquad (0.16)$$

全分散の公式は、同時分布 $p(x,y)$ に関する分散が、条件付き分散の期待値 $\mathbb{E}_{p(x)}[\mathbb{V}_{p(y|x)}[f(x,y)]]$ と条件付き期待値の分散 $\mathbb{V}_{p(x)}[\mathbb{E}_{p(y|x)}[f(x,y)]]$ の和に分解できることを示しています。現時点ではまだその有用性が見えにくいかもしれませんが、1 章以降最も多く活用するとても重要な式変形です。

　また、分散について次の性質が知られています。

$$\mathbb{V}_{p(x)}[\alpha f(x) + \beta] = \alpha^2 \mathbb{V}_{p(x)}[f(x)] \qquad (0.17)$$

$f(x)$ は x を入力とする実数値関数であり、α, β はある定数です。右辺で α が二乗されていることと、β が消えていることに注意してください。分散のこの性質も、推定量の性質を分析する際に頻出します。

　なお、確率変数 x と y が独立であるとき、分散について次の等式が成り立ちます。

$$\mathbb{V}_{p(x,y)}[f(x) + g(y)] = \mathbb{V}_{p(x)}[f(x)] + \mathbb{V}_{p(y)}[g(y)] \qquad (0.18)$$

$f(x)$ と $g(y)$ はそれぞれ x と y を入力とする実数値関数です。期待値の線形性（式 (0.12)）は x と y が独立であるか否かによらず成立したのに対し、**式 (0.18) は x と y が独立の場合のみ成り立つ**ことに注意してください。

　なお期待値や分散を扱う際は、**どの分布に関する期待値や分散を考えているのかを逐一明確にすることが、混乱を生まないためにとても重要**です。そのため本書では $\mathbb{E}_{p(x)}[\cdot]$ や $\mathbb{V}_{p(x|y)}[\cdot]$ などと丁寧に表記することで、どの分布に関する期待値や分散を計算しているのかを明確化するようにしています（仮にこれを怠り $\mathbb{E}[f(x,y)]$ などと表記してしまうと、これが同時分布 $p(x,y)$ に関する期待値なのか、はたまた $p(x|y)$ や $p(y|x)$ などの条件付き分布に関する期待値を意図しているのか判別できなくなってしまいます）。

0.2 統計的推定の基礎

　統計的推定（**statistical estimation**）とは、手元の観測データを手掛かりに、そのデータを生成している未知の確率分布に関する情報を推測する問題です。統計的推定の考え方は、機械学習や因果推論、そして反実仮想機械学習を学ぶうえで非常に重要です。統計的推定は、一般に以下の工程で構成されます。

1. 推定目標（estimand）を定める
2. データを観測する
3. 推定量（estimator）を構築する
4. 推定量の統計性質を分析する
5. 推定を実行する

　本節では、1 次元の確率変数 x を生成する分布 $p(x)$ に関する統計的推定の流れを実際にたどることで、重要概念を理解していきます。

　まず統計的推定における最初のステップとして、**推定目標（estimand）**を定めます。ここでは典型的な推定目標の一つとして、確率変数 x の期待値 $V := \mathbb{E}_{p(x)}[x]$ をデータに基づき推定することを考えます。x がある宝くじを購入した場合に得られる賞金を表す確率変数で $p(x)$ がその賞金が従う分布の場合、V はその宝くじを買うことで得られる期待賞金になります（表 0.1 の数値例を参照）。仮に期待賞金を知る（正確に推定する）ことができれば、その額と宝くじの価格を比較することで、宝くじを購入すべきか否かの意思決定をより正確に下せそうです。

　ここで我々は宝くじの販売元ではないので、賞金が従う真の分布 $p(x)$（何等がどれくらいの割合で出現するのか）を知りません。よって、過去に同じ宝くじを買った人から獲得賞金に関するデータを集めることで、期待賞金 V を推定することを考えます。ここでは最寄り駅で n 人の通行人をランダムに捕まえて聞き込みを行い、宝くじの賞金データを収集することにします。そして、その結果得られるデータを $\mathcal{D} := \{x_i\}_{i=1}^{n}$ と表記します。x_i とは、i 番目に聞き込みをした人が得た賞金データのことです。なおここでは、それぞれのデータは独立であり、またすべてのデータが同じ分布に従うとします。すなわち、すべての (i, j) について $x_i \perp\!\!\!\perp x_j$ であり、またすべての i について $x_i \sim p(x)$ です。このようにすべてのデータが独立で同じ分布に従うようなデータの集め方を、**独立同一（independent and identically**

表 0.1　宝くじの賞金 x が従う分布 $p(x)$ の例

賞金（円）x	0（はずれ）	500	3,000	20,000	100,000	500,000	期待賞金 V
分布 $p(x)$	0.8000	0.1500	0.0400	0.0075	0.0024	0.0001	635（円）

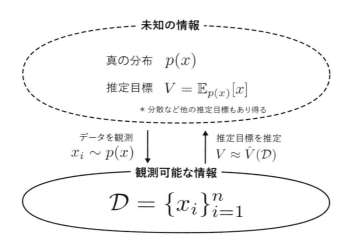

図 0.2　統計的推定の考え方

distributed; i.i.d.）な抽出と呼びます。このときデータ $\mathcal{D} = \{x_i\}_{i=1}^{n}$ 自体を、同時分布 $p(\mathcal{D}) = p(x_1, x_2, \ldots, x_n) = \prod_{i=1}^{n} p(x_i)$ に従う n 次元確率変数と見ることができます。

　さて汗水垂らして n 人に聞き込みした結果、$\mathcal{D} := \{x_i\}_{i=1}^{n} \sim p(\mathcal{D}) = \prod_{i=1}^{n} p(x_i)$ というデータを得ました。このデータを手掛かりに真の期待賞金 V をできるだけ正確に推定することが、我々の目標です（図 0.2）。そのための次のステップとして、データに基づき推定目標 V を統計的に近似する**推定量（estimator）$\hat{V}(\mathcal{D})$ を構築する**ことを考えます[3]。真の期待賞金 V を近似するための推定量 $\hat{V}(\mathcal{D})$ の作り方は何通りも考えられます。なかでも多くの人が最初に思いつく推定量は、次の経験平均（empirical average）に基づく AVG 推定量でしょう。

$$\hat{V}_{\mathrm{AVG}}(\mathcal{D}) := \frac{1}{n} \sum_{i=1}^{n} x_i \tag{0.19}$$

AVG 推定量 $\hat{V}_{\mathrm{AVG}}(\mathcal{D})$ は、その名の通り、聞き込みを行った n 人が過去に得た賞金 x_i を単純に平均することで定義されます。期待値 V とデータに基づく経験平均 $\hat{V}_{\mathrm{AVG}}(\mathcal{D})$ が混同されることがよくありますが、販売元が秘密裏に握っている真の期待賞金 V と、例えば $n = 10$ 人に聞き込みを行なった結果を平均して得られる $\hat{V}_{\mathrm{AVG}}(\mathcal{D})$ は明らかに異なるものでしょう。期待値は（未知である）真の分布 $p(x)$ に基づいて定義

---

[3]　推定量がデータ $\mathcal{D}$ を入力とする関数であることを、$\hat{V}(\mathcal{D})$ という表記により明確にしています。

される一方で、経験平均は分布 $p(x)$ に従って観測されるデータ $\mathcal{D}$ から計算されるものであることをきちんと区別して理解しておくことが重要です。

　ここで我々は、観測データ $\mathcal{D}$ を活用して真の期待賞金 V を言い当てるための一つの方法として AVG 推定量 $\hat{V}_{\text{AVG}}(\mathcal{D})$ を定義したわけですが、最後に**推定量の統計性質を分析することが重要**です。仮に推定量の分析を一切行わず先に進んでしまった場合、誤って不正確な推定量を用いてしまい、宝くじの正しい購入戦略を立てることができずに大きな損失を被ってしまうかもしれません。また推定量の性質を知らなければ、失敗したときの原因分析も困難でしょう。推定量の性質を分析した結果、より正確な推定量を設計するためのアイデアを思いつくこともあります。したがって、より正確な推定を行うためのヒントを掴んだり、失敗を未然に防いだりするためにも、構築した推定量の性質を理解することはとても重要なのです。

　推定量の性質を分析するうえで特に重要なのは、その推定量のバイアス（偏り）とバリアンス（分散）です。推定量のバイアスとバリアンスのイメージを掴むために、図 0.3 を見てみましょう。この図には、ある推定量 $\hat{V}(\mathcal{D})$ が従う分布の例を示しています。データセット $\mathcal{D}$ が分布 $p(\mathcal{D})$ に従う確率変数であることを考慮すると、それを入力とする推定量 $\hat{V}(\mathcal{D})$ もある分布に従う確率変数であるはずです。**推定量の $\hat{V}(\mathcal{D})$ のバイアスとは、推定目標と $p(\mathcal{D})$ に関する推定量の期待値の絶対距離 $|V - \mathbb{E}_{p(\mathcal{D})}[\hat{V}(\mathcal{D})]|$ のこと**であり、推定量の期待値が推定目標に近いほど小さくなります。推定量は推定目標 V を当てるための関数ですから、その期待値は推定目標に近いほど望ましいはずです。一方で**推定量のバリアンス $\mathbb{V}_{p(\mathcal{D})}[\hat{V}(\mathcal{D})]$ は、推定値のばらつき度合いを表し、（ざっくり言うと）図 0.3 における分布の横幅のこと**です。仮に推定量の期待値が推定目標に一致していた（バイアスがゼロだった）としても、そのバリアンスが大きければ、推定値が推定目標から大きく外れてしまう可能性があるため、信頼性の低い推定量ということになってしまいます。よって推定量の正確さを把握するうえでは、バイアスに加えてそのバリアンスを評価することも重要なのです。図 0.4 に同じ推定目標に対する二つの異なる推定量が従う分布の例を示しました。推定量①の分布は推定目標の周辺に集中しており、バイアスもバリアンスも小さいことが伺えます。この場合、データセット $\mathcal{D}$ に含まれるノイズによらず常に推定目標に近い値が得られることから、推定量①は非常に正確であると考えてよいでしょう。一方で推定量②の分布は、その期待値が推定目標から大きく外れているだけではなく、バリアンスも非常に大きいことが見てとれます。よって推定量②は不正確であり、推定量①よりも推定量②の方が好ましいと考える人はいないでしょう。ここで見たように**推定量の性質を分析する際は、その推定量のバイアス $|V - \mathbb{E}_{p(\mathcal{D})}[\hat{V}(\mathcal{D})]|$ およびバリアンス $\mathbb{V}_{p(\mathcal{D})}[\hat{V}(\mathcal{D})]$ を計算し比較検討することが定石**なのです（推定量のバイアスとバリアンスの関係性については、1 章でさらに詳しく見ていきます）。

　ここでは試しに、式 (0.19) で定義した推定量 $\hat{V}_{\text{AVG}}(\mathcal{D})$ のバイアスとバリアンス

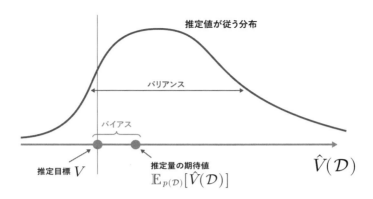

図 0.3　推定量が従う分布とバイアス・バリアンス

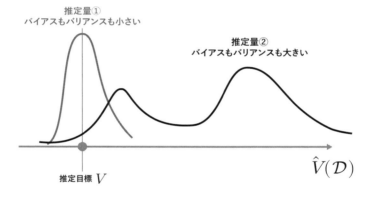

図 0.4　推定量の正確さの比較

を、前節で整理した期待値と分散の性質を使いながら計算してみることにしましょう。まずは AVG 推定量のバイアスを算出するために、その期待値を計算します。

$$
\begin{aligned}
\mathbb{E}_{p(\mathcal{D})}[\hat{V}_{\mathrm{AVG}}(\mathcal{D})] &= \mathbb{E}_{p(\mathcal{D})}\left[\frac{1}{n}\sum_{i=1}^{n}x_i\right] \\
&= \frac{1}{n}\sum_{i=1}^{n}\mathbb{E}_{p(\mathcal{D})}[x_i] \;\; \because \text{期待値の線形性} \\
&= \frac{1}{n}\sum_{i=1}^{n}\mathbb{E}_{p(x)}[x] \;\; \because \text{すべてのデータが同一分布 } p(x) \text{ に従う} \\
&= \mathbb{E}_{p(x)}[x] \;\; \because \mathbb{E}_{p(x)}[x] \text{ は } i \text{ に非依存の定数}
\end{aligned}
$$

$$= V$$

よって、AVG 推定量 $\hat{V}_{\mathrm{AVG}}(\mathcal{D})$ のデータが従う分布 $p(\mathcal{D})$ に関する期待値は、推定目標である期待賞金 V に一致する（$\mathbb{E}_{p(\mathcal{D})}[\hat{V}_{\mathrm{AVG}}(\mathcal{D})] = V$）ことがわかりました。このように、データセットが従う分布に関する期待値が推定目標に一致する（バイアスがゼロである）推定量のことを、**不偏推定量（unbiased estimator）** と呼びます。

推定量の期待値が推定目標に近いことと同様に重要なのは、推定量のばらつき、すなわちバリアンスが小さいことです。不偏推定量といえども、バリアンスがとても大きければ、推定値が推定目標から大きく外れる可能性があるので不安です。よって次に、推定量 $\hat{V}_{\mathrm{AVG}}(\mathcal{D})$ のバリアンスを計算してみることにしましょう。

$$
\begin{aligned}
\mathbb{V}_{p(\mathcal{D})}[\hat{V}_{\mathrm{AVG}}(\mathcal{D})] &= \mathbb{V}_{p(\mathcal{D})}\left[\frac{1}{n}\sum_{i=1}^{n}x_i\right] \\
&= \frac{1}{n^2}\mathbb{V}_{p(\mathcal{D})}\left[\sum_{i=1}^{n}x_i\right] \quad \because \text{式 (0.17)} \\
&= \frac{1}{n^2}\sum_{i=1}^{n}\mathbb{V}_{p(x_i)}[x_i] \quad \because \text{データが独立であることと式 (0.18)} \\
&= \frac{1}{n^2}\sum_{i=1}^{n}\mathbb{V}_{p(x)}[x] \quad \because \text{すべてのデータが同一分布 } p(x) \text{ に従う} \\
&= \frac{1}{n}\mathbb{V}_{p(x)}[x] \quad \because \mathbb{V}_{p(x)}[x] \text{ は } i \text{ に非依存の定数}
\end{aligned}
$$

したがって AVG 推定量のバリアンスが、賞金の分散 $\mathbb{V}_{p(x)}[x]$ と収集するデータの数 n によって決まることがわかりました。ここで賞金の分散 $\mathbb{V}_{p(x)}[x]$ は、宝くじの販売元が定める（未知の）賞金分布 $p(x)$ によって決まるため、我々にはどうにもしようがない要素です。一方で収集するデータの数 n は、我々の頑張り次第で変えられる要素になります。すなわち、推定量 $\hat{V}_{\mathrm{AVG}}(\mathcal{D})$ を用いる場合、より多くの人に聞き込みを行いデータの数を増やすことで、そのデータ数 n に（反）比例して推定量の分散をより小さくすることができる（逆に言うと、$\hat{V}_{\mathrm{AVG}}(\mathcal{D})$ を用いる場合、体を張ってデータを大量に集めること以外に分散をより小さくする方法はない）ことがわかりました。

より多くの人に聞き込みを行い、多くのデータを集めることで AVG 推定量のバリアンスをより小さくできることがわかったわけですが、多くの人に聞き込みを行うの

は大変なので、（推定量の不偏性はそのままに）より小さいバリアンスを持つ推定量を構築できないかという気持ちが自然と湧き上がってきます。よりばらつきが小さく正確な推定量を構成したいというモチベーションは、ここで扱った宝くじの例に限らず、実務で A/B テストなどを行う場面にも存在するはずです。より長い期間 A/B テストを行えばより正確な推定値が得られるわけですが、失敗リスクの低減や施策改善サイクルの高速化のためには、A/B テストの結果を集計する際により洗練された推定量を用いることが望ましいのです。実際、先に定義・分析した推定量 $\hat{V}_{\mathrm{AVG}}(\mathcal{D})$ よりも望ましい分散を持つ推定量がいくつか知られています。そうした工夫により、期待値と推定目標の距離が近く、またばらつきが小さい推定量（図 0.4 における推定量①のような正確な推定量）を構築することが、統計的推定における主な技術的興味になってきます。反実仮想機械学習の中心は意思決定を自動で行う関数（方策）の性能を推定目標としてそれを観測データに基づいて推定する問題であり、基本的には本節で扱った宝くじの期待賞金当てゲームと同じことを繰り返し扱っているにすぎません。よって本節の内容（統計的推定における目標や推定量分析の流れ、推定量の正確さを決定付ける要因など）について確固たるイメージを築くことが、反実仮想機械学習の真髄を理解するための第一歩なのです。

0.3 教師あり学習の基礎

ここでは、教師あり学習（supervised learning）の定式化を簡潔におさらいします。特に、ほかの教科書で見逃されがちで、また反実仮想機械学習を学ぶうえで最も重要となる「機械学習と統計的推定の関係性」に焦点を当てて整理します。

教師あり学習では、同時分布 $p(x, y)$ に従う特徴量（feature）と呼ばれる多次元確率変数 x と目的変数（outcome）と呼ばれる（多くの場合 1 次元の）確率変数 y の間の関係性を、データに基づいて明らかにしたり予測したりすることが目標です。例えば、物件の情報（x）をもとに家賃（y）を予測したり、ユーザ属性（x）をもとに売り上げ（y）を予測したり、人間ドックで収集した情報（x）をもとに各種疾患の罹患リスク（y）を予測したり、といった具合です。そのため、ある特徴量 x が与えられたときに、それに対応する目的変数 y を精度良く予測できる予測関数 f を見つけ出すことを考えます。より具体的には、次のように定義される**期待リスク（expected risk）**などによって予測関数 f の正確さを定量化し、それを最適化することを通じて、正確な予測関数 f を得ることを考えます。

$$\mathcal{L}(f) := \mathbb{E}_{p(x,y)}[\ell(y, f(x))] \tag{0.20}$$

ここで $\ell(\cdot, \cdot)$ は、予測誤差（y と $f(x)$ の乖離度）を評価するための**損失関数（loss function）**であり、小さい値をとるほど、予測関数 f による目的変数 y の予測が正確であることを意味します。期待リスクを最小化する予測関数を**最適な予測関数**と呼び、$f^* := \arg\min_f \mathcal{L}(f)$ と表記します。最もよく用いられる損失関数 ℓ の一つに二乗誤差（squared loss）$\ell(a, b) = (a - b)^2$ があり、この場合の期待リスクは、次のように表されます。

$$\mathcal{L}(f) := \mathbb{E}_{p(x,y)}[(y - f(x))^2] \tag{0.21}$$

この二乗誤差に基づく期待リスクを変形すると

$$
\begin{aligned}
\mathcal{L}(f) &= \mathbb{E}_{p(x,y)}[(y - f(x))^2] \\
&= \mathbb{E}_{p(x)p(y|x)}[y^2 - 2yf(x) + f^2(x)] \\
&= \mathbb{E}_{p(x)p(y|x)}[y^2 - 2y\mathbb{E}_{p(y'|x)}[y'] + (\mathbb{E}_{p(y'|x)}[y'])^2] \\
&\quad + \mathbb{E}_{p(x)p(y|x)}[(\mathbb{E}_{p(y'|x)}[y'])^2 - 2yf(x) + f^2(x)] \\
&\quad + \mathbb{E}_{p(x)p(y|x)}[2y\mathbb{E}_{p(y'|x)}[y'] - 2(\mathbb{E}_{p(y'|x)}[y'])^2] \\
&= \mathbb{E}_{p(x)}\left[\mathbb{E}_{p(y|x)}\left[(y - \mathbb{E}_{p(y'|x)}[y'])^2\right]\right] \\
&\quad + \mathbb{E}_{p(x)}[(\mathbb{E}_{p(y|x)}[y])^2 - 2\mathbb{E}_{p(y|x)}[y]f(x) + f^2(x)] \\
&\quad + \mathbb{E}_{p(x)}[2(\mathbb{E}_{p(y|x)}[y])^2 - 2(\mathbb{E}_{p(y|x)}[y])^2] \\
&= \underbrace{\mathbb{E}_{p(x)}\left[\mathbb{V}_{p(y|x)}[y]\right]}_{(1)} + \underbrace{\mathbb{E}_{p(x)}\left[(\mathbb{E}_{p(y|x)}[y] - f(x))^2\right]}_{(2)} \tag{0.22}
\end{aligned}
$$

となり、期待リスク $\mathcal{L}(f)$ が二つの要素に分解されることがわかります。(1) $\mathbb{E}_{p(x)}[\mathbb{V}_{p(y|x)}[y]]$ は、**目的変数 y の条件付き分布 $p(y|x)$ に関する分散**（の期待値）です。これは特徴量 x を条件付けたときの目的変数 y のばらつき度合いであり、**目的変数 y の予測における、特徴量 x の質・有用さ**を定量化するものです。例えば、物件の情報 x をもとに家賃 y を予測する問題を解くときに、特徴量として築年数しか観測されていなかったとしたら、特徴量 x を条件付けたときの目的変数 y のばらつきはとても大きくなってしまうと考えられます。なぜなら、同じ築年数（例えば 10 年）でも、家賃 5 万円の物件もあれば、100 万円の物件もありえるからです。しかし築年数に加えて、占有面積や間取り、最寄り駅の規模、最寄り駅からの距離などの情報が特徴量として追加的に観測されていたとしたら、まったく同じ特徴量を持つ物件の家賃 y の

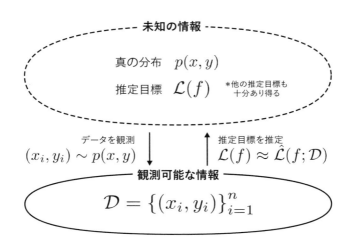

図 0.5　教師あり学習における目的関数の統計的推定

ばらつきは徐々に小さくなるはずです。よって一つ目の要素を小さくするには、より良い（同じ x を持つデータの y のばらつきが小さい）特徴量 x を構成することが求められます。また注目に値するのは、この**一つ目の要素は、予測関数 f に非依存である**という点です。つまり、特徴量 x がひとたび定義されてしまえば、予測関数 f の最適化をいくら頑張ったとしても、この一つ目の要素を小さくすることはできません。そして (2) $\mathbb{E}_{p(x)}\left[(\mathbb{E}_{p(y|x)}[y] - f(x))^2\right]$ は、**予測関数 f と条件付き期待値 $\mathbb{E}_{p(y|x)}[y]$ の間の二乗誤差（の期待値）**です。この項は、予測関数 f が条件付き期待値 $\mathbb{E}_{p(y|x)}[y]$ に近いほど小さくなっていきます。以上を総合すると、（損失関数 ℓ が二乗誤差のとき）最適な予測関数は $f^*(x) = \mathbb{E}_{p(y|x)}[y]$ であり、このとき $\mathcal{L}(f^*) = \mathbb{E}_{p(x)}\left[\mathbb{V}_{p(y|x)}[y]\right]$ であることがわかります。

　ここで仮に真の同時分布 $p(x, y)$ がわかっているならば、最適な予測関数 f^* がちょっとした計算で明らかになるため、教師あり学習の問題は完璧に解けてしまいます。しかし（前節で扱った宝くじの問題と同様に）現実には、同時分布 $p(x, y)$ は未知の情報です。代わりに教師あり学習では、予測関数 f を最適化するための情報として、トレーニングデータと呼ばれるデータセットが与えられます。トレーニングデータとは、同時分布 $p(x, y)$ からの独立同一な抽出によって得られる特徴量 x と目的変数 y の n 個の観測の組であり、$\mathcal{D} := \{(x_i, y_i)\}_{i=1}^n$ と表記されます。なお各観測が独立である場合、このデータセットが従う分布は、$p(\mathcal{D}) = p(x_1, y_1, x_2, \ldots, y_n) = \prod_{i=1}^n p(x_i, y_i)$ と書けます。

　先に述べたように教師あり学習においては（理想的には）真の期待リスク $\mathcal{L}(f)$ を直接最小化することで予測関数を得たいわけですが、真の同時分布

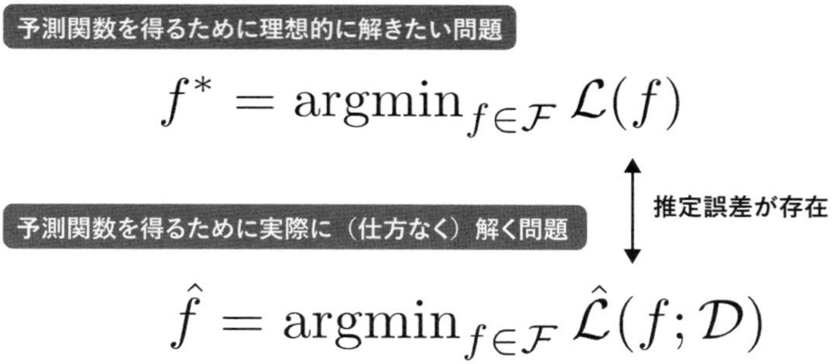

予測関数を得るために理想的に解きたい問題

予測関数を得るために理想的に解きたい問題

$$f^* = \operatorname{argmin}_{f \in \mathcal{F}} \mathcal{L}(f)$$

推定誤差が存在

予測関数を得るために実際に（仕方なく）解く問題

$$\hat{f} = \operatorname{argmin}_{f \in \mathcal{F}} \hat{\mathcal{L}}(f; \mathcal{D})$$

図 0.6 教師あり学習において理想的に解きたい問題と実際に解く問題のギャップ

$p(x, y)$ が未知である以上期待リスクは計算できないため、これを直接的に最小化することはできません。したがって、手元に観測できるトレーニングデータ $\mathcal{D} = \{(x_i, y_i)\}_{i=1}^n \sim p(\mathcal{D}) = \prod_{i=1}^n p(x_i, y_i)$ を用いて期待リスクを推定する推定量 $\hat{\mathcal{L}}(f; \mathcal{D})$ を構築したうえで、それを（仕方なく）代わりとして最小化することで、予測関数を得る（学習する）という手順を考えます（図 0.5 および図 0.6 を参照）[*4]。

$$\hat{f} = \underset{f \in \mathcal{F}}{\arg\min} \ \hat{\mathcal{L}}(f; \mathcal{D}) \tag{0.23}$$

ここで、$\mathcal{F}$ は仮説集合（hypothesis class）などと呼ばれる予測関数 f の候補集合です。線形モデルや決定木、ニューラルネットワークなど、用いる機械学習モデルを定めることは、この仮説集合 $\mathcal{F}$ を定めることに相当します。

　さて（残念ながらあまり意識されることはないのですが）観測可能なトレーニングデータに基づいて教師あり学習を解くための推定量 $\hat{\mathcal{L}}(f; \mathcal{D})$ には、多くの選択肢がありえます。なかでも最も頻繁に用いられているのが、以下の経験平均に基づく AVG 推定量です。

$$\hat{\mathcal{L}}_{\mathrm{AVG}}(f; \mathcal{D}) := \frac{1}{n} \sum_{i=1}^n \ell(y_i, f(x_i)) \tag{0.24}$$

[*4] 真の目的関数が未知であり、それをデータから推定したうえで最適化しなければならない点が、機械学習と（典型的な）数理最適化の大きな違いといえます。また、実際にはトレーニングデータに対する過学習（overfitting）の問題を軽減するために、仮説集合の複雑さに制限をかけるための正則化項が式 (0.23) に追加されることが通例です。

式 (0.24) では、トレーニングデータにおける予測誤差 $\ell(y_i, f(x_i))$ の経験平均を計算することで、式 (0.20) の期待リスクを推定しています。この推定量はとてもよく用いられるため、**経験リスク（empirical risk）**という名前がついています。

　経験リスクなどの推定量 $\hat{\mathcal{L}}(f; \mathcal{D})$ を、式 (0.23) のように最適化することで得られる予測関数 $\hat{f}$ が、（本来最小化したいはずだが、残念ながら未知の）期待リスク $\mathcal{L}(f)$ を小さくするものであるためには、推定量 $\hat{\mathcal{L}}(f; \mathcal{D})$ が正確である必要があるはずです。仮に推定量 $\hat{\mathcal{L}}(f; \mathcal{D})$ が期待リスク $\mathcal{L}(f)$ を正確に推定できるものではない場合、その推定量 $\hat{\mathcal{L}}(f; \mathcal{D})$ を最適化することで得られる予測関数 $\hat{f}$ が正確な予測を達成できる見込みは小さくなってしまいます。そのため教師あり学習でも、推定量 $\hat{\mathcal{L}}(f; \mathcal{D})$ の統計性質に気を配る姿勢が必要です。例えば、本節で扱った経験リスク（式 (0.24)）のトレーニングデータが従う分布 $p(\mathcal{D})$ に関する期待値は、本来最適化したいはずの真の期待リスク（式 (0.20)）に一致する（$\mathbb{E}_{p(\mathcal{D})}[\hat{\mathcal{L}}_{\mathrm{AVG}}(f; \mathcal{D})] = \mathcal{L}(f)$）こと、すなわち**経験リスクが期待リスクに対する不偏推定量である**ことが知られています。

　典型的な教師あり学習の問題では期待リスクに対する不偏推定量を容易に構築できてしまうため、多くの人がそれがトレーニングデータに基づいて期待リスクを仕方なく代替したものであるという意識を持たずに、経験リスクを用いてしまっている現状があります。しかし「はじめに」で扱ったクーポン配布の問題でも見たように、**反実仮想機械学習で主に扱う意思決定最適化問題において経験リスクのような推定量を安易に用いてしまうと、本来最適化したい方向とはまったく別の方向に最適化が進んでしまう**という危険な状況が容易に起こりえます。よって反実仮想機械学習についてこれから学ぶ技術の大半は、観測データを用いて真の目的関数をより正確に推定するためのものになっています。反実仮想機械学習の考え方や技術を理解し、それらを使いこなすためには、普段から慣れ親しんでいる教師あり学習では**本来最小化したい真の期待リスク $\mathcal{L}(f)$ が未知であるためトレーニングデータ $\mathcal{D}$ に基づく推定量 $\hat{\mathcal{L}}(f; \mathcal{D})$ を代わりに最小化していること、よく用いられる経験リスク $\hat{\mathcal{L}}_{\mathrm{AVG}}(f; \mathcal{D})$ 以外にも期待リスクに対する推定量はありえること**を、頭に叩き込んでおくことが重要です。

0.4 因果推論の基礎

　最後に、反実仮想機械学習と深い関わりのある因果推論（causal inference）の基礎を簡潔に整理します。

　因果推論では、ある介入の因果効果を推定目標とした統計的推定問題を考えます。例えば、あるクーポンを配布したときの利益の増減量や少人数学級を導入したときの1年後の試験結果の変化、新たなアルゴリズムを導入したときの収益の改善率、新薬投与による患者の健康状態の変化などの因果効果を、観測データと統計技術を駆使して推定することを目指します。因果推論の問題をより具体的に定式化すべく、ここか

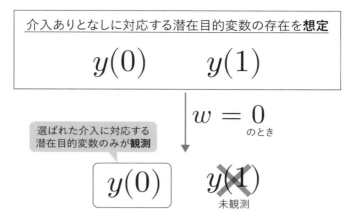

図 0.7 潜在目的変数の考え方

ら分布 $p(x)$ に従う特徴量[*5]を x で表し、介入有無を表す 2 値確率変数を w とします。すなわち、クーポン配布や新薬の投与などの介入が施されたときは $w = 1$ をとり、そうでない場合は $w = 0$ をとります。最後に、**潜在目的変数（potential outcome）** と呼ばれる因果推論に独特の表記・概念を導入します。潜在目的変数を用いた定式化では、**介入を施した場合（$w = 1$）とそうではない場合（$w = 0$）に対応する 2 種類の目的変数 $y(1)$ と $y(0)$ が常に存在し、介入有無によってそのどちらが観測されるかが切り替わる**という想定を置きます。ここで $y(1)$ は介入を施した場合（$w = 1$）に対応する目的変数であり、$y(0)$ は介入を施さなかった場合（$w = 0$）に対応する目的変数です。例えば、クーポン配布という介入が利益に及ぼす因果効果を推定したい場合、$y(1)$ はクーポンを配布した場合に対応する利益であり、$y(0)$ はクーポンを配布しなかった場合に対応する利益です。あるユーザにクーポンを配布した場合は $y(1)$ が観測される一方で、$y(0)$ は（潜在的には存在しているものの）観測されません。一方で、クーポンを配布しなかった場合は $y(0)$ が観測される一方で、$y(1)$ は（潜在的には存在しているものの）観測されないということです。よって、潜在目的変数による定式化では、図 0.7 に示すように**介入変数 w は観測される潜在目的変数を切り替える役割を担っているにすぎず、目的変数を動かすような効果があるわけではないこと**には注意が必要です。

　潜在目的変数を用いると、因果推論における主たる推定目標である**平均介入効果（average treatment effect; ATE）** を、次のように定義できます[*6]。

---

*5　因果推論の文献では、共変量（covariate）などと呼ばれることもあります。
*6　本書では扱いませんが、平均介入効果以外の推定目標も多数存在します。

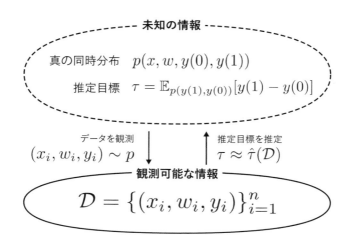

図 0.8　因果推論における統計的推定

$$\tau := \mathbb{E}_{p(y(1),y(0))}[y(1) - y(0)] = \mathbb{E}_{p(y(1))}[y(1)] - \mathbb{E}_{p(y(0))}[y(0)] \tag{0.25}$$

ここでは、介入を施した場合の潜在目的変数の期待値 $\mathbb{E}_{p(y(1))}[y(1)]$ と介入を施さなかった場合の潜在目的変数の期待値 $\mathbb{E}_{p(y(0))}[y(0)]$ の差分を、母集団における平均的な因果効果として定義しています。例えば、クーポン配布の例において平均介入効果が正である（$\tau > 0$）ことがわかれば、全ユーザにクーポンを配布すると平均的には利益が向上することがわかり、これは今後のクーポン配布戦略を練るうえで有用な情報なはずです。なお平均介入効果が正の値であったとしても、クーポンを配布することで逆に利益が減ってしまうユーザも一定数存在する可能性があることには注意しましょう。平均介入効果が正であるというのはつまり、クーポンを配布することで利益が増加したり減少したりするユーザが混在するなかで、その期待値の意味では利益が増加するということを意味するにすぎません[*7]。

　何はともあれ、ここで我々は同時分布 $p(y(1), y(0))$ を知らないわけですから、真の平均介入効果 τ も例のごとく未知の値になります。したがって因果推論において我々が行うべきは、観測可能なデータに基づいて推定目標である平均介入効果 τ をできる

[*7]　個人レベルでの介入効果を明らかにするために、特徴量 x で条件付けた**条件付き平均因果効果**（**conditional average treatment effect; CATE**）（$\tau(x) := \mathbb{E}_{p(y(1),y(0)|x)}[y(1) - y(0)]$）を推定するための手法も、因果推論と機械学習の融合領域における代表的なテーマとして盛んに研究されています。

ユーザ	特徴量 x_i	介入有無 w_i	介入確率 $e(x_i)$	クーポン 非配布時の利益 $y_i(0)$	クーポン 配布時の利益 $y_i(1)$	観測される 目的変数 y_i
ユーザ 1	アクティブ	0	0.2	500	未観測	500
ユーザ 2	アクティブ	1	0.9	未観測	300	300
ユーザ 3	アクティブ	0	0.5	100	未観測	100
ユーザ 4	非アクティブ	1	0.8	未観測	100	100
ユーザ 5	非アクティブ	0	0.1	0	未観測	0

図 0.9 因果推論における観測データの例

限り正確に推定することであり、それを可能にしてくれる推定量を構築することです。典型的な因果推論の定式化において我々は、$\mathcal{D} = \{(x_i, w_i, y_i)\}_{i=1}^n$ というデータを観測します。ここで x_i は分布 $p(x)$ に従い観測される特徴量であり、w_i は条件付き分布 $p(w|x)$ に従い観測される介入変数です。条件付き分布 $p(w|x)$ は、データ $\mathcal{D}$ が収集されたときに、各特徴量 x ごとにどれほどの確率で介入が施されていたかを表します。なお、介入変数 w と特徴量 x が独立（$p(w|x) = p(w)$）でありすべての特徴量に対して同じ確率で介入を割り当てるデータの収集方法を、**A/B テストやランダム化比較試験（randomized controlled trial; RCT）** などと呼びます。最後に y_i は、観測される目的変数を表します。これは、潜在目的変数 $(y_i(1), y_i(0))$ が同時分布 $p(y(1), y(0)|x)$ に従って（潜在的に）抽出されたあとで、$y_i = y_i(w_i)$ として定義されます。仮に介入が行われていた場合は $w_i = 1$ であるため $y_i = y_i(1)$ であり、介入が行われなかった場合は $y_i = y_i(0)$ ということです。まとめると、因果推論に用いることができるデータ $\mathcal{D} = \{(x_i, w_i, y_i)\}$ は、$p(\mathcal{D}) = \prod_{i=1}^n p(x_i)p(w_i \mid x_i)p(y_i(1), y_i(0) \mid x_i)$ という分布に従い生成されます。図 0.8 に、ここまでの内容をもとに因果推論で考える統計的推定の問題をまとめています。これを見ると、因果推論の問題でも基本的には前節までの統計的推定問題と同じ類の問題を考えていることがわかるはずです。すなわち因果推論は、（未知の）平均介入効果 $\tau = \mathbb{E}_{p(y(1), y(0))}[y(1) - y(0)]$ を推定目標として、それを観測データ $\mathcal{D} = \{(x_i, w_i, y_i)\}_{i=1}^n$ を用いてできるだけ正確に推定できる推定量 $\hat{\tau}(\mathcal{D})$ を作る問題と整理できます。推定に用いることができる観測データ $\mathcal{D}$ は（例えば）図 0.9 のような見た目をしており、それぞれのデータ（ユーザ）について特徴量 x_i と介入変数 w_i が観測され、介入有無に基づいて観測される目的変数が $y_i = y_i(w_i)$ として決まっている様子が見てとれます。潜在目的変数のどちらか一方（$y_i(1 - w_i)$）は、常に未観測になってしまうこともわかります。

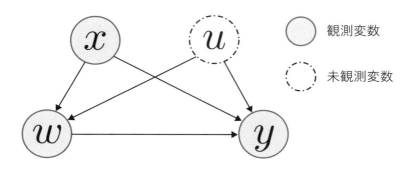

図 0.10 因果推論における確率変数 x, w, y と未観測交絡 u の間の関係性

平均的因果効果に対する推定量を設計するにあたって、典型的な因果推論では、以下の三つの仮定を出発点とします。

- **一致性（consistency）**：介入を受けた際には $y(1)$ を観測し、介入を受けなかった際には $y(0)$ を観測する。すなわち、$y = y(w)$ である。

- **交換性（exchangeability）**：潜在目的変数 $(y(0), y(1))$ と介入変数 w が、特徴量 x を条件付けたとき独立である。すなわち、$(y(0), y(1)) \perp\!\!\!\perp w \,|\, x$ である。

- **正値性（positivity）**：すべての特徴量について、介入を受ける確率と受けない確率のどちらも 0 ではない。すなわち、$0 < p(w = 1|x) < 1, \, \forall x$ である。

それぞれの仮定について詳しく説明します。

一致性の仮定[*8]は、$w = 1$ のときには介入ありに対応する潜在目的変数 $y = y(1)$ が観測され、$w = 0$ のときには介入なしに対応する潜在目的変数 $y = y(0)$ が観測されることを要求しています。この仮定は、一見当然のごとく成り立つものに思えるかもしれません。しかし、例えばある薬の効果を検証する際に、薬が処方された群の中に指示通りに服用しない患者がいる場合、薬を処方したつもり（$w = 1$）でもそれを服用しなかった場合の目的変数（$y(0)$）が観測されてしまうという不具合が起こります。このような状況において一致性の仮定を満たすためには、(1) 薬を服用することではなくて処方することを介入として定義し、処方することの因果効果を推定する問題に切り替える (2) 薬を処方した人が必ず薬を服用するよう何らかの方法で強制する、などの対処が必要になります。よって一致性の仮定を満たすには、介入の定義（処方なのか服用なのか）に注意深くなる必要があります。

[*8] 紛らわしいですが、統計的推定における推定量の性質としての一致性とは異なる概念です。

　次に交換性の仮定は、潜在目的変数 $(y(0), y(1))$ と介入変数 w が、特徴量 x を条件付けたとき独立である $((y(0), y(1)) \perp\!\!\!\perp w \mid x)$ ことを要求しています。仮にこの仮定が成り立っていなければ、介入有無に応じて潜在目的変数の分布 $p(y(0), y(1))$ が変化してしまい、因果効果 τ が一意に定まらなくなってしまいます。先にも述べたように介入変数 w は観測される潜在目的変数を切り替えるだけのものですから、これが潜在目的変数に対して影響を与えてしまうと、定式化に不具合が生じるのです。交換性が満たされない典型的な状況として、図 0.10 における u のように、介入変数 w と潜在目的変数 $(y(0), y(1))$ の両方に影響を与えるにもかかわらず、データとしては観測されない特徴量（これを**未観測交絡**などと呼びます）が存在する場合があります。例えば、ある薬を処方することの健康状態に対する因果効果を推定するために、過去にある医者が薬を処方するか否かを決め、その結果として観測された患者の健康状態のデータを用いる状況を考えます。ここでその医者が、年齢や性別、その他検査などで観測されデータとして記録される情報 x に加えて、診察で受けた印象や自らの経験に基づく勘などデータに必ずしも記録されない情報 u を総合して患者ごとに薬の処方有無 w を決めていたとします。すると因果推論を行う際にはデータとして残る情報 x しか使用できませんから、データとして残っていないが処方有無の意思決定 w や目的変数 y に寄与していたであろう情報が未観測交絡 u となり、交換性が満たされなくなってしまいます。よって交換性を満たすためには、データが収集された際に介入を行うか否かの意思決定に寄与していた情報を、可能な限り記録しておくことが重要なのです。なお交換性の仮定 $((y(0), y(1)) \perp\!\!\!\perp w \mid x)$ が成り立っているとき、介入と潜在目的変数の同時分布を $p(w, y(1), y(0) \mid x) = p(w \mid x)p(y(1), y(0) \mid x)$ と分解できます。以後行う因果推論に関する期待値計算では、この交換性の仮定に基づく分解が鍵を握ることになります。

　最後に正性性の仮定は、任意の特徴量 x について介入・非介入の割り当てが確率的に決まっていなければならないことを要求します。仮にこの仮定が満たされておらず、介入が確率 1 で割り当たっている群があったとしたら、その群については（確率的な意味でさえ）介入を施さなかった場合の潜在目的変数 $y(0)$ の情報が含まれないことになり、因果推論を行うことが非常に困難になってしまいます。より発展的な内容としてこれらの仮定が成り立たない状況を扱う論文は多数存在しますが、本節では、これらの基本仮定が満たされた状況のみに焦点を絞っています。

　ここから、観測データ $\mathcal{D} = \{(x_i, w_i, y_i)\}_{i=1}^{n} \sim p(\mathcal{D})$ を用いて、式 (0.25) で定義される真の平均介入効果 τ を推定する問題を考えていきます。まずはじめに、これまで統計的推定や教師あり学習で用いてきた、観測データの経験平均に基づく AVG 推定量を定義してみることにしましょう。

$$\hat{\tau}_{\mathsf{AVG}}(\mathcal{D}) := \frac{1}{n}\sum_{i=1}^{n} w_i y_i - \frac{1}{n}\sum_{i=1}^{n}(1-w_i)y_i \tag{0.26}$$

第一項では介入を受けた（$w_i = 1$ である）データについて観測された目的変数を平均しており、第二項では介入を受けなかった（$w_i = 0 \implies 1 - w_i = 1$ である）データについて観測された目的変数を平均しています。図 0.9 の例で言うと、介入を受けており $w_i = 1$ となっているユーザ（ユーザ 2・4）について観測された目的変数をもとに第一項を計算し、介入を受けておらず $w_i = 0 \implies 1 - w_i = 1$ であるユーザ（ユーザ 1・3・5）について観測された目的変数をもとに第二項を計算することで、平均介入効果を推定しようとしているということです（これはまさしく「はじめに」で行ったクーポン配布に関する意思決定則の利益評価の方法そのものです）。

　ここで定義した AVG 推定量 $\hat{\tau}_{\mathsf{AVG}}(\mathcal{D})$ の性質（期待値）を分析することで、因果推論の問題でもこの単純な推定量が通用するか確認してみましょう。

$$\mathbb{E}_{p(\mathcal{D})}\left[\hat{\tau}_{\mathsf{AVG}}(\mathcal{D})\right]$$

$$= \mathbb{E}_{p(\mathcal{D})}\left[\frac{1}{n}\sum_{i=1}^{n} w_i y_i - \frac{1}{n}\sum_{i=1}^{n}(1-w_i)y_i\right]$$

$$= \frac{1}{n}\sum_{i=1}^{n}\mathbb{E}_{p(x,w,y(0),y(1))}[wy] - \frac{1}{n}\sum_{i=1}^{n}\mathbb{E}_{p(x,w,y(0),y(1))}[(1-w)y]$$

$$\qquad\qquad\qquad\qquad\qquad \because \text{期待値の線形性、同一分布からの抽出}$$

$$= \mathbb{E}_{p(x,w,y(0),y(1))}[wy] - \mathbb{E}_{p(x,w,y(0),y(1))}[(1-w)y]$$

$$= \mathbb{E}_{p(x)}\left[\mathbb{E}_{p(w,y(0),y(1)|x)}[wy]\right] - \mathbb{E}_{p(x)}\left[\mathbb{E}_{p(w,y(0),y(1)|x)}[(1-w)y]\right]$$

$$\qquad\qquad\qquad\qquad\qquad \because \text{繰り返し期待値の法則}$$

$$= \mathbb{E}_{p(x)}\left[\mathbb{E}_{p(w,y(1)|x)}[wy(1)]\right] - \mathbb{E}_{p(x)}\left[\mathbb{E}_{p(w,y(0)|x)}[(1-w)y(0)]\right]$$

$$\qquad\qquad\qquad\qquad\qquad \because \text{一致性の仮定}$$

$$= \mathbb{E}_{p(x)}\left[\mathbb{E}_{p(w|x)}[w]\mathbb{E}_{p(y(1)|x)}[y(1)]\right] - \mathbb{E}_{p(x)}\left[\mathbb{E}_{p(w|x)}[(1-w)]\mathbb{E}_{p(y(0)|x)}[y(0)]\right]$$

$$\qquad\qquad\qquad\qquad\qquad \because \text{交換性の仮定}$$

$$= \mathbb{E}_{p(x,y(1))}[e(x)y(1)] - \mathbb{E}_{p(x,y(0))}[(1-e(x))y(0)] \quad \because e(x) := \mathbb{E}_{p(w|x)}[w]$$

$$\neq \tau$$

ここで、介入変数 w の分布 $p(w|x)$ に関する条件付き期待値を $e(x) := \mathbb{E}_{p(w|x)}[w]$

と表記しています。なお介入変数 w が 2 値確率変数であることを踏まえると $e(x) = p(w = 1 \mid x)$ であることから、関数 $e(x)$ はある特徴量 x を持つデータが介入を受ける確率を表すことがわかります。

ここで（随所に仮定や期待値の性質を駆使しながら）計算した通り、経験平均で定義される AVG 推定量の期待値 $\mathbb{E}_{p(\mathcal{D})}[\hat{\tau}_{\mathsf{AVG}}(\mathcal{D})] = \mathbb{E}_{p(x,y(1))}[e(x)y(1)] - \mathbb{E}_{p(x,y(0))}[(1 - e(x))y(0)]$ は、推定目標である $\tau = \mathbb{E}_{p(y(1))}[y(1)] - \mathbb{E}_{p(y(0))}[y(0)]$ に一致しないことがわかります。具体的には $e(x)$ が邪魔者として現れてしまうことで、推定量の期待値と推定目標の間にズレ（バイアス）を生んでしまっています。このように**因果効果の推定では、これまで統計的推定や教師あり学習の問題で不偏推定を可能にしていた経験平均に基づく推定量が、その不偏性を失う**ことがわかります。しかし、経験平均に基づく推定量を定義し、その期待値を分析してみたことは決して無駄ではありません。すなわち、特徴量 x を持つデータが介入を受ける確率 $e(x)$ が唯一の邪魔者として出現することが明らかになったわけですから、**期待値を計算したときに $e(x)$ が消えるように逆算して推定量を設計すれば、因果推論においても不偏推定を行える**ことに気がつくはずです。この考え方に基づいて自然に導かれる推定量が **Inverse Propensity Score（IPS）推定量**であり、次のように定義されます。

$$\hat{\tau}_{\mathsf{IPS}}(\mathcal{D}) := \frac{1}{n}\sum_{i=1}^{n} \frac{w_i}{e(x_i)}y_i - \frac{1}{n}\sum_{i=1}^{n} \frac{1 - w_i}{1 - e(x_i)}y_i \tag{0.27}$$

ここでは、先に定義した条件付き期待値 $e(x) = \mathbb{E}_{p(w|x)}[w]$ の逆数で目的変数 y_i を重み付けた推定量を新たに定義しました。介入確率を表す関数 $e(x)$ が**傾向スコア（propensity score）**と呼ばれ、その逆数を用いていることから、この推定量は Inverse Propensity Score 推定量と呼ばれています。このように目的変数を事前に傾向スコアの逆数で重み付けることで、期待値を計算したときに、AVG 推定量で問題だった傾向スコア $e(x)$ が相殺されることをねらっているのです。最後にこの IPS 推定量が推定目標である平均介入効果 τ に対する不偏推定量になっているのか、実際に期待値を計算することで確かめてみましょう。

$$\mathbb{E}_{p(\mathcal{D})}[\hat{\tau}_{\mathsf{IPS}}(\mathcal{D})]$$
$$= \mathbb{E}_{p(\mathcal{D})}\left[\frac{1}{n}\sum_{i=1}^{n} \frac{w_i}{e(x_i)}y_i - \frac{1}{n}\sum_{i=1}^{n} \frac{1 - w_i}{1 - e(x_i)}y_i\right]$$
$$= \mathbb{E}_{p(x,w,y(0),y(1))}\left[\frac{w}{e(x)}y\right] - \mathbb{E}_{p(x,w,y(0),y(1))}\left[\frac{1 - w}{1 - e(x)}y\right]$$

$$\because \text{期待値の線形性、同一分布からの抽出}$$

$$= \mathbb{E}_{p(x)}\left[\mathbb{E}_{p(w,y(1)|x)}\left[\frac{w}{e(x)}y(1)\right]\right] - \mathbb{E}_{p(x)}\left[\mathbb{E}_{p(w,y(0)|x)}\left[\frac{1-w}{1-e(x)}y(0)\right]\right]$$

$$\because \text{繰り返し期待値の法則、一致性の仮定}$$

$$= \mathbb{E}_{p(x)}\left[\frac{\mathbb{E}_{p(w|x)}[w]}{e(x)}\mathbb{E}_{p(y(1)|x)}[y(1)]\right] - \mathbb{E}_{p(x)}\left[\frac{\mathbb{E}_{p(w|x)}[(1-w)]}{1-e(x)}\mathbb{E}_{p(y(0)|x)}[y(0)]\right]$$

$$\because \text{交換性の仮定}$$

$$= \mathbb{E}_{p(x)}\left[\frac{\cancel{e(x)}}{\cancel{e(x)}}\mathbb{E}_{p(y(1)|x)}[y(1)]\right] - \mathbb{E}_{p(x)}\left[\frac{\cancel{1-e(x)}}{\cancel{1-e(x)}}\mathbb{E}_{p(y(0)|x)}[y(0)]\right]$$

$$= \mathbb{E}_{p(y(1))}[y(1)] - \mathbb{E}_{p(y(0))}[y(0)]$$

$$= \tau$$

したがって、ねらった通りに傾向スコア $e(x)$ が打ち消しあっており、IPS 推定量の期待値が真の平均因果効果に一致する（$\mathbb{E}_{p(\mathcal{D})}[\hat{\tau}_{\mathsf{IPS}}(\mathcal{D})] = \tau$）ことがわかりました。

　本節では、経験平均に基づく推定量 $\hat{\tau}_{\mathsf{AVG}}$ の期待値の分析結果から着想を得て、不偏性を持つ推定量 $\hat{\tau}_{\mathsf{IPS}}(\mathcal{D})$ を導出しました。しかし、ここで設計・分析した IPS 推定量は不偏性を持つものの、状況によってはバリアンスが大きくなってしまう問題が知られています。よってその問題を解決するためのよりバリアンスの小さい推定量や、先に導入した仮定のいずれかが満たされない状況への対応、個人レベルでの因果効果の推定など、因果推論の分野を深掘りすると実に多くのトピックが存在します。

　何にせよ因果推論や反実仮想機械学習を理解するうえで重要なのは、**介入選択などの過去の意思決定の結果として観測されるデータに基づいて統計的推定を行う際には、教師あり学習で頻繁に用いられる経験平均に基づいた推定量はバイアスを持つため、より丁寧に推定量を設計しなければならない**ということです。また反実仮想機械学習の基礎を成すオフ方策評価の問題は、因果推論で扱った統計的推定問題のいくつかの意味での一般化と捉えることができます。本節で登場した程度の期待値計算を難なくこなせることも、次章以降の内容を正しく理解するためには必要不可欠です（逆に言うとここで扱った以上に難解な計算はほとんど登場しません）。反実仮想機械学習の本質を理解し、それを自由に活用できるようになるためにも、0 章で扱った基礎の内容をきっちり固めたうえで先に進むようにしましょう。

章末問題

0.1 （初級）表 0.1 における期待賞金が 635 円であることを確かめよ。また賞金の分散 $\mathbb{V}_{p(x)}[x]$ を計算せよ。

0.2 （初級）教師あり学習における経験リスク（式 (0.24)）が期待リスク（式 (0.20)）に対する不偏推定量であること、すなわち $\mathcal{L}(f) = \mathbb{E}_{p(\mathcal{D})}[\hat{\mathcal{L}}_{\mathrm{AVG}}(f; \mathcal{D})]$ を示せ。

0.3 （初級）傾向スコアについて、$e(x) = \mathbb{E}_{p(w|x)}[w] = p(w = 1 \,|\, x)$ であることを示せ。

0.4 （中級）全分散の公式（式 (0.16)）を示せ。

0.5 （中級）教師あり学習においてよく用いられる予測関数の正確さの指標に期待リスク $\mathcal{L}(f)$（式 (0.20)）があるが、これは予測関数の正確さの唯一の指標ではない。予測関数の予測精度の指標として期待リスクが適切ではないと考えられる状況の例を挙げ、より適切な指標を提案せよ。

0.6 （上級）期待賞金 $V = \mathbb{E}_{p(x)}[x]$ に対する AVG 推定量（式 (0.19)）よりも小さいバリアンスを持つ推定量を新たに設計せよ。なお定式化に何らかの修正（追加的な情報を仮定するなど）を加えてもよい。

0.7 （上級）（未知の）期待リスク $\mathcal{L}(f)$ を最小にする最適な予測関数 $f^* := \arg\min_{f \in \mathcal{F}} \mathcal{L}(f)$ と期待リスクに対するある推定量 $\hat{\mathcal{L}}(f; \mathcal{D})$ を最小化する学習によって得られる予測関数 $\hat{f} := \arg\min_{f \in \mathcal{F}} \hat{\mathcal{L}}(f; \mathcal{D})$ について、それらの期待リスクの差

$$\mathcal{L}(\hat{f}) - \mathcal{L}(f^*)$$

を上から評価せよ。またその結果に基づいて、教師あり学習における推定量 $\hat{\mathcal{L}}(f; \mathcal{D})$ の正確さと正則化の重要性を議論せよ。なおこの問題においては、仮説集合は有限（$|\mathcal{F}| < \infty$）としてよい。

0.8 （上級）平均的因果効果に対する IPS 推定量（式 (0.27)）のバリアンスを算出せよ。またその結果をもとに、IPS 推定量のバリアンスが大きくなってしまう状況を列挙せよ。

第1章：標準的なオフ方策評価

　オフ方策評価とは、反実仮想機械学習の基礎を成す重要技術であり、ある意思決定の規則が導く帰結を、過去の意思決定が残したログデータに基づき推定する統計的推定問題です。正確なオフ方策評価が可能になれば、広告配信や推薦・検索、クーポン配布、処方薬の決定などに関する新たな施策の良さを、オンライン実験を実施せずとも見積もることができるようになります。またオフ方策評価の問題は、新たな意思決定則を学習するための基礎でもあります。本章ではまず、オンライン実験を通じた意思決定則の評価の問題をオフ方策評価の特殊ケースとして分析します。そのあと、オフ方策評価における三つの最重要推定量を理論・実験の両面から分析し、2章以降でより実践的な状況を定式化・分析するための確固たる基礎知識を身につけます。

　機械学習や深層学習は、データに基づいた正確な予測を可能にする技術として至る所で用いられています。実際に多くの研究論文では、解く意味があるとされているタスクにおいてより高精度な予測を達成することを至上命題とし、手法の開発が行われています。もちろん、そのようにして得られる予測値をそのまま活用する場面もあるでしょう。例えば、天気予報でよく見る降水確率の予測は、予測値を直接活用している良い実例です。しかし、Web産業における応用に目を向けると、**機械学習による予測値をそのまま用いるのではなく、予測値に基づいて何らかの意思決定を行なっていることがほとんどのように思えてきます**。例えば、ユーザとアイテムのペアごと

図 1.1　（左）Netflix におけるサムネイル切り替えの意思決定 (Chandrashekar17)（右）ZOZOTOWN におけるアイテム推薦の意思決定 (成田 20)

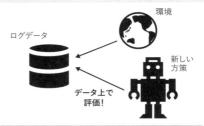

図 1.2　オンライン実験とオフ方策評価の利点と欠点

にクリック確率を予測し、その予測値に基づいてどのアイテムを推薦すべきか決定する。あるいは、購入確率予測に基づいてユーザごとにどの商品の広告を提示するか決定するなどの応用が、意思決定最適化問題の典型例として挙げられます。実際に Netflix や Spotify、YouTube、TikTok などの巨大プラットフォームは、ユーザごとに異なるコンテンツを推薦するしくみを構築し、個別に最適なコンテンツを届けることで、ユーザ体験の改善や収益の最大化を図っています（Chen19, Gilotte18, Gruson19）。同じ映画を推薦する場合でも、ユーザごとにサムネイルを切り替えているという Netflix による Artwork Personalization の事例（Chandrashekar17）は、その代表例でしょう（図 1.1（左））。また、株式会社 ZOZO が運営するファッション通販サイト「ZOZOTOWN」におけるファッションアイテム推薦枠（図 1.1（右））は、データ駆動のアルゴリズムに基づいて、ユーザごとに推薦すべき商品の組を決める意思決定が自動化されています（成田 20）。こうした Web 産業における応用以外でも、患者の容体予測に基づいて薬の種類や投薬量に関する意思決定をしたり、生徒の成績予測に基づいてカリキュラムや指導方針を決定したりする問題は、**予測というよりもむしろデータに基づいた意思決定の最適化問題**といえるでしょう。これらの例では、クリック確率や購入確率、生徒の成績に関する予測の精度よりもそれに基づく推薦や広告配信、カリキュラム作成などの意思決定の性能（良さ）に関心があるはずです。

　本書の『Part 1: 推定・評価』における最重要目標は、機械学習による予測値などに基づいて導かれる意思決定の規則である**意思決定方策**（**decision-making policy**）**の性能を、ログデータのみに基づいて正確に評価できるようになること**です。意思決定方策の性能評価の方法として理想的なのは、方策を環境あるいはサービスに実装す

ることで結果を直接的に計測するオンライン実験・A/B テストを行うことでしょう。しかし、オンライン実験には時間がかかることや大きな実装コストがともなうことなど多くの欠点があります。性能の悪い意思決定方策を実験してしまったときに、実験期間においてユーザ体験を害したり収益を減らしてしまうおそれもあります。また、仮にオンライン実験を実施できる状況だったとしても、機械学習アルゴリズムのすべてのハイパーパラメータの組み合わせについてオンライン実験を行うことは不可能でしょう。よって、オンライン実験を避け意思決定方策の性能を安全に評価したり、機械学習アルゴリズムやハイパーパラメータを変えることによって大量に生成される意思決定方策の候補の中から、オンライン実験に回すべき有望な方策を迅速に絞り込んだりするためにも、既存の意思決定方策によりすでに蓄積されたログデータのみを用いて新しい方策の性能を事前に見積もりたいというモチベーションが自然に生じてきます。本書の『Part 2: 学習』で詳しく述べるように、意思決定方策の性能評価を行うことができれば、その評価値を最適化することでより良い方策を新たに学習することにもつながります。

　このように、未だ実装したことのない新たな意思決定方策の性能をログデータのみを用いて統計的に推定する問題のことを**オフ方策評価（Off-Policy Evaluation; OPE）**や**オフライン評価（Offline Evaluation）**と呼びます。正確なオフ方策評価は、意思決定最適化の実践に多くのメリットをもたらします。オフ方策評価により新たな方策の性能を正確に見積もることができるならば、時間のかかるオンライン実験を経ることなく意思決定方策の改善サイクルを素早く回すことができるでしょう。また、アルゴリズムやハイパーパラメータの組み合わせを変えることで大量に生成される意思決定方策の候補のうちどれを実装すべきか決めたり、オンライン実験を行うべき少数の有望な候補を迅速に絞り込むことも可能になります。これらの実利から、オフ方策評価には、人工知能・機械学習関連の主要国際会議や意思決定の最適化技術を活用している企業間で大きな注目が集まっているのです。本章では、最も単純な意思決定の問題におけるオフ方策評価を扱い、2 ～ 4 章で扱うより複雑で現実的な設定に対応するための基礎を養っていきます。

表 1.1 特徴量・行動・報酬の例

応用例	特徴量 x	行動 a	報酬 r
映画推薦	ユーザの映画視聴履歴	映画	クリック・視聴時間
クーポン配布	ユーザの購買履歴	クーポンの種類	購買有無・売上
投薬	患者の過去の検査結果	薬の種類・投薬量	生存有無・血糖値

表 1.2　映画推薦の問題における意思決定方策 π の例

	タイタニック $(a1)$	アバター $(a2)$	スラムダンク $(a3)$
ユーザ 1$(x1)$	$\pi(a1\,|\,x1) = 0.2$	$\pi(a2\,|\,x1) = 0.5$	$\pi(a3\,|\,x1) = 0.3$
ユーザ 2$(x2)$	$\pi(a1\,|\,x2) = 0.8$	$\pi(a2\,|\,x2) = 0.0$	$\pi(a3\,|\,x2) = 0.2$
ユーザ 3$(x3)$	$\pi(a1\,|\,x3) = 0.0$	$\pi(a2\,|\,x3) = 0.0$	$\pi(a3\,|\,x3) = 1.0$

1.1　オフ方策評価の定式化

　本節では、最も単純で実践的な設定におけるオフ方策評価の問題を定式化します[*1]。そのために、まず特徴量（feature, context）ベクトルを $x \in \mathcal{X}$、離散的な行動（action）を $a \in \mathcal{A}$、行動の結果として観測される報酬（reward）を $r \in \mathbb{R}$ で表します。表 1.1 に、これらの重要な確率変数に関する具体例をいくつか示しました。例えば Netflix などの映画推薦においてユーザの視聴行動を活性化するための意思決定最適化では、ユーザの年齢・性別などの属性情報やこれまでの視聴履歴などが代表的な特徴量として考えられます。また行動 a は各映画を表し、報酬の例としては推薦された映画が視聴されたか否かの 2 値変数や視聴時間の長さなどが考えられます。一方で医療における投薬の意思決定最適化では、各患者の属性情報に加え健康状態を表す指標などが特徴量 x になり、投薬する薬の種類やそれぞれの投薬量が行動 a の例として考えられます。報酬としては、生存有無や生存時間、血糖値および各種疾患の罹患リスクなどの最適化したい指標が状況に応じて設定されます。

　ここで、意思決定方策 $\pi : \mathcal{X} \to \Delta(\mathcal{A})$ を**行動空間 $\mathcal{A}$ 上の条件付き確率分布**として導入します。つまり $\pi(a\,|\,x)$ とは、ある特徴量ベクトル x で表されるデータ（ユーザや患者）に対して、a という行動（映画や楽曲、治療薬）を選択する確率を表します[*2]。なお特徴量分布 $p(x)$ と報酬分布 $p(r\,|\,x,a)$ は未知で我々の制御の及ばない分布であり、これらの組は**環境**（environment）などと呼ばれます。一方で、意思決定方策（行動分布）$\pi(a\,|\,x)$ は我々自身が実装するため基本的には既知であり、操作可能な分布であることに注意してください。

　表 1.2 に、意思決定方策 π の例を示しました。この具体例では、異なる特徴量 $(x1, x2, x3)$ を持つ 3 人のユーザに対して 3 本の有名な映画（$a \in \{a1, a2, a3\}$）を推薦する問題を考えています。表 1.2 を見るとこの意思決定方策 π は、ユーザ 1 に対してはタイタニックを 20%、アバターを 50%、スラムダンクを 30%の確率で推薦する

[*1]　本節で扱う設定は、文脈付きバンディット（contextual bandit）と呼ばれる意思決定問題における標準的な設定です。より複雑な強化学習（reinforcement learning）の設定におけるオフ方策評価の問題も学術的には活発に議論されており、主に 4 章で扱います。

[*2]　$\Delta(\mathcal{A})$ は、$\mathcal{A}$ 上の確率分布の空間を表します。すなわち、$\pi(a|x) \geq 0,\ \forall(x,a) \in \mathcal{X} \times \mathcal{A}$ かつ $\sum_{a \in \mathcal{A}} \pi(a|x) = 1,\ \forall x \in \mathcal{X}$ が成り立ちます。

ことがわかります。このように、行動をある確率でランダムに選択することを**確率的（stochastic）な意思決定**と呼ぶことがあります。一方でユーザ 3 に対しては、スラムダンクを 100%の確率で推薦し、そのほかの映画はまったく推薦しないことがわかります。このように、ある行動を確率 1 で選択することを**決定的（deterministic）な意思決定**と呼びます。実装する意思決定方策が変われば、その結果として観測される報酬（ユーザのクリック確率や視聴確率など）も、それに応じて変化することが予想されます。意思決定方策をさまざまに変えた際に訪れるであろうユーザ行動やビジネス KPI（Key Performance Indicator）の変化をログデータのみに基づいて正確に推定・評価することこそが、オフ方策評価における最大の目標なのです。

図 1.3 に方策 π による一連の意思決定プロセスをまとめました。我々はまず、未知の確率分布 $p(x)$ に従う特徴量 x_i を観測します。次に、観測した x_i に基づき方策 π が行動を選択します。これは特徴量 x_i で表されるユーザに対して、推薦すべき映画や配布すべきクーポン、投与すべき薬の種類を決めるといった意思決定を行う場面に対応します。最後に、特徴量 x_i と選択された行動 a_i の両方に依存して、報酬 r_i が未知の確率分布 $p(r \mid x_i, a_i)$ に従い観測されます（誰に何を推薦したかに応じてクリック確率や視聴時間などは変化するはずなので、報酬の分布は特徴量 x と行動 a で条件付けられます）。この意思決定プロセスを大量に繰り返すことで、報酬の最大化ないしは最小化を目指すのが意思決定方策の主な役割というわけです。

ここで、**意思決定方策 π の性能**を次のように正式に定義します。

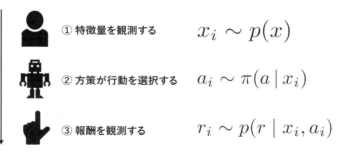

① 特徴量を観測する　　$x_i \sim p(x)$

② 方策が行動を選択する　$a_i \sim \pi(a \mid x_i)$

③ 報酬を観測する　　　$r_i \sim p(r \mid x_i, a_i)$

図 1.3　方策 π に基づきデータ (x_i, a_i, r_i) が観測されるプロセス

表 1.3   映画推薦の問題における期待報酬関数 $q(x, a)$ の例

	タイタニック $(a1)$	アバター $(a2)$	スラムダンク $(a3)$
ユーザ 1$(x1)$	$q(x1, a1) = 0.2$	$q(x1, a2) = 0.1$	$q(x1, a3) = 0.5$
ユーザ 2$(x2)$	$q(x2, a1) = 0.5$	$q(x2, a2) = 0.7$	$q(x2, a3) = 0.4$
ユーザ 3$(x3)$	$q(x3, a1) = 0.3$	$q(x3, a2) = 0.6$	$q(x3, a3) = 0.9$

定義 1.1. 意思決定方策 π の性能（policy value）は、次のように定義される。

$$V(\pi) := \mathbb{E}_{p(x)\pi(a|x)p(r|x,a)}[r] = \mathbb{E}_{p(x)\pi(a|x)}[q(x, a)] \tag{1.1}$$

なお $q(x, a) := \mathbb{E}_{p(r|x,a)}[r]$ は、特徴量 x と行動 a で条件付けたときの報酬 r の期待値であり、**期待報酬関数**（expected reward function）と呼ぶ。

意思決定方策 π の性能 $V(\pi)$ は、その方策 π をサービスなどの環境に実装した際に得られる報酬の期待値といえます。例えば報酬 r が各ユーザから得られる収益で定義されるならば、$V(\pi)$ は方策 π を実装することでもたらされる期待収益を意味するため、方策の性能の定義として妥当でしょう[*3]。

表 1.3 に、先に用いた映画推薦の問題における期待報酬関数 $q(x, a)$ の例を示しました。なおここでは問題を具体化するため、それぞれの映画を推薦したときに、各ユーザがその映画を視聴するか否かを表す 2 値変数が報酬 r として用いられているとしましょう。このとき期待報酬関数 $q(x, a)$ は、ユーザ x に映画 a を推薦したときに、その映画が視聴される確率と等しくなります。表 1.3 を見ると、ユーザ 1 はタイタニックが推薦されたら 20%の確率で、アバターが推薦されたら 10%の確率で、スラムダンクが推薦されたら 50%の確率で、それぞれを視聴することがわかります。ここで仮に 3 人のユーザが一様に分布している（すなわち $p(x_1) = p(x_2) = p(x_3) = 1/3$）とすると、式 (1.1) の定義に従うことで、表 1.2 に示した方策 π の真の性能を次のように計算できます。

$$\begin{aligned}
V(\pi) &= \mathbb{E}_{p(x)\pi(a|x)}[q(x, a)] \\
&= \sum_{x \in \{x1, x2, x3\}} p(x) \sum_{a \in \{a1, a2, a3\}} \pi(a \mid x)q(x, a) \\
&= \frac{1}{3}\Big(\underbrace{(0.2 \times 0.2 + 0.5 \times 0.1 + 0.3 \times 0.5)}_{\text{ユーザ 1 についての計算}}
\end{aligned}$$

[*3]   方策の性能は式 (1.1) のように定義されることがほとんどですが、これ以外の性能の定義が用いられることもあります (Huang21, Chandak21)。

$$+ \underbrace{(0.8 \times 0.5 + 0.0 \times 0.7 + 0.2 \times 0.4)}_{\text{ユーザ 2 についての計算}}$$

$$+ \underbrace{\Big(0.0 \times 0.3 + 0.0 \times 0.6 + 1.0 \times 0.9\Big)\Big)}_{\text{ユーザ 3 についての計算}}$$

$$= 0.54 \tag{1.2}$$

つまり、各ユーザが表 1.3 の期待報酬関数 $q(x, a)$ を持つ問題において表 1.2 の意思決定方策 π を実装した場合、平均的に 54%の確率で映画の視聴が発生することになり、これがこの映画推薦問題における方策 π の性能 $V(\pi)$ ということになります(ここでは、より高い視聴確率を導く方策の方が良い性能を持つといえます)。

オフ方策評価の目的は、方策 π の性能 $V(\pi)$ をできるだけ正確に推定することでした。方策 π を環境に一定期間実装するオンライン実験が可能ならば、その期間に観測される報酬の経験平均をとることで $V(\pi)$ を正確に推定できるはずです(このことはのちほど詳細に確認していきます)。しかしすでに述べたように、オンライン実験の実施には多くの困難がともないます。また仮にオンライン実験が可能だったとしても、ハイパーパラメータなどを変更することで生まれる大量の方策の候補すべての性能をオンライン実験で推定することは非現実的でしょう。よってオンライン実験の良い代替もしくはオンライン実験を行うべき少数の有望方策を特定するための安全かつ迅速な手段として、すでに持ち合わせているログデータのみから方策 π の性能を正確に評価したいというモチベーションがごく自然に湧き上がってくるわけです。より具体的には、すでに環境に実装・運用されている意思決定方策 π_0(これを**データ収集方**

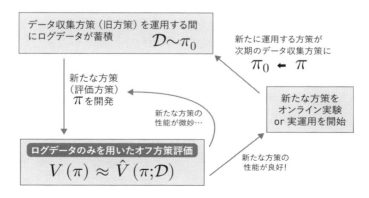

図 1.4 データ収集からオフ方策評価、オンライン実験、実運用に至る一連の流れ

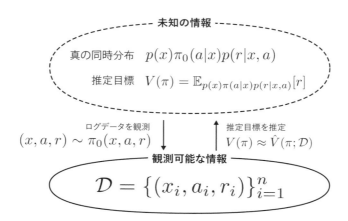

図 1.5 オフ方策評価で考える統計的推定問題（ここではデータ収集方策によって形成される (x, a, r) の同時分布を $\pi_0(x, a, r) = p(x)\pi_0(a \mid x)p(r \mid x, a)$ と表記している）

策[*4]と呼びます）によって収集されたログデータのみを用いて、π_0 とは異なる新たな方策 π の性能を正確に推定する統計的推定問題を考えます。ここでオフ方策評価の問題に用いることができるログデータ $\mathcal{D}$ は、次の独立同一分布からの抽出により与えられると想定するのが通例です。

$$\mathcal{D} := \{(x_i, a_i, r_i)\}_{i=1}^n \sim p(\mathcal{D}) = \prod_{i=1}^n p(x_i) \underbrace{\pi_0(a_i \mid x_i)}_{\text{データ収集方策}} p(r_i \mid x_i, a_i) \tag{1.3}$$

ログデータ $\mathcal{D}$ とは、データ収集方策 π_0 が図 1.3 に示されるフローに従って行なった行動選択 a とその結果 r の n 個の集合です。

　オフ方策評価における主な研究目標は、データ収集方策 π_0 が収集したログデータ $\mathcal{D}$ のみを用いて評価対象の方策 π の性能 $V(\pi)$ をより正確に推定できる推定量 $\hat{V}$ を構築することです（以後、評価対象となる新たな方策 π のことを**評価方策**と呼びます）。ここで推定量 $\hat{V}$ とは、ログデータ $\mathcal{D}$ と評価方策 π を入力として評価方策の真の性能 $V(\pi)$ を近似しようとする次のような関数を指します。

$$\underbrace{V(\pi)}_{\text{評価方策 } \pi \text{ の真の性能}} \approx \underbrace{\hat{V}(\pi; \mathcal{D})}_{\text{ログデータに基づく評価方策 } \pi \text{ の推定値}}$$

[*4] 学術論文では、データ収集方策（logging policy）π_0 のことを挙動方策（behavior policy）と呼ぶ場合もあります。

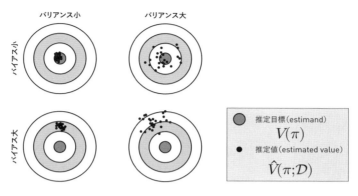

図 1.6 推定量のバイアスとバリアンスの視覚的イメージ

　推定量 $\hat{V}$ の正確さは、一般的に次の平均二乗誤差（mean-squared-error; MSE）によって定量化されます。

定義 1.2. ある評価方策 π が与えられたとき、その方策の真の性能 $V(\pi)$ に対する推定量 $\hat{V}(\pi;\mathcal{D})$ の**平均二乗誤差**は、次のように定義される。

$$\mathrm{MSE}\big[\hat{V}(\pi;\mathcal{D})\big] := \mathbb{E}_{p(\mathcal{D})}\Big[\big(V(\pi) - \hat{V}(\pi;\mathcal{D})\big)^2\Big] \tag{1.4}$$

　平均二乗誤差とは、方策 π の真の性能 $V(\pi)$ とその推定量 $\hat{V}$ による推定値 $\hat{V}(\pi;\mathcal{D})$ の二乗誤差の（ログデータ $\mathcal{D}$ を生成する分布 $p(\mathcal{D})$ についての）期待値を指します。平均二乗誤差が小さいほど、より正確な推定量であることを意味します。なお、**平均二乗誤差は推定量の二乗バイアス（squared bias）とバリアンス（variance）に分解される**ことが知られています（導出は章末問題としています）。

$$\mathrm{MSE}\big[\hat{V}(\pi;\mathcal{D})\big] = \mathrm{Bias}\big[\hat{V}(\pi;\mathcal{D})\big]^2 + \mathrm{Var}\big[\hat{V}(\pi;\mathcal{D})\big] \tag{1.5}$$

　ここで

$$\mathrm{Bias}\big[\hat{V}(\pi;\mathcal{D})\big] := \mathbb{E}_{p(\mathcal{D})}[\hat{V}(\pi;\mathcal{D})] - V(\pi),$$
$$\mathrm{Var}\big[\hat{V}(\pi;\mathcal{D})\big] := \mathbb{E}_{p(\mathcal{D})}\Big[\big(\hat{V}(\pi;\mathcal{D}) - \mathbb{E}_{p(\mathcal{D})}[\hat{V}(\pi;\mathcal{D})]\big)^2\Big],$$

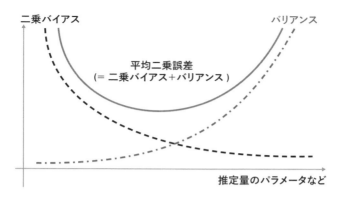

図 1.7　バイアス・バリアンストレードオフのイメージ

はそれぞれ推定量 $\hat{V}$ のバイアスとバリアンスです[*5]。バイアスとは、推定量 $\hat{V}$ の期待値と推定目標である $V(\pi)$ の差のことであり、推定量の期待値が推定目標に近いほど小さい値をとります。一方でバリアンスは、ログデータ $\mathcal{D}$ に潜むランダムネスに起因して生じる推定量 $\hat{V}$ のばらつき度合いのことです。どんなログデータ $\mathcal{D}$ が観測されたとしても推定値 $\hat{V}(\pi; \mathcal{D})$ が似た値を出力する場合、推定量 $\hat{V}$ のバリアンスは小さくなります。式 (1.5) より、平均二乗誤差はバイアスの二乗とバリアンスの和に等しく、**より良い平均二乗誤差を達成するためには、バイアスとバリアンスを共に小さく抑えること**が重要なことがわかります。図 1.6 に、バイアスとバリアンスの大小が異なる四つの推定量が従う分布の視覚的イメージを示しました。それぞれの的の中心が推定目標を表し、これはオフ方策評価における評価方策 π の真の性能 $V(\pi)$ に対応します。この図においてバイアスは推定値の重心（期待値）と推定目標の差に対応し、上段の二つの推定量の方が下段の二つの推定量と比べて点群が中心に近いためバイアスが小さいことがわかります。一方でバリアンスは推定値のばらつき度合いを表すため、左列の二つの推定量の方が右列の二つの推定量よりも小さいバリアンスを持つことがわかるはずです。低バイアスかつ低バリアンスな推定量を作ることが最も理想的ですが、（図 1.7 に示すように）**バイアスとバリアンスは基本的にトレードオフの関係にあり、バイアスを小さくすればバリアンスは大きくなりやすく、逆にバリアンスを小さく抑えようとするとバイアスが大きくなりがち**です。よっていかにしてバイアスとバリアンスの両方を小さく抑え、結果として小さい平均二乗誤差を達成する

[*5]　バイアスは $\mathrm{Bias}\left[\hat{V}(\pi; \mathcal{D})\right] := \left|\mathbb{E}_{p(\mathcal{D})}[\hat{V}(\pi; \mathcal{D})] - V(\pi)\right|$ と絶対値記号を付けて定義されることも多いですが、本章では絶対値記号をあえて外しています。これにより、バイアスが負の値をとるときは真の推定目標に対して（期待値の意味で）過小評価してしまう推定量である、といった傾向がわかるようになります。

推定量を構築できるかが、オフ方策評価における重要なテーマになっていきます。

1.2 標準的な推定量とその性質

本節ではまず、オフ方策評価の特殊な（より理想的な）状況として、オンライン実験を実施できる場合の方策の性能推定を扱います。そのあと、データを収集した方策 π_0 と評価方策 π が異なる、より一般的なオフ方策評価における基本推定量とそれらの性質を紹介していきます。

1.2.1 オンライン実験による方策性能推定

まずはオフ方策評価を扱うための準備として、オンライン実験を通じた方策性能推定を扱います。**オンライン実験とは、評価方策 π そのものを環境に実装することで得たログデータを用いて、その方策の性能 $V(\pi)$ を推定すること**を指します。すなわちオンライン実験では、次のログデータを用いて推定を行います。

$$\mathcal{D}_{\mathrm{online}} := \{(x_i, a_i, r_i)\}_{i=1}^n \sim p(\mathcal{D}_{\mathrm{online}}) = \prod_{i=1}^n p(x_i) \underbrace{\pi(a_i \mid x_i)}_{\text{評価方策}} p(r_i \mid x_i, a_i) \quad (1.6)$$

ここで $\mathcal{D}_{\mathrm{online}}$ は、評価方策 π 自身によって収集されたログデータです。式 (1.3) で定義したログデータとは異なり、**評価方策 π そのものが形成する同時分布 $p(x)\pi(a \mid x)p(r \mid x, a)$ からデータが生成されている**点に注意してください。

機械学習の現場で普段何気なく行われているオンライン実験に基づく性能評価は、「**評価方策 π の性能 $V(\pi)$ を、その方策自身が収集したログデータ $\mathcal{D}_{\mathrm{online}}$ に基づいて推定する統計的推定問題**」として定式化されることがわかりました。このオンライン実験を通じた方策の性能推定では、次の **AVG 推定量**がよく用いられます。

> **定義 1.3.** 評価方策 π のオンライン実験により収集したログデータ $\mathcal{D}_{\mathrm{online}}$ が与えられたとき、評価方策 π の性能 $V(\pi)$ に対する AVG 推定量は、次のように定義される。
>
> $$\hat{V}_{\mathrm{AVG}}(\pi; \mathcal{D}_{\mathrm{online}}) := \frac{1}{n} \sum_{i=1}^n r_i \quad (1.7)$$

AVG 推定量は、ログデータとして観測された報酬 $\{r_i\}_{i=1}^n$ の単純な平均値で定義されます。オンライン実験では、評価方策 π を環境に実装している間に観測されたク

リックやコンバージョンなどの報酬を単純平均することで方策の性能を評価・比較することが常ですから、何らかの機械学習システムの評価を行うためにこの AVG 推定量を使ったことがある人も多くいることでしょう。

これから、オンライン実験により収集したログデータ $\mathcal{D}_{\mathrm{online}}$ に AVG 推定量を適用したときの統計性質を調べていきます。特に AVG 推定量のバイアスとバリアンスを計算することでこの推定量の平均二乗誤差を計算し、オンライン実験を通じた性能評価の正確さを決定づける要因を明らかにしていきます。

まずはバイアスを求めるために、ログデータが従う分布 $p(\mathcal{D}_{\mathrm{online}})$ に関する AVG 推定量の期待値を計算しておきます。

$$
\begin{aligned}
\mathbb{E}_{p(\mathcal{D}_{\mathrm{online}})}[\hat{V}_{\mathrm{AVG}}(\pi; \mathcal{D}_{\mathrm{online}})] &= \mathbb{E}_{p(\mathcal{D}_{\mathrm{online}})}\left[\frac{1}{n}\sum_{i=1}^{n} r_i\right] \\
&= \frac{1}{n}\sum_{i=1}^{n} \mathbb{E}_{p(x)\pi(a|x)p(r|x,a)}[r] \\
&\qquad \because (x,a,r) \overset{\mathrm{i.i.d.}}{\sim} p(x)\pi(a|x)p(r|x,a), \text{期待値の線形性} \\
&= \mathbb{E}_{p(x)\pi(a|x)p(r|x,a)}[r] \\
&= V(\pi)
\end{aligned}
$$

よって、**AVG 推定量の期待値は評価方策 π の真の性能 $V(\pi)$ に一致する**ことがわかります。この計算においては、ログデータ $\mathcal{D}_{\mathrm{online}}$ が評価方策 π によって収集されていることから、評価方策 π が形成する同時分布 $p(x)\pi(a|x)p(r|x,a)$ に関する期待値を計算している点がポイントです。この期待値計算の結果から、AVG 推定量のバイアスについて次の定理が導かれます。

> **定理 1.1.** 評価方策 π のオンライン実験により収集したデータ $\mathcal{D}_{\mathrm{online}}$ を用いるとき、式 (1.7) で定義される AVG 推定量は、評価方策 π の真の性能 $V(\pi)$ に対する不偏推定量である。すなわち、
>
> $$\mathbb{E}_{p(\mathcal{D}_{\mathrm{online}})}[\hat{V}_{\mathrm{AVG}}(\pi; \mathcal{D}_{\mathrm{online}})] = V(\pi) \quad (\implies \mathrm{Bias}[\hat{V}_{\mathrm{AVG}}(\pi; \mathcal{D}_{\mathrm{online}})] = 0)$$

つまり**仮にオンライン実験を行うことができるならば、単に報酬を平均するだけでバイアスを一切生じない不偏推定が可能**であることがわかります[*6]。（多くの人はあ

[*6]　0 章で確認しましたが、不偏推定量とはその期待値が推定目標に一致する推定量のことです。

まり意識していないかもしれませんが）これがオンライン実験を行う際に、AVG 推定量がよく用いられる主な理由だと考えられます。

AVG 推定量のバイアスを解き明かすことができたので、次にそのバリアンスを計算します。AVG 推定量のバリアンスは、0 章で扱った全分散の公式（式 (0.16)）を繰り返し適用することで、次のように計算できます。

$$
\mathrm{Var}\big[\hat{V}_{\mathrm{AVG}}(\pi; \mathcal{D}_{\mathrm{online}})\big]
$$

$$
= \mathbb{V}_{p(\mathcal{D}_{\mathrm{online}})}\left[\frac{1}{n}\sum_{i=1}^{n} r_i\right]
$$

$$
= \frac{1}{n^2}\sum_{i=1}^{n} \mathbb{V}_{p(x_i)\pi(a_i|x_i)p(r_i|x_i,a_i)}[r_i] \quad \because \text{式 (0.17)}
$$

$$
= \frac{1}{n}\mathbb{V}_{p(x)\pi(a|x)p(r|x,a)}[r] \quad \because (x,a,r) \overset{\mathrm{i.i.d.}}{\sim} p(x)\pi(a|x)p(r|x,a)
$$

$$
= \frac{1}{n}\left(\mathbb{E}_{p(x)\pi(a|x)}\big[\mathbb{V}_{p(r|x,a)}[r]\big] + \mathbb{V}_{p(x)\pi(a|x)}\big[\mathbb{E}_{p(r|x,a)}[r]\big]\right) \quad \because \text{式 (0.16)}
$$

$$
= \frac{1}{n}\left(\mathbb{E}_{p(x)\pi(a|x)}\big[\sigma^2(x,a)\big] + \mathbb{E}_{p(x)}\big[\mathbb{V}_{\pi(a|x)}[q(x,a)]\big] + \mathbb{V}_{p(x)}[q(x,\pi)]\right) \quad \because \text{式 (0.16)}
$$

ここでは報酬の条件付き分散を $\sigma^2(x,a) \coloneqq \mathbb{V}_{p(r|x,a)}[r]$ としており、以後これを**報酬のノイズ**と呼びます。また期待報酬関数 $q(x,a)$ の方策 π に関する期待値に、$q(x,\pi) \coloneqq \mathbb{E}_{\pi(a|x)}[q(x,a)]$ という簡略化のための表記を割り当てています。

以上のバイアスとバリアンスの計算に基づくと、オンライン実験における AVG 推定量の平均二乗誤差が次のように表されることがわかります。

定理 1.2. ある方策 π のオンライン実験により収集したデータ $\mathcal{D}_{\mathrm{online}}$ を用いるとき、式 (1.7) で定義される AVG 推定量は、次の平均二乗誤差を持つ。

$$
\mathrm{MSE}\big[\hat{V}_{\mathrm{AVG}}(\pi; \mathcal{D}_{\mathrm{online}})\big]
$$

$$
= \mathrm{Var}\big[\hat{V}_{\mathrm{AVG}}(\pi; \mathcal{D}_{\mathrm{online}})\big] \quad \because \mathrm{Bias}\big[\hat{V}_{\mathrm{AVG}}(\pi; \mathcal{D}_{\mathrm{online}})\big] = 0
$$

$$
= \frac{1}{n}\left(\mathbb{E}_{p(x)\pi(a|x)}\big[\sigma^2(x,a)\big] + \mathbb{E}_{p(x)}\big[\mathbb{V}_{\pi(a|x)}[q(x,a)]\big] + \mathbb{V}_{p(x)}[q(x,\pi)]\right)
$$

$$
\tag{1.8}
$$

定理 1.2 はオンライン実験を通じた方策の性能推定の精度（平均二乗誤差）が、

1. 実験により収集したデータ数 n

2. 報酬のノイズ $\sigma^2(x, a)$
3. 各ユーザ**内**の期待報酬関数のばらつき度合い（の期待値）$\mathbb{E}_{p(x)}\left[\mathbb{V}_{\pi(a|x)}[q(x, a)]\right]$
4. 異なるユーザ**間**の期待報酬関数のばらつき度合い $\mathbb{V}_{p(x)}[q(x, \pi)]$

によって決まることを教えてくれます。より長い期間オンライン実験を実施することでデータ数 n を大きくできれば、それに応じて AVG 推定量による方策の性能推定の平均二乗誤差は減少していく一方で、報酬のノイズやユーザ内・ユーザ間の期待報酬関数のばらつき度合い[*7]などの我々には制御できない環境依存の要素が大きな値をとる場合は、オンライン実験を行なったとしても性能推定が困難になる場合があるということです[*8]。

　オンライン実験における AVG 推定量の精度を人工データを用いて調べた結果を、図 1.8 に示しました。図 1.8 の左図では、オンライン実験で収集したデータ数を $n \in \{250, 500, \ldots, 8000\}$ と徐々に増加させたときの AVG 推定量の平均二乗誤差の挙動を調べており、データが増えるにつれ平均二乗誤差が小さくなる、すなわちより正確な性能評価が可能になることが確認できます。次に右図では、報酬のノイズを $\sigma(x, a) \in \{1, 2, \ldots, 10\}$ と徐々に変化させたときの AVG 推定量の平均二乗誤差の挙動を調べています。これを見ると先の分析で明らかになったように、ノイズが増加するにつれ平均二乗誤差が大きくなる（正確さが失われていく）ことがわかります。

　バイアスとバリアンスの分析を行うことで、普段何気なく行われているオンライン実験の精度を左右する要因を明らかにできました。以降では、より本格的なオフ方策

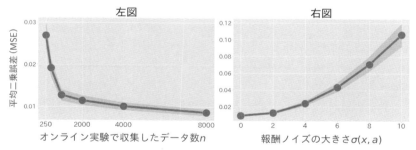

図 1.8　オンライン実験で収集したデータの数 n（左図）および報酬のノイズ $\sigma(x, a)$ の大きさ（右図）を変化させたときの AVG 推定量の平均二乗誤差の挙動（人工データ実験により計測）

[*7]　ユーザ内の期待報酬関数のばらつき度合いとは、例えば表 1.3 の例における各行内の値のばらつき度合いを指し、異なるユーザ間の期待報酬関数のばらつき度合いは、表 1.3 の例における各列内の値のばらつき度合いを指します。

[*8]　一般的には、クリック有無などの 2 値変数と比べ、売り上げや動画視聴時間などの連続変数の方がノイズ $\sigma^2(x, a)$ が大きくなる傾向にありますから、後者を報酬に設定した場合の方が、AVG 推定量の平均二乗誤差が大きくなる傾向にあります。

評価の問題を解くための推定量の統計性質を、同様の流れで解き明かしていきます。

1.2.2 Direct Method（DM）推定量

ここから、より本格的なオフ方策評価の問題に取り組んでいきます。具体的には、**評価方策 π とは異なるデータ収集方策 π_0 が収集したログデータ $\mathcal{D}$（式 (1.3)）のみを用いて、評価方策の性能 $V(\pi)$ を推定する問題**を扱っていきます。

まずはじめに、オフ方策評価における基本推定量の一つである **Direct Method（DM）推定量**を導入します。

定義 1.4. データ収集方策 π_0 が収集したログデータ $\mathcal{D}$ が与えられたとき、評価方策 π の性能 $V(\pi)$ に対する Direct Method（DM）推定量は、次のように定義される。

$$\hat{V}_{\mathrm{DM}}(\pi; \mathcal{D}, \hat{q}) := \frac{1}{n} \sum_{i=1}^{n} \hat{q}(x_i, \pi) = \frac{1}{n} \sum_{i=1}^{n} \sum_{a \in \mathcal{A}} \pi(a \mid x_i) \hat{q}(x_i, a) \qquad (1.9)$$

なお $\hat{q}(x, a)$ は、期待報酬関数 $q(x, a)$ の推定モデルである。これは例えば、報酬 r を目的変数とした次の教師あり学習を行うことなどによって得られる。

$$\hat{q}(x, a) = \underset{q' \in \mathcal{Q}}{\arg\min} \frac{1}{n} \sum_{i=1}^{n} \ell_r(r_i, q'(x_i, a_i)) \qquad (1.10)$$

ここで $\ell_r(\cdot, \cdot)$ は、交差エントロピー誤差や二乗誤差などの適切に選択された損失関数である。また $\mathcal{Q}$ は、期待報酬関数を推定するための仮説集合であり、リッジ回帰やニューラルネットワーク、ランダムフォレストなどの機械学習アルゴリズムにより定義される。

DM 推定量ではまず、評価方策 π の性能 $V(\pi) = \mathbb{E}_{p(x)\pi(a|x)}[q(x, a)]$ のうち未知である期待報酬関数 $q(x, a)$ を、報酬 r に対する予測誤差を最小化する基準で近似します。この問題は（基本的には）単純な教師あり学習の問題と考えればよいので、ニューラルネットワークやランダムフォレストなどのモデルを、より正確な報酬予測が達成されるよう適切に選択しながら学習を行います。仮に報酬を精度良く予測できる推定モデル $\hat{q}(x, a)$ を得ることができたならば、それを方策の性能の定義に代入することで、正確な方策評価を行うことができるはずです。このアイデアに基づいて、真の期待報酬関数 $q(x, a)$ をその推定モデル $\hat{q}(x, a)$ で代替すると

$$V(\pi) \approx \mathbb{E}_{p(x)\pi(a|x)}[\hat{q}(x, a)] \approx \frac{1}{n} \sum_{i=1}^{n} \mathbb{E}_{\pi(a|x_i)}[\hat{q}(x_i, a)]$$

表 1.4　映画推薦の問題における期待報酬関数の推定モデル $\hat{q}(x, a)$ の例

	タイタニック $(a1)$	アバター $(a2)$	スラムダンク $(a3)$
ユーザ $1(x1)$	$\hat{q}(x1, a1) = 0.1$	$\hat{q}(x1, a2) = 0.2$	$\hat{q}(x1, a3) = 0.2$
ユーザ $2(x2)$	$\hat{q}(x2, a1) = 0.4$	$\hat{q}(x2, a2) = 0.3$	$\hat{q}(x2, a3) = 0.3$
ユーザ $3(x3)$	$\hat{q}(x3, a1) = 0.5$	$\hat{q}(x3, a2) = 0.8$	$\hat{q}(x3, a3) = 0.9$

となり、式 (1.9) に示した DM 推定量の定義を得ます（ここでは特徴量分布 $p(x)$ も未知のため、ログデータ $x_i \sim p(x)$ に基づいた経験平均による近似を行なっています）。

　簡単な数値例を用いて、DM 推定量を手計算で実行してみることにしましょう。具体的には、前節でも用いた映画推薦におけるオフ方策評価の問題（表 1.2 と表 1.3）をもとに、DM 推定量による推定を行なってみます。DM 推定量を用いるためにはまず、期待報酬関数 $q(x, a)$ の推定モデルを得る必要があります。ここでは、表 1.4 の推定モデル $\hat{q}(x, a)$ を例として用いることにします。また簡略化のため、ログデータ $\mathcal{D}$ 中にユーザ 1〜3 がそれぞれ 1 度ずつ観測されているとします。この簡易な例において、表 1.2 で表される方策を評価方策とした場合の DM 推定量は、次のように計算されるはずです。

$$
\begin{aligned}
\hat{V}_{\mathrm{DM}}(\pi; \mathcal{D}, \hat{q}) &= \frac{1}{n} \sum_{i=1}^{n} \mathbb{E}_{\pi(a|x_i)}[\hat{q}(x_i, a)] \\
&= \frac{1}{3} \sum_{x \in \{x1, x2, x3\}} \sum_{a \in \{1, 2, 3\}} \pi(a \,|\, x)\hat{q}(x, a) \\
&= \frac{1}{3} \Big(\underbrace{(0.2 \times 0.1 + 0.5 \times 0.2 + 0.3 \times 0.2)}_{\text{ユーザ 1 についての計算}} \\
&\quad + \underbrace{(0.8 \times 0.4 + 0.0 \times 0.3 + 0.2 \times 0.3)}_{\text{ユーザ 2 についての計算}} \\
&\quad + \underbrace{(0.0 \times 0.5 + 0.0 \times 0.8 + 1.0 \times 0.9)}_{\text{ユーザ 3 についての計算}} \Big) \\
&= 0.486 \ldots
\end{aligned}
\tag{1.11}
$$

式 (1.2) で計算したように、この例における評価方策 π の真の性能は $V(\pi) = 0.54$ でしたから、ここでは DM 推定量による性能の過小評価が起こっていることがわかります。DM 推定量では、真の期待報酬関数 $q(x, a)$（表 1.3）の代わりにその推定モデル

$\hat{q}(x, a)$（表 1.4）を用いるわけですから、その推定誤差に起因するバイアスが発生してしまうことは想像に難くないでしょう。

ここから、DM 推定量のバイアスとバリアンスを計算し、その統計性質を理解していきます。まずはバイアスを求めるための準備として、ログデータが従う分布 $p(\mathcal{D})$ に関する DM 推定量の期待値を計算しておきましょう。

$$
\begin{aligned}
\mathbb{E}_{\mathcal{D}}[\hat{V}_{\mathrm{DM}}(\pi; \mathcal{D}, \hat{q})] &= \mathbb{E}_{\mathcal{D}}\left[\frac{1}{n}\sum_{i=1}^{n}\hat{q}(x_i, \pi)\right] \\
&= \frac{1}{n}\sum_{i=1}^{n}\mathbb{E}_{p(x)\pi_0(a|x)p(r|x,a)}\left[\hat{q}(x, \pi)\right] \\
&\qquad \because (x, a, r) \overset{\text{i.i.d.}}{\sim} p(x)\pi_0(a|x)p(r|x,a), \text{期待値の線形性} \\
&= \mathbb{E}_{p(x)\pi(a|x)}\left[\hat{q}(x, a)\right] \quad \because \hat{q}(x, \pi) \text{ は } a \text{ や } r \text{ に非依存} \qquad (1.12)
\end{aligned}
$$

ここではログデータ $\mathcal{D}$ がデータ収集方策 π_0 によって収集されている状況を鑑み、データ収集方策 π_0 に関する期待値を計算している点がポイントです[*9]。しかし DM 推定量に現れる $\hat{q}(x, \pi)$ は特徴量 x と方策 π の関数であり、行動 a や報酬 r に非依存であるため、結局のところデータ収集方策 $\pi_0(a|x)$ や報酬分布 $p(r|x,a)$ に関する期待値は消滅しています。ここで行った期待値計算により次の定理が導かれます。

> **定理 1.3.** あるデータ収集方策 π_0 が収集したログデータ $\mathcal{D}$ と期待報酬関数の推定モデル $\hat{q}(x, a)$ を用いるとき、式 (1.9) で定義される DM 推定量は、次のバイアスを持つ。
>
> $$\mathrm{Bias}\left[\hat{V}_{\mathrm{DM}}(\pi; \mathcal{D}, \hat{q})\right] = \mathbb{E}_{p(x)\pi(a|x)}[\Delta_{q,\hat{q}}(x, a)] \qquad (1.13)$$
>
> なお $\Delta_{q,\hat{q}}(x, a) := \hat{q}(x, a) - q(x, a)$ は、期待報酬関数の推定モデル $\hat{q}(x, a)$ の真の期待報酬関数 $q(x, a)$ に対する予測誤差である。

式 (1.13) で表される DM 推定量のバイアスは、バイアスの定義や式 (1.12) の DM 推定量の期待値を用いると

[*9] 一方でオンライン実験における AVG 推定量の分析では、評価方策 π が形成する同時分布 $p(x)\pi(a|x)p(r|x,a)$ に関する期待値を計算していました。これが、オンライン実験とデータ収集方策 π_0 が収集したログデータを用いるオフ方策評価の間に分析上現れる重要な違いです。

$$\mathrm{Bias}\big[\hat{V}_{\mathrm{DM}}(\pi;\mathcal{D},\hat{q})\big] = \mathbb{E}_{p(\mathcal{D})}[\hat{V}_{\mathrm{DM}}(\pi;\mathcal{D},\hat{q})] - V(\pi)$$

$$= \mathbb{E}_{p(x)\pi(a|x)}[\hat{q}(x,a)] - \mathbb{E}_{p(x)\pi(a|x)}[q(x,a)]$$

$$= \mathbb{E}_{p(x)\pi(a|x)}[\Delta_{q,\hat{q}}(x,a)]$$

として導くことができます。この分析により、DM 推定量のバイアスが、期待報酬関数の推定モデルの予測精度 $\Delta_{q,\hat{q}}(x,a)$ によって決まることがわかりました[*10]。すなわち、事前にとても正確な推定モデル $\hat{q}(x,a)$ を得ることができていれば DM 推定量のバイアスは小さくなる一方で、報酬の予測が難しい場合はバイアスが大きくなってしまうのです。方策の性能 $V(\pi)$ の定義に現れる未知の期待報酬関数 $q(x,a)$ をその推定モデル $\hat{q}(x,a)$ で代替することで DM 推定量が定義されていることを思い出せば、これはとても自然な分析結果といえるでしょう。

続いて DM 推定量のバリアンスを計算します。

$$\mathrm{Var}\big[\hat{V}_{\mathrm{DM}}(\pi;\mathcal{D},\hat{q})\big]$$

$$= \mathbb{V}_{p(\mathcal{D})}\left[\frac{1}{n}\sum_{i=1}^{n}\hat{q}(x_i,\pi)\right]$$

$$= \frac{1}{n^2}\sum_{i=1}^{n}\mathbb{V}_{p(\mathcal{D})}[\hat{q}(x_i,\pi)] \quad \because \text{式 (0.17)}$$

$$= \frac{1}{n}\mathbb{V}_{p(x)\pi_0(a|x)p(r|x,a)}[\hat{q}(x,\pi)] \quad \because (x,a,r) \overset{\mathrm{i.i.d.}}{\sim} p(x)\pi_0(a|x)p(r|x,a)$$

$$= \frac{1}{n}\mathbb{V}_{p(x)}[\hat{q}(x,\pi)] \tag{1.14}$$

これと先に得ておいたバイアスの分析結果を合わせると、次の定理が導かれます。

[*10]　より正確には、DM 推定量のバイアスは、期待報酬関数の推定モデルの予測誤差 $\Delta_{q,\hat{q}}(x,a)$ の評価方策 π に関する期待値といえます。すなわち、評価方策 π がより高い確率で選択する行動 a に関する予測誤差が DM 推定量のバイアスへの寄与度が大きいという意味でより重要なのです。

定理 1.4. あるデータ収集方策 π_0 が収集したログデータ $\mathcal{D}$ と期待報酬関数の推定モデル $\hat{q}(x,a)$ を用いるとき、式 (1.9) で定義される DM 推定量は、次の平均二乗誤差を持つ。

$$\mathrm{MSE}\big[\hat{V}_{\mathrm{DM}}(\pi;\mathcal{D},\hat{q})\big] = \mathrm{Bias}\big[\hat{V}_{\mathrm{DM}}(\pi;\mathcal{D},\hat{q})\big]^2 + \mathrm{Var}\big[\hat{V}_{\mathrm{DM}}(\pi;\mathcal{D},\hat{q})\big]$$
$$= \big(\mathbb{E}_{p(x)\pi(a|x)}[\Delta_{q,\hat{q}}(x,a)]\big)^2 + \frac{1}{n}\mathbb{V}_{p(x)}[\hat{q}(x,\pi)]$$

$$(1.15)$$

定理 1.4 は、平均二乗誤差が二乗バイアスとバリアンスの和であること（式 (1.5)）および式 (1.13) と式 (1.14) でそれぞれ表される DM 推定量のバイアスとバリアンスから導かれます。またこの定理から、DM 推定量を用いた場合のオフ方策評価の精度（平均二乗誤差）が、

1. ログデータの大きさ n
2. 期待報酬関数の推定モデル $\hat{q}(x,a)$ の予測精度 $(\mathbb{E}_{p(x)\pi(a|x)}[\Delta_{q,\hat{q}}(x,a)])^2$
3. 異なるユーザ**間**の期待報酬関数の予測値 $\hat{q}(x,a)$ のばらつき度合い $\mathbb{V}_{p(x)}[\hat{q}(x,\pi)]$

によって決まることがわかります。ログデータのサイズ n が大きかったり期待報酬関数の予測値 $\hat{q}(x,a)$ のばらつきが小さければ、式 (1.15) で表される DM 推定量の平均二乗誤差のうちバリアンスを表す第二項が小さくなっていきます。しかし、これらの要素に関係なく期待報酬関数の推定モデル $\hat{q}(x,a)$ の予測精度が芳しくなければ、DM 推定量の平均二乗誤差のうちバイアスを表す第一項は大きいままであるため、その精度は悪くなってしまう可能性があります。報酬の定義など多くの要素に依存するため一概に議論することは難しいですが、期待報酬関数 $q(x,a)$ をすべての行動 $a \in \mathcal{A}$ について精度良く近似することは多くの場合容易ではありません。例えば報酬 r をクリック有無とするとき期待報酬関数 $q(x,a)$ はクリック確率を表し、これを予測する問題は多くのデータサイエンティストが頭を悩ませる困難な問題です。またログデータ $\mathcal{D}$ には各特徴量 x に対してデータ収集方策が選択したある一つの行動に関する報酬しか観測されていませんから、それだけをもとにすべての行動 $a \in \mathcal{A}$ について期待報酬関数 $q(x,a)$ を正確に近似することは容易ではありません。そのため DM 推定量は、大きなバイアスを発生しやすい欠点を持つとされています（Dudik14）。

オフ方策評価における DM 推定量の精度を人工データを用いて調べた結果を、図 1.9 に示しました。具体的には、ログデータのサイズを $n \in \{250, 500, \ldots, 8000\}$

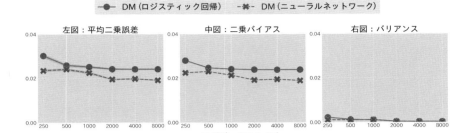

図 1.9　ログデータのサイズ n を変化させたときの DM 推定量の平均二乗誤差・バイアス・バリアンスの挙動（人工データ実験により計測）

と徐々に増加させたときの DM 推定量の平均二乗誤差・バイアス・バリアンスの挙動を調べています[*11]。また期待報酬関数の推定モデル $\hat{q}(x, a)$ として、ロジスティック回帰とニューラルネットワークを用いたときの挙動をそれぞれ調べています。まず左図から、データ数 n が増えるにつれ平均二乗誤差が若干改善される傾向にあることが見てとれますが、その改善幅はあまり大きくありません。通常の教師あり学習と異なり、DM 推定量ではすべての $a \in \mathcal{A}$ について期待報酬を予測する必要があるため、より目に見える精度改善を得るためには十分な (x, a) のペアが観測されるようより大胆にデータ数を増やす必要があるのです。また左図と中図を見比べると、DM 推定量の平均二乗誤差のほとんどが二乗バイアスによって説明されることも見てとれます（すなわち $\mathrm{MSE}\big[\hat{V}_{\mathrm{DM}}(\pi; \mathcal{D}, \hat{q})\big] \approx \mathrm{Bias}\big[\hat{V}_{\mathrm{DM}}(\pi; \mathcal{D}, \hat{q})\big]^2$）。ニューラルネットワークを推定モデルに用いた場合にロジスティック回帰を用いた場合よりも良い平均二乗誤差を達成できたのは、表現力の高いモデルを用いることによりバイアスの発生を比較的抑えることができたからだと考えられます。一方で、右図のバリアンスは常に小さな値をとっており、DM 推定量のバリアンスは平均二乗誤差にあまり寄与しないこともわかります。DM 推定量はその平均二乗誤差の構成要素の中でも、バイアスが大きくなりがちであることが実験的にも確認できました。

1.2.3　Inverse Propensity Score（IPS）推定量

　DM 推定量は、期待報酬関数の予測精度が重要な鍵を握る推定量でした。しかし、期待報酬をすべての行動 $a \in \mathcal{A}$ について精度良く予測する問題は往々にして困難であることから、バイアスが大きくなりがちであるという欠点を抱えていました。次に扱う **Inverse Propensity Score（IPS）推定量**は、DM 推定量とはまったく異なるアイデアに基づいて設計されており、期待報酬関数の推定モデルを用いることなくオ

[*11]　シミュレーションにおける行動数は $|\mathcal{A}| = 20$ で固定しています。そのほかの実験設定や実装の詳細、色付きの実験結果などは https://github.com/ghmagazine/cfml_book から確認できます。

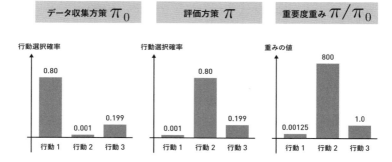

図 1.10　IPS 推定量で用いられる重要度重み $w(x,a) = \pi(a|x)/\pi_0(a|x)$ が計算される様子

フ方策評価を行います。具体的に IPS 推定量は、次のように定義されます。

定義 1.5. データ収集方策 π_0 が収集したログデータ $\mathcal{D}$ が与えられたとき、評価方策 π の性能 $V(\pi)$ に対する Inverse Propensity Score（IPS）推定量は、次のように定義される。

$$\hat{V}_{\mathrm{IPS}}(\pi; \mathcal{D}) := \frac{1}{n} \sum_{i=1}^{n} \frac{\pi(a_i \mid x_i)}{\pi_0(a_i \mid x_i)} r_i = \frac{1}{n} \sum_{i=1}^{n} w(x_i, a_i) r_i \qquad (1.16)$$

なお $w(x,a) := \pi(a \mid x)/\pi_0(a \mid x)$ は、評価方策 π とデータ収集方策 π_0 による行動選択確率の比であり、**重要度重み**（importance weight）と呼ばれる。

　上記の定義を見ると、IPS 推定量には推定モデル $\hat{q}(x,a)$ が一切登場せず報酬 r の単なる重み付け平均で定義されていることから、DM 推定量と比べても容易に実装可能な推定量であることが見てとれます。重み付け平均に用いる重みとしては、**評価方策 π とデータ収集方策 π_0 による行動選択確率の比である重要度重み** $w(x,a)$ が用いられています。図 1.10 に、データ収集方策 π_0 の行動選択確率と評価方策 π の行動選択確率から重要度重みが計算される様子を示しました。これを見ると、データ収集方策と評価方策が似ているほど重要度重みは 1 に近い値をとりやすい一方で、二つの方策が大きく異なると重要度重みのばらつきが大きくなることがわかります。特にデータ収集方策に選択される確率はとても小さい一方で、評価方策には頻繁に選択される行動がある場合に、重要度重みがとても大きな値をとることがわかります（図 1.10 における行動 2）。直感的に IPS 推定量では、この重要度重みを活用することで、データ収集方策 π_0 が生成したログデータ $\mathcal{D}$ から評価方策 π に関する情報をなんとか得ようとしているのだとイメージしておけばよいでしょう。

　さて映画推薦問題の例をもとに、IPS 推定量を実際に計算してみることにします。

表 1.5 映画推薦の問題におけるログデータ $\mathcal{D}$（$n = 6$）の例

i	特徴量 x_i	行動 a_i	データ収集方策 $\pi_0(a_i|x_i)$	評価方策 $\pi(a_i|x_i)$	報酬 r_i
1	$x2$	$a3$	0.4	0.2	1
2	$x1$	$a3$	0.6	0.3	0
3	$x2$	$a2$	0.2	0.0	0
4	$x3$	$a3$	0.4	1.0	1
5	$x2$	$a3$	0.4	0.2	1
6	$x1$	$a1$	0.2	0.2	0

表 1.6 表 1.5 のログデータを生成したデータ収集方策 π_0

	タイタニック（$a1$）	アバター（$a2$）	スラムダンク（$a3$）
ユーザ 1（$x1$）	$\pi_0(a1\,|\,x1) = 0.2$	$\pi_0(a2\,|\,x1) = 0.2$	$\pi_0(a3\,|\,x1) = 0.6$
ユーザ 2（$x2$）	$\pi_0(a1\,|\,x2) = 0.4$	$\pi_0(a2\,|\,x2) = 0.2$	$\pi_0(a3\,|\,x2) = 0.4$
ユーザ 3（$x3$）	$\pi_0(a1\,|\,x3) = 0.1$	$\pi_0(a2\,|\,x3) = 0.5$	$\pi_0(a3\,|\,x3) = 0.4$

ここでは表 1.5 のログデータ $\mathcal{D}$ を例として用います。なお表 1.5 は、表 1.6 に示した方策をデータ収集方策 π_0 として収集されたものです。またここでは、表 1.2 に示した方策を評価方策 π としています。例えば表 1.5 の $i = 1$ の行を見ると、ユーザ 2（$x_1 = x2$）が推薦枠にやって来たところにデータ収集方策がスラムダンク（$a_1 = a3$）を推薦し、その結果として視聴が発生した（$r_1 = 1$）ことがわかります。またデータ収集方策がユーザ 2 に対してスラムダンクを推薦する確率は $\pi_0(a3\,|\,x2) = 0.4$ だった一方で、評価方策がユーザ 2 に対してスラムダンクを推薦する確率は $\pi_0(a3\,|\,x2) = 0.2$ であることもわかります。$i = 2$ から $i = 6$ についても同様に、どのユーザが推薦枠にやってきて、そのときにデータ収集方策がどの映画を推薦し、結果として視聴が発生したか否かという情報が含まれていることがわかります。

このとき IPS 推定量の定義にしたがうと、評価方策 π の性能に対する推定値を、

$$
\begin{aligned}
\hat{V}_{\mathrm{IPS}}(\pi; \mathcal{D}) &= \frac{1}{6} \sum_{i=1}^{6} \frac{\pi(a_i\,|\,x_i)}{\pi_0(a_i\,|\,x_i)} r_i \\
&= \frac{1}{6} \left(\frac{0.2}{0.4} \times 1 + \frac{0.3}{0.6} \times 0 + \frac{0.0}{0.2} \times 0 + \frac{1.0}{0.4} \times 1 + \frac{0.2}{0.4} \times 1 + \frac{0.2}{0.2} \times 0 \right) \\
&= 0.583 \ldots
\end{aligned}
$$

と計算できます。もちろんこちらの推定値にも DM 推定量のときと同様、真の性能 $V(\pi) = 0.54$ に対する推定誤差が含まれていることがわかります。

ここから、IPS 推定量の推定精度を分析していきます。まずはバイアスを求めるた

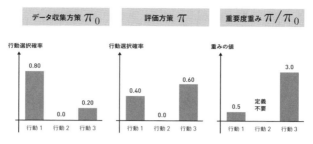

図 1.11 共通サポートの仮定（仮定 1.1）が満たされる例

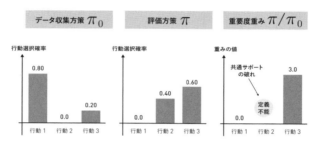

図 1.12 共通サポートの仮定（仮定 1.1）が満たされない例

めに、IPS 推定量の期待値を計算します。そのための準備として、次の**共通サポート（common support）の仮定**を導入します[*12]。

> **仮定 1.1.** すべての $x \in \mathcal{X}$ および $a \in \mathcal{A}$ について
>
> $$\pi(a \,|\, x) > 0 \implies \pi_0(a \,|\, x) > 0 \qquad (1.17)$$
>
> を満たすとき、データ収集方策 π_0 は評価方策 π に対して**共通サポート**を持つという。

　共通サポートは、データ収集方策 π_0 と評価方策 π の関係性に関する仮定であり、**評価方策 π が正の選択確率を持つ行動 a はデータ収集方策 π_0 のもとでも正の選択確率を持っていなければならない**ことを要求しています。図 1.11 と図 1.12 にそれぞれ共通サポートの仮定が満たされる例と満たされない例を示しました。図 1.11 の例では、データ収集方策 π_0 が行動 2 をまったく選択しないようですが、評価方策 π も同

[*12]　共通サポートの仮定は、0 章で扱った因果推論における正値性の仮定をオフ方策評価の場合に一般化したものと解釈できます。

様に行動 2 をまったく選択しないため共通サポートは満たされます。一方で図 1.12
の例では、評価方策 π が選択する可能性がある行動 2 がデータ収集方策 π_0 のもとで
はまったく選択されないため、共通サポートは満たされていないことになります。な
おデータ収集方策が各特徴量 x に対してある一つの行動しか選ばない決定的な方策で
ある場合、共通サポートを満たす評価方策はデータ収集方策そのものしか存在しなく
なってしまいます。仮に共通サポートが成り立たなければ、評価方策が選ぶ可能性が
ある行動に関する情報が確率的な意味でさえログデータ $\mathcal{D}$ に含まれない場合がある
ことになりますから、オフ方策評価が途端に難しくなってしまうのです。この仮定の
もとで、ログデータが従う分布 $p(\mathcal{D})$ に関する IPS 推定量の期待値は次のように計算
できます。

$$
\begin{aligned}
\mathbb{E}_{p(\mathcal{D})}[\hat{V}_{\mathrm{IPS}}(\pi; \mathcal{D})] &= \mathbb{E}_{p(\mathcal{D})}\left[\frac{1}{n}\sum_{i=1}^{n}\frac{\pi(a_i \mid x_i)}{\pi_0(a_i \mid x_i)}r_i\right] \\
&= \frac{1}{n}\sum_{i=1}^{n}\mathbb{E}_{p(x)\pi_0(a|x)p(r|x,a)}\left[\frac{\pi(a \mid x)}{\pi_0(a \mid x)}r\right] \\
&\quad \because (x, a, r) \overset{\mathrm{i.i.d.}}{\sim} p(x)\pi_0(a|x)p(r|x,a), \text{期待値の線形性} \\
&= \mathbb{E}_{p(x)}\left[\sum_{a \in \mathcal{A}}\cancel{\pi_0(a \mid x)}\frac{\pi(a \mid x)}{\cancel{\pi_0(a \mid x)}}q(x, a)\right] \qquad (1.18) \\
&= \mathbb{E}_{p(x)}\left[\sum_{a \in \mathcal{A}}\pi(a \mid x)q(x, a)\right] \\
&= V(\pi)
\end{aligned}
$$

ここでは特に**データ収集方策 π_0 に関する期待値が、重要度重みの存在によって評
価方策 π に関する期待値に切り替わっている部分（式 (1.18)）がポイント**です。なお
この段階では共通サポートの必要性を感じにくいかもしれませんが、のちほど共通サ
ポートの仮定が満たされていない場合における IPS 推定量のバイアスを計算する過
程で、その必要性がより明らかになります。何はともあれ、重要度重みのトリックに
よって、IPS 推定量の期待値が評価方策の真の性能 $V(\pi)$ に一致することがわかりま
した。このことから次の定理が導かれます。

> **定理 1.5.** あるデータ収集方策 π_0 により収集されたログデータ $\mathcal{D}$ を用いるとき、式 (1.16) で定義される IPS 推定量は、共通サポートの仮定（仮定 1.1）のもとで、評価方策 π の真の性能 $V(\pi)$ に対する不偏推定量である。すなわち、
>
> $$\mathbb{E}_{p(\mathcal{D})}[\hat{V}_{\mathrm{IPS}}(\pi; \mathcal{D})] = V(\pi) \quad (\implies \mathrm{Bias}[\hat{V}_{\mathrm{IPS}}(\pi; \mathcal{D})] = 0)$$

よって**オンライン実験を実施できなかったとしても、IPS 推定量を活用することで（共通サポートの仮定が成り立つ範囲において）バイアスを一切生じない不偏推定を行うことができる**ことがわかります。また期待報酬関数 $q(x, a)$ の予測精度に依存するバイアスが発生してしまう DM 推定量と比較しても、バイアスの意味では IPS 推定量の方が望ましい性質を持つことがわかります。

しかし、推定量の精度はバイアスだけで決まるわけではありません。すでに繰り返しているように、推定量の精度（平均二乗誤差）を知るためには、バイアスに加えてバリアンスも分析しておく必要があります。ということで、次に IPS 推定量のバリアンスを計算します。

$$\mathbb{V}_{p(\mathcal{D})}[\hat{V}_{\mathrm{IPS}}(\pi; \mathcal{D})]$$

$$= \mathbb{V}_{p(\mathcal{D})}\left[\frac{1}{n}\sum_{i=1}^{n} w(x_i, a_i) r_i\right]$$

$$= \frac{1}{n^2}\sum_{i=1}^{n} \mathbb{V}_{p(\mathcal{D})}\left[w(x_i, a_i) r_i\right]$$

$$= \frac{1}{n}\mathbb{V}_{p(x)\pi_0(a|x)p(r|x,a)}\left[w(x, a) r\right] \quad \because (x, a, r) \overset{\text{i.i.d.}}{\sim} p(x)\pi_0(a|x)p(r|x, a)$$

$$= \frac{1}{n}\left(\mathbb{E}_{p(x)\pi_0(a|x)}\left[\mathbb{V}_{p(r|x,a)}[w(x, a) r]\right] + \mathbb{V}_{p(x)\pi_0(a|x)}\left[\mathbb{E}_{p(r|x,a)}[w(x, a) r]\right]\right) \quad \because \text{式 (0.16)}$$

$$= \frac{1}{n}\left(\mathbb{E}_{p(x)\pi_0(a|x)}\left[w^2(x, a)\sigma^2(x, a)\right] + \mathbb{V}_{p(x)\pi_0(a|x)}\left[w(x, a)q(x, a)\right]\right)$$

$$= \frac{1}{n}\Big(\mathbb{E}_{p(x)\pi_0(a|x)}\left[w^2(x, a)\sigma^2(x, a)\right] + \mathbb{E}_{p(x)}\left[\mathbb{V}_{\pi_0(a|x)}[w(x, a)q(x, a)]\right]$$
$$+ \mathbb{V}_{p(x)}\left[\mathbb{E}_{\pi_0(a|x)}[w(x, a)q(x, a)]\right]\Big) \quad \because \text{式 (0.16)}$$

$$= \frac{1}{n}\Big(\mathbb{E}_{p(x)\pi_0(a|x)}\left[w^2(x, a)\sigma^2(x, a)\right] + \mathbb{E}_{p(x)}\left[\mathbb{V}_{\pi_0(a|x)}[w(x, a)q(x, a)]\right]$$
$$+ \mathbb{V}_{p(x)}\left[q(x, \pi)\right]\Big) \quad \because \mathbb{E}_{\pi_0(a|x)}[w(x, a)q(x, a)] = q(x, \pi)$$

ここでは、AVG 推定量のバリアンス分析でも用いた全分散の公式（式 (0.16)）を繰

り返し適用しています。これまでのバイアスとバリアンスの分析に基づくと、IPS 推定量の平均二乗誤差が、次のように表されることがわかります。

定理 1.6. あるデータ収集方策 π_0 が収集したログデータ $\mathcal{D}$ を用いるとき、式 (1.16) で定義される IPS 推定量は共通サポートの仮定（仮定 1.1）のもとで、次の平均二乗誤差を持つ。

$$\mathrm{MSE}\big[\hat{V}_{\mathrm{IPS}}(\pi; \mathcal{D})\big]$$
$$= \mathrm{Var}\big[\hat{V}_{\mathrm{IPS}}(\pi; \mathcal{D})\big] \quad \because \mathrm{Bias}\big[\hat{V}_{\mathrm{IPS}}(\pi; \mathcal{D})\big] = 0$$
$$= \frac{1}{n}\Big(\mathbb{E}_{p(x)\pi_0(a|x)}\big[w^2(x,a)\sigma^2(x,a)\big] + \mathbb{E}_{p(x)}\big[\mathbb{V}_{\pi_0(a|x)}[w(x,a)q(x,a)]\big]$$
$$+ \mathbb{V}_{p(x)}\big[q(x,\pi)\big] \Big) \quad (1.19)$$

定理 1.5 により IPS 推定量がバイアスを生じない不偏推定量であることから、定理 1.6 の導出は容易でしょう。

式 (1.19) を見ると、オンライン実験における AVG 推定量と同様に、ログデータ $\mathcal{D}$ のサイズ n が大きくなるほど平均二乗誤差が小さくなっていく一方で、報酬のノイズ $\sigma^2(x,a)$ や期待報酬関数 $q(x,\pi)$ のばらつきが大きいとき、推定精度が悪くなってしまう可能性が示唆されています。しかし AVG 推定量の平均二乗誤差（式 (1.8)）との重大な違いとして、**式 (1.19) には重要度重み $w(x,a)$ が現れている**ことがわかります。特に、重要度重みの二乗 $w^2(x,a)$ や重要度重みが関わる分散 $\mathbb{V}_{\pi_0(a|x)}[w(x,a)q(x,a)]$ が登場している点が注目に値します。（図 1.10 で確認したように）これらは**データ収集方策 π_0 と評価方策 π の挙動が大きく異なる場合に、とても大きな値をとってしまう**ことがあります。すなわち、**IPS 推定量はデータ収集方策と大きく異なる挙動を持つ方策を評価したい場合などにバリアンスが大きくなり、結果として平均二乗誤差が悪化してしまう可能性があるという欠点を持つ**ことがわかります。DM 推定量がバイアスに関する欠点を有していたことと比べ、IPS 推定量は（共通サポートの仮定のもとで）バイアスは生じない一方でバリアンスに欠点を持つのです。

DM 推定量と IPS 推定量の挙動を人工データを用いて比較した結果を、図 1.13 に示しました。具体的には、ログデータのサイズを $n \in \{250, 500, \ldots, 8000\}$ と徐々に増加させたときの IPS 推定量の平均二乗誤差・バイアス・バリアンスの挙動を調べています。また比較対象として、図 1.9 で検証した（期待報酬関数の推定モデル $\hat{q}(x,a)$ にニューラルネットワークを用いた場合の）DM 推定量の挙動も併せて示しています。まず左図を見ると、データ数 n が増えるにつれ IPS 推定量の平均二乗誤差が大幅に改善される傾向にあることが見てとれます。特にログデータが豊富にある状況（$n = 8000$）では、IPS 推定量の平均二乗誤差がゼロに近く、かなり正確なオフ方策評

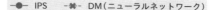

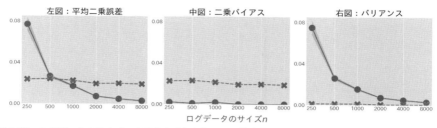

図 1.13 ログデータのサイズ n を変化させたときの IPS 推定量の平均二乗誤差・バイアス・バリアンスの挙動（人工データ実験により計測）

価が達成されていることがわかります。また中図を見ると、IPS 推定量のバイアスがデータ数 n によらずほぼゼロであることから[*13]、その不偏性（定理 1.5）が確認できます。次に左図と右図を比べると、IPS 推定量の平均二乗誤差はほぼそのバリアンスにより説明されることがわかります（すなわち $\mathrm{MSE}\big[\hat{V}_{\mathrm{IPS}}(\pi;\mathcal{D})\big] \approx \mathrm{Var}\big[\hat{V}_{\mathrm{IPS}}(\pi;\mathcal{D})\big]$）。**（DM 推定量と異なり）IPS 推定量の精度の鍵を握るのは、そのバリアンスである**ことが実験的にも確認されています。最後に IPS 推定量と DM 推定量の挙動を比較すると、ログデータが少ない状況（$n = 250, 500$）では平均二乗誤差の構成要素のうちバリアンスがより支配的になりますから、IPS 推定量の分が悪いことがわかります。一方で、IPS 推定量はデータが増えるにつれバリアンスが減少することで平均二乗誤差が改善されるのに対し、DM 推定量のバイアスはデータの増加によらず比較的大きいままなので、ある点を境に IPS 推定量の方がより正確になっていくことがわかります。ここで実験的にも明らかにしたように、DM 推定量と IPS 推定量はバイアスとバリアンスの観点において正反対の挙動を示すのです。**DM 推定量と IPS 推定量のバイアス・バリアンスの比較はオフ方策評価のとても重要な基礎なので、理論的な比較**も実験的な挙動のイメージもここでしっかり押さえておくことが重要です。

■**共通サポートの仮定が成り立たない場合の IPS 推定量のバイアス．** これまでのIPS 推定量の分析は、共通サポートの仮定（仮定 1.1）が成り立つ状況におけるものでした。残念ながらこの仮定が成り立たない（データ収集方策 π_0 のもとでは選択される可能性がなかった行動もある正の確率で選択するような）評価方策 π の性能を評価したい場合は、IPS 推定量といえどもバイアスが生じてしまいます。次に、この共通サポートの仮定について理解を深めるために、共通サポートが成り立たない状況における IPS 推定量のバイアスを計算します。そのための準備として、行動と方策に関

[*13] IPS 推定量のバイアスは理論上ゼロのはずですが、ここでは実験における計測誤差のためバイアスが完全にはゼロになっていません。

する次の集合を導入しておきます。

$$\mathcal{U}(x, \pi, \pi_0) := \{a \in \mathcal{A} \mid \pi_0(a \mid x) = 0, \pi(a \mid x) > 0\} \tag{1.20}$$

集合 $\mathcal{U}(x, \pi, \pi_0)$ は、評価方策のもとでは選択される可能性がある（$\pi(a \mid x) > 0$）一方で、データ収集方策 π_0 のもとでは選択される可能性がない（$\pi_0(a \mid x) = 0$）行動の集合です。仮に共通サポートの仮定が正しいとすると、このような行動は存在しないはずですから、$\mathcal{U}(x, \pi, \pi_0)$ はすべての $x \in \mathcal{X}$ について空集合になるはずです。逆に共通サポートの仮定が満たされない場合は、$\mathcal{U}(x, \pi, \pi_0)$ が空集合ではないような $x \in \mathcal{X}$ が存在します。この集合 $\mathcal{U}(x, \pi, \pi_0)$ を用いると、IPS 推定量の期待値を次のように計算し直すことができます。

$$
\begin{aligned}
\mathbb{E}_{p(\mathcal{D})}[\hat{V}_{\mathrm{IPS}}(\pi; \mathcal{D})] &= \mathbb{E}_{p(\mathcal{D})}\left[\frac{1}{n}\sum_{i=1}^{n}\frac{\pi(a_i \mid x_i)}{\pi_0(a_i \mid x_i)}r_i\right] \\
&= \frac{1}{n}\sum_{i=1}^{n}\mathbb{E}_{p(x)\pi_0(a|x)p(r|x,a)}\left[\frac{\pi(a \mid x)}{\pi_0(a \mid x)}r\right] \\
&\qquad \because (x, a, r) \overset{\mathrm{i.i.d.}}{\sim} p(x)\pi_0(a|x)p(r|x,a), \text{期待値の線形性} \\
&= \mathbb{E}_{p(x)}\left[\sum_{a \in \mathcal{U}(x,\pi,\pi_0)^c}\cancel{\pi_0(a \mid x)}\frac{\pi(a \mid x)}{\cancel{\pi_0(a \mid x)}}q(x, a)\right] \tag{1.21} \\
&= \mathbb{E}_{p(x)}\left[\sum_{a \in \mathcal{U}(x,\pi,\pi_0)^c}\pi(a \mid x)q(x, a)\right] \tag{1.22}
\end{aligned}
$$

ここではデータ収集方策 π_0 に関する期待値を計算する際に、式（1.21）において**データ収集方策が正の確率で選択する行動** $\mathcal{U}(x, \pi, \pi_0)^c$（$\mathcal{U}(x, \pi, \pi_0)$ **の補集合）のみ考慮に入れている**ところが大きなポイントです（Sachdeva20）。ここで得た IPS 推定量に関するより一般的な期待値表現に基づくと、共通サポートの仮定が満たされない場合の IPS 推定量のバイアスを次のように導くことができます。

定理 1.7. あるデータ収集方策 π_0 により収集されたログデータ $\mathcal{D}$ を用いるとき、式 (1.16) で定義される IPS 推定量は、評価方策 π の真の性能 $V(\pi)$ に対して、次のバイアスを持つ。

$$\mathrm{Bias}\big[\hat{V}_{\mathrm{IPS}}(\pi;\mathcal{D})\big] = -\mathbb{E}_{p(x)}\left[\sum_{a\in\mathcal{U}(x,\pi,\pi_0)} \pi(a\,|\,x)q(x,a)\right] \quad (1.23)$$

仮に共通サポートの仮定（仮定 1.1）が満たされる場合、すべての $x\in\mathcal{X}$ について $\mathcal{U}(x,\pi,\pi_0)=\emptyset$ となることから $\mathrm{Bias}\big[\hat{V}_{\mathrm{IPS}}(\pi;\mathcal{D})\big]=0$ であり、これは定理 1.5 の結果に整合する。

定理 1.7 はバイアスの定義と式 (1.22) に従うことで、

$$\mathrm{Bias}\big[\hat{V}_{\mathrm{IPS}}(\pi;\mathcal{D})\big]$$
$$= \mathbb{E}_{p(\mathcal{D})}[\hat{V}_{\mathrm{IPS}}(\pi;\mathcal{D})] - V(\pi)$$
$$= \mathbb{E}_{p(x)}\left[\sum_{a\in\mathcal{U}(x,\pi,\pi_0)^c} \pi(a\,|\,x)q(x,a)\right] - \mathbb{E}_{p(x)}\left[\sum_{a\in\mathcal{A}} \pi(a\,|\,x)q(x,a)\right]$$
$$= -\mathbb{E}_{p(x)}\left[\sum_{a\in\mathcal{U}(x,\pi,\pi_0)} \pi(a\,|\,x)q(x,a)\right] \quad \because \mathcal{A}\backslash\mathcal{U}(x,\pi,\pi_0)^c = \mathcal{U}(x,\pi,\pi_0)$$

として導かれます。定理 1.7 によると、共通サポートの仮定が満たされない状況で IPS 推定量を用いてしまうと、データ収集方策によって情報が集められていない行動 $a\in\mathcal{U}(x,\pi,\pi_0)$ の良さを評価できないため、それらの行動の期待報酬の分だけ性能の過小評価（underestimation）が生じてしまうことがわかります。

図 1.14 に、共通サポートの仮定が満たされない場合の IPS 推定量の精度を調べたシミュレーション結果を示しました。具体的には、共通サポートの仮定が満たされない行動の割合を $|\mathcal{U}|/|\mathcal{A}| \in \{0.0, 0.1, \dots, 0.4\}$ と徐々に増加させたときの IPS 推定量の平均二乗誤差・バイアス・バリアンスの挙動を調べています。また比較対象として DM 推定量の挙動も併せて示しています。まず左図を見ると、共通サポートの仮定が満たされない行動の割合 $|\mathcal{U}|/|\mathcal{A}|$ が増えるにつれ、IPS 推定量の平均二乗誤差が徐々に悪化してしまうことが見てとれます。特に共通サポートの仮定が満たされない行動の割合が 0.2 を超えると、IPS 推定量の平均二乗誤差が DM 推定量のそれよりも悪くなってしまう様子がわかります。また中図を見ると、IPS 推定量の精度の悪化原因がそのバイアスの増大にあることがわかり、定理 1.7 の結果が実験的に示されたことに

図 1.14　共通サポートの仮定が満たされない行動の割合 $|\mathcal{U}|/|\mathcal{A}|$ を変化させたときの IPS 推定量の平均二乗誤差・バイアス・バリアンスの挙動（人工データ実験により計測）

なります。**IPS 推定量は基本的には不偏推定量として理解できますが、それはあくまで共通サポートなどの仮定が成り立つ範囲での話であり、仮定が満たされない場合には、大きなバイアスが発生してしまう可能性があることには注意が必要**です。IPS 推定量の利点を十分に引き出すには、共通サポートの仮定がほとんど満たされている範囲でオフ方策評価を行う必要があるのです[*14]。

■**データ収集方策 π_0 が未知の場合の IPS 推定量のバイアス.**　これまでの IPS 推定量の定義や分析では、データ収集方策 π_0 に関する完全な知識を持っていることを暗黙のうちに仮定してきました。すなわち、データ収集方策がそれぞれの行動 a_i をどれほどの確率で選択していたかという表 1.6 のような情報が、完全に既知であるという仮定です。多くの Web 応用においては、データ収集方策を実装するのは分析者自身であることからこの仮定が成り立つことが多いでしょう。しかし、ログ設計上の何らかの理由でデータ収集方策の情報が欠落してしまっている場合やデータ収集方策を復元することが構造上難しい場合などは、その限りではありません。また医療や教育などの現場でオフ方策評価を活用する場面を考えると、意思決定者（医者や政策決定者など）とデータ分析者は往々にして異なるため、データ収集方策 π_0 がどのようなものであったか、あとから推定しなくてはならない状況がほとんどだと考えられます。IPS 推定量に関する最後の分析として、真のデータ収集方策 π_0 が何らかの理由で未知だった場合に発生するバイアスについて検討します。このような状況でよく行われる対応策は、ログデータ $\mathcal{D}$ に基づいて推定されたデータ収集方策 $\hat{\pi}_0$ を代わりに用いる方法です。このとき、IPS 推定量の定義は

[*14]　共通サポートの仮定を満たすには、データ収集方策が確率的である必要があります。一方で意思決定最適化の現場では、さまざまな理由で確率的な方策を実装できない場合もあります。そのような場合でもバイアスの発生をある程度抑えられる方法について、1.2.4 節や 3 章で詳しく紹介します。

$$\hat{V}_{\text{IPS}}(\pi; \mathcal{D}, \hat{\pi}_0) := \frac{1}{n} \sum_{i=1}^{n} \frac{\pi(a_i \mid x_i)}{\hat{\pi}_0(a_i \mid x_i)} r_i \tag{1.24}$$

のように変化します。といってもこれまで真のデータ収集方策 π_0 が用いられていた重要度重みの分母が、ログデータから推定されたデータ収集方策 $\hat{\pi}_0$ に入れ替わっているだけです。なおデータ収集方策 π_0 は、行動 a を目的変数とした次の教師あり分類問題などを解くことで推定できます。

$$\hat{\pi}_0 = \underset{\pi' \in \Pi}{\arg\min} \frac{1}{n} \sum_{i=1}^{n} \ell_a(a_i, \pi'(a_i \mid x_i)) \tag{1.25}$$

ここで $\ell_a(\cdot, \cdot)$ は、交差エントロピー誤差などの分類問題のための損失関数です。また Π は、データ収集方策を推定するための仮説集合であり、ロジスティック回帰やニューラルネットワークなどの機械学習手法を用いて定義できます。

推定されたデータ収集方策 $\hat{\pi}_0$ を代わりに用いる場合の IPS 推定量の期待値は、次のように計算できます。

$$
\begin{aligned}
\mathbb{E}_{p(\mathcal{D})}[\hat{V}_{\text{IPS}}(\pi; \mathcal{D}, \hat{\pi}_0)] &= \mathbb{E}_{p(\mathcal{D})}\left[\frac{1}{n} \sum_{i=1}^{n} \frac{\pi(a_i \mid x_i)}{\hat{\pi}_0(a_i \mid x_i)} r_i\right] \\
&= \frac{1}{n} \sum_{i=1}^{n} \mathbb{E}_{p(x)\pi_0(a|x)p(r|x,a)}\left[\frac{\pi(a \mid x)}{\hat{\pi}_0(a \mid x)} r\right] \\
&\quad \because (x, a, r) \overset{\text{i.i.d.}}{\sim} p(x)\pi_0(a|x)p(r|x,a), \text{期待値の線形性} \\
&= \mathbb{E}_{p(x)}\left[\sum_{a \in \mathcal{A}} \frac{\pi_0(a \mid x)}{\hat{\pi}_0(a \mid x)} \pi(a \mid x) q(x, a)\right] \\
&= \mathbb{E}_{p(x)\pi(a|x)}\left[\frac{\pi_0(a \mid x)}{\hat{\pi}_0(a \mid x)} q(x, a)\right] \tag{1.26}
\end{aligned}
$$

式 (1.26) で表される IPS 推定量の期待値に基づくと、推定されたデータ収集方策 $\hat{\pi}_0$ を代わりに用いた場合に発生するバイアスが、次のように導かれます。

> **定理 1.8.** あるデータ収集方策 π_0 により収集されたログデータ $\mathcal{D}$ を用いるとき、式 (1.24) で定義される推定されたデータ収集方策 $\hat{\pi}_0$ を代わりに用いた場合の IPS 推定量は、評価方策 π の真の性能 $V(\pi)$ に対して、次のバイアスを持つ。
>
> $$\mathrm{Bias}\big[\hat{V}_{\mathrm{IPS}}(\pi; \mathcal{D}, \hat{\pi}_0)\big] = \mathbb{E}_{p(x)\pi(a|x)}\left[\delta(x,a)q(x,a)\right] \qquad (1.27)$$
>
> なお $\delta(x,a) := \frac{\pi_0(a\,|\,x)}{\hat{\pi}_0(a\,|\,x)} - 1$ は、データ収集方策の推定誤差である。$\hat{\pi}_0(a\,|\,x) = \pi_0(a\,|\,x)$ の場合、すべての (x,a) について $\delta(x,a) = 0$ となることから $\mathrm{Bias}\big[\hat{V}_{\mathrm{IPS}}(\pi; \mathcal{D})\big] = 0$ であり、これは定理 1.5 の結果に整合する。

定理 1.8 はバイアスの定義と式 (1.26) に基づくことで、

$$
\begin{aligned}
&\mathrm{Bias}\big[\hat{V}_{\mathrm{IPS}}(\pi; \mathcal{D}, \hat{\pi}_0)\big] \\
&= \mathbb{E}_{p(\mathcal{D})}[\hat{V}_{\mathrm{IPS}}(\pi; \mathcal{D}, \hat{\pi}_0)] - V(\pi) \\
&= \mathbb{E}_{p(x)}\left[\sum_{a\in\mathcal{A}} \frac{\pi_0(a\,|\,x)}{\hat{\pi}_0(a\,|\,x)}\pi(a\,|\,x)q(x,a)\right] - \mathbb{E}_{p(x)}\left[\sum_{a\in\mathcal{A}}\pi(a\,|\,x)q(x,a)\right] \\
&= \mathbb{E}_{p(x)}\left[\sum_{a\in\mathcal{A}}\left(\frac{\pi_0(a\,|\,x)}{\hat{\pi}_0(a\,|\,x)} - 1\right)\pi(a\,|\,x)q(x,a)\right] \\
&= \mathbb{E}_{p(x)\pi(a|x)}\left[\delta(x,a)q(x,a)\right]
\end{aligned}
$$

として導かれます。定理 1.8 によると、真のデータ収集方策 π_0 が何らかの理由で未知でありそれを $\hat{\pi}_0$ で代替した場合、それらの乖離度 $\delta(x,a)$ に依存するバイアスが発生してしまうことがわかります。真のデータ収集方策 π_0 を用いたとき IPS 推定量がバイアスを持たなかったことを踏まえると、データ収集方策 π_0 を推定した場合にその推定誤差 $\delta(x,a)$ に依存したバイアスが発生するという分析結果は、直感に合うものでしょう。

　図 1.15 に、データ収集方策 π_0 を推定した場合の IPS 推定量の平均二乗誤差・バイアス・バリアンスの挙動を調べたシミュレーション結果を示しました。また比較対象として、真のデータ収集方策 π_0 を用いた場合の IPS 推定量の挙動も併せて示しています。まず左図を見ると、真のデータ収集方策 π_0 を用いた場合に比べて、推定されたデータ収集方策 $\hat{\pi}_0$ を用いた場合、平均二乗誤差が常に一定程度悪化してしまうことがわかります。また中図と右図を見ると、データ収集方策を推定した場合にはバイ

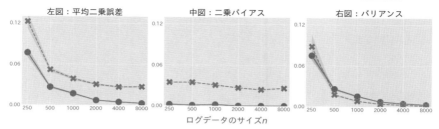

図 1.15 真のデータ収集方策 π_0 を用いた場合とデータ収集方策を推定した場合の IPS 推定量の平均二乗誤差・バイアス・バリアンスの挙動（人工データ実験により計測）

アスが一定程度増大してしまう一方で、バリアンスにはあまり変化がないことがわかります。よってデータ収集方策を推定した場合の平均二乗誤差の悪化のほとんどは、定理 1.8 で分析したバイアスの増大によって説明されることがわかります。**データ収集方策に関する知識がない場合はそれをデータから推定して用いる必要があること、またその場合にはデータ収集方策の推定精度に依存するバイアスが上乗せされてしまうこと**は、IPS 推定量の重要な側面として頭に入れておきましょう。

1.2.4　Doubly Robust（DR）推定量

　これまでに紹介した DM 推定量と IPS 推定量には、バイアスとバリアンスについて明確なトレードオフが存在していました。DM 推定量には、期待報酬関数 $q(x, a)$ の推定誤差に依存するバイアスの問題がある一方で、バリアンスは比較的小さい傾向にありました。IPS 推定量は基本的にバイアスを生じない一方で、データが少ない場合やデータ収集方策 π_0 と大きく異なる挙動を持つ評価方策 π の性能を推定しようとする場合に重要度重みが大きくなり、結果としてバリアンスが大きくなってしまうのでした。**Doubly Robust（DR）推定量**は、そんな正反対の性質を持つ DM 推定量と IPS 推定量をそれぞれの利点が活きるようにうまく組み合わせた推定量であり、次のように定義されます。

> **定義 1.6.** データ収集方策 π_0 が収集したログデータ $\mathcal{D}$ が与えられたとき、評価方策 π の性能 $V(\pi)$ に対する Doubly Robust（DR）推定量は、次のように定義される。
>
> $$\hat{V}_{\mathrm{DR}}(\pi; \mathcal{D}, \hat{q}) := \frac{1}{n} \sum_{i=1}^{n} \left\{ \hat{q}(x_i, \pi) + w(x_i, a_i)(r_i - \hat{q}(x_i, a_i)) \right\}$$
>
> $$= \hat{V}_{\mathrm{DM}}(\pi; \mathcal{D}, \hat{q}) + \frac{1}{n} \sum_{i=1}^{n} w(x_i, a_i)(r_i - \hat{q}(x_i, a_i)) \quad (1.28)$$
>
> なお $\hat{q}(x, a)$ は期待報酬関数 $q(x, a)$ に対する推定量であり、DM 推定量と同様に式 (1.10) などによって得る。また $w(x, a) := \pi(a \mid x)/\pi_0(a \mid x)$ は、IPS 推定量と同様の重要度重みである。

DR 推定量では、第一項において DM 推定量をベースラインとしつつも、第二項において IPS 推定量と同様の重みを用いて期待報酬関数の推定モデルの推定誤差 $(r_i - \hat{q}(x_i, a_i))$ を補正しています。推定モデル $\hat{q}(x, a)$ がある程度の精度を有するならば、重要度重み $w(x, a)$ にかけ算されている要素 $(r_i - \hat{q}(x_i, a_i))$ の大きさが報酬 r_i そのものよりも小さくなることから、重要度重みの大きさに起因する IPS 推定量のバリアンスの問題が軽減されそうなことがわかります。

ここから DR 推定量の利点を理解すべく、そのバイアスとバリアンスを分析します。まずは DR 推定量のバイアスを調べるために、その期待値を計算します。

$$\mathbb{E}_{p(\mathcal{D})}[\hat{V}_{\mathrm{DR}}(\pi; \mathcal{D}, \hat{q})] = \mathbb{E}_{p(\mathcal{D})} \left[\frac{1}{n} \sum_{i=1}^{n} \left\{ \hat{q}(x_i, \pi) + w(x_i, a_i)(r_i - \hat{q}(x_i, a_i)) \right\} \right]$$

$$= \frac{1}{n} \sum_{i=1}^{n} \mathbb{E}_{p(x)\pi_0(a \mid x)p(r \mid x, a)} \left[\hat{q}(x, \pi) + w(x, a)(r - \hat{q}(x, a)) \right]$$

$$\because (x, a, r) \overset{\text{i.i.d.}}{\sim} p(x)\pi_0(a \mid x)p(r \mid x, a), \text{期待値の線形性}$$

$$= \mathbb{E}_{p(x)} \left[\hat{q}(x, \pi) + \sum_{a \in \mathcal{A}} \pi_0(a \mid x) \frac{\pi(a \mid x)}{\pi_0(a \mid x)} (q(x, a) - \hat{q}(x, a)) \right]$$

$$= \mathbb{E}_{p(x)} \left[\hat{q}(x, \pi) + q(x, \pi) - \hat{q}(x, \pi) \right]$$

$$= V(\pi)$$

DR 推定量の期待値計算においても、重要度重みの存在によってデータ収集方策 π_0

に関する期待値が評価方策 π に関する期待値に切り替わる部分がポイントです。また期待報酬関数の推定モデル $\hat{q}(x,a)$ が途中でうまく相殺されることで、DR 推定量の期待値が評価方策の真の性能 $V(\pi)$ に一致していることがわかります。したがって、次の定理が成り立ちます。

定理 1.9. あるデータ収集方策 π_0 により収集されたログデータ $\mathcal{D}$ を用いるとき、式 (1.28) で定義される DR 推定量は、共通サポートの仮定（仮定 1.1）のもとで、評価方策 π の真の性能 $V(\pi)$ に対する不偏推定量である。すなわち、

$$\mathbb{E}_{p(\mathcal{D})}[\hat{V}_{\mathrm{DR}}(\pi;\mathcal{D},\hat{q})] = V(\pi) \quad (\implies \mathrm{Bias}[\hat{V}_{\mathrm{DR}}(\pi;\mathcal{D},\hat{q})] = 0)$$

定理 1.9 は、DR 推定量の期待値が評価方策の真の性能に一致することから明らかです。DR 推定量では、DM 推定量のバイアスの原因となっていた期待報酬関数の推定モデル $\hat{q}(x,a)$ を用いているにもかかわらず、重要度重みとうまく組み合わせることで、バイアスを一切生じないという非常に都合のよい状況を生み出せています。

次に、DR 推定量のバリアンスを計算してみましょう。ここでも全分散の公式（式 (0.16)）を適用すればよく、

$$\mathbb{V}_{p(\mathcal{D})}[\hat{V}_{\mathrm{DR}}(\pi;\mathcal{D},\hat{q})]$$

$$= \mathbb{V}_{p(\mathcal{D})}\left[\frac{1}{n}\sum_{i=1}^{n}\{w(x_i,a_i)(r_i - \hat{q}(x_i,a_i)) + \hat{q}(x_i,\pi)\}\right]$$

$$= \frac{1}{n}\mathbb{V}_{p(x)\pi_0(a|x)p(r|x,a)}\left[w(x,a)(r - \hat{q}(x,a)) + \hat{q}(x,\pi)\right]$$

$$\because (x,a,r) \overset{\text{i.i.d.}}{\sim} p(x)\pi_0(a\,|\,x)p(r\,|\,x,a)$$

$$= \frac{1}{n}\Big(\mathbb{E}_{p(x)\pi_0(a|x)}\left[\mathbb{V}_{p(r|x,a)}[w(x,a)(r - \hat{q}(x,a)) + \hat{q}(x,\pi)]\right]$$

$$+ \mathbb{V}_{p(x)\pi_0(a|x)}\left[\mathbb{E}_{p(r|x,a)}[w(x,a)(r - \hat{q}(x,a)) + \hat{q}(x,\pi)]\right]\Big) \quad \because \text{式 (0.16)}$$

$$= \frac{1}{n}\Big(\mathbb{E}_{p(x)\pi_0(a|x)}\left[w^2(x,a)\sigma^2(x,a)\right] + \mathbb{V}_{p(x)\pi_0(a|x)}\left[w(x,a)(q(x,a) - \hat{q}(x,a)) + \hat{q}(x,\pi)\right]$$

$$= \frac{1}{n}\Big(\mathbb{E}_{p(x)\pi_0(a|x)}\left[w^2(x,a)\sigma^2(x,a)\right] + \mathbb{E}_{p(x)}\left[\mathbb{V}_{\pi_0(a|x)}[-w(x,a)\Delta_{q,\hat{q}}(x,a) + \hat{q}(x,\pi)]\right]$$

$$+ \mathbb{V}_{p(x)}\left[\mathbb{E}_{\pi_0(a|x)}[w(x,a)(q(x,a) - \hat{q}(x,a)) + \hat{q}(x,\pi)]\right]\Big) \quad \because \text{式 (0.16)}$$

$$= \frac{1}{n}\Big(\mathbb{E}_{p(x)\pi_0(a|x)}\left[w^2(x,a)\sigma^2(x,a)\right] + \mathbb{E}_{p(x)}\left[\mathbb{V}_{\pi_0(a|x)}[w(x,a)\Delta_{q,\hat{q}}(x,a)]\right]$$

$$+ \mathbb{V}_{p(x)}\left[q(x,\pi)\right]\Big)$$

となります。これまでの分析結果に基づくと、DR 推定量の平均二乗誤差が次のように表されることがわかります。

> **定理 1.10.** あるデータ収集方策 π_0 が収集したログデータ $\mathcal{D}$ を用いるとき、式 (1.28) で定義される DR 推定量は、共通サポートの仮定（仮定 1.1）のもとで、次の平均二乗誤差を持つ。
>
> $$\mathrm{MSE}\big[\hat{V}_{\mathrm{DR}}(\pi; \mathcal{D}, \hat{q})\big]$$
> $$= \mathrm{Var}\big[\hat{V}_{\mathrm{DR}}(\pi; \mathcal{D}, \hat{q})\big] \quad \because \mathrm{Bias}\big[\hat{V}_{\mathrm{DR}}(\pi; \mathcal{D}, \hat{q})\big] = 0$$
> $$= \frac{1}{n}\Big(\mathbb{E}_{p(x)\pi_0(a|x)}\big[w^2(x,a)\sigma^2(x,a)\big] + \mathbb{E}_{p(x)}\big[\mathbb{V}_{\pi_0(a|x)}[w(x,a)\Delta_{q,\hat{q}}(x,a)]\big]$$
> $$+ \mathbb{V}_{p(x)}\big[q(x,\pi)\big] \Big) \quad (1.29)$$
>
> なお $\Delta_{q,\hat{q}}(x,a) := \hat{q}(x,a) - q(x,a)$ は、期待報酬関数の推定モデル $\hat{q}(x,a)$ の真の期待報酬関数 $q(x,a)$ に対する予測誤差である。

DR 推定量の平均二乗誤差を見ると、IPS 推定量の平均二乗誤差（式 (1.19)）と非常によく似た形をしており、ログデータ $\mathcal{D}$ のサイズ n が大きくなるほど推定精度が良くなっていく（平均二乗誤差が小さくなっていく）一方で、報酬のノイズ $\sigma^2(x,a)$ や期待報酬関数 $q(x,a)$ のばらつきが大きいときに推定精度が悪くなってしまう可能性が示唆されています。しかし、DR 推定量と IPS 推定量の平均二乗誤差を注意深く比較すると、第二項に違いがあることがわかります。この違いをより明らかにするために、DR 推定量と IPS 推定量の平均二乗誤差の差分を計算します。

$$\mathrm{MSE}\big[\hat{V}_{\mathrm{IPS}}(\pi; \mathcal{D})\big] - \mathrm{MSE}\big[\hat{V}_{\mathrm{DR}}(\pi; \mathcal{D}, \hat{q})\big]$$
$$= \mathrm{Var}\big[\hat{V}_{\mathrm{IPS}}(\pi; \mathcal{D})\big] - \mathrm{Var}\big[\hat{V}_{\mathrm{DR}}(\pi; \mathcal{D}, \hat{q})\big]$$
$$= \frac{1}{n}\mathbb{E}_{p(x)}\big[\mathbb{V}_{\pi_0(a|x)}[w(x,a)q(x,a)] - \mathbb{V}_{\pi_0(a|x)}[w(x,a)\Delta_{q,\hat{q}}(x,a)]\big] \quad (1.30)$$

ここでは、式 (1.19) と式 (1.29) に基づき DR 推定量と IPS 推定量の平均二乗誤差の差分を計算しました。この値が大きいほど、DR 推定量の平均二乗誤差が IPS 推定量のそれと比べて小さくより正確であることを意味します。式 (1.30) を見ると、IPS 推定量の平均二乗誤差には期待報酬関数 $q(x,a)$ 自体のバリアンスが現れている一方で、DR 推定量の平均二乗誤差には期待報酬関数に対する推定モ

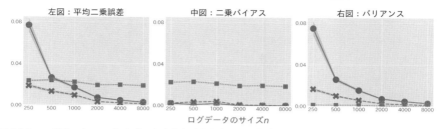

図 1.16 ログデータ $\mathcal{D}$ のサイズ n を変化させたときの DR 推定量の平均二乗誤差・バイアス・バリアンスの挙動（人工データ実験により計測）

デルの推定誤差 $\Delta_{q,\hat{q}}(x,a) = \hat{q}(x,a) - q(x,a)$ が現れています。すなわち、期待報酬関数に対する推定誤差が期待報酬関数それ自体よりも小さくなる程度の精度（$|\Delta_{q,\hat{q}}(x,a)| \leq q(x,a), \forall(x,a)$）を有する推定モデル $\hat{q}(x,a)$ さえ得ることができれば、DR 推定量は IPS 推定量よりも正確なことがわかります[*15]。また推定モデル $\hat{q}(x,a)$ の精度が良くなるほど $|\Delta_{q,\hat{q}}(x,a)|$ が小さくなるため、DR 推定量の威力がより強調されることもわかります。DR 推定量は、**DM 推定量と IPS 推定量をうまく組み合わせることで不偏性を保ちつつも、IPS 推定量と比べて（多くの場合）バリアンスを改善することでより良い平均二乗誤差を達成できる推定量**なのです。

　図 1.16 に、ログデータのサイズを $n \in \{250, 500, \ldots, 8000\}$ と徐々に増加させたときの DR 推定量の平均二乗誤差・バイアス・バリアンスの挙動を示しました。また比較対象として、DM 推定量と IPS 推定量の挙動も併せて示しています。まず左図を見ると、データ数 n が増えるにつれ DR 推定量の平均二乗誤差が徐々に改善されることがわかります。特にログデータが豊富にある状況（$n = 4000, 8000$）では、DR 推定量の平均二乗誤差がゼロに近く、かなり正確なオフ方策評価が達成されている様子です。また中図を見ると、DR 推定量のバイアスは IPS 推定量のバイアスと同様常にほぼゼロであることから[*16]、その不偏性（定理 1.9）が実験的にも確認されています。次に左図と右図を比べると、DR 推定量の平均二乗誤差がバリアンスとほぼ一致していることがわかります（すなわち $\mathrm{MSE}\big[\hat{V}_{\mathrm{DR}}(\pi;\mathcal{D},\hat{q})\big] \approx \mathrm{Var}\big[\hat{V}_{\mathrm{DR}}(\pi;\mathcal{D},\hat{q})\big]$）。DR 推定量についても、その精度の鍵を握るのはバリアンスの大きさなのです。最後に、DM 推定量や IPS 推定量との挙動の比較を確認してみましょう。まず IPS 推定量と DR 推定量を比べると、DR 推定量が IPS 推定量の平均二乗誤差に対して、デー

[*15] これは推定モデル $\hat{q}(x,a)$ の推定誤差が $\pm 100\%$ を超えないことしか要求していないので、かなり弱い条件と言ってよいでしょう。なお（定義上当たり前ですが）$\hat{q}(x,a) = 0$ としたとき、DR 推定量の平均二乗誤差やバリアンスは IPS 推定量の平均二乗誤差やバリアンスに一致します。

[*16] IPS 推定量や DR 推定量のバイアスは理論上ゼロのはずですが、ここでは実験における計測誤差のためバイアスが完全にはゼロになっていません。

	DM 推定量	IPS 推定量	DR 推定量
アイデア	期待報酬関数を推定	重要度重みによる報酬の重み付け平均	DM と IPS の組み合わせ
バイアス	**大**	**ゼロ**	**ゼロ**
バリアンス	**小**	**大**	**中**

図 1.17　DM 推定量・IPS 推定量・DR 推定量の比較まとめ（DR 推定量のバリアンスは、推定モデル $\hat{q}(x, a)$ の精度によって変化することに注意）

タが少ない場合に特に大きな改善をもたらしている様子が確認できます。IPS 推定量と DR 推定量は共にバイアスを発生しませんから、DR 推定量による平均二乗誤差の改善はひとえにバリアンスの改善によるものであり、これは先の理論比較とも整合します。一方で DM 推定量との比較を確認すると、DR 推定量の方が DM 推定量よりも大きなバリアンスを持つ一方で、すべての状況でより良い平均二乗誤差を達成していることや、データ数 n が増えるにつれ DM 推定量に対する平均二乗誤差の改善幅がより大きくなっていく様子が確認できます。これは DM 推定量のバイアスはデータ数が増えたとしてもあまり改善しない一方で、DR 推定量のバリアンスはデータ数が増えると大幅に小さくなっていくことに起因します。**DR 推定量は DM 推定量と IPS 推定量をシンプルに組み合わせただけの推定量であるにもかかわらず、その両方よりも正確なオフ方策評価を実現できる**ことが実験からも確認できました。

■共通サポートの仮定が満たされない場合やデータ収集方策 π_0 を推定した場合の DR 推定量のバイアス．　これまで共通サポートの仮定（仮定 1.1）が満たされており、また真のデータ収集方策 π_0 が既知であるという理想的な状況における DR 推定量の性質を分析してきました。最後に、これらの仮定が満たされないときに DR 推定量が持つバイアスを分析します。まずは、共通サポートの仮定が満たされない状況における分析から始めます。このとき IPS 推定量の場合と同様の流れに従うと、DR 推定量の期待値は次のように計算されます。

$$\mathbb{E}_{p(\mathcal{D})}[\hat{V}_{\mathrm{DR}}(\pi; \mathcal{D}, \hat{q})]$$
$$= \mathbb{E}_{p(\mathcal{D})}\left[\frac{1}{n}\sum_{i=1}^{n}\left\{\hat{q}(x_i, \pi) + \frac{\pi(a_i \mid x_i)}{\pi_0(a_i \mid x_i)}(r_i - \hat{q}(x_i, a_i))\right\}\right]$$

$$
= \frac{1}{n} \sum_{i=1}^{n} \mathbb{E}_{p(x)\pi_0(a|x)p(r|x,a)} \left[\hat{q}(x,\pi) + \frac{\pi(a \mid x)}{\pi_0(a \mid x)} (r - \hat{q}(x,a)) \right]
$$

$$
\because (x,a,r) \overset{\text{i.i.d.}}{\sim} p(x)\pi_0(a \mid x)p(r \mid x,a), \text{期待値の線形性}
$$

$$
= \mathbb{E}_{p(x)} \left[\hat{q}(x,\pi) + \sum_{a \in \mathcal{U}(x,\pi,\pi_0)^c} \cancel{\pi_0(a \mid x)} \frac{\pi(a \mid x)}{\cancel{\pi_0(a \mid x)}} (q(x,a) - \hat{q}(x,a)) \right]
$$

$$
= \mathbb{E}_{p(x)} \left[\hat{q}(x,\pi) + \sum_{a \in \mathcal{U}(x,\pi,\pi_0)^c} \pi(a \mid x)(q(x,a) - \hat{q}(x,a)) \right]
$$

$$
= \mathbb{E}_{p(x)} \left[\sum_{a \in \mathcal{U}(x,\pi,\pi_0)} \pi(a \mid x)\hat{q}(x,a) + \sum_{a \in \mathcal{U}(x,\pi,\pi_0)^c} \pi(a \mid x)q(x,a) \right] \tag{1.31}
$$

ここでもデータ収集方策 π_0 に関する期待値を計算する際に、データ収集方策が選択する可能性がある行動 $\mathcal{U}(x,\pi,\pi_0)^c$ のみ考慮に入れている点がポイントです。ここで得た DR 推定量に関するより一般的な期待値表現に基づくと、共通サポートの仮定が満たされない場合における DR 推定量のバイアスが導かれます。

> **定理 1.11.** あるデータ収集方策 π_0 により収集されたログデータ $\mathcal{D}$ を用いるとき、式 (1.28) で定義される DR 推定量は、評価方策 π の真の性能 $V(\pi)$ に対して、次のバイアスを持つ。
>
> $$
> \text{Bias}\left[\hat{V}_{\text{DR}}(\pi;\mathcal{D},\hat{q})\right] = \mathbb{E}_{p(x)} \left[\sum_{a \in \mathcal{U}(x,\pi,\pi_0)} \pi(a \mid x)\Delta_{q,\hat{q}}(x,a) \right] \tag{1.32}
> $$
>
> なお $\Delta_{q,\hat{q}}(x,a) := \hat{q}(x,a) - q(x,a)$ は、期待報酬関数の推定モデル $\hat{q}(x,a)$ の真の期待報酬関数 $q(x,a)$ に対する予測誤差である。仮に共通サポートの仮定が満たされていた場合、すべての $x \in \mathcal{X}$ について $\mathcal{U}(x,\pi,\pi_0) = \emptyset$ となることから $\text{Bias}\left[\hat{V}_{\text{DR}}(\pi;\mathcal{D},\hat{q})\right] = 0$ であり、これは定理 1.9 の結果に整合する。

定理 1.11 はバイアスの定義と式 (1.31) に従うことで、

$$
\text{Bias}\left[\hat{V}_{\text{DR}}(\pi;\mathcal{D},\hat{q})\right]
$$
$$
= \mathbb{E}_{p(\mathcal{D})}[\hat{V}_{\text{DR}}(\pi;\mathcal{D},\hat{q})] - V(\pi)
$$

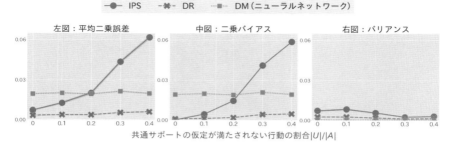

図 1.18 共通サポートの仮定が満たされない行動の割合 $|\mathcal{U}|/|\mathcal{A}|$ を変化させたときの DR 推定量の平均二乗誤差・バイアス・バリアンスの挙動（人工データ実験により計測）

$$
= \mathbb{E}_{p(x)} \left[\sum_{a \in \mathcal{U}(x, \pi, \pi_0)} \pi(a \mid x) \hat{q}(x, a) + \sum_{a \in \mathcal{U}(x, \pi, \pi_0)^c} \pi(a \mid x) q(x, a) \right]
$$

$$
- \mathbb{E}_{p(x)} \left[\sum_{a \in \mathcal{U}(x, \pi, \pi_0)} \pi(a \mid x) q(x, a) + \sum_{a \in \mathcal{U}(x, \pi, \pi_0)^c} \pi(a \mid x) q(x, a) \right]
$$

$$
= \mathbb{E}_{p(x)} \left[\sum_{a \in \mathcal{U}(x, \pi, \pi_0)} \pi(a \mid x) \underbrace{(\hat{q}(x, a) - q(x, a))}_{\Delta_{q, \hat{q}}(x, a)} \right]
$$

として導かれます。定理 1.11 によると、共通サポートの仮定が満たされない状況で DR 推定量を用いると、集合 $\mathcal{U}(x, \pi, \pi_0)$ の大きさや期待報酬関数の推定モデルの精度 $\Delta_{q, \hat{q}}(x, a)$ に依存するバイアスが発生することがわかります。しかし定理 1.7 で分析した IPS 推定量のバイアスと比較すると、期待報酬関数に対する推定誤差が期待報酬関数それ自体よりも小さくなる程度の精度（$|\Delta_{q, \hat{q}}(x, a)| \leq q(x, a), \ \forall(x, a)$）を推定モデル $\hat{q}(x, a)$ が有していた場合、共通サポートの仮定が満たされないことに起因して生じるバイアスは、DR 推定量を用いたときの方が小さいことがわかります。

　共通サポートの仮定が満たされない場合の DR 推定量の精度を調べた結果を、図 1.18 に示しました。具体的には、共通サポートの仮定が満たされない行動の数を $|\mathcal{U}|/|\mathcal{A}| \in \{0.0, 0.1, \ldots, 0.4\}$ と徐々に増加させたときの DR 推定量の平均二乗誤差・バイアス・バリアンスの挙動を調べています。また比較対象として、DM 推定量と IPS 推定量の挙動も併せて示しています。まず左図を見ると、共通サポートの仮定が満たされない行動の割合 $|\mathcal{U}|/|\mathcal{A}|$ が増えるにつれ、DR 推定量の平均二乗誤差が少しばかり悪化してしまうことがわかります。また中図を見ると、DR 推定量の精度の悪化原因がバイアスの増大にあることがわかり、定理 1.11 の結果が実験的に示されています。一方で IPS 推定量と DR 推定量の挙動を比較すると、共通サポートの仮定が

満たされない行動の割合が増えたとしても、DR 推定量のバイアスおよび平均二乗誤差の方が悪化しにくい、すなわち**共通サポートの仮定が満たされない状況に対してより頑健**であることがわかります。また DR 推定量は、共通サポートの仮定が満たされない場合でも、DM 推定量より正確であることがわかります。**共通サポートの仮定が満たされる状況でオフ方策評価を行うに越したことはありませんが、仮に仮定が満たされない状況であっても、DR 推定量を駆使することでバイアスの発生をある程度に食い止めることができる**のです。

次に真のデータ収集方策 π_0 に関する知識がなく、それをデータから推定した $\hat{\pi}_0$ で代替した場合の DR 推定量（式 (1.33)）のバイアスを分析します。

$$\hat{V}_{\mathrm{DR}}(\pi; \mathcal{D}, \hat{q}, \hat{\pi}_0) := \frac{1}{n} \sum_{i=1}^{n} \left\{ \hat{q}(x_i, \pi) + \frac{\pi(a_i \mid x_i)}{\hat{\pi}_0(a_i \mid x_i)} (r_i - \hat{q}(x_i, a_i)) \right\} \tag{1.33}$$

ここでも、重要度重みの分母が、真のデータ収集方策 π_0 から式 (1.25) などに基づいて推定されたデータ収集方策 $\hat{\pi}_0$ に入れ替わっているだけです。この場合の DR 推定量の期待値は、次のように計算できます。

$$
\begin{aligned}
\mathbb{E}_{p(\mathcal{D})}[\hat{V}_{\mathrm{DR}}(\pi; \mathcal{D}, \hat{q}, \hat{\pi}_0)] &= \mathbb{E}_{p(\mathcal{D})}\left[\frac{1}{n} \sum_{i=1}^{n} \left\{ \hat{q}(x_i, \pi) + \frac{\pi(a_i \mid x_i)}{\hat{\pi}_0(a_i \mid x_i)} (r_i - \hat{q}(x_i, a_i)) \right\} \right] \\
&= \frac{1}{n} \sum_{i=1}^{n} \mathbb{E}_{p(x)\pi_0(a\mid x)p(r\mid x,a)}\left[\hat{q}(x, \pi) + \frac{\pi(a \mid x)}{\hat{\pi}_0(a \mid x)} (r - \hat{q}(x, a)) \right] \\
&\quad\quad \because (x, a, r) \overset{\text{i.i.d.}}{\sim} p(x)\pi_0(a \mid x)p(r \mid x, a), \text{期待値の線形性} \\
&= \mathbb{E}_{p(x)}\left[\hat{q}(x, \pi) + \sum_{a \in \mathcal{A}} \frac{\pi_0(a \mid x)}{\hat{\pi}_0(a \mid x)} \pi(a \mid x)(q(x, a) - \hat{q}(x, a)) \right]
\end{aligned}
\tag{1.34}
$$

式 (1.34) で表される DR 推定量の期待値に基づくと、推定されたデータ収集方策 $\hat{\pi}_0$ を代わりに用いた場合に発生するバイアスが、次のように導かれます。

> **定理 1.12.** あるデータ収集方策 π_0 により収集されたログデータ $\mathcal{D}$ を用いるとき、式 (1.33) で定義される推定されたデータ収集方策 $\hat{\pi}_0$ を代わりに用いた場合の DR 推定量は、評価方策 π の真の性能 $V(\pi)$ に対して、次のバイアスを持つ。
>
> $$\mathrm{Bias}\big[\hat{V}_{\mathrm{DR}}(\pi;\mathcal{D},\hat{q},\hat{\pi}_0)\big] = -\mathbb{E}_{p(x)\pi(a|x)}\left[\delta(x,a)\Delta_{q,\hat{q}}(x,a)\right] \qquad (1.35)$$
>
> なお $\Delta_{q,\hat{q}}(x,a) := \hat{q}(x,a) - q(x,a)$ は、期待報酬関数の推定モデル $\hat{q}(x,a)$ の真の期待報酬関数 $q(x,a)$ に対する予測誤差である。また $\delta(x,a) := \frac{\pi_0(a\,|\,x)}{\hat{\pi}_0(a\,|\,x)} - 1$ は、データ収集方策の推定誤差である。

定理 1.12 はバイアスの定義と式 (1.34) に従うことで、

$$\mathrm{Bias}\big[\hat{V}_{\mathrm{DR}}(\pi;\mathcal{D},\hat{q},\hat{\pi}_0)\big]$$

$$= \mathbb{E}_{p(\mathcal{D})}[\hat{V}_{\mathrm{DR}}(\pi;\mathcal{D},\hat{q},\hat{\pi}_0)] - V(\pi)$$

$$= \mathbb{E}_{p(x)}\left[\hat{q}(x,\pi) + \sum_{a\in\mathcal{A}}\frac{\pi_0(a\,|\,x)}{\hat{\pi}_0(a\,|\,x)}\pi(a\,|\,x)(q(x,a)-\hat{q}(x,a))\right] - \mathbb{E}_{p(x)}\left[\sum_{a\in\mathcal{A}}\pi(a\,|\,x)q(x,a)\right]$$

$$= \mathbb{E}_{p(x)}\left[\sum_{a\in\mathcal{A}}\left(\frac{\pi_0(a\,|\,x)}{\hat{\pi}_0(a\,|\,x)}-1\right)\pi(a\,|\,x)q(x,a) - \sum_{a\in\mathcal{A}}\left(\frac{\pi_0(a\,|\,x)}{\hat{\pi}_0(a\,|\,x)}-1\right)\pi(a\,|\,x)\hat{q}(x,a)\right]$$

$$= -\mathbb{E}_{p(x)\pi(a|x)}\left[\delta(x,a)\Delta_{q,\hat{q}}(x,a)\right]$$

として導かれます。定理 1.12 によると、真のデータ収集方策 π_0 が何らかの理由で未知でありそれを $\hat{\pi}_0$ で代替した場合、それらの乖離度 $\delta(x,a)$ に依存するバイアスが発生してしまうことがわかります。しかしここでも、IPS 推定量のバイアス（定理 1.8）において期待報酬関数 $q(x,a)$ そのものが現れていた部分が、期待報酬関数に対する推定誤差 $\Delta_{q,\hat{q}}(x,a)$ に置き換わっています。データ収集方策 π_0 を推定せざるを得ない状況でも、期待報酬関数に対する推定誤差が期待報酬関数それ自体よりも小さくなる程度の精度（$|\Delta_{q,\hat{q}}(x,a)| \leq q(x,a),\ \forall(x,a)$）を達成できる推定モデルが手に入っているならば、DR 推定量を用いることでバイアスの発生を軽減できるのです。

　データ収集方策 π_0 を推定した場合の DR 推定量の平均二乗誤差・バイアス・バリアンスの挙動を調べた結果を、図 1.19 に示しました。また比較対象として、真のデータ収集方策 π_0 を用いた場合の DR 推定量の挙動も併せて示しています。まず左図を見ると、真のデータ収集方策 π_0 を用いた場合に比べてそれを推定した場合、平均二乗誤差が常に一定程度悪化してしまうことがわかります。また中図と右図を見ると、

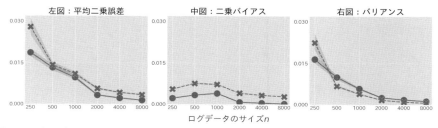

図 1.19 真のデータ収集方策 π_0 を用いた場合とデータ収集方策を推定した場合の DR 推定量の平均二乗誤差・バイアス・バリアンスの挙動（人工データ実験により計測）

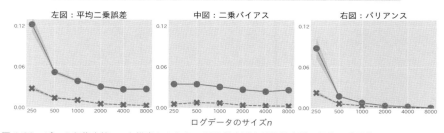

図 1.20 データ収集方策 π_0 を推定したときの IPS 推定量と DR 推定量の平均二乗誤差・バイアス・バリアンスの挙動比較（人工データ実験により計測）

データ収集方策を推定した場合バイアスが一定程度増大してしまう一方で、バリアンスにはあまり変化がないことがわかります。よって、データ収集方策を推定した場合の平均二乗誤差の悪化のほとんどが、定理 1.12 で分析したバイアスの増大によって説明されることが確認できます。また図 1.20 に、データ収集方策 π_0 を推定した場合の IPS 推定量と DR 推定量の平均二乗誤差・バイアス・バリアンスの比較を示しました。これを見ると、データ収集方策を推定せざるを得ない場合でも、DR 推定量を用いることで IPS 推定量と比べてバイアスの発生を抑えることができ、結果としてより良い平均二乗誤差を達成できることがわかります。もちろん図 1.19 で見たように**真のデータ収集方策を用いることが望ましいわけですが、何らかの理由でそれをデータから推定しなければならない場合でも、DR 推定量を用いることでバイアスの発生量を軽減できる**のです。

　最後に定理 1.12 に基づくと、Doubly Robust（二重に頑健な）推定量がそのように呼ばれる所以を垣間見ることができます。

表 1.7　オンライン実験を行った場合の各推定量のバイアスとバリアンス

	バイアス	バリアンス
DM 推定量	$\mathbb{E}_{x,a}[\Delta_{q,\hat{q}}(x,a)]$	$\frac{1}{n}\mathbb{V}_x\left[\hat{q}(x,\pi)\right]$
AVG 推定量	0	$\frac{1}{n}\left(\mathbb{E}_{x,a}\left[\sigma^2(x,a)\right] + \mathbb{E}_x\left[\mathbb{V}_a[q(x,a)]\right] + \mathbb{V}_x\left[q(x,\pi)\right]\right)$
DR 推定量	0	$\frac{1}{n}\left(\mathbb{E}_{x,a}\left[\sigma^2(x,a)\right] + \mathbb{E}_x\left[\mathbb{V}_a[\Delta_{q,\hat{q}}(x,a)]\right] + \mathbb{V}_x\left[q(x,\pi)\right]\right)$

表 1.8　オフ方策評価における各推定量のバイアスとバリアンス

	バイアス	バリアンス
DM 推定量	$\mathbb{E}_{x,a}[\Delta_{q,\hat{q}}(x,a)]$	$\frac{1}{n}\mathbb{V}_x\left[\hat{q}(x,\pi)\right]$
IPS 推定量	0	$\frac{1}{n}\left(\mathbb{E}_{x,a}\left[w^2(x,a)\sigma^2(x,a)\right] + \mathbb{E}_x\left[\mathbb{V}_a[w(x,a)q(x,a)]\right] + \mathbb{V}_x\left[q(x,\pi)\right]\right)$
DR 推定量	0	$\frac{1}{n}\left(\mathbb{E}_{x,a}\left[w^2(x,a)\sigma^2(x,a)\right] + \mathbb{E}_x\left[\mathbb{V}_a[w(x,a)\Delta_{q,\hat{q}}(x,a)]\right] + \mathbb{V}_x\left[q(x,\pi)\right]\right)$

表 1.9　共通サポートの仮定が満たされない場合の各推定量のバイアスとバリアンス

	バイアス	バリアンス
DM 推定量	$\mathbb{E}_{x,a}[\Delta_{q,\hat{q}}(x,a)]$	$\frac{1}{n}\mathbb{V}_x\left[\hat{q}(x,\pi)\right]$
IPS 推定量	$-\mathbb{E}_x\left[\sum_{a\in\mathcal{U}(x,\pi,\pi_0)}\pi(a\,|\,x)q(x,a)\right]$	章末問題
DR 推定量	$\mathbb{E}_x\left[\sum_{a\in\mathcal{U}(x,\pi,\pi_0)}\pi(a\,|\,x)\Delta_{q,\hat{q}}(x,a)\right]$	章末問題

表 1.10　データ収集方策を推定した場合の各推定量のバイアスとバリアンス

	バイアス	バリアンス
DM 推定量	$\mathbb{E}_{x,a}[\Delta_{q,\hat{q}}(x,a)]$	$\frac{1}{n}\mathbb{V}_x\left[\hat{q}(x,\pi)\right]$
IPS 推定量	$\mathbb{E}_{x,a}[\delta(x,a)q(x,a)]$	章末問題
DR 推定量	$-\mathbb{E}_{x,a}\left[\delta(x,a)\Delta_{q,\hat{q}}(x,a)\right]$	章末問題

> **定理 1.13.** あるデータ収集方策 π_0 により収集されたログデータ $\mathcal{D}$ を用いる
> とき、推定されたデータ収集方策 $\hat{\pi}_0$ を用いた場合の DR 推定量（式 (1.33)）
> は、**データ収集方策 π_0 または期待報酬関数 $q(x,a)$ のどちらかさえ正しく推
> 定できていれば**（$\delta(x,a) = 0, \forall(x,a)$ または $\Delta_{q,\hat{q}}(x,a) = 0, \forall(x,a)$）、評価方
> 策 π の真の性能 $V(\pi)$ に対する不偏推定量である。すなわち、
>
> $$\mathbb{E}_{p(\mathcal{D})}[\hat{V}_{\mathrm{DR}}(\pi;\mathcal{D},\hat{q})] = V(\pi) \quad (\implies \mathrm{Bias}\left[\hat{V}_{\mathrm{DR}}(\pi;\mathcal{D},\hat{q})\right] = 0)$$

よって DR 推定量のバイアスがゼロになるためには、**データ収集方策 π_0 と期待報
酬関数 $q(x,a)$ のどちらか一方を正確に推定できていれば十分**であり、どちらかの推
定は間違えていてもよいため、**二重に頑健な推定量**と呼ばれているのです。

1.2.5　標準的な推定量の理論比較

これまでに DM 推定量・IPS 推定量・DR 推定量というオフ方策評価の基礎を成す

三つの最重要推定量を紹介し、それぞれの性質を状況ごとに分析してきました。そうして得た分析結果を、表 1.7 ～ 表 1.10 にまとめました。表 1.7 に示したオンライン実験を行った際の各推定量の性質は、表 1.8 の標準的なオフ方策評価における性質において、$\pi_0 = \pi$（すなわち $w(x, a) = 1, \forall(x, a)$）とした場合の特殊ケースに該当します（このとき IPS 推定量の定義は AVG 推定量と一致します）。

　まず、オンライン実験（表 1.7）および標準的なオフ方策評価（表 1.8）の分析結果から振り返ります。これらの問題では、DM 推定量が期待報酬関数 $q(x, a)$ の推定誤差 $\Delta_{q,\hat{q}}(x, a)$ に依存するバイアスを持つ一方で、IPS 推定量はバイアスを生みません（不偏）。バリアンスに着目すると、DM 推定量のバリアンスが期待報酬関数の推定モデル $\hat{q}(x, a)$ のばらつき度合いに依存するただ一つの項で説明される一方で、IPS 推定量のバリアンスは重要度重み $w(x, a)$ や報酬のノイズ $\sigma^2(x, a)$ などさまざまな要素に依存しており、データ収集方策 π_0 と大きく異なる挙動を示す評価方策 π の性能を推定したい場合などに、特に大きなバリアンスを発生させてしまいます。これが、DM 推定量と IPS 推定量の間に存在するバイアス・バリアンストレードオフです。これらの推定量を組み合わせた DR 推定量を用いることで不偏性を保ちつつも期待報酬関数の推定モデル $\hat{q}(x, a)$ の精度に応じたバリアンス減少効果を得ることができますが、DR 推定量のバリアンスにも重要度重み $w(x, a)$ の二乗やバリアンスが出現しており、状況によってはとても大きくなってしまう可能性が残されています（1.3 節や 3 章では、DR 推定量のバリアンスをさらに改善する手法を学んでいきます）。特に、図 1.16 で比較した DM 推定量・IPS 推定量・DR 推定量の平均二乗誤差やバイアス、バリアンスの挙動のイメージを頭に植え付けておくことは、この先の内容を理解するうえでもとても重要です。

　共通サポートの仮定（仮定 1.1）が満たされない場合（表 1.9）やデータ収集方策を推定した場合（表 1.10）には、IPS 推定量や DR 推定量を用いたとしても集合 $\mathcal{U}(x, \pi, \pi_0)$ の大きさやデータ収集方策の推定精度 $\delta(x, a)$ に依存したバイアスが生じてしまうのでした。しかし、これらの状況でも DR 推定量を用いることで IPS 推定量を用いる場合と比べ、（期待報酬関数の推定モデルの精度 $\Delta_{q,\hat{q}}(x, a)$ に応じて）バイアスの発生を抑えることができます。これらの理想的ではない状況における DR 推定量の頑健性は、図 1.18 や図 1.20 で実験的にも確認しました。なお表 1.9 と表 1.10 における IPS 推定量と DR 推定量のバリアンスの導出は少々発展的なため、章末問題としています。興味のある方はこれまでに行ってきた分析の応用問題として、積極的に取り組むとよいでしょう。

1.3 基本推定量の精度を改善するためのテクニック

　本節では、前節で扱った基本推定量の精度を改善するための簡易なテクニックをい

くつか紹介します。

1.3.1　Clipped Inverse Propensity Score（CIPS）推定量

まず最初に紹介する **Clipped Inverse Propensity Score（CIPS）推定量**は、IPS 推定量のバリアンスの弱点を軽減するためによく用いられる推定量であり、次のように定義されます。

> **定義 1.7.** データ収集方策 π_0 が収集したログデータ $\mathcal{D}$ が与えられたとき、評価方策 π の性能 $V(\pi)$ に対する Clipped Inverse Propensity Score (CIPS) 推定量は、次のように定義される。
>
> $$\hat{V}_{\mathrm{CIPS}}(\pi; \mathcal{D}, \lambda) := \frac{1}{n} \sum_{i=1}^{n} \min\{w(x_i, a_i), \lambda\} r_i \tag{1.36}$$
>
> なお $\lambda \geq 0$ は CIPS 推定量のバイアス・バリアンストレードオフを調整するハイパーパラメータである。また $w(x,a) := \pi(a\,|\,x)/\pi_0(a\,|\,x)$ は、IPS 推定量と同様の重要度重みである。

CIPS 推定量は、**推定に用いる重みに上限値 λ を設けることで、重要度重みの大きさに依存して大きくなる可能性があるバリアンスをうまく制御しようというアイデア**に基づき定義されています。しかしその一方で、重要度重みに変更を加えるために相応のバイアスが発生してしまいます。このバイアス・バリアンストレードオフは、CIPS 推定量のハイパーパラメータである λ の値によってコントロールされます。λ に大きい値を設定すると $\min\{w(x,a), \lambda\}$ と $w(x,a)$ の間に大きな違いは生まれないためバイアスは小さく抑えられるものの、バリアンス減少効果は限定的になるでしょう（$\lambda = \infty$ としたとき、CIPS 推定量は IPS 推定量に一致します）。一方で、λ に小さい値を設定すると大きなバリアンス減少効果が見込めるものの、同時に大きなバイアスが発生してしまいかねません。このトレードオフは、CIPS 推定量のバイアスとバリアンスを具体的に計算することでより明らかになります。

> **定理 1.14.** あるデータ収集方策 π_0 が収集したログデータ $\mathcal{D}$ を用いるとき、式 (1.36) で定義される CIPS 推定量は、共通サポートの仮定（仮定 1.1）のもとで、次のバイアスとバリアンスを持つ。
>
> $$\mathrm{Bias}\left[\hat{V}_{\mathrm{CIPS}}(\pi;\mathcal{D},\lambda)\right] = \mathbb{E}_{p(x)\pi(a|x)}\left[(\lambda w^{-1}(x,a) - 1)\mathbb{I}\{w(x,a) > \lambda\}q(x,a)\right]$$
>
> $$\mathrm{Var}\left[\hat{V}_{\mathrm{CIPS}}(\pi;\mathcal{D},\lambda)\right] = \frac{1}{n}\Big(\mathbb{E}_{p(x)\pi_0(a|x)}\left[\min\{w(x,a),\lambda\}^2\sigma^2(x,a)\right]$$
>
> $$+ \mathbb{E}_{p(x)}\left[\mathbb{V}_{\pi_0(a|x)}[\min\{w(x,a),\lambda\}q(x,a)]\right]$$
>
> $$+ \mathbb{V}_{p(x)}\left[\mathbb{E}_{\pi_0(a|x)}[\min\{w(x,a),\lambda\}q(x,a)]\right]\Big)$$
>
> なお $w^{-1}(x,a) \coloneqq 1/w(x,a)$ である。また $\mathbb{I}\{\cdot\}$ は指示関数（indicator function）であり、入力となる命題が真のとき 1 を偽のとき 0 を出力する。

λ に大きな値を設定すると $\mathbb{I}\{w(x,a) > \lambda\} = 0$ が成り立ちやすくなりバイアスはあまり発生しない一方で、$\min\{w(x,a),\lambda\} \fallingdotseq w(x,a)$ となるためバリアンス減少効果も小さくなります。逆に λ に小さい値を設定すると $\min\{w(x,a),\lambda\} = \lambda \ll w(x,a)$ が成り立ちやすくなるためバリアンスを大きく減少できる一方で、その場合は $\mathbb{I}\{w(x,a) > \lambda\} = 1$ になりやすく大きなバイアスが発生してしまいます。なお、定理 1.14 において $\lambda = \infty$ を代入すると IPS 推定量のバイアスとバリアンスが導出されることから、この分析は定理 1.5 や定理 1.6 の一般化になっています。

図 1.21 に、CIPS 推定量のハイパーパラメータ λ を 0 から 500 の範囲で徐々に変化させたときの平均二乗誤差・バイアス・バリアンスの挙動を異なるログデータのサイズ（$n = 250, 500, 2000$）ごとに計測した結果を示しました。この図を見ると、ログデータのサイズ n によらず、ハイパーパラメータ λ の値が小さいほどバリアンスが減少していく一方でバイアスは大きくなってしまうトレードオフがはっきり見てとれます。また、それぞれのログデータのサイズごとに平均二乗誤差が最小化される最適な λ の値を図中に示しました。これを見ると、二乗バイアスとバリアンスの和で表される平均二乗誤差は、バイアスとバリアンスがちょうどよくバランスされる点で最小化されることがわかります。また、ログデータが増えるにつれ最適な λ の値が徐々に大きくなっていくこともわかります。これは、データが増えるとその影響によりバリアンスが小さくなり、平均二乗誤差のうちバイアスの項がより支配的になるため、バイアスをあまり発生しない大きな λ がより適切になっていくためです。このように**ログデータのサイズなどによって適切なハイパーパラメータの値は変化するため、問題設定ごとに適切なハイパーパラメータを定めることが理想的**なのです。

続いて図 1.22 に、ログデータ $\mathcal{D}$ のサイズ n を変化させたときの三つの異なるハイパーパラメータの値（$\lambda = 50, 150, \infty$）を持つ CIPS 推定量の平均二乗誤差・バイア

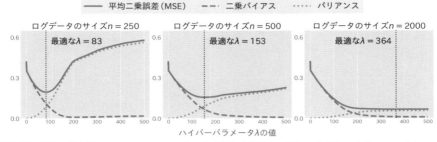

図 1.21 CIPS 推定量のハイパーパラメータ λ を変化させたときの平均二乗誤差・バイアス・バリアンスの挙動（人工データ実験により計測）

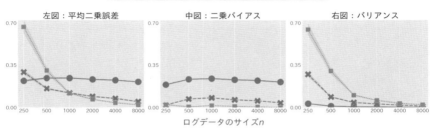

図 1.22 ログデータ $\mathcal{D}$ のサイズ n を変化させたときの CIPS 推定量（$\lambda = 50, 150, \infty$）の平均二乗誤差・バイアス・バリアンスの挙動比較（人工データ実験により計測）

ス・バリアンスの挙動を調べた結果を示しました。先述の通り、$\lambda = \infty$ のとき CIPS 推定量は IPS 推定量に一致します。図 1.22 を見ると、ハイパーパラメータを適切に設定することで、元の IPS 推定量よりも良い平均二乗誤差を達成できる可能性が示唆されています。すなわち $\lambda = 150$ の場合は、$\lambda = \infty$ の場合（元の IPS 推定量）と比べて大幅にバリアンスを減少している一方で、ほんの少量のバイアスしか生んでいません。これにより、特にデータが少ない状況において平均二乗誤差に大幅な改善が生まれているのです。一方で、$\lambda = 50$ とさらに小さい値を用いるとより大きなバリアンス減少効果を得られるものの同時に大きなバイアスが発生してしまい、ログデータのサイズが大きい状況で元の IPS 推定量よりも推定精度が悪化してしまうことがわかります。**適切にハイパーパラメータを設定できればより良い推定量を得ることができる一方で、ハイパーパラメータの設定を誤るとバイアス発生のデメリットがむしろ強調されてしまい、元の推定量よりも不正確な推定量が生まれてしまうリスクもあることには注意が必要**です。

1.3.2　Self-Normalized Inverse Propensity Score（SNIPS）推定量

次に紹介する **Self-Normalized Inverse Propensity Score（SNIPS）推定量**は、

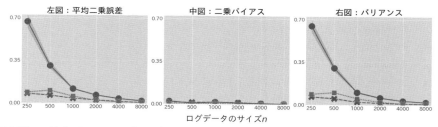

図 1.23 ログデータ $\mathcal{D}$ のサイズ n を変化させたときの SNIPS 推定量の平均二乗誤差・バイアス・バリアンスの挙動（人工データ実験により計測）

先の CIPS 推定量と同様に IPS 推定量のバリアンスの弱点を軽減するための簡易なテクニックとしてよく用いられる推定量であり、次のように定義されます。

> **定義 1.8.** データ収集方策 π_0 が収集したログデータ $\mathcal{D}$ が与えられたとき、評価方策 π の性能 $V(\pi)$ に対する Self-Normalized Inverse Propensity Score (SNIPS) 推定量は、次のように定義される。
>
> $$\hat{V}_{\mathrm{SNIPS}}(\pi; \mathcal{D}) := \frac{1}{\sum_{i=1}^{n} w(x_i, a_i)} \sum_{i=1}^{n} w(x_i, a_i) r_i \qquad (1.37)$$
>
> なお $w(x, a) := \pi(a \,|\, x)/\pi_0(a \,|\, x)$ は、IPS 推定量と同様の重要度重みである。

SNIPS 推定量は、IPS 推定量の分母 n を重要度重みの和 $\sum_{i=1}^{n} w(x_i, a_i)$ に入れ替えることで定義されています。SNIPS 推定量も、IPS 推定量とは異なる重みの定義を用いるため不偏性を満たしません。しかし、重要度重みの和の期待値はデータ数に一致する（$\mathbb{E}_{p(\mathcal{D})}[\sum_{i=1}^{n} w(x_i, a_i)] = n$）ため SNIPS 推定量は一致性を持ち[*17]、そのバイアスはデータ数 n が増加するにつれ減少していきます。またあえて重要度重みの和で推定を正規化することで、特にデータ数 n があまり多くない状況で分散減少効果を得ることができます。非常に軽微な実装の変更にもかかわらず多くの場合 IPS 推定量の平均二乗誤差を改善することが知られているので、実務的に重宝されます。また SNIPS 推定量はハイパーパラメータを一切持たないため、パラメータチューニングに神経を尖らせる必要がないことも大きな利点の一つといえるでしょう。

図 1.23 に、ログデータ $\mathcal{D}$ のサイズ n を変化させたときの SNIPS 推定量の平均二乗誤差・バイアス・バリアンスの挙動を示しました。比較のためのベースライン

[*17] 0 章でも補足したように、統計性質としての一致性は因果推論の仮定としての一致性とは異なる概念です。

として、IPS 推定量と DR 推定量の結果も併せて示しています。この結果を見ると、SNIPS 推定量が IPS 推定量に対して大幅に平均二乗誤差を改善していることが一目瞭然です。また SNIPS 推定量は期待報酬関数の推定モデル $\hat{q}(x, a)$ を一切用いていないにもかかわらず、DR 推定量とほぼ同等の推定精度を発揮していることもわかります。バイアスとバリアンスの挙動に目を向けると、SNIPS 推定量は理論的には不偏ではない（バイアスが完全にゼロであるわけではない）一方で、実験的にはバイアスが無視できるほどに小さいことがわかります。その一方で IPS 推定量と比べてバリアンスを大きく減少できていることが、平均二乗誤差の改善につながっています。このように **SNIPS 推定量はハイパーパラメータチューニングや期待報酬関数の推定モデル $\hat{q}(x, a)$ の学習を行う必要が一切ないにもかかわらず、多くの場合 IPS 推定量よりも正確で DR 推定量にも匹敵する精度を発揮できるため、（適切にチューニングされたほかの推定量の方が正確である可能性は大いにありますが）初手に用いる推定量としてかなり便利**だと言ってよいでしょう。

1.3.3　Switch Doubly Robust (Switch-DR) 推定量

　次に紹介する **Switch Doubly Robust (Switch-DR) 推定量**は、DR 推定量と DM 推定量を重要度重みの大きさに応じて使い分けることで平均二乗誤差の改善を目指した推定量であり、次のように定義されます（Wang17）。

定義 1.9. データ収集方策 π_0 が収集したログデータ $\mathcal{D}$ が与えられたとき、評価方策 π の性能 $V(\pi)$ に対する Switch Doubly Robust (Switch-DR) 推定量は、次のように定義される。

$$\hat{V}_{\mathrm{SwitchDR}}(\pi; \mathcal{D}, \hat{q}, \lambda) \tag{1.38}$$

$$:= \frac{1}{n} \sum_{i=1}^{n} \{\hat{q}(x_i, \pi) + w(x_i, a_i)\mathbb{I}\{w(x_i, a_i) \leq \lambda\}(r_i - \hat{q}(x_i, a_i))\}$$

$$= \hat{V}_{\mathrm{DM}}(\pi; \mathcal{D}, \hat{q}) + \frac{1}{n} \sum_{i=1}^{n} w(x_i, a_i)\mathbb{I}\{w(x_i, a_i) \leq \lambda\}(r_i - \hat{q}(x_i, a_i))$$

なお $\lambda \geq 0$ は、Switch-DR 推定量のバイアス・バリアンストレードオフを調整するハイパーパラメータである。また $\mathbb{I}\{\cdot\}$ は指示関数であり、入力となる命題が真のとき 1 を偽のとき 0 を出力する。$w(x, a) := \pi(a \,|\, x)/\pi_0(a \,|\, x)$ は、IPS 推定量と同様の重要度重みである。

　Switch-DR 推定量は、**重要度重みが小さい**（$w(x_i, a_i) \leq \lambda$ **となるような**）**データ i についてはバリアンスの懸念が小さいため DR 推定量を適用し、重要度重みが大**

きい（$w(x_i, a_i) > \lambda$ となるような）データ i にはバリアンスの問題を避けるために **DM 推定量を適用するというアイデア**に基づいています。なお λ は、推定を行う前に分析者が適切に設定すべきハイパーパラメータであり、この値によって Switch-DR 推定量のバイアスとバリアンスが変化します。λ に大きい値を設定すると多くのサンプルで $\mathbb{I}\{w(x_i, a_i) \leq \lambda\} = 1$ が成り立つため、重要度重みを多用することになり、Switch-DR 推定量は DR 推定量に近づいていきます（$\lambda = \infty$ のとき、Switch-DR 推定量は DR 推定量に一致します）。このとき、Switch-DR 推定量のバイアスは小さくなる一方で、バリアンスは大きくなってしまう可能性があります。逆に λ に小さい値を設定すると多くのサンプルで $\mathbb{I}\{w(x_i, a_i) \leq \lambda\} = 0$ が成り立つため、重要度重みを用いる頻度が少なくなり、Switch-DR 推定量は DM 推定量に近づいていきます（$\lambda = 0$ のとき、Switch-DR 推定量は DM 推定量に一致します）。このとき、Switch-DR 推定量のバリアンスは小さくなる一方で、期待報酬関数の推定モデル $\hat{q}(x, a)$ の精度によっては大きなバイアスを生じてしまうかもしれません。このトレードオフは、Switch-DR 推定量のバイアスとバリアンスを具体的に分析することでより明確に窺い知ることができます。

> **定理 1.15.** あるデータ収集方策 π_0 が収集したログデータ $\mathcal{D}$ を用いるとき、式 (1.38) で定義される Switch-DR 推定量は、共通サポートの仮定（仮定 1.1）のもとで、次のバイアスとバリアンスを持つ。
>
> $$\mathrm{Bias}\big[\hat{V}_{\mathrm{SwitchDR}}(\pi; \mathcal{D}, \hat{q}, \lambda)\big] = \mathbb{E}_{p(x)\pi(a|x)}\big[\mathbb{I}\{w(x,a) > \lambda\}\Delta_{q,\hat{q}}(x,a)\big]$$
>
> $$\mathrm{Var}\big[\hat{V}_{\mathrm{SwitchDR}}(\pi; \mathcal{D}, \hat{q}, \lambda)\big]$$
> $$= \frac{1}{n}\bigg(\mathbb{E}_{p(x)\pi_0(a|x)}\big[w^2(x,a)\mathbb{I}\{w(x,a) \leq \lambda\}\sigma^2(x,a)\big]$$
> $$+ \mathbb{E}_{p(x)}\big[\mathbb{V}_{\pi_0(a|x)}[w(x,a)\mathbb{I}\{w(x,a) \leq \lambda\}\Delta_{q,\hat{q}(x,a)}]\big]$$
> $$+ \mathbb{V}_{p(x)}\big[\hat{q}(x,\pi) - \mathbb{E}_{\pi(a|x)}[\mathbb{I}\{w(x,a) \leq \lambda\}\Delta_{q,\hat{q}(x,a)}]\big]\bigg)$$

Switch-DR 推定量のバイアス・バリアンス分析を見ると、λ が大きいときは $\mathbb{I}\{w(x,a) > \lambda\} = 0$ が成り立ちやすくなりバイアスが小さくなる一方で、バリアンスは大きくなってしまうことがわかります。一方で λ が小さい場合は $\mathbb{I}\{w(x,a) \leq \lambda\} = 0$ が成り立ちやすくなるため、バリアンスは抑えられる一方で、大きなバイアスが発生してしまう可能性が示唆されています。なお定理 1.15 に $\lambda = 0$ を代入すると DM 推定量のバイアスとバリアンスが、逆に $\lambda = \infty$ を代入すると DR 推定量のバイアスとバリアンスが導出されるため、Switch-DR 推定量の分析は、これらの推定量のバイアス・バリアンス分析の一般化になっています。

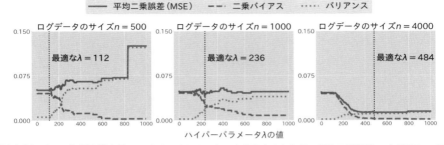

図 1.24　Switch-DR 推定量のハイパーパラメータ λ を変化させたときの平均二乗誤差・バイアス・バリアンスの挙動（人工データ実験により計測）

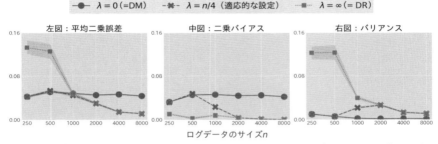

図 1.25　ログデータ $\mathcal{D}$ のサイズ n を変化させたときの Switch-DR 推定量（$\lambda = 0, n/4, \infty$）の平均二乗誤差・バイアス・バリアンスの挙動比較（人工データ実験により計測）

　図 1.24 に、Switch-DR 推定量のハイパーパラメータ λ を 0 から 1000 の範囲で変化させたときの平均二乗誤差・バイアス・バリアンスの挙動を、異なるログデータのサイズ（$n = 500, 1000, 4000$）ごとに計測した結果を示しました。この図を見ると、CIPS 推定量の場合と同様に、ログデータのサイズ n によらずハイパーパラメータ λ の値が小さいほどバリアンスが減少していく一方で、バイアスは大きくなってしまうトレードオフが見てとれます。また、それぞれのログデータのサイズごとに平均二乗誤差が最小化される最適な λ の値を図中に示しており、バイアスとバリアンスがちょうどよくバランスされる点で平均二乗誤差が最小化されていることがわかります。また、データ数 n が増えるにつれ最適な λ の値が徐々に大きくなっていくこともわかります。これはデータ数が増えるとその影響によりバリアンスが小さくなり、平均二乗誤差のうちバイアスがより支配的になるためでした。

　続いて図 1.25 に、ログデータ $\mathcal{D}$ のサイズ n を変化させたときの Switch-DR 推定量の平均二乗誤差・バイアス・バリアンスの挙動を、三つの異なるハイパーパラメータの値（$\lambda = 0, n/4, \infty$）について調べた結果を示しました。$\lambda = n/4$ は、図 1.24 で得た知見をもとに、**ハイパーパラメータの値をデータ数 n に応じて適応的（adaptive）に調整する戦略**です。また $\lambda = 0$ のとき Switch-DR 推定量は DM 推定量に一致し、

表 1.11 式 (1.39) の一般形 $\hat{V}_{\text{General}}(\pi; \mathcal{D}, \tilde{w}, f, \lambda)$ をもとにした各推定量の導出

	$\tilde{w}(x, a; \lambda)$	$f(x, a)$
DM 推定量（式 (1.9)）	0	$\hat{q}(x, a)$
IPS 推定量（式 (1.16)）	$w(x, a)$	0
DR 推定量（式 (1.28)）	$w(x, a)$	$\hat{q}(x, a)$
CIPS 推定量（式 (1.36)）	$\min\{w(x, a), \lambda\}$	0
SNIPS 推定量（式 (1.37)）	$\frac{n w(x, a)}{\sum_{i=1}^{n} w(x_i, a_i)}$	0
Switch-DR 推定量（式 (1.38)）	$w(x, a)\mathbb{I}\{w(x, a) \leq \lambda\}$	$\hat{q}(x, a)$

$\lambda = \infty$ のとき DR 推定量に一致します。図 1.25 を見ると、**Switch-DR 推定量において適切かつ適応的にハイパーパラメータの値を設定することで、DM 推定量と DR 推定量のいいとこどりを達成できる**可能性が示唆されています。すなわち $\lambda = n/4$ とすると、データ数 n が小さいときはバリアンス減少を優先することでより正確な DM 推定量のような振る舞いを見せ、逆にデータ数 n が大きいときはバイアスの発生を抑えることでより正確な DR 推定量に似た振る舞いを見せており、データ数に応じてうまい具合により良い推定量の挙動を模倣できています。Switch-DR 推定量についても状況に応じて適切にハイパーパラメータのチューニングを行うことで、基本推定量よりも正確な推定量を導く可能性があることがわかりました。

1.3.4 標準的なオフ方策評価における推定量の一般形

実はこれまでに分析してきた推定量はすべて、以下の一般形をもとに導出することができます。

$$\hat{V}_{\text{General}}(\pi; \mathcal{D}, \tilde{w}, f, \lambda) := \frac{1}{n}\sum_{i=1}^{n}\{f(x_i, \pi) + \tilde{w}(x_i, a_i; \lambda)(r_i - f(x_i, a_i))\} \quad (1.39)$$

表 1.11 に、一般形 $\hat{V}_{\text{General}}(\pi; \mathcal{D}, \tilde{w}, f, \lambda)$ に基づいた各推定量の導出をまとめています。例えば、$\tilde{w}(x, a; \lambda) = 0$ かつ $f(x, a) = \hat{q}(x, a)$ とすると DM 推定量が導かれ、$\tilde{w}(x, a; \lambda) = w(x, a)$ かつ $f(x, a) = 0$ とすると IPS 推定量が導かれることがわかります。本章では扱いきれなかったより最新の推定量の多くも、一般形 $\hat{V}_{\text{General}}(\pi; \mathcal{D}, \tilde{w}, f, \lambda)$ に基づいて定義されています。例えば (Su20) では $\tilde{w}(x, a; \lambda) = \frac{\lambda w(x, a)}{w^2(x, a) + \lambda}$ かつ $f(x, a) = \hat{q}(x, a)$ とした推定量が、(Metelli21) では $\tilde{w}(x, a; \lambda) = \frac{w(x, a)}{1 - \lambda + \lambda w(x, a)}$ かつ $f(x, a) = \hat{q}(x, a)$ とした推定量が提案されています。（今後より奇をてらった定義の推定量が提案される可能性は否定できませんが）既存の推定量が式 (1.39) の特殊ケースでしかないことを念頭に置いておけば、かなり見通しが良くなるでしょう。式 (1.39) を参考に読者自ら新たな推定量をデザインし、そ

の性質を分析したりシミュレーションで比較してみるのも学びになるでしょう。

　ここで、多くの推定量がハイパーパラメータ λ に依存することが気になるかもしれません。例えば、DM 推定量や DR 推定量に必要な期待報酬関数の推定モデル $\hat{q}(x, a)$ を学習するための機械学習モデルやデータ収集方策 π_0 をデータから推定する場合の機械学習モデルの設定は、推定量の精度に影響を与えるハイパーパラメータといえます。また前節で扱った CIPS 推定量や Switch-DR 推定量は、λ の値によってバイアスやバリアンスが大きく変化することが理論分析やシミュレーションから明らかになりました。すなわち、ハイパーパラメータに依存して定義される推定量を使用する際は、そのハイパーパラメータの値を適切に設定したり最適化できることが、正確なオフ方策評価を行ううえで重要になってきます。まずは、λ などの**ハイパーパラメータの設定が推定量のバイアスとバリアンスに及ぼす影響を理論と実験の両面からしっかり理解しておくことが重要**です。そのうえで、**観測可能なログデータ $\mathcal{D}$ のみに基づいて推定量を適切にチューニングできることが理想的**でしょう。推定量のハイパーパラメータチューニングは平均二乗誤差が最小化されるよう上手く行いたいものですが、我々は推定量の平均二乗誤差を知ることはできない[*18]ため、これには技術的な工夫を要します。オフ方策評価における**推定量のハイパーパラメータチューニング**は最新研究トピックの一つであり、4 章で最新手法のいくつかを解説しています。

1.3.5　より実践的なオフ方策評価に向けて

　本章では、各特徴量 x に対して方策がある一つの行動 a を選択するという非常に単純な設定におけるオフ方策評価の問題を扱いました。しかし、オフ方策評価を行いたい現場に目を向けると、方策が一度に複数の行動を選択するより複雑な問題を扱わなくてはならない場面も多く存在します。例えば、本章でも登場した映画推薦の問題では、ある一つの映画が推薦されるというよりも、複数の映画の組み合わせやランキングがユーザに提示されることがほとんどでしょう。次章では、推薦や検索などの実践で頻出のランキングの問題におけるオフ方策評価の定式化や手法を扱います。

参考文献

[成田 20] 成田 悠輔, 粟飯原 俊介, 齋藤 優太, 松谷 恵, 矢田 紘平. すべての機械学習は A/B テストである (Almost Every Machine Learning Is A/B Testing). 人工知能, Vol.35, No.4, pages 517 – 525, 2020.

[Chandak21] Yash Chandak, Scott Niekum, Bruno da Silva, Erik Learned-Miller, Emma Brunskill, and Philip S. Thomas. 2021. Universal Off-Policy Evaluation. In Proceedings of the 35th Conference

---

[*18]　式 (1.4) で与えられる平均二乗誤差の定義には評価方策の真の性能 $V(\pi)$ が含まれており、これは明らかに未知の値です（仮にこれが既知であるとすると、もはやオフ方策評価を行う必要が無くなってしまいます）。

on Neural Information Processing Systems.

[**Chandrashekar17**] Ashok Chandrashekar, Fernando Amat, Justin Basilico and Tony Jebara. Artwork Personalization at Netflix. Netflix Technology Blog, https://netflixtechblog.com/artwork-personalization-c589f074ad76, 2017.

[**Chen19**] Minmin Chen, Alex Beutel, Paul Covington, Sagar Jain, Francois Belletti, and Ed Chi. Top-K Off-Policy Correction for a REINFORCE Recommender System. In Proceedings of the Twelfth ACM International Conference on Web Search and Data Mining, pp. 456 – 464. 2019.

[**Dudik14**] Miroslav Dudik, John Langford, and Lihong Li. Doubly Robust Policy Evaluation and Learning. In Proceedings of the 28th International Conference on Machine Learning, Vol. 70. PMLR, pp. 1097 – 1104, 2011.

[**Gilotte18**] Alexandre Gilotte, Clément Calauzènes, Thomas Nedelec, Alexandre Abraham, and Simon Dollé. Offline A/B Testing for Recommender Systems. In Proceedings of the Eleventh ACM International Conference on Web Search and Data Mining, pp. 198 – 206, 2018.

[**Gruson19**] Alois Gruson, Praveen Chandar, Christophe Charbuillet, James McInerney, Samantha Hansen, Damien Tardieu, and Ben Carterette. Offline Evaluation to Make Decisions About Playlist Recommendation. In Proceedings of the Twelfth ACM International Conference on Web Search and Data Mining, pp. 420 – 428. 2019.

[**Huang21**] Audrey Huang, Liu Leqi, Zachary C. Lipton, and Kamyar Azizzadenesheli. 2021. Off-Policy Risk Assessment in Contextual Bandits. In Proceedings of the 35th Conference on Neural Information Processing Systems.

[**Metelli21**] Alberto Maria Metelli, Alessio Russo, and Marcello Restelli. Subgaussian and Differentiable Importance Sampling for Off-Policy Evaluation and Learning. In Advances in Neural Information Processing Systems, Vol. 34, 2021.

[**Su20**] Yi Su, Maria Dimakopoulou, Akshay Krishnamurthy, and Miroslav Dudik. Doubly Robust Off-Policy Evaluation with Shrinkage. In Proceedings of the 37th International Conference on Machine Learning, Vol. 119. PMLR, pp. 9167-9176, 2011.

[**Sachdeva20**] Noveen Sachdeva, Yi Su, and Thorsten Joachims. 2020. Off-policy Bandits with Deficient Support. In Proceedings of the 26th ACM SIGKDD Conference on Knowledge Discovery and Data Mining.

[**Wang17**] Yu-Xiang Wang, Alekh Agarwal, and Miroslav Dudik. Optimal and Adaptive Off-policy Evaluation in Contextual Bandits. In Proceedings of the 34th International Conference on Machine Learning, Vol. 70. PMLR, pp. 3589-3597, 2017.

章末問題

1.1（初級）報酬 r がクリック有無などの 2 値変数（$r \in \{0, 1\}$）で定義されるとき、$q(x, a) = \mathbb{E}[r \,|\, x, a] = p(r = 1 \,|\, x, a)$ であることを示せ。

1.2（初級）平均二乗誤差が、二乗バイアスとバリアンスに分解されること（式 (1.5)）を示せ。

1.3（初級）表 1.5 で表される映画推薦におけるオフ方策評価の例題を用いて、$\lambda = 2$ としたときの CIPS 推定量による推定値を計算せよ。

1.4（初級）重要度重みの和の期待値が、データ数 n に一致すること

$$\mathbb{E}_{p(\mathcal{D})}\left[\sum_{i=1}^{n} w(x_i, a_i)\right] = n$$

を示せ。

1.5（中級）本章では、オフ方策評価においてよく用いられる方策の性能として $V(\pi) = \mathbb{E}_{p(x)\pi(a|x)p(r|x,a)}[r]$（式 (1.1)）を用いたが、これは方策の性能の唯一の定義ではない。方策の性能の定義として $V(\pi) = \mathbb{E}_{p(x)\pi(a|x)p(r|x,a)}[r]$ が適切ではない状況の例を挙げ、その場合の方策の性能としてより適切な定義を提案せよ。

1.6（中級）定義 1.4 において、DM 推定量に用いる期待報酬関数の推定モデル $\hat{q}(x, a)$ を得る方法の一例として、以下の手順を紹介した。

$$\hat{q}(x, a) = \underset{q' \in \mathcal{Q}}{\arg\min} \frac{1}{n} \sum_{i=1}^{n} \ell_r(r_i, q'(x_i, a_i))$$

この手順を、式 (1.13) で示した DM 推定量のバイアスを参考により適切な手順へと修正せよ。

1.7（中級）定理 1.14 に示した CIPS 推定量のバイアスとバリアンスを導出せよ。

1.8（中級）定理 1.15 に示した Switch-DR 推定量のバイアスとバリアンスを導出せよ。

1.9（中級）共通サポートの仮定（仮定 1.1）が満たされない場合の IPS 推定量と DR 推定量のバリアンスを導出せよ。

1.10（中級）推定されたデータ収集方策 $\hat{\pi}_0$ を用いた場合の IPS 推定量と DR 推定量の

バリアンスを導出せよ。

1.11 (中級)式 (1.39) で与えた一般形 $\hat{V}_{\text{General}}(\pi; \mathcal{D}, \tilde{w}, f, \lambda)$ において、$\tilde{w}(x, a; \lambda) = \min\{w(x, a), \lambda\}$ かつ $f(x, a) = \hat{q}(x, a)$ とすることで定義される新たな推定量のバイアスとバリアンスを導出せよ。また、ハイパーパラメータ λ の値の設定がこの推定量の平均二乗誤差に及ぼす影響について議論せよ。

1.12 (上級)IPS 推定量のバリアンスを最小化するデータ収集方策 π_0 を設計せよ。またそのデータ収集方策によりログデータ $\mathcal{D}$ ($|\mathcal{D}| = n$) を収集した際の IPS 推定量のバリアンスを計算し、オンライン実験における AVG 推定量のバリアンスと比較せよ。

1.13 (上級)ヘフディングの不等式(Hoeffding's inequality)を用いて、IPS 推定量に関する以下の不等式が、$1 - \delta$ 以上の確率で成り立つことを示せ。

$$\left|\hat{V}_{\text{IPS}}(\pi; \mathcal{D}) - V(\pi)\right| \leq w_{\max}\sqrt{\frac{1}{2n}\log\frac{2}{\delta}}$$

なお $w_{\max} := \sup_{x,a} w(x, a)$ とする。

1.14 (上級)ベルンスタインの不等式(Bernstein's inequality)を用いて、IPS 推定量に関する以下の不等式が、$1 - \delta$ 以上の確率で成り立つことを示せ。

$$\left|\hat{V}_{\text{IPS}}(\pi; \mathcal{D}) - V(\pi)\right| \leq \frac{2w_{\max}}{3n}\log\frac{2}{\delta} + \sqrt{\frac{2\text{Var}\left[\hat{V}_{\text{IPS}}(\pi; \mathcal{D})\right]}{n}\log\frac{2}{\delta}}$$

なお $w_{\max} := \sup_{x,a} w(x, a)$ とする。

第2章:ランキングにおけるオフ方策評価

　1章では、オフ方策評価における基礎的な考え方や定式化、手法を学びました。しかし、実際にオフ方策評価を活用する現場を思い浮かべると、1章で扱った問題設定よりも複雑な状況が多々あります。なかでも代表的なものの一つが、複数の行動を同時に選択したり並べ替えたりする、いわゆるランキングの問題です。ランキングの問題では、行動空間が組合せ爆発的に増大するため、1章で扱った推定量をそのまま適用することが困難です。本章では、ランキングの問題においても正確なオフ方策評価を行うための主流のアイデアとして、ユーザ行動に仮定を置くことで問題の厳密性と解きやすさのバランスを制御するアプローチと、それがもたらす重要なバイアス・バリアンストレードオフについて学んでいきます。

2.1 ランキングにおけるオフ方策評価の定式化

　本章では、ランキング（ranking）と呼ばれるより実践的な問題におけるオフ方策評価を扱います。具体的にランキングでは、図 2.1（左）のように各ユーザに対していくつかのアイテムを順位付けしたうえで推薦したり、図 2.1（右）のように宿泊施設などの検索結果を提示する問題を考えます。このようなランキングの構造は、現実問題の至る所に出現するため非常に重要です。図 2.1 に示した商品や宿泊施設の推薦・検索はもとより、動画や楽曲、番組、求人、飲食店、ニュース記事などを推薦したり

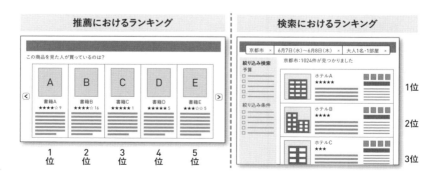

図 2.1　（左）「この商品を見た人が買っているのは？」という推薦枠における商品のランキング（右）「京都市」というクエリに対する検索結果としての宿泊施設のランキング

表 2.1　特徴量・ランキング・報酬ベクトルの例

応用例	特徴量 x	ランキング $\boldsymbol{a}$	報酬ベクトル $\boldsymbol{r}$
YouTube/Netflix	ユーザの視聴履歴	動画の推薦・検索結果	各動画のクリック・視聴時間
LinkedIn/Indeed	ユーザの職歴	求人の推薦・検索結果	各求人のマッチ有無
AirBnB/Booking.com	ユーザの宿泊履歴	ホテル・宿泊施設の推薦・検索結果	各施設の予約有無
Tinder/Bumble	ユーザの趣味・収入	異性ユーザの推薦・検索結果	メッセージ発生・マッチ有無

検索結果として提示したりする機能をコアに据えるサービスは、挙げるときりがない
でしょう。これらの推薦や検索の問題も、ユーザの属性情報や行動履歴などによって
構成される特徴量に基づいて、アイテムのランキングを選択し提示する意思決定の問
題として捉えることができます。本章では、より実践的なランキングの問題における
オフ方策評価について解説します。

　ここから、ランキングに関する意思決定最適化問題を具体的に定式化していきま
しょう。まずユーザ情報などの特徴量ベクトルを $x \in \mathcal{X}$、商品やニュース記事など
個々のアイテムを $a \in \mathcal{A}$、またアイテム集合 $\mathcal{A}$ に属するアイテムを並べ替えること
で構成されるランキングを $\boldsymbol{a} := (a_1, a_2, \ldots, a_K) \in \Pi(\mathcal{A})$ というベクトルを用いて表
します（以降 $K := |\mathcal{A}|$ とします）。ここで $\Pi(\mathcal{A})$ は、行動集合 $\mathcal{A}$ に含まれるアイテ
ムを並べ替えることで構成されるすべてのランキングの集合を指します。例えば、ユ
ニークなアイテムが $|\mathcal{A}| = 3$ 種類ある場合、それらのアイテムを並べ替えることで
構成されるランキングは $3! = 6$ 通りあるはずなので、この場合 $|\Pi(\mathcal{A})| = 6$ となり
ます。また $\boldsymbol{a}(k)$ を用いて、ランキング $\boldsymbol{a}$ の k 番目のポジションに提示されるアイ
テムを表すことにします。あるランキング $\boldsymbol{a}$ を提示した結果として観測される報酬
は、$\boldsymbol{r} := (r_1, r_2, \ldots, r_K) \in \mathbb{R}^{|\mathcal{A}|}$ というベクトルで表します。この報酬ベクトルの各
要素は、ランキング中の各ポジションに提示されたアイテムに対応する報酬を表しま
す。すなわち $\boldsymbol{r}(k)$ は、k 番目に提示されたアイテムのクリック有無や視聴有無など
k 番目のポジションで観測される報酬を表します。表 2.1 に、これらの重要な確率変
数やベクトルに関する具体例をいくつか示しました。また図 2.2 において、ランキ
ングに特有の記号 $\boldsymbol{a}, \boldsymbol{a}(k), \boldsymbol{r}, \boldsymbol{r}(k)$ を具体例に基づき整理しています。$\boldsymbol{a}$ は順位付け
された 3 本の映画のランキング全体を指し、そのランキングにおける k 番目のポジ
ションの映画は $\boldsymbol{a}(k)$ で表されます。図の例では、$\boldsymbol{a}(1)$ はタイタニック、$\boldsymbol{a}(2)$ はアバ
ター、$\boldsymbol{a}(3)$ はスラムダンクです。また $\boldsymbol{r}$ は、観測される報酬情報がすべて詰まった
ベクトルであり、k 番目のポジションの報酬は $\boldsymbol{r}(k)$ で表されるのでした。図 2.2 の
例では、2 番目のポジションに提示されたアバターのみがクリックされているような
ので、$\boldsymbol{r}(1) = 0, \boldsymbol{r}(2) = 1, \boldsymbol{r}(3) = 0$ となります。

　ここでランキング方策 $\pi : \mathcal{X} \rightarrow \Delta(\Pi(\mathcal{A}))$ を、**ランキング集合 $\Pi(\mathcal{A})$ 上の条件付
き確率分布**として導入します。つまり $\pi(\boldsymbol{a} \,|\, x)$ とは、ある特徴量ベクトル x で表さ
れるデータ（ユーザ）に対して、$\boldsymbol{a}$ という特定のランキングを選択する確率になりま

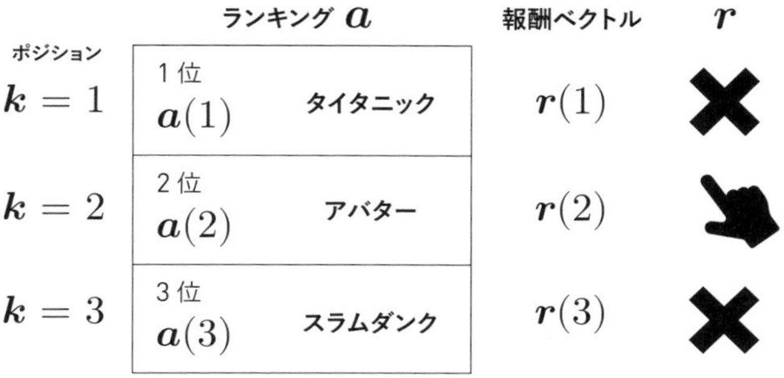

図 2.2 ランキングの問題における記号の整理

す[*1]。表 2.2 と表 2.3 に、ランキングとランキング方策の例を示しました。この具体例では、異なる特徴量 $x1, x2, x3$ を持つ 3 人のユーザに対して、3 本の有名な映画 $\mathcal{A} = \{a1, a2, a3\}$ をさまざまに並べ替えることで構成されるランキング $\boldsymbol{a} \in \Pi(\mathcal{A})$ を選択する問題を考えています。1 章でも映画推薦に関する似た例を扱いましたが、**ここでは一つ一つの映画を単体で推薦するのではなく、それらを並べ替えたランキングを提示する問題を考えている点が重要な違い**です。表 2.2 を見ると 3 本の映画を並べ替えることで 3! = 6 種類の異なるランキング $\Pi(\mathcal{A}) = \{a1, a2, \ldots, a6\}$ が生成されることがわかります。また表 2.3 によるとこのランキング方策 π は、ユーザ 1 に対してはタイタニックを 1 位・アバターを 2 位・スラムダンクを 3 位とするランキング 1 を 20%、タイタニックを 1 位・スラムダンクを 2 位・アバターを 3 位とするランキング 2 を 50%、アバターを 1 位・タイタニックを 2 位・スラムダンクを 3 位とするランキング 3 を 30%の確率で選択することがわかります。一方でユーザ 3 に対しては、スラムダンクを 1 位・アバターを 2 位・タイタニックを 3 位とするランキング 6 を確率 1 で選択し、そのほかのランキングはまったく選択しないことがわかります。ランキングの問題でも、実装する方策が変わればその結果として観測される報酬（それぞれのポジションのアイテムがクリックされたり視聴されたりする確率）も変化することが予想されます。1 章と同様に、ランキング方策をさまざまに変えた際に訪れるユーザ行動やビジネス KPI の変化をログデータのみに基づいて推定する問題が、ランキングにおけるオフ方策評価で解きたい統計的推定問題になります。

図 2.3 に、ランキング方策 π による一連の意思決定プロセスをまとめました。1 章で扱った標準的な問題設定と同様に、我々はまず未知の確率分布 $p(x)$ に従うユーザ情報などの特徴量 x_i を観測します。次に観測した x_i に基づき、ランキング方策

[*1] よってここでは、$\pi(\boldsymbol{a} \,|\, x) \geq 0, \, \forall(x, \boldsymbol{a}) \in \mathcal{X} \times \Pi(\mathcal{A})$ かつ $\sum_{\boldsymbol{a} \in \Pi(\mathcal{A})} \pi(\boldsymbol{a} \,|\, x) = 1, \, \forall x \in \mathcal{X}$ が成り立ちます。

表 2.2　映画のランキング問題における全 6 種類のランキング

	ランキング 1	ランキング 2	ランキング 3	ランキング 4	ランキング 5	ランキング 6
1 番目 $a(1)$	タイタニック	タイタニック	アバター	アバター	スラムダンク	スラムダンク
2 番目 $a(2)$	アバター	スラムダンク	タイタニック	スラムダンク	タイタニック	アバター
3 番目 $a(3)$	スラムダンク	アバター	スラムダンク	タイタニック	アバター	タイタニック

表 2.3　映画のランキング問題におけるランキング方策 π の例

	ランキング 1	ランキング 2	ランキング 3	ランキング 4	ランキング 5	ランキング 6
ユーザ 1	$\pi(a1\|x1)=0.2$	$\pi(a2\|x1)=0.5$	$\pi(a3\|x1)=0.3$	$\pi(a4\|x1)=0.0$	$\pi(a5\|x1)=0.0$	$\pi(a6\|x1)=0.0$
ユーザ 2	$\pi(a1\|x2)=0.4$	$\pi(a2\|x2)=0.2$	$\pi(a3\|x2)=0.2$	$\pi(a4\|x2)=0.1$	$\pi(a5\|x2)=0.1$	$\pi(a6\|x2)=0.0$
ユーザ 3	$\pi(a1\|x3)=0.0$	$\pi(a2\|x3)=0.0$	$\pi(a3\|x3)=0.0$	$\pi(a4\|x3)=0.0$	$\pi(a5\|x3)=0.0$	$\pi(a6\|x3)=1.0$

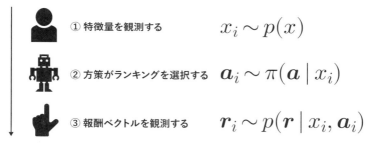

① 特徴量を観測する　　　$x_i \sim p(x)$

② 方策がランキングを選択する　$a_i \sim \pi(a \mid x_i)$

③ 報酬ベクトルを観測する　$r_i \sim p(r \mid x_i, a_i)$

図 2.3　ランキング方策 π に基づきデータ (x_i, a_i, r_i) が観測されるプロセス

$\pi(a \mid x_i)$ がアイテムのランキング a_i を選択します。最後に、特徴量 x_i とランキング a_i に依存して、ランキング a_i 内の各ポジションに対応する報酬の情報がすべて詰まった報酬ベクトル r_i が未知の確率分布 $p(r \mid x_i, a_i)$ に従い観測されます。**行動が単なる一つの選択のみならずアイテムのランキングになっていることや、ランキング中の各ポジションに対応する報酬がそれぞれ別個に観測される点が、1 章で扱った単純な設定との重要な相違点**です。

　ここで、**ランキング方策 π の性能**を次のように定義します。

定義 2.1. ランキング方策 π の性能は、次のように定義される。

$$V(\pi) := \mathbb{E}_{p(x)\pi(a|x)p(r|x,a)}\left[\sum_{k=1}^{K}\alpha_k r(k)\right] = \mathbb{E}_{p(x)\pi(a|x)}\left[\sum_{k=1}^{K}\alpha_k q_k(x, a)\right]$$

$$(2.1)$$

なお $q_k(x, a) := \mathbb{E}[r(k)\,|\,x, a]$ は、特徴量 x とランキング a が与えられたときに k 番目のポジションで発生する報酬 $r(k)$ の期待値であり、**ポジションレベルでの期待報酬関数**（position-level expected reward function）と呼ぶ。また $\alpha_k\,(\geq 0)$ は、分析者によって事前に設定される k 番目のポジションの重要度である。

　ランキング方策 π の性能 $V(\pi)$ は、その方策 π を環境（サービスやプラットフォーム）に実装した際に得られるポジションごとの報酬の重み付け和の期待値で定義されるのが通例です。例えば、報酬がランキング中の各ポジションのアイテムに関するクリック有無で定義される場合、方策の性能 $V(\pi)$ はランキング方策 π が実装された際に発生するクリック確率の重み付け和で定義されることになります。なお、ランキング方策 π の性能の定義に含まれる重み α_k は k 番目のポジションの重要度を表し、これは分析者が自由に設定できるパラメータです。例えば $\alpha_k = \mathbb{I}\{k \leq K\}/K$ と定義すると、$V(\pi)$ は Precision@K と呼ばれる有名なランキング評価指標になります。また $\alpha_k = \mathbb{I}\{k \leq K\}/\log_2(k + 1)$ という重みを用いるとき、$V(\pi)$ は DCG@K と呼ばれる指標になります[*2]。以降のオフ方策評価に関する議論は任意の α_k について成り立つので、この重みは各サービスにおける上位のポジションの重視度合いに基づいて個別に定義して問題ありません。

　表 2.4 に、映画のランキング問題におけるポジションレベルの期待報酬関数 $q_k(x, a)$ の例を示しました。ポジションレベルの期待報酬関数 $q_k(x, a)$ は、各ユーザに対して表 2.2 に示した各ランキング a を提示したときにそれぞれのポジション $k \in \{1, 2, 3\}$ で発生する報酬の期待値なので、それをすべて書き起こすと、表 2.4 のように少々複雑になってしまいます（このことは、1 章で扱った単純な設定と比べてランキングにおけるオフ方策評価がより困難な問題であることを暗示しています）。ここでは特に、ランキング中の k 番目のポジションに提示された映画 $a(k)$ が各ユーザに視聴されたか否かという 2 値変数で対応する報酬 $r(k)$ が定義されている場合を考えます。そのうえで表 2.4 を見ると、例えばユーザ 1 は、タイタニックを 1 位・アバターを 2 位・スラムダンクを 3 位とするランキング 1 を提示されたら、1 位のタイタニックを 20%

[*2] DCG は Discounted Cumulative Gain の略です。本章の内容を理解するために、Precision@K や DCG@K などの指標に精通している必要はありません。

表 2.4　映画のランキング問題におけるポジションレベルの期待報酬関数 $q_k(x, \boldsymbol{a})$ の例

ユーザ 1（$x1$）

	ランキング 1	ランキング 2	ランキング 3	ランキング 4	ランキング 5	ランキング 6
$k=1$	$q_1(\cdot, \boldsymbol{a}1) = 0.2$	$q_1(\cdot, \boldsymbol{a}2) = 0.1$	$q_1(\cdot, \boldsymbol{a}3) = 0.0$	$q_1(\cdot, \boldsymbol{a}4) = 0.0$	$q_1(\cdot, \boldsymbol{a}5) = 0.4$	$q_1(\cdot, \boldsymbol{a}6) = 0.4$
$k=2$	$q_2(\cdot, \boldsymbol{a}1) = 0.1$	$q_2(\cdot, \boldsymbol{a}2) = 0.4$	$q_2(\cdot, \boldsymbol{a}3) = 0.0$	$q_2(\cdot, \boldsymbol{a}4) = 0.5$	$q_2(\cdot, \boldsymbol{a}5) = 0.1$	$q_2(\cdot, \boldsymbol{a}6) = 0.0$
$k=3$	$q_3(\cdot, \boldsymbol{a}1) = 0.1$	$q_3(\cdot, \boldsymbol{a}2) = 0.0$	$q_3(\cdot, \boldsymbol{a}3) = 0.1$	$q_3(\cdot, \boldsymbol{a}4) = 0.0$	$q_3(\cdot, \boldsymbol{a}5) = 0.0$	$q_3(\cdot, \boldsymbol{a}6) = 0.1$

ユーザ 2（$x2$）

	ランキング 1	ランキング 2	ランキング 3	ランキング 4	ランキング 5	ランキング 6
$k=1$	$q_1(\cdot, \boldsymbol{a}1) = 0.5$	$q_1(\cdot, \boldsymbol{a}2) = 0.4$	$q_1(\cdot, \boldsymbol{a}3) = 0.6$	$q_1(\cdot, \boldsymbol{a}4) = 0.7$	$q_1(\cdot, \boldsymbol{a}5) = 0.3$	$q_1(\cdot, \boldsymbol{a}6) = 0.2$
$k=2$	$q_2(\cdot, \boldsymbol{a}1) = 0.4$	$q_2(\cdot, \boldsymbol{a}2) = 0.2$	$q_2(\cdot, \boldsymbol{a}3) = 0.3$	$q_2(\cdot, \boldsymbol{a}4) = 0.1$	$q_2(\cdot, \boldsymbol{a}5) = 0.2$	$q_2(\cdot, \boldsymbol{a}6) = 0.4$
$k=3$	$q_3(\cdot, \boldsymbol{a}1) = 0.4$	$q_3(\cdot, \boldsymbol{a}2) = 0.3$	$q_3(\cdot, \boldsymbol{a}3) = 0.1$	$q_3(\cdot, \boldsymbol{a}4) = 0.0$	$q_3(\cdot, \boldsymbol{a}5) = 0.2$	$q_3(\cdot, \boldsymbol{a}6) = 0.3$

ユーザ 3（$x3$）

	ランキング 1	ランキング 2	ランキング 3	ランキング 4	ランキング 5	ランキング 6
$k=1$	$q_1(\cdot, \boldsymbol{a}1) = 0.1$	$q_1(\cdot, \boldsymbol{a}2) = 0.0$	$q_1(\cdot, \boldsymbol{a}3) = 0.5$	$q_1(\cdot, \boldsymbol{a}4) = 0.3$	$q_1(\cdot, \boldsymbol{a}5) = 0.9$	$q_1(\cdot, \boldsymbol{a}6) = 0.8$
$k=2$	$q_2(\cdot, \boldsymbol{a}1) = 0.2$	$q_2(\cdot, \boldsymbol{a}2) = 0.8$	$q_2(\cdot, \boldsymbol{a}3) = 0.0$	$q_2(\cdot, \boldsymbol{a}4) = 0.6$	$q_2(\cdot, \boldsymbol{a}5) = 0.2$	$q_2(\cdot, \boldsymbol{a}6) = 0.2$
$k=3$	$q_3(\cdot, \boldsymbol{a}1) = 0.1$	$q_3(\cdot, \boldsymbol{a}2) = 0.0$	$q_3(\cdot, \boldsymbol{a}3) = 0.3$	$q_3(\cdot, \boldsymbol{a}4) = 0.0$	$q_3(\cdot, \boldsymbol{a}5) = 0.1$	$q_3(\cdot, \boldsymbol{a}6) = 0.0$

の確率で、2 位のアバターを 10% の確率で、3 位のスラムダンクを 10% の確率でそれぞれを視聴することがわかります。

　ここで仮に 3 人のユーザが一様に分布しているとします（すなわち $p(x_1) = p(x_2) = p(x_3) = 1/3$）。またランキング方策の性能を定義する際の各ポジションの重みとして、$(\alpha_1, \alpha_2, \alpha_3) = (1.0, 0.5, 0.1)$ を用いることとします[*3]。このとき式 (2.1) の定義に従うと、表 2.3 に示したランキング方策 π の性能が、次のように計算されます。

$$V(\pi)$$

$$= \mathbb{E}_{p(x)\pi(\boldsymbol{a}|x)} \left[\sum_{k=1}^{K} \alpha_k q_k(x, \boldsymbol{a}) \right]$$

$$= \sum_{x \in \{x1, x2, x3\}} p(x) \sum_{\boldsymbol{a} \in \{\boldsymbol{a}1, \boldsymbol{a}2, \boldsymbol{a}3, \boldsymbol{a}4, \boldsymbol{a}5, \boldsymbol{a}6\}} \pi(\boldsymbol{a}|x) \sum_{k=1}^{3} \alpha_k q_k(x, \boldsymbol{a})$$

$$= \frac{1}{3} \Big(\underbrace{(0.2 \times 0.26 + 0.5 \times 0.3 + 0.3 \times 0.01 + 0.0 \times 0.25 + 0.0 \times 0.45 + 0.0 \times 0.41)}_{\text{ユーザ 1 についての計算}}$$

$$+ \underbrace{(0.4 \times 0.74 + 0.2 \times 0.53 + 0.2 \times 0.76 + 0.1 \times 0.75 + 0.1 \times 0.42 + 0.0 \times 0.43)}_{\text{ユーザ 2 についての計算}}$$

[*3] この α_k の定義には、1 番目のポジションで発生する報酬を 2 番目のポジションで発生する報酬と比べて 2 倍、3 番目のポジションで発生する報酬と比べて 10 倍重要視しようという分析者のお気持ちが含まれています。

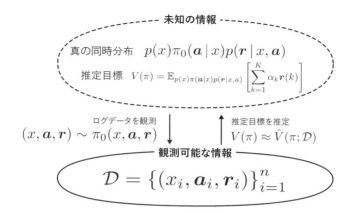

図 2.4 ランキングのオフ方策評価における統計的推定問題（ここではデータ収集方策によって形成される $(x, \boldsymbol{a}, \boldsymbol{r})$ の同時分布を $\pi_0(x, \boldsymbol{a}, \boldsymbol{r}) \coloneqq p(x)\pi_0(\boldsymbol{a}\,|\,x)p(\boldsymbol{r}\,|\,x, \boldsymbol{a})$ と表記している）

$$+ \underbrace{(0.0 \times 0.21 + 0.0 \times 0.4 + 0.0 \times 0.53 + 0.0 \times 0.6 + 0.0 \times 1.01 + 1.0 \times 0.9))}_{\text{ユーザ 3 についての計算}}$$

$$= 0.592 \tag{2.2}$$

ランキング方策の性能を計算する際は、ポジションについての和（$\sum_{k=1}^{K}$）も登場するため少々複雑ですが、定義の適用自体は難しいものではないでしょう。性能の値が大きいほど各ポジションで発生する視聴確率の重み付け和が大きいことを意味するので、より良いランキング方策といえます。

　ランキングの場合も同様に、**オフ方策評価の目的は、オンライン実験を行うことなくランキング方策 π の性能 $V(\pi)$ を推定する**ことです。より具体的には、図 2.4 に示すように、**すでに実装されているランキング方策 π_0（データ収集方策）によって収集されたログデータのみを用いて、π_0 とは異なる新たなランキング方策 π（評価方策）の性能を正確に推定する**統計的推定問題を考えます。ここでオフ方策評価に用いることができるログデータ $\mathcal{D}$ は、次の独立同一分布からの抽出により与えられます。

$$\mathcal{D} \coloneqq \{(x_i, \boldsymbol{a}_i, \boldsymbol{r}_i)\}_{i=1}^{n} \sim p(\mathcal{D}) = \prod_{i=1}^{n} p(x_i) \underbrace{\pi_0(\boldsymbol{a}_i|x_i)}_{\text{データ収集方策}} p(\boldsymbol{r}_i|x_i, \boldsymbol{a}_i) \tag{2.3}$$

ログデータ $\mathcal{D}$ とは、データ収集方策 π_0 が図 2.3 に示されるフローに従って選択したランキング $\boldsymbol{a}$ とその結果 $\boldsymbol{r}$ の n 個の集合です。1 章で扱ったログデータやデータ生

成分布（式 (1.3)）と比較して、行動 a がランキング a に、報酬 r が報酬のベクトル r に置き換わっている部分に注意しましょう。

　オフ方策評価の主な技術目標は、ログデータ $\mathcal{D}$ のみを用いて評価方策の性能 $V(\pi)$ を正確に推定できる推定量 $\hat{V}$ を構築することでした。本章で扱うランキングの問題でも、推定量 $\hat{V}$ の正確さを次の**平均二乗誤差**により定量化することが通例です。

$$\mathrm{MSE}\big[\hat{V}(\pi; \mathcal{D})\big] := \mathbb{E}_{p(\mathcal{D})}\Big[\big(V(\pi) - \hat{V}(\pi; \mathcal{D})\big)^2\Big] = \mathrm{Bias}\big[\hat{V}(\pi; \mathcal{D})\big]^2 + \mathrm{Var}\big[\hat{V}(\pi; \mathcal{D})\big]$$

1 章で確認した通り、**平均二乗誤差は二乗バイアスとバリアンスに分解されます**。バイアスとバリアンスは基本的にトレードオフの関係にあり、バイアスを小さくすればバリアンスは大きくなりやすく、逆にバリアンスを小さく抑えようと思うとバイアスが大きくなりがちでした。**いかにしてバイアスとバリアンスの両方を小さく抑え、結果として小さい平均二乗誤差を達成する推定量を構築できるか**という点は、ランキングにおけるオフ方策評価でも引き続き重要なテーマになっていきます。

2.2 ランキングにおける IPS 推定量とその問題点

　本節ではまず、ランキングにおけるオフ方策評価の出発点として 1 章で扱った IPS 推定量をランキングの設定に拡張し、その性質を分析します。その後、IPS 推定量を単純に拡張するだけでは正確なオフ方策評価を行うことが非常に難しいという悲観的事実を、シミュレーション結果を通じて見ていきます。

2.2.1　ランキングにおける IPS 推定量
　IPS 推定量は、重要度重みに基づく観測報酬の重み付け平均で定義される推定量でした。実装が非常に容易であるにもかかわらず（いくつかの仮定のもとで）不偏性を満たす、すなわちバイアスが完全にゼロであるという利点を持っていました。この IPS 推定量は、次のようにしてランキングの設定に容易に拡張できます。

定義 2.2. あるデータ収集方策 π_0 により収集されたログデータ $\mathcal{D}$ を用いるとき、ランキング方策 π の性能 $V(\pi)$ に対する Inverse Propensity Score (IPS) 推定量は、次のように定義される。

$$\hat{V}_{\mathrm{IPS}}(\pi; \mathcal{D}) := \frac{1}{n} \sum_{i=1}^{n} \frac{\pi(\boldsymbol{a}_i \mid x_i)}{\pi_0(\boldsymbol{a}_i \mid x_i)} \sum_{k=1}^{K} \alpha_k \boldsymbol{r}_i(k) = \frac{1}{n} \sum_{i=1}^{n} w(x_i, \boldsymbol{a}_i) \sum_{k=1}^{K} \alpha_k \boldsymbol{r}_i(k)$$
(2.4)

なお $w(x, \boldsymbol{a}) := \pi(\boldsymbol{a} \mid x)/\pi_0(\boldsymbol{a} \mid x)$ は、評価方策 π とデータ収集方策 π_0 による行動選択確率の比であり、**ランキングレベルの重要度重み**（ranking-level importance weight）と呼ばれる。また $\hat{V}_{\mathrm{IPS}}^{(k)}(\pi; \mathcal{D}) := \frac{1}{n} \sum_{i=1}^{n} w(x_i, \boldsymbol{a}_i) \boldsymbol{r}_i(k)$ により、k 番目のポジションにおける期待報酬に対する IPS 推定量を表すことがある（$\hat{V}_{\mathrm{IPS}}(\pi; \mathcal{D}) = \sum_{k=1}^{K} \alpha_k \hat{V}_{\mathrm{IPS}}^{(k)}(\pi; \mathcal{D})$）。

　ランキングにおける IPS 推定量の定義を見ると、1 章で扱った IPS 推定量と同様に（ランキング全体に関する）報酬 $\sum_{k=1}^{K} \alpha_k \boldsymbol{r}_i(k)$ の重み付け平均が用いられていることから、根本的にはまったく同じ発想に基づいており表記が多少変わっているだけであることがわかります（図 2.5 の比較を参照）。重み付け平均に用いる重みとしては、**評価方策 π とデータ収集方策 π_0 によるランキング選択確率の比（ランキングレベルの重要度重み）**が用いられており、データ収集方策 π_0 の情報が含まれるログデータ $\mathcal{D}$ から評価方策 π に関する情報を得ようとしている様子が引き続き見てとれます。

　先に用いた映画のランキング問題をもとに、IPS 推定量を具体的に計算してみることにしましょう。ここでは、表 2.5 で表されるログデータ $\mathcal{D}$ を例として使うこと

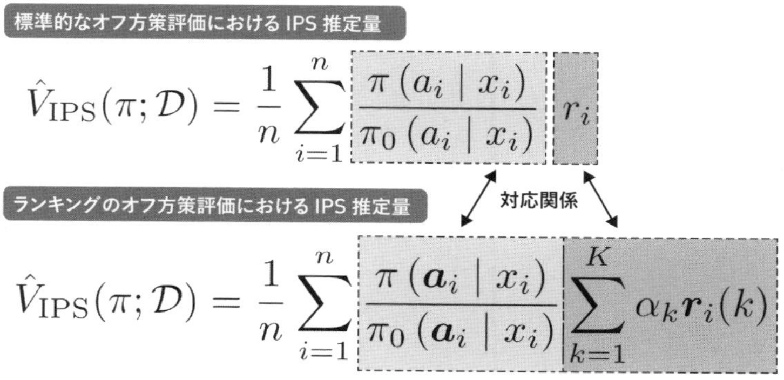

標準的なオフ方策評価における IPS 推定量

$$\hat{V}_{\mathrm{IPS}}(\pi; \mathcal{D}) = \frac{1}{n} \sum_{i=1}^{n} \frac{\pi(a_i \mid x_i)}{\pi_0(a_i \mid x_i)} r_i$$

ランキングのオフ方策評価における IPS 推定量

対応関係

$$\hat{V}_{\mathrm{IPS}}(\pi; \mathcal{D}) = \frac{1}{n} \sum_{i=1}^{n} \frac{\pi(\boldsymbol{a}_i \mid x_i)}{\pi_0(\boldsymbol{a}_i \mid x_i)} \sum_{k=1}^{K} \alpha_k \boldsymbol{r}_i(k)$$

図 2.5 標準的なオフ方策評価における IPS 推定量（1 章）とランキングにおける IPS 推定量（2 章）の対応関係

表 2.5 映画のランキング問題におけるログデータ $\mathcal{D}$ （$n = 6$）の例

i	特徴量 x_i	ランキング $\boldsymbol{a}_i$	データ収集方策 $\pi_0(\boldsymbol{a}_i|x_i)$	評価方策 $\pi(\boldsymbol{a}_i|x_i)$	報酬 $\boldsymbol{r}_i$
1	$x2$	$\boldsymbol{a}1$	0.2	0.4	$(1, 0, 1)$
2	$x1$	$\boldsymbol{a}1$	0.4	0.2	$(0, 0, 0)$
3	$x3$	$\boldsymbol{a}2$	0.5	0.0	$(0, 1, 0)$
4	$x3$	$\boldsymbol{a}6$	0.2	1.0	$(1, 0, 0)$
5	$x2$	$\boldsymbol{a}4$	0.2	0.1	$(1, 0, 0)$
6	$x1$	$\boldsymbol{a}3$	0.1	0.3	$(0, 0, 0)$

表 2.6 映画のランキング問題におけるデータ収集方策 π_0 の例

	ランキング 1	ランキング 2	ランキング 3	ランキング 4	ランキング 5	ランキング 6
ユーザ 1	$\pi_0(\boldsymbol{a}1|\cdot) = 0.4$	$\pi_0(\boldsymbol{a}2|\cdot) = 0.2$	$\pi_0(\boldsymbol{a}3|\cdot) = 0.1$	$\pi_0(\boldsymbol{a}4|\cdot) = 0.0$	$\pi_0(\boldsymbol{a}5|\cdot) = 0.3$	$\pi_0(\boldsymbol{a}6|\cdot) = 0.0$
ユーザ 2	$\pi_0(\boldsymbol{a}1|\cdot) = 0.2$	$\pi_0(\boldsymbol{a}2|\cdot) = 0.4$	$\pi_0(\boldsymbol{a}3|\cdot) = 0.1$	$\pi_0(\boldsymbol{a}4|\cdot) = 0.2$	$\pi_0(\boldsymbol{a}5|\cdot) = 0.1$	$\pi_0(\boldsymbol{a}6|\cdot) = 0.0$
ユーザ 3	$\pi_0(\boldsymbol{a}1|\cdot) = 0.0$	$\pi_0(\boldsymbol{a}2|\cdot) = 0.5$	$\pi_0(\boldsymbol{a}3|\cdot) = 0.0$	$\pi_0(\boldsymbol{a}4|\cdot) = 0.0$	$\pi_0(\boldsymbol{a}5|\cdot) = 0.3$	$\pi_0(\boldsymbol{a}6|\cdot) = 0.2$

にします。なお表 2.5 は、表 2.6 に示した方策をデータ収集方策 π_0 として収集され
たものです。またここでは、表 2.3 に示した方策を評価方策 π としています。例え
ば表 2.5 の $i = 1$ の行を見ると、ユーザ 2 （$x_1 = x2$）が推薦枠にやって来たとこ
ろに対してデータ収集方策がランキング 1 （$\boldsymbol{a}_1 = \boldsymbol{a}1$）を提示し、その結果として
1 番目と 3 番目のポジションにおいてクリックが発生した（$\boldsymbol{r}_1 = (1, 0, 1)$）ことが
わかります。またデータ収集方策がユーザ 2 に対してランキング 1 を選択する確率
は $\pi_0(\boldsymbol{a}1 \,|\, x2) = 0.2$ だった一方で、評価方策がユーザ 2 に対してランキング 1 を選
択する確率は $\pi_0(\boldsymbol{a}1 \,|\, x2) = 0.4$ であることもわかります。先に例として定義した重
み $(\alpha_1, \alpha_2, \alpha_3) = (1.0, 0.5, 0.1)$ をここでも用いると、評価方策 π に対する IPS 推定
量は、

$$
\hat{V}_{\mathrm{IPS}}(\pi; \mathcal{D})
$$
$$
= \frac{1}{6} \sum_{i=1}^{6} \frac{\pi(\boldsymbol{a}_i|x_i)}{\pi_0(\boldsymbol{a}_i|x_i)} \sum_{k=1}^{3} \alpha_k \boldsymbol{r}_i(k)
$$
$$
= \frac{1}{6} \left(\frac{0.4}{0.2} \times 1.1 + \frac{0.2}{0.4} \times 0.0 + \frac{0.0}{0.5} \times 0.5 + \frac{1.0}{0.2} \times 1.0 + \frac{0.1}{0.2} \times 1.0 + \frac{0.3}{0.1} \times 0.0 \right)
$$
$$
= 1.283 \dots
$$

と計算されます。ここで具体的に計算した IPS 推定量による推定値には、真の性能
$V(\pi) = 0.592$ に対する大きな推定誤差が含まれているようです（この計算結果も、
ランキングの設定において IPS 推定量が陥る困難をすでに暗示しています）。

ここからランキングの問題における IPS 推定量の推定精度を分析し、理解を深めます。まずはバイアスを計算するための準備として、ログデータが従う分布 $p(\mathcal{D})$ に関する IPS 推定量の期待値を計算しておきます[*4]。

$$
\begin{aligned}
\mathbb{E}_{p(\mathcal{D})}[\hat{V}_{\mathrm{IPS}}(\pi;\mathcal{D})] &= \frac{1}{n}\sum_{i=1}^{n}\mathbb{E}_{p(x)\pi_0(\boldsymbol{a}|x)p(\boldsymbol{r}|x,\boldsymbol{a})}\left[\frac{\pi(\boldsymbol{a}\mid x)}{\pi_0(\boldsymbol{a}\mid x)}\sum_{k=1}^{K}\alpha_k\boldsymbol{r}(k)\right] \\
&= \mathbb{E}_{p(x)}\left[\sum_{\boldsymbol{a}\in\Pi(\mathcal{A})}\pi_0(\boldsymbol{a}\mid x)\frac{\pi(\boldsymbol{a}\mid x)}{\pi_0(\boldsymbol{a}\mid x)}\sum_{k=1}^{K}\alpha_k q_k(x,\boldsymbol{a})\right] \\
&= \mathbb{E}_{p(x)}\left[\sum_{\boldsymbol{a}\in\Pi(\mathcal{A})}\pi(\boldsymbol{a}\mid x)\sum_{k=1}^{K}\alpha_k q_k(x,\boldsymbol{a})\right] \\
&= V(\pi)
\end{aligned}
\tag{2.5}
$$

この期待値計算においても、**データ収集方策 π_0 に関する期待値が、重要度重みの存在によって評価方策 π に関する期待値に切り替わっている部分（式 (2.5)）がポイント**です（なお、以後の式展開では独立同一分布からの抽出や期待値の線形性などすでに繰り返し登場している性質については適宜言及を省略して適用します）。何はともあれ重要度重みのトリックはランキングの設定においても有効で、IPS 推定量の期待値が評価方策の真の性能 $V(\pi)$ に一致することがわかりました。このことから次の定理が導かれます。

> **定理 2.1.** あるデータ収集方策 π_0 により収集されたログデータ $\mathcal{D}$ を用いるとき、式 (2.4) で定義されるランキングにおける IPS 推定量は、評価方策 π の真の性能 $V(\pi)$ に対する不偏推定量である。すなわち、
>
> $$\mathbb{E}_{p(\mathcal{D})}[\hat{V}_{\mathrm{IPS}}(\pi;\mathcal{D})] = V(\pi) \quad (\implies \mathrm{Bias}[\hat{V}_{\mathrm{IPS}}(\pi;\mathcal{D})] = 0)$$

よって IPS 推定量の考え方をそのまま拡張するだけで、ランキングの設定においても不偏推定が可能であることがわかりました。

次に、ランキングの設定における IPS 推定量のバリアンスを計算します。ここでも全分散の公式（式 (0.16)）を用いる 1 章と同様の流れに従うことで、バリアンスを算

[*4] 以降本章では、ランキングにおける共通サポートの仮定、すなわち $\pi(\boldsymbol{a}|x) > 0 \implies \pi_0(\boldsymbol{a}|x) > 0,\ \forall(x,\boldsymbol{a})\in\mathcal{X}\times\Pi(\mathcal{A})$ を仮定します。ランキングにおける共通サポートの仮定に関する発展的な話題は、章末問題で扱っています。

出できます。

$$\mathbb{V}_{p(\mathcal{D})}[\hat{V}_{\mathrm{IPS}}(\pi;\mathcal{D})]$$

$$= \mathbb{V}_{p(\mathcal{D})}\left[\frac{1}{n}\sum_{i=1}^{n} w(x_i,\boldsymbol{a}_i)\sum_{k=1}^{K}\alpha_k \boldsymbol{r}_i(k)\right]$$

$$= \frac{1}{n}\mathbb{V}_{p(x)\pi_0(\boldsymbol{a}|x)p(\boldsymbol{r}|x,\boldsymbol{a})}\left[w(x,\boldsymbol{a})\sum_{k=1}^{K}\alpha_k \boldsymbol{r}(k)\right]$$

$$= \frac{1}{n}\left(\mathbb{E}_{p(x)\pi_0(\boldsymbol{a}|x)}\left[\mathbb{V}_{p(\boldsymbol{r}|x,\boldsymbol{a})}[w(x,\boldsymbol{a})\sum_{k=1}^{K}\alpha_k \boldsymbol{r}(k)]\right]\right.$$

$$\left.+ \mathbb{V}_{p(x)\pi_0(\boldsymbol{a}|x)}\left[\mathbb{E}_{p(\boldsymbol{r}|x,\boldsymbol{a})}[w(x,\boldsymbol{a})\sum_{k=1}^{K}\alpha_k \boldsymbol{r}(k)]\right]\right) \quad \because \text{式 (0.16)}$$

$$= \frac{1}{n}\left(\mathbb{E}_{p(x)\pi_0(\boldsymbol{a}|x)}\left[w^2(x,\boldsymbol{a})\sum_{k=1}^{K}\alpha_k^2\sigma_k^2(x,\boldsymbol{a})\right] + \mathbb{V}_{p(x)\pi_0(\boldsymbol{a}|x)}\left[w(x,\boldsymbol{a})\sum_{k=1}^{K}\alpha_k q_k(x,\boldsymbol{a})\right]\right)$$

これまでのバイアスとバリアンスの分析に基づくと、ランキングの設定における
IPS 推定量の平均二乗誤差が、次のように表されることがわかります。

定理 2.2. あるデータ収集方策 π_0 が収集したログデータ $\mathcal{D}$ を用いるとき、
式 (2.4) で定義されるランキングにおける IPS 推定量は、次の平均二乗誤差
を持つ。

$$\mathrm{MSE}\big[\hat{V}_{\mathrm{IPS}}(\pi;\mathcal{D})\big] = \mathrm{Var}\big[\hat{V}_{\mathrm{IPS}}(\pi;\mathcal{D})\big] \quad \because \mathrm{Bias}\big[\hat{V}_{\mathrm{IPS}}(\pi;\mathcal{D})\big] = 0$$

$$= \frac{1}{n}\left(\mathbb{E}_{p(x)\pi_0(\boldsymbol{a}|x)}\left[w^2(x,\boldsymbol{a})\sum_{k=1}^{K}\alpha_k^2\sigma_k^2(x,\boldsymbol{a})\right]\right.$$

$$\left.+ \mathbb{V}_{p(x)\pi_0(\boldsymbol{a}|x)}\left[w(x,\boldsymbol{a})\sum_{k=1}^{K}\alpha_k q_k(x,\boldsymbol{a})\right]\right) \quad (2.6)$$

式 (2.6) によると、1 章における IPS 推定量の分析結果と同様に、ログデータのサ
イズ n が大きくなるほど推定精度が良くなっていく（平均二乗誤差が小さくなってい
く）一方で、報酬のノイズ $\sigma_k^2(x,\boldsymbol{a}) = \mathbb{V}_{p(\boldsymbol{r}(k)|x,\boldsymbol{a})}[r(k)]$ やランキングレベルの重要
度重みが関わる分散 $\mathbb{V}_{p(x)\pi_0(\boldsymbol{a}|x)}[w(x,\boldsymbol{a})\sum_{k=1}^{K}\alpha_k q_k(x,\boldsymbol{a})]$ が大きいとき、推定精度
が悪くなってしまう可能性が示唆されています。

2.2.2　ランキングにおける IPS 推定量の問題点

　ランキングの問題においても IPS 推定量を拡張するだけで不偏推定を行うことができ、データ数 n が増えるにつれ平均二乗誤差も単調に減少していくことがわかりました。実装も単なる重み付け平均で済み、期待報酬関数を機械学習で推定したりする手間がまったく必要ないその手軽さから、ランキングの問題でオフ方策評価を行う際にも初手として使いたくなることでしょう。

　しかし残念なことに、**ランキングの問題において、IPS 推定量はほとんど使い物にならない**という悲しい事実が知られています。それはランキングの問題において、IPS 推定量のバリアンスや平均二乗誤差に現れる重要度重み $w(x, a)$ がとても厄介な現象を引き起こすからです。ランキングレベルの重要度重みは、ランキング集合 $\Pi(\mathcal{A})$ 上の二つの異なるランキング方策（データ収集方策と評価方策）によるランキング選択確率の比によって定義されています（$w(x, a) \coloneqq \pi(a \mid x)/\pi_0(a \mid x)$）。ここで**ユニークなアイテムの数 $|\mathcal{A}|$ が増えるにつれ、ランキングの数 $|\Pi(\mathcal{A})|$ は組合せ爆発的に増加していく**[*5]ため、**ランキングの問題において重要度重み $w(x, a)$ はとてつもなく巨大な値をとってしまう可能性がある**のです。特に IPS 推定量のバリアンスや平均二乗誤差には重要度重みのバリアンスが現れていたため、これは大きな問題になります。

　図 2.6 および図 2.7 において、ランキングにおける IPS 推定量の欠陥を調べたシミュレーション結果を示しました。まず図 2.6 では、ランキングを徐々に長く（K を大きく）したときの IPS 推定量の精度を調べています。なおここでは IPS 推定量の正確さをイメージするためのベースラインとして、ログデータ上の報酬を単純平均した AVG 推定量の推定精度も同時に表示しています[*6]。さて図 2.6 を詳しく見てみると、**ランキングの長さ K が大きくなるにつれ IPS 推定量の推定誤差が急激に悪化している**様子が一目瞭然です。特に K が小さいときは良好な精度で推定できているにもかかわらず、**ランキングが長くなるにつれ、AVG 推定量と比較しても非常に大きな推定誤差を生じてしまっている**ことがわかります。次にログデータのサイズ n を徐々に大きくしたときの IPS 推定量の平均二乗誤差を調べた図 2.7 を見てみましょう。するとたしかにデータ数 n が増加するにつれ IPS 推定量の精度改善が見られる一方で、ログデータのサイズ n が小さい場合に、深刻なバリアンスの問題から AVG 推定量と比較しても大きな推定誤差を生じてしまっています。

　ここでシミュレーションを通して確認した通り、ランキングの設定でも IPS 推定量

[*5]　例えばユニークなアイテムが $|\mathcal{A}| = 100$ のとき、ランキングの数は $|\Pi(\mathcal{A})| = 100! > 10^{157}$ であり、とてつもなく大きな値になってしまいます。オフ方策評価の実践現場ではユニークなアイテムの数がさらに多いことも多々あるため、これはとても厄介な問題なのです。

[*6]　ランキングにおける AVG 推定量は、$\hat{V}_{\mathrm{AVG}}(\pi, \mathcal{D}) \coloneqq \frac{1}{n} \sum_{i=1}^{n} \sum_{k=1}^{K} \alpha_k r_i(k)$ と定義されます。これは評価方策 π の情報を一切用いていないため、オフライン評価においてまったく意味を持たない推定量といえます。よって、AVG 推定量よりも大きな平均二乗誤差を持つ推定量はまったく使い物にならない推定量と考えられるのです。

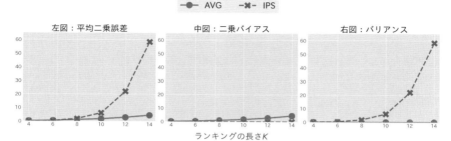

図 2.6 ランキングの長さ K を変化させたときの AVG 推定量と IPS 推定量の平均二乗誤差・バイアス・バリアンスの挙動（人工データ実験により計測）

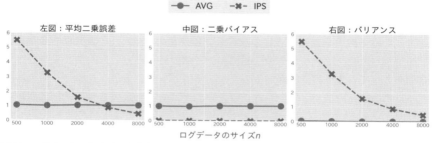

図 2.7 ログデータのサイズ n を変化させたときの AVG 推定量と IPS 推定量の平均二乗誤差・バイアス・バリアンスの挙動（人工データ実験により計測）

が不偏であることに間違いはない一方で、ランキングの数 $|\Pi(\mathcal{A})|$ が往々にして天文学的な値になってしまうため、バリアンスが使い物にならないくらいに大きくなってしまうという欠点が浮かび上がりました。よってこの問題を解決して有用なオフ方策評価を行うためには、**単に前章で扱った推定量を拡張するだけでは不十分であり、ランキングの設定に特化した推定量を開発する必要がある**のです。

2.2.3　ランキングにおける DM 推定量と DR 推定量

　1 章の内容がきちんと頭に入っている方は、ここで「IPS 推定量のバリアンスが問題ならば、DM 推定量や DR 推定量の使用を検討すればよいのではないか？」という疑問を持つことでしょう。それはたしかに鋭い視点であり、IPS 推定量とは正反対の特徴を持つ DM 推定量やバイアスを発生させることなくバリアンスを改善できる DR 推定量の使用を検討しようというアイデアは至極妥当なはずです。実際、これらの推定量も簡単にランキングの設定へと拡張できます。

定義 2.3. あるデータ収集方策 π_0 により収集されたログデータ $\mathcal{D}$ を用いるとき、ランキング方策 π の性能 $V(\pi)$ に対する Direct Method（DM）推定量は、次のように定義される。

$$\hat{V}_{\mathrm{DM}}(\pi; \mathcal{D}, \hat{q}) \tag{2.7}$$

$$:= \frac{1}{n}\sum_{i=1}^{n}\sum_{k=1}^{K}\alpha_k \hat{q}_k(x_i, \pi) = \frac{1}{n}\sum_{i=1}^{n}\sum_{k=1}^{K}\alpha_k \sum_{\boldsymbol{a}\in\Pi(\mathcal{A})}\pi(\boldsymbol{a}\,|\,x_i)\hat{q}_k(x_i, \boldsymbol{a})$$

なお $\hat{q}_k(x, \boldsymbol{a})$ は、ポジションレベルの期待報酬関数 $q_k(x, \boldsymbol{a})$ に対する推定モデルである。

定義 2.4. あるデータ収集方策 π_0 により収集されたログデータ $\mathcal{D}$ を用いるとき、ランキング方策 π の性能 $V(\pi)$ に対する Doubly Robust（DR）推定量は、次のように定義される。

$$\hat{V}_{\mathrm{DR}}(\pi; \mathcal{D}, \hat{q}) \tag{2.8}$$

$$:= \frac{1}{n}\sum_{i=1}^{n}\sum_{k=1}^{K}\alpha_k \left\{ \hat{q}_k(x_i, \pi) + w(x_i, \boldsymbol{a}_i)(\boldsymbol{r}_i(k) - \hat{q}_k(x_i, \boldsymbol{a}_i)) \right\}$$

なお $\hat{q}_k(x, \boldsymbol{a})$ は、ポジションレベルの期待報酬関数 $q_k(x, \boldsymbol{a})$ に対する推定モデルであり、$w(x, \boldsymbol{a}) := \pi(\boldsymbol{a}\,|\,x)/\pi_0(\boldsymbol{a}\,|\,x)$ は、IPS 推定量と同様のランキングレベルの重要度重みである。

どちらも 1 章で扱った DM 推定量・DR 推定量のランキングへの自然な拡張です。またこれらの推定量は、ポジションレベルの期待報酬関数 $q_k(x, \boldsymbol{a})$ に対する推定モデル $\hat{q}_k(x, \boldsymbol{a})$ を用いることで、多くの場合 IPS 推定量よりも小さいバリアンスを持ちます[*7]。しかしここで注目すべきは、**両方の推定量の定義に期待報酬関数に対する推定モデル $\hat{q}_k(x, \boldsymbol{a})$ のランキング方策 $\pi(\boldsymbol{a}\,|\,x)$ に関する期待値** $\hat{q}_k(x_i, \pi) = \sum_{\boldsymbol{a}\in\Pi(\mathcal{A})}\pi(\boldsymbol{a}\,|\,x_i)\hat{q}_k(x_i, \boldsymbol{a})$ **が登場している点**です。これはすなわち、**ニューラルネットワークなどによって構築される推定モデル $\hat{q}_k(x, \boldsymbol{a})$ による推論を、ランキングの数 $|\Pi(\mathcal{A})|$ だけ行う必要がある**ことを意味します。先述の通りランキングの数 $|\Pi(\mathcal{A})|$ は組合せ爆発により天文学的な数字をとる可能性がありますから、（特に評価方策が確率的である場合）この期待値計算を行うのは現実的ではありません。**よってランキングの問題に対する DM 推定量や DR 推定量を定義することは可能な**

[*7] ここで導入したランキングにおける DM 推定量と DR 推定量の平均二乗誤差の導出は章末問題としています。

ものの、それらは期待報酬関数の推定モデル $\hat{q}_k(x, a)$ に関する計算量的な観点から実用的ではないのです（McInerney20）。この観点から、IPS 推定量をベースにそれに工夫を加えることで改善を図っていくアプローチが、ランキングにおけるオフ方策評価の研究の主流となっています（Li18, McInerney20, Kiyohara23）。

2.3 ユーザ行動に関する仮定を駆使した IPS 推定量

前節では、ランキングにおいて IPS 推定量がバリアンスの問題により使い物にならないこと、また DM 推定量や DR 推定量は計算量の観点から実用的ではないことが明らかになりました。よってランキングの設定においても正確かつ実用的な推定量を、IPS 推定量に対して工夫を施すことで開発することを考えます。本節では、そのための主要なアプローチとして活発に研究されている**ユーザ行動（もしくは期待報酬関数の法則性）に関する仮定を駆使した推定量**をいくつか紹介し、それらの性能を理論・実験の両面から分析していきます。

2.3.1　Independent Inverse Propensity Score（IIPS）推定量

まず最初に紹介する **Independent Inverse Propensity Score（IIPS）推定量**は、その名の通り、**ポジションレベルの期待報酬関数** $q_k(x, a)$ **に独立性を仮定することでバリアンスの大幅な改善をねらった推定量**です。具体的には、次の**独立モデル（independence model）**と呼ばれるユーザ行動あるいは期待報酬関数 $q_k(x, a)$ に関する仮定を活用します。

仮定 2.1. すべての $x \in \mathcal{X}$ および $k \in [K]$、$a \in \Pi(\mathcal{A})$ について

$$\underbrace{\mathbb{E}[r(k) \,|\, x, a]}_{q_k(x, a)} = \underbrace{\mathbb{E}[r(k) \,|\, x, a(k)]}_{q_k(x, a(k))} \tag{2.9}$$

が成り立つとき、期待報酬関数 $q_k(x, a)$ は**独立性**を持つという。

仮定 2.1 は、図 2.8 や図 2.9 に示すように**あるランキング a の k 番目のポジションで発生する報酬が、そのポジションに提示されたアイテム $a(k)$ のみに依存して決まる**ことを要求しています。これは言い換えると、各ユーザがそれぞれのアイテムの価値を独立に評価したうえで、クリックしたり視聴したりという報酬を発生させるとの想定を置いているものと理解することもできるでしょう。もちろん、同じアイテムでも、一緒に推薦されたアイテムに応じてクリック確率などが変化するだろうと想

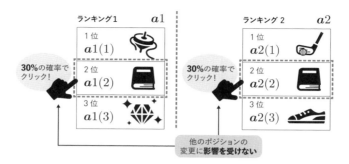

図 2.8 独立性の仮定（仮定 2.1）が成り立っている状況の例。図中のランキング 1 とランキング 2 では 1 番目と 3 番目のアイテムが変化しているが、2 番目のポジションで発生する期待報酬は変化していない。このように、あるポジションにおけるあるアイテムの期待報酬が、そのほかのポジションにおける変化に依存しないことを仮定するのが独立性の仮定である。

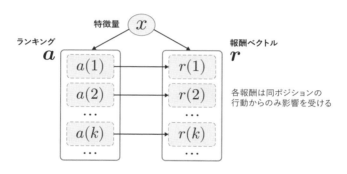

図 2.9 ユーザ行動に関する独立性（仮定 2.1）のもとでの因果グラフ

定するのがより厳密ではあるでしょう[*8]。しかし、そのようなアイテム間の相互作用（interaction）をすべて考慮しようとすると、定式化はより厳密になる一方で解かなくてはならない問題が複雑化するため、結果として巨大なバリアンスを発生してしまうのです。そこで**ある程度現実性は諦めつつも問題を解くことができるレベルに簡略化できるという意味で、独立モデルなどのユーザ行動・期待報酬関数に関する仮定は、ランキングにおけるオフ方策評価でとても有用とされている**のです。

具体的にどのような状況でポジションレベルの期待報酬関数 $q_k(x, \boldsymbol{a})$ は独立性を持つのでしょうか？ 一例として、ポジションレベルの期待報酬関数 $q_k(x, \boldsymbol{a})$ が次の構

[*8] （インフォーマルな例として）魅力度 (0.9, 0.5, 0.1) を持つアイテム (A, B, C) の中から二つを選んで推薦する問題を考えます。ここでもしアイテム (A, B) を同時に推薦したらアイテム B はほとんどクリックされないでしょうが、アイテム (B, C) を推薦する場合はある程度クリックされる可能性が出てくるでしょう。これはすなわち、一緒に推薦されたアイテムが変われば期待報酬も変化することを意味しています。独立モデルでは、このような相互作用を完全に無視しています。

表 2.7　閲覧確率関数 $\theta(k)$ とユーザ・アイテム間の興味度合い関数 $v(x, a)$ の例

	閲覧確率 $\theta(k)$		タイタニック（$a1$）	アバター（$a2$）	スラムダンク（$a3$）
1 番目	$\theta(1) = 1.0$	ユーザ 1	$v(x1, a1) = 0.2$	$v(x1, a2) = 0.1$	$v(x1, a3) = 0.5$
2 番目	$\theta(2) = 0.8$	ユーザ 2	$v(x2, a1) = 0.5$	$v(x2, a2) = 0.7$	$v(x2, a3) = 0.4$
3 番目	$\theta(3) = 0.4$	ユーザ 3	$v(x3, a1) = 0.3$	$v(x3, a2) = 0.6$	$v(x3, a3) = 0.9$

表 2.8　式 (2.10) に基づいた独立性を有するポジションレベルの期待報酬関数 $q_k(x, \boldsymbol{a})$ の例（ユーザ 1 のみ）

	ランキング 1	ランキング 2	ランキング 3	ランキング 4	ランキング 5	ランキング 6
$k = 1$	$q_1(\cdot, \boldsymbol{a}1) = 0.20$	$q_1(\cdot, \boldsymbol{a}2) = 0.20$	$q_1(\cdot, \boldsymbol{a}3) = 0.10$	$q_1(\cdot, \boldsymbol{a}4) = 0.10$	$q_1(\cdot, \boldsymbol{a}5) = 0.50$	$q_1(\cdot, \boldsymbol{a}6) = 0.50$
$k = 2$	$q_2(\cdot, \boldsymbol{a}1) = 0.08$	$q_2(\cdot, \boldsymbol{a}2) = 0.40$	$q_2(\cdot, \boldsymbol{a}3) = 0.16$	$q_2(\cdot, \boldsymbol{a}4) = 0.40$	$q_2(\cdot, \boldsymbol{a}5) = 0.16$	$q_2(\cdot, \boldsymbol{a}6) = 0.08$
$k = 3$	$q_3(\cdot, \boldsymbol{a}1) = 0.20$	$q_3(\cdot, \boldsymbol{a}2) = 0.04$	$q_3(\cdot, \boldsymbol{a}3) = 0.20$	$q_3(\cdot, \boldsymbol{a}4) = 0.08$	$q_3(\cdot, \boldsymbol{a}5) = 0.04$	$q_3(\cdot, \boldsymbol{a}6) = 0.08$

造を持っている状況を考えてみましょう。

$$q_k(x, \boldsymbol{a}) = \theta(k) \cdot v(x, \boldsymbol{a}(k)) \qquad (2.10)$$

ここで $\theta(k) \in [0, 1]$ は、ランキング中の k 番目のポジションがユーザに閲覧される確率（examination probability）です。また $v(x, \boldsymbol{a}(k))$ は、特徴量 x を持つユーザが k 番目のポジションに提示されたアイテム $\boldsymbol{a}(k)$ に対して持っている興味度合い（relevance）を表す関数です。すなわち式 (2.10) は、**ユーザがある k 番目のポジションを閲覧し、かつそのポジションに提示されたアイテム $a(k)$ が興味と合致していた場合に報酬が発生する**状況を考えています[*9]。式 (2.10) が暗示する状況はある程度納得のいくものに思われますが、右辺が k 番目のポジションに提示されたアイテム $\boldsymbol{a}(k)$ にしか依存していないことから実はアイテム間の相互作用が一切存在しておらず、独立性を満たしています。表 2.7 に閲覧確率 $\theta(k)$ と興味度合い関数 $v(x, a)$ の一例を示し、それに基づいて計算したユーザ 1（$x1$）についてのポジションレベルの期待報酬関数 $q_k(x1, \boldsymbol{a}(k))$ を表 2.8 に示しました。これを見ると、あるポジションにあるアイテムが提示されたときの期待報酬はそのほかのポジションにおけるアイテムの並び順によらず一定であり、仮定を一切課していない場合の期待報酬関数（表 2.4）と比べ、かなりパターン化されていることがわかります。

　このユーザ行動・期待報酬関数に関する独立性の仮定に基づいて提案されたのが IIPS 推定量 (Li18) であり、次のように定義されます。

[*9]　これは情報検索（information retrieval）の分野でよく用いられる Position-based Model と呼ばれるクリックが発生する構造に関する仮定であり、独立性を有するモデルの一つです。

> **定義 2.5.** あるデータ収集方策 π_0 により収集されたログデータ $\mathcal{D}$ を用いるとき、ランキング方策 π の性能 $V(\pi)$ に対する Independent Inverse Propensity Score（IIPS）推定量は、次のように定義される。
>
> $$\hat{V}_{\mathrm{IIPS}}(\pi; \mathcal{D}) \tag{2.11}$$
>
> $$:= \frac{1}{n}\sum_{i=1}^{n}\sum_{k=1}^{K} \frac{\pi(\boldsymbol{a}_i(k)\,|\,x_i,k)}{\pi_0(\boldsymbol{a}_i(k)\,|\,x_i,k)}\alpha_k \boldsymbol{r}_i(k) = \frac{1}{n}\sum_{i=1}^{n}\sum_{k=1}^{K} w_k(x_i, \boldsymbol{a}_i(k))\alpha_k \boldsymbol{r}_i(k)$$
>
> なお $\pi(a\,|\,x,k) := \sum_{\boldsymbol{a}\in\Pi(\mathcal{A})}\pi(\boldsymbol{a}\,|\,x)\mathbb{I}\{\boldsymbol{a}(k)=a\}$ は、あるアイテム $a \in \mathcal{A}$ がランキング $\boldsymbol{a}$ 中の k 番目のポジションに提示される周辺確率であり、$w_k(x,a) := \pi(a\,|\,x,k)/\pi_0(a\,|\,x,k)$ は評価方策 π とデータ収集方策 π_0 による**ポジションレベルの重要度重み**（position-level importance weight）と呼ばれる。また $\hat{V}_{\mathrm{IIPS}}^{(k)}(\pi; \mathcal{D}) := \frac{1}{n}\sum_{i=1}^{n} w_k(x_i, \boldsymbol{a}_i(k))\boldsymbol{r}_i(k)$ により、k 番目のポジションにおける期待報酬に対する IIPS 推定量を表すことがある（$\hat{V}_{\mathrm{IIPS}}(\pi; \mathcal{D}) = \sum_{k=1}^{K}\alpha_k \hat{V}_{\mathrm{IIPS}}^{(k)}(\pi; \mathcal{D})$）。

ここで新たに導入した IIPS 推定量のポイントは、**IPS 推定量で用いられていたランキングレベルの重要度重みではなく、各アイテムがそれぞれのポジションに提示される周辺確率に基づくポジションレベルの重要度重み**が用いられている点です。

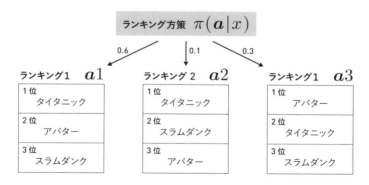

図 2.10 ランキング方策 $\pi(\boldsymbol{a}\,|\,x)$ の例

表 2.9 図 2.10 に示されるランキング方策 π に基づいた周辺確率の計算

	タイタニック（a1）	アバター（a2）	スラムダンク（a3）
1 番目 $(k=1)$	$\pi(a1\,|\,x,k=1)=0.7$	$\pi(a2\,|\,x,k=1)=0.3$	$\pi(a3\,|\,x,k=1)=0.0$
2 番目 $(k=2)$	$\pi(a1\,|\,x,k=2)=0.3$	$\pi(a2\,|\,x,k=2)=0.6$	$\pi(a3\,|\,x,k=2)=0.1$
3 番目 $(k=3)$	$\pi(a1\,|\,x,k=3)=0.0$	$\pi(a2\,|\,x,k=3)=0.1$	$\pi(a3\,|\,x,k=3)=0.9$

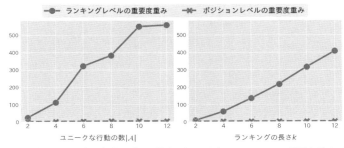

図 2.11　ランキングレベルの重要度重み（IPS 推定量）とポジションレベルの重要度重み（IIPS 推定量）の大きさの比較（ここでは各重要度重みの最大値の期待値、すなわち $\mathbb{E}_{p(x)}[\max_{\boldsymbol{a}} w(x, \boldsymbol{a})]$ などを比べている）

IIPS 推定量が用いる「各アイテムがそれぞれのポジションに提示される周辺確率」のイメージを掴むべく、図 2.10 と表 2.9 を見てみましょう。図 2.10 には、三つのランキング $\boldsymbol{a}1, \boldsymbol{a}2, \boldsymbol{a}3$ をそれぞれ $0.6, 0.1, 0.3$ の確率で選択するランキング方策が例として示されています。そして図 2.10 のランキング方策 π を、各ポジション k に各アイテム a が提示される周辺確率 $\pi(a \mid x, k)$ に変換したものを、表 2.9 に示しました。例えば、図 2.10 のランキング方策 π のもとでタイタニックが 1 番目のポジションに提示される確率 $\pi(a1 \mid x, k = 1)$ を計算したい場合、1 番目のポジションがタイタニックであるランキング（$\boldsymbol{a}1$ と $\boldsymbol{a}2$）を方策 π が選択する確率を足し合わせればよいので、$\pi(a1 \mid x, k = 1) = \pi(\boldsymbol{a}1 \mid x) + \pi(\boldsymbol{a}2 \mid x) = 0.6 + 0.1 = 0.7$ となります。また、ランキング方策 π のもとでスラムダンクが 3 番目のポジションに提示される確率 $\pi(a3 \mid x, k = 3)$ を計算したい場合は、3 番目のポジションがスラムダンクであるランキング（$\boldsymbol{a}1$ と $\boldsymbol{a}3$）を方策 π が選択する確率を足せばよいので、$\pi(a3 \mid x, k = 3) = \pi(\boldsymbol{a}1 \mid x) + \pi(\boldsymbol{a}3 \mid x) = 0.6 + 0.3 = 0.9$ となります[*10]。つまり IIPS 推定量を用いる際には、**図 2.10 のような各ランキングの選択確率を表 2.9 のように各アイテム・ポジションごとの周辺確率に変換したうえで、ポジションレベルの重要度重みによる報酬の重み付け平均を計算する**ことになります。

　図 2.11 にて、IPS 推定量が用いるランキングレベルの重要度重み $w(x, \boldsymbol{a})$ と IIPS 推定量が用いるポジションレベルの重要度重み $w_k(x, a)$ の大きさを比較しています。これを見ると、IPS 推定量が用いるランキングレベルの重要度重みはユニークなアイテムの数 $|\mathcal{A}|$ やランキングの長さ K に合わせて急激に大きな値をとるようになって

[*10]　なお表 2.9 は二重確率行列（doubly stochastic matrix）になっており、各行と各列の値の和はともに 1（すなわち $\sum_{a \in \mathcal{A}} \pi(a|x,k) = 1, \forall(x, k)$ かつ $\sum_{k=1}^{K} \pi(a|x,k) = 1, \forall(x, a)$）になっています。またここで図 2.10 のランキングの方策について行ったように、先に表 2.3 に示したランキング方策についても、各アイテムがそれぞれのポジションに提示される周辺確率を計算できます。この計算は章末問題の一つとしてあり、一度手を動かして計算することで理解が深まるはずですので、ぜひ積極的に取り組んでみてください。

いる一方で、IIPS 推定量が用いるポジションレベルの重要度重みは、一貫してかなり小さい値をとる傾向にあることがわかります。これは、ポジションレベルの重要度重み $w_k(x, a)$ がランキングの集合 $\Pi(\mathcal{A})$ ではなくユニークなアイテムの集合 $\mathcal{A}$ に対して定義されているためであり、これにより大きなバリアンス減少効果が期待できます。

　ここから IIPS 推定量のバイアスとバリアンスを分析し、IPS 推定量と比較することでその有用性を理解していきましょう。まずは IIPS 推定量のバイアスを計算するための準備として、その期待値を計算します。なおここでは、IIPS 推定量が想定する報酬関数に関する独立性（仮定 2.1）を仮定したうえで計算を行います。

$$
\mathbb{E}_{p(\mathcal{D})}[\hat{V}_{\text{IIPS}}(\pi; \mathcal{D})]
$$

$$
= \frac{1}{n} \sum_{i=1}^{n} \mathbb{E}_{p(x_i)\pi_0(\boldsymbol{a}_i|x_i)p(\boldsymbol{r}_i|x_i,\boldsymbol{a}_i)} \left[\sum_{k=1}^{K} \frac{\pi(\boldsymbol{a}_i(k) \mid x_i, k)}{\pi_0(\boldsymbol{a}_i(k) \mid x_i, k)} \alpha_k \boldsymbol{r}_i(k) \right]
$$

$$
= \mathbb{E}_{p(x)} \left[\sum_{\boldsymbol{a} \in \Pi(\mathcal{A})} \pi_0(\boldsymbol{a} \mid x) \sum_{k=1}^{K} \frac{\pi(\boldsymbol{a}(k) \mid x, k)}{\pi_0(\boldsymbol{a}(k) \mid x, k)} \alpha_k q_k(x, \boldsymbol{a}) \right]
$$

$$
= \mathbb{E}_{p(x)} \left[\sum_{\boldsymbol{a} \in \Pi(\mathcal{A})} \pi_0(\boldsymbol{a} \mid x) \sum_{k=1}^{K} \frac{\pi(\boldsymbol{a}(k) \mid x, k)}{\pi_0(\boldsymbol{a}(k) \mid x, k)} \alpha_k q_k(x, \boldsymbol{a}(k)) \right] \quad \because \text{仮定 2.1}
$$

$$
= \mathbb{E}_{p(x)} \left[\sum_{\boldsymbol{a} \in \Pi(\mathcal{A})} \pi_0(\boldsymbol{a} \mid x) \sum_{k=1}^{K} \sum_{a \in \mathcal{A}} \frac{\pi(a \mid x, k)}{\pi_0(a \mid x, k)} \alpha_k q_k(x, a) \mathbb{I}\{\boldsymbol{a}(k) = a\} \right] \quad (2.12)
$$

$$
= \mathbb{E}_{p(x)} \left[\sum_{k=1}^{K} \sum_{a \in \mathcal{A}} \frac{\pi(a \mid x, k)}{\pi_0(a \mid x, k)} \alpha_k q_k(x, a) \sum_{\boldsymbol{a} \in \Pi(\mathcal{A})} \pi_0(\boldsymbol{a} \mid x) \mathbb{I}\{\boldsymbol{a}(k) = a\} \right]
$$

$$
= \mathbb{E}_{p(x)} \left[\sum_{k=1}^{K} \sum_{a \in \mathcal{A}} \frac{\pi(a \mid x, k)}{\cancel{\pi_0(a \mid x, k)}} \alpha_k q_k(x, a) \cancel{\pi_0(a \mid x, k)} \right]
$$

$$
= \mathbb{E}_{p(x)} \left[\sum_{\boldsymbol{a} \in \Pi(\mathcal{A})} \pi(\boldsymbol{a} \mid x) \sum_{k=1}^{K} \alpha_k \sum_{a \in \mathcal{A}} q_k(x, a) \mathbb{I}\{\boldsymbol{a}(k) = a\} \right]
$$

$$
= \mathbb{E}_{p(x)\pi(\boldsymbol{a}|x)} \left[\sum_{k=1}^{K} \alpha_k q_k(x, \boldsymbol{a}(k)) \right]
$$

$$
= V(\pi)
$$

これまでに行ってきた期待値計算と比較すると少々複雑な印象かもしれませんが、個々

の式変形は仮定 2.1 や周辺確率の定義（$\pi(a \mid x, k) = \sum_{\boldsymbol{a} \in \Pi(\mathcal{A})} \pi(\boldsymbol{a} \mid x) \mathbb{I}\{\boldsymbol{a}(k) = a\}$）を適用したり、総和 $\sum$ の順番を必要に応じて入れ替えているだけです。なおここで行った計算では、特に式 (2.12) で用いている

$$\frac{\pi(\boldsymbol{a}(k) \mid x, k)}{\pi_0(\boldsymbol{a}(k) \mid x, k)} \alpha_k q_k(x, \boldsymbol{a}(k)) = \sum_{a \in \mathcal{A}} \frac{\pi(a \mid x, k)}{\pi_0(a \mid x, k)} \alpha_k q_k(x, a) \mathbb{I}\{\boldsymbol{a}(k) = a\}$$

という変換が鍵になっています。何はともあれ、独立性の仮定のもとで、IIPS 推定量の期待値がランキング方策の真の性能 $V(\pi)$ に一致することがわかりました。これにより次の定理が導かれます。

定理 2.3. あるデータ収集方策 π_0 により収集されたログデータ $\mathcal{D}$ を用いるとき、式 (2.11) で定義される IIPS 推定量は、仮定 2.1（期待報酬関数の独立性）のもとで、評価方策 π の真の性能 $V(\pi)$ に対する不偏推定量である。すなわち、

$$\mathbb{E}_{p(\mathcal{D})}[\hat{V}_{\mathrm{IIPS}}(\pi; \mathcal{D})] = V(\pi) \quad (\implies \mathrm{Bias}[\hat{V}_{\mathrm{IIPS}}(\pi; \mathcal{D})] = 0)$$

よって**期待報酬関数** $q(x, \boldsymbol{a})$ **の独立性が成り立っているならば、IIPS 推定量を用いたとしても、ランキング方策の性能に対する不偏推定を行うことができる**のです。また IIPS 推定量のバリアンスおよび平均二乗誤差は、次のように表されます（導出は章末問題としてあります）。

定理 2.4. あるデータ収集方策 π_0 が収集したログデータ $\mathcal{D}$ を用いるとき、式 (2.11) で定義される IIPS 推定量は、仮定 2.1（期待報酬関数の独立性）のもとで、次の平均二乗誤差を持つ。

$$\mathrm{MSE}[\hat{V}_{\mathrm{IIPS}}(\pi; \mathcal{D})] = \mathrm{Var}[\hat{V}_{\mathrm{IIPS}}(\pi; \mathcal{D})] \quad \because \mathrm{Bias}[\hat{V}_{\mathrm{IIPS}}(\pi; \mathcal{D})] = 0$$

$$= \frac{1}{n}\left(\mathbb{E}_{p(x)\pi_0(\boldsymbol{a} \mid x)}\left[\sum_{k=1}^{K} w_k^2(x, \boldsymbol{a}(k)) \alpha_k^2 \sigma_k^2(x, \boldsymbol{a})\right]\right.$$

$$\left. + \mathbb{V}_{p(x)\pi_0(\boldsymbol{a} \mid x)}\left[\sum_{k=1}^{K} w_k(x, \boldsymbol{a}(k)) \alpha_k q_k(x, \boldsymbol{a})\right]\right)$$

$$(2.13)$$

式 (2.13) を見ると、先の IPS 推定量の分析結果とは異なり、ポジションレベルの重要度重み $w_k(x, \boldsymbol{a}(k))$ によって IIPS 推定量のバリアンスや平均二乗誤差が決まっていることがわかります。図 2.11 で確認した通り、ポジションレベルの重要度重み

$w_k(x, \boldsymbol{a}(k))$ はランキングレベルの重要度重み $w(x, \boldsymbol{a})$ よりも遥かに小さい値をとりますから、IIPS 推定量は IPS 推定量よりも大幅に小さいバリアンスを持つことが期待されます。また、IIPS 推定量を用いることで得られるバリアンス減少量を、次のようにより直接的に計算することもできます（導出は章末問題としています）。

定理 2.5. あるデータ収集方策 π_0 が収集したログデータ $\mathcal{D}$ を用いるとき、式 (2.11) で定義される IIPS 推定量は、式 (2.4) で定義される IPS 推定量に対して、仮定 2.1（期待報酬関数の独立性）のもとで、任意のポジション $k \in [K]$ において次のバリアンス減少量を持つ。

$$\mathrm{Var}\big[\hat{V}_{\mathrm{IPS}}^{(k)}(\pi; \mathcal{D})\big] - \mathrm{Var}\big[\hat{V}_{\mathrm{IIPS}}^{(k)}(\pi; \mathcal{D})\big]$$
$$= \frac{1}{n} \mathbb{E}_{p(x)\pi_0(\boldsymbol{a}|x)} \left[w_k^2(x, \boldsymbol{a}(k)) \mathbb{V}\left(\frac{\pi(\boldsymbol{a}(\neg k) \,|\, x, \boldsymbol{a}(k))}{\pi_0(\boldsymbol{a}(\neg k) \,|\, x, \boldsymbol{a}(k))} \right) \mathbb{E}[r(k)^2 \,|\, x, \boldsymbol{a}] \right]$$
$$(2.14)$$

なお $\boldsymbol{a}(\neg k) := (a_1, a_2, \ldots, a_{k-1}, a_{k+1}, \ldots, a_K)$ は、ランキング $\boldsymbol{a}$ における **k 番目以外のポジション** に提示されたアイテムの集合である。また $\pi(\boldsymbol{a}(\neg k) \,|\, x, \boldsymbol{a}(k)) = \pi(\boldsymbol{a} \,|\, x)/\pi(\boldsymbol{a}(k) \,|\, x)$ は、ランキング方策 π のもとで k 番目のポジションのアイテムが $\boldsymbol{a}(k)$ であることを条件付けた場合に、k 番目以外のポジションに提示されるアイテムが $\boldsymbol{a}(\neg k)$ であるような条件付き確率である。

定理 2.5 では、（k 番目のポジションにおける）IPS 推定量と IIPS 推定量のバリアンスの差 $\mathrm{Var}\big[\hat{V}_{\mathrm{IPS}}^{(k)}(\pi; \mathcal{D})\big] - \mathrm{Var}\big[\hat{V}_{\mathrm{IIPS}}^{(k)}(\pi; \mathcal{D})\big]$ を計算しており、この値が大きいほど IIPS 推定量によるバリアンス減少量が大きいことを意味します。この式の右辺に、**k 番目以外のポジションで発生している重要度重みの分散 $\mathbb{V}\left(\frac{\pi(\boldsymbol{a}(\neg k) \,|\, x, \boldsymbol{a}(k))}{\pi_0(\boldsymbol{a}(\neg k) \,|\, x, \boldsymbol{a}(k))} \right)$ が登場していることが特に注目に値します。** これは IIPS 推定量が用いるポジションレベルの重要度重みでは考慮されない一方で、IPS 推定量が用いるランキングレベルの重要度重みを計算する際には考慮されてしまうアイテムの組 $\boldsymbol{a}(\neg k)$ について評価方策 π とデータ収集方策 π_0 の間に大きな乖離が存在するとき、IIPS 推定量によるバリアンス減少量が特に大きくなることを意味します。ポジションレベルの重要度重みでは $\boldsymbol{a}(\neg k)$ を無視している一方で、ランキングレベルの重要度重みでは $\boldsymbol{a}(\neg k)$ が考慮されてしまっているため、このような状況では IPS 推定量のバリアンスだけが大きくなってしまい、結果として IIPS 推定量によるバリアンス減少量が大きくなるのです。

図 2.12 および図 2.13 に、独立性（仮定 2.1）が成り立っている状況で IIPS 推定量と IPS 推定量の精度を比較したシミュレーション結果を示しました。まず図 2.12 では、ランキングを徐々に長く（K を大きく）したときの IIPS 推定量と IPS 推定量の

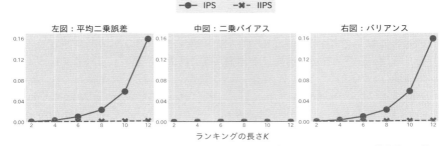

図 2.12　独立性が成り立っている状況でランキングの長さ K を変化させたときの IIPS 推定量の平均二乗誤差・バイアス・バリアンスの挙動（人工データ実験により計測）

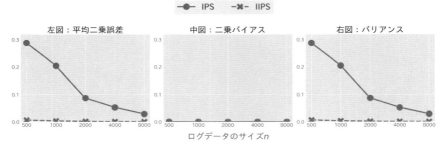

図 2.13　独立性が成り立っている状況でログデータのサイズ n を変化させたときの IIPS 推定量の平均二乗誤差・バイアス・バリアンスの挙動（人工データ実験により計測）

平均二乗誤差を調べています。これを見ると、ランキングが長くなるにつれ IPS 推定量の精度が急激に悪化している一方で、IIPS 推定量は一貫して正確なオフ方策評価を行えていることがわかります。この結果は、これまで分析してきたように IIPS 推定量は独立性のもとでバイアスを一切生じない一方で、IPS 推定量と比べてバリアンスを大きく減少できるためです。図 2.12 の中図と右図には、このバイアスとバリアンスの挙動が現れており、両方の推定量がバイアスを発生していない一方でバリアンスに大きな差が生まれていることが IIPS 推定量による平均二乗誤差の改善につながっていることがわかります。次に図 2.13 を見てみると、これまたバリアンスの減少効果により、特にログデータのサイズ n が小さいときの IIPS 推定量の精度が IPS 推定量と比較して圧倒的に良いことが伺えます。

　さてこれまでの理論分析やシミュレーション結果に基づくと IIPS 推定量が無敵に思えてくるわけですが、もちろんそれは独立性が成り立っている場合の話であり、**独立性が成り立っていない状況では IIPS 推定量も何らかの困難を抱える**ことが想定されます。特に独立性は**ランキング中のアイテム間の相互作用をすべて無視するとても強い仮定**なわけですから、この仮定が成り立たないときの不利益もきっちり理解して

おく必要があります。ということで、独立性の仮定が成り立っていない状況で IIPS 推定量を用いてしまった場合に発生するバイアスを分析します。そのためにまず、独立性の仮定を用いずに IIPS 推定量の期待値を計算してみることにしましょう。

$$
\begin{aligned}
\mathbb{E}_{p(\mathcal{D})}[\hat{V}_{\mathrm{IIPS}}(\pi; \mathcal{D})] &= \frac{1}{n} \sum_{i=1}^{n} \mathbb{E}_{p(x_i)\pi_0(\boldsymbol{a}_i|x_i)p(\boldsymbol{r}_i|x_i,\boldsymbol{a}_i)} \left[\sum_{k=1}^{K} \frac{\pi(\boldsymbol{a}_i(k)\,|\,x_i, k)}{\pi_0(\boldsymbol{a}_i(k)\,|\,x_i, k)} \alpha_k \boldsymbol{r}_i(k) \right] \\
&= \mathbb{E}_{p(x)} \left[\sum_{\boldsymbol{a} \in \Pi(\mathcal{A})} \pi_0(\boldsymbol{a}\,|\,x) \sum_{k=1}^{K} \frac{\pi(\boldsymbol{a}(k)\,|\,x, k)}{\pi_0(\boldsymbol{a}(k)\,|\,x, k)} \alpha_k q_k(x, \boldsymbol{a}) \right] \\
&= \mathbb{E}_{p(x)} \left[\sum_{\boldsymbol{a} \in \Pi(\mathcal{A})} \pi(\boldsymbol{a}\,|\,x) \sum_{k=1}^{K} \frac{\pi_0(\boldsymbol{a}\,|\,x)}{\pi(\boldsymbol{a}\,|\,x)} \frac{\pi(\boldsymbol{a}(k)\,|\,x, k)}{\pi_0(\boldsymbol{a}(k)\,|\,x, k)} \alpha_k q_k(x, \boldsymbol{a}) \right] \\
&= \mathbb{E}_{p(x)\pi(\boldsymbol{a}|x)} \left[\sum_{k=1}^{K} \frac{\pi_0(\boldsymbol{a}(\neg k)\,|\,x, \boldsymbol{a}(k))}{\pi(\boldsymbol{a}(\neg k)\,|\,x, \boldsymbol{a}(k))} \alpha_k q_k(x, \boldsymbol{a}) \right] \quad (2.15)
\end{aligned}
$$

ここでは $q_k(x, \boldsymbol{a}) = q_k(x, \boldsymbol{a}(k))$ という独立性の仮定に基づく変形が使えないため、IIPS 推定量の期待値をいくら計算してもランキング方策 π の真の性能 $V(\pi)$ には辿り着きません。式 (2.15) で表される IIPS 推定量の期待値に基づくと、独立性が成り立たない場合に発生してしまうバイアスが次のように導かれます。

定理 2.6. あるデータ収集方策 π_0 により収集されたログデータ $\mathcal{D}$ を用いるとき、式 (2.11) で定義される IIPS 推定量は、評価方策 π の真の性能 $V(\pi)$ に対して次のバイアスを持つ。

$$
\mathrm{Bias}\big[\hat{V}_{\mathrm{IIPS}}(\pi; \mathcal{D})\big] = \mathbb{E}_{p(x)\pi(\boldsymbol{a}|x)} \left[\sum_{k=1}^{K} \Delta w_k(x, \boldsymbol{a}) \alpha_k q_k(x, \boldsymbol{a}) \right] \quad (2.16)
$$

なお $\Delta w_k(x, \boldsymbol{a}) := \frac{\pi_0(\boldsymbol{a}(\neg k)\,|\,x,\boldsymbol{a}(k))}{\pi(\boldsymbol{a}(\neg k)\,|\,x,\boldsymbol{a}(k))} - 1$ は、IIPS 推定量が用いるポジションレベルの重要度重みでは考慮されない k 番目以外のポジションにおけるデータ収集方策 π_0 と評価方策 π の乖離度である。

定理 2.6 はバイアスの定義と式 (2.15) から、

$$
\begin{aligned}
&\mathrm{Bias}\big[\hat{V}_{\mathrm{IIPS}}(\pi; \mathcal{D})\big] \\
&= \mathbb{E}_{p(\mathcal{D})}[\hat{V}_{\mathrm{IIPS}}(\pi; \mathcal{D})] - V(\pi)
\end{aligned}
$$

$$= \mathbb{E}_{p(x)\pi(\boldsymbol{a}|x)} \left[\sum_{k=1}^{K} \frac{\pi_0(\boldsymbol{a}(\neg k) \,|\, x, \boldsymbol{a}(k))}{\pi(\boldsymbol{a}(\neg k) \,|\, x, \boldsymbol{a}(k))} \alpha_k q_k(x, \boldsymbol{a}) \right] - \mathbb{E}_{p(x)\pi(\boldsymbol{a}|x)} \left[\sum_{k=1}^{K} \alpha_k q_k(x, \boldsymbol{a}) \right]$$

$$= \mathbb{E}_{p(x)\pi(\boldsymbol{a}|x)} \left[\sum_{k=1}^{K} \left(\frac{\pi_0(\boldsymbol{a}(\neg k) \,|\, x, \boldsymbol{a}(k))}{\pi(\boldsymbol{a}(\neg k) \,|\, x, \boldsymbol{a}(k))} - 1 \right) \alpha_k q_k(x, \boldsymbol{a}) \right]$$

$$= \mathbb{E}_{p(x)\pi(\boldsymbol{a}|x)} \left[\sum_{k=1}^{K} \Delta w_k(x, \boldsymbol{a}) \alpha_k q_k(x, \boldsymbol{a}) \right]$$

として導かれます。定理 2.6 によると、独立性が成り立たない状況で IIPS 推定量を用いてしまうと、**IIPS 推定量が用いるポジションレベルの重要度重みでは考慮されない k 番目以外のポジションにおけるデータ収集方策 π_0 と評価方策 π の乖離度 $\Delta w_k(x, \boldsymbol{a})$ に依存したバイアスが発生してしまう**ことがわかります。ここで**乖離度 $\Delta w_k(x, \boldsymbol{a})$ は、$K-1$ 個のアイテムの組に関する二つの異なる方策の比によって定義されるため、実は IPS 推定量が用いているランキングレベルの重要度重みと似た非常に大きな値をとる可能性があります。**よって IIPS 推定量は大きなバリアンス減少をもたらす一方で、期待報酬関数に関する独立性の仮定が成り立たない場合には、巨大なバイアスを発生してしまう欠点があるのです。

　図 2.14 において、独立性が成り立たない（より複雑なユーザ行動を持つ）ユーザの割合を徐々に増やしたときの IIPS 推定量と IPS 推定量の精度を比較した結果を示しました。各図の左側では独立性がおおむね成り立っている一方で、図の右側にいくにつれ独立性がまったく成り立たなくなっていきます。結果を見ると、独立性が成り立たない（より複雑なユーザ行動を持つ）ユーザの割合が増えると IIPS 推定量の平均二乗誤差が劇的に悪化してしまい、あるところを境に IPS 推定量よりも平均二乗誤差が大きくなってしまうことがわかります。バイアスとバリアンスの結果に目を向けると、IIPS 推定量は IPS 推定量よりも大幅に小さいバリアンスを持つ一方で、独立

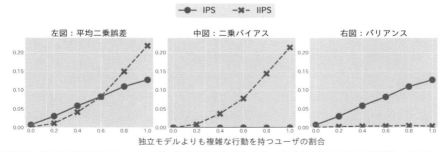

図 2.14　独立性が成り立たないユーザの割合を変化させたときの IIPS 推定量の平均二乗誤差・バイアス・バリアンスの挙動（人工データ実験により計測）

性が成り立たないユーザの割合の増加にともなって、非常に大きなバイアスが発生してしまっていることがわかります。平均二乗誤差は二乗バイアスとバリアンスの和であるため、IIPS 推定量が大きなバリアンス減少効果を持つからといって、それ以上に大きなバイアスを生じてしまう場合は、IPS 推定量と比べても平均二乗誤差を悪化させてしまう可能性があるのです。

これまで理論・実験の両面から見てきたように、期待報酬関数の独立性の仮定がおおむね成り立つ状況では IIPS 推定量はとても強力な一方で、この仮定はアイテム間の相互作用をすべて無視しており、仮定が成り立たない状況では大きなバイアスを生じてしまいます。そして仮定が満たされないことで発生するバイアスがバリアンス減少効果よりも大きいときには、IPS 推定量よりもさらに大きな平均二乗誤差を持ってしまう可能性すらあるのです。（独立性が完全に成り立つ場合など）ユーザ行動が単純な場合に備えて IIPS 推定量を武器の一つとして持っておくことは有用ですが、それだけではより複雑で現実的な状況には対応できないかもしれないのです。

2.3.2　Reward-interaction Inverse Propensity Score（RIPS）推定量

IPS 推定量は巨大なバリアンスを発生してしまう一方で、IIPS 推定量は期待報酬関数の独立性の仮定が成り立たない状況で大きなバイアスを発生させてしまいます。よってランキングの問題でより正確なオフ方策評価を行うためには、独立性の仮定が成り立たない状況でもバイアスの発生を抑えつつ、バリアンスの減少効果も同時に得ることができる推定量を設計する必要がありそうです。IIPS 推定量の次に提案された**Reward-interaction Inverse Propensity Score（RIPS）推定量**（McInerney20）はその要求に応える推定量であり、期待報酬関数に関する独立性よりも弱い（より現実的な）**カスケードモデル（cascade model）**と呼ばれる仮定に基づきます[*11]。

> **仮定 2.2.** すべての $x \in \mathcal{X}$ および $k \in [K]$、$\boldsymbol{a} \in \Pi(\mathcal{A})$ について
>
> $$\underbrace{\mathbb{E}_{\boldsymbol{r}(k)}[r(k) \mid x, \boldsymbol{a}]}_{q_k(x, \boldsymbol{a})} = \underbrace{\mathbb{E}_{\boldsymbol{r}(k)}[r(k) \mid x, \boldsymbol{a}(1{:}k)]}_{q_k(x, \boldsymbol{a}(1{:}k))} \tag{2.17}$$
>
> が成り立つとき、ポジションレベルの期待報酬関数 $q_k(x, \boldsymbol{a})$ は**カスケード性**を持つという。なお $\boldsymbol{a}(1{:}k) := (a_1, a_2, \ldots, a_k)$ は、ランキング $\boldsymbol{a}$ において 1 番目から k 番目までに提示されたアイテムの集合である。

仮定 2.2 は図 2.15 ～ 図 2.17 に示すように、**あるランキング $\boldsymbol{a}$ の k 番目のポジションで発生する期待報酬が、そのポジションよりも上位に提示されたアイテム $\boldsymbol{a}(1{:}k)$**

[*11]　カスケード（cascade）には、「一つ一つ順番に起こること」や「直列」といった意味があります。

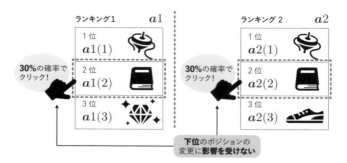

図 2.15 カスケードの仮定（仮定 2.2）が成り立っている状況の例。図中のランキング 1 とランキング 2 では 3 番目のアイテムが変化しているが、2 番目のポジションで発生する期待報酬は変化していない。このように、各ポジションの期待報酬がより下位のアイテムには依存しないことを仮定するのがカスケードの仮定である。

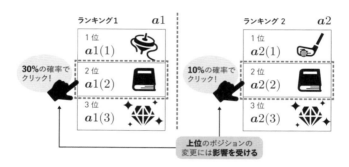

図 2.16 なおカスケードの仮定では、あるポジションのアイテムに関する期待報酬がより上位に提示されたアイテムの影響を受けることは許容しているため、図のように 1 番目に提示されるアイテムが変更されたときに 2 番目のアイテムの期待報酬が変化しても仮定が破れたことにはならない。

のみに依存して決まることを要求しています。これは言い換えると、各ユーザがランキング上位のアイテムから順に吟味し、所望のアイテムを見つけたときにクリックしたり視聴したりといった報酬を発生するという想定を置いているとも理解できます。このカスケードモデルにおいても、ある k 番目のポジションの報酬をモデル化する際にそれよりも下位に提示されたアイテムとの相互作用を無視していますが、IIPS 推定量の独立性の仮定と比べるとかなり現実的な想定を置いているといえます。

期待報酬関数 $q_k(x, \boldsymbol{a})$ がカスケード性を持つ例として、次の構造を考えてみましょう。

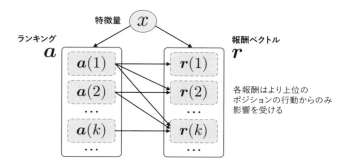

図 2.17 期待報酬関数に関するカスケード性（仮定 2.2）のもとでの因果グラフ

表 2.10 映画のランキング問題におけるユーザ・アイテム間の興味度合い関数 $v(x, a)$ の例

	タイタニック $(a1)$	アバター $(a2)$	スラムダンク $(a3)$
ユーザ 1 $(x1)$	$v(x1, a1) = 0.2$	$v(x1, a2) = 0.1$	$v(x1, a3) = 0.5$
ユーザ 2 $(x2)$	$v(x2, a1) = 0.5$	$v(x2, a2) = 0.7$	$v(x2, a3) = 0.4$
ユーザ 3 $(x3)$	$v(x3, a1) = 0.3$	$v(x3, a2) = 0.6$	$v(x3, a3) = 0.9$

表 2.11 式 (2.18) に基づいたカスケード性を有するポジションレベルの期待報酬関数 $q_k(x, a)$ の例（ユーザ 1 のみ）

	ランキング 1	ランキング 2	ランキング 3	ランキング 4	ランキング 5	ランキング 6
$k = 1$	$q_1(\cdot, a1) = 0.20$	$q_1(\cdot, a2) = 0.20$	$q_1(\cdot, a3) = 0.10$	$q_1(\cdot, a4) = 0.10$	$q_1(\cdot, a5) = 0.50$	$q_1(\cdot, a6) = 0.50$
$k = 2$	$q_2(\cdot, a1) = 0.08$	$q_2(\cdot, a2) = 0.40$	$q_2(\cdot, a3) = 0.18$	$q_2(\cdot, a4) = 0.45$	$q_2(\cdot, a5) = 0.10$	$q_2(\cdot, a6) = 0.05$
$k = 3$	$q_3(\cdot, a1) = 0.36$	$q_3(\cdot, a2) = 0.04$	$q_3(\cdot, a3) = 0.36$	$q_3(\cdot, a4) = 0.09$	$q_3(\cdot, a5) = 0.04$	$q_3(\cdot, a6) = 0.09$

$$q_k(x, \boldsymbol{a}) = \begin{cases} v(x, \boldsymbol{a}(k)) & (k = 1) \\ v(x, \boldsymbol{a}(k)) \prod_{j=1}^{k-1} (1 - v(x, \boldsymbol{a}(j))) & (k \geq 2) \end{cases} \tag{2.18}$$

ここで $v(x, \boldsymbol{a}(k)) \in [0, 1]$ は、特徴量 x を持つユーザが k 番目のポジションに提示されたアイテム $\boldsymbol{a}(k)$ に対して持っている興味度合いを表す（式 (2.10) にも登場した）関数です。すなわち式 (2.18) は、k 番目のポジションに提示されたアイテムに対する興味度合い $v(x, \boldsymbol{a}(k))$ が大きく、またより上位に提示されたアイテム $\boldsymbol{a}(1{:}k - 1)$ に対する興味度合いが小さい場合に、k 番目のポジションの期待報酬 $q_k(x, \boldsymbol{a})$ が大きくなる構造をしています[*12]。仮に k 番目よりも上位に魅力的なアイテムが存在すれば、ユーザはそれらのアイテムに気をとられ k 番目のアイテムを注意深く吟味しないでしょうから、k 番目のアイテムに対する興味度合いが大きかったとしても $q_k(x, \boldsymbol{a})$ は

[*12] k 番目よりも上位に提示されたアイテムに対する興味度合いが小さいとき $\prod_{j=1}^{k-1}(1 - v(x, \boldsymbol{a}(j)))$ の部分が大きくなるため、結果として $q_k(x, \boldsymbol{a})$ は大きくなることがわかります。

小さくなることが予想されます。一方で k 番目よりも上位に魅力的なアイテムが存在しなければ、k 番目のアイテムをより真剣に吟味しやすくなるため、そのアイテムに対する興味度合いが大きければ大きな報酬が発生するはずです。このような異なるポジション間のある程度の相互作用を考慮したより現実的な状況を捉えているのが式 (2.18) であり、またこの式の右辺は上位 k 個のアイテム $\boldsymbol{a}(1:k)$ にしか依存していないことからカスケード性を満たしていることがわかります。表 2.10 で示される興味度合い関数 $v(x,a)$ に基づいて計算した式 (2.18) のポジションレベルの期待報酬関数 $q_k(x1, \boldsymbol{a}(k))$ を、表 2.11 に示しました。式 (2.18) によると、それぞれのランキングにおける 1 番目のポジションでは、そこに提示されたアイテムの興味度合いがそのまま期待報酬になるため簡単です（すなわち $q_1(x, \boldsymbol{a}) = v(x, \boldsymbol{a}(1))$)。$k \geq 2$ については例えば、ランキング 2 の 2 番目のポジションの期待報酬は、$q_2(x1, \boldsymbol{a}2) = v(x1, \boldsymbol{a}2(2))(1 - v(x1, \boldsymbol{a}2(1))) = v(x1, a3)(1 - v(x1, a1)) = 0.5 \times (1 - 0.2) = 0.4$ と計算されます。また、ランキング 5 の 3 番目のポジションの期待報酬は、$q_3(x1, \boldsymbol{a}5) = v(x1, \boldsymbol{a}5(3))(1 - v(x1, \boldsymbol{a}5(1)))(1 - v(x1, \boldsymbol{a}5(2))) = v(x1, a2)(1 - v(x1, a3))(1 - v(x1, a1)) = 0.1 \times (1 - 0.5) \times (1 - 0.2) = 0.04$ になります。カスケード性を満たす期待報酬関数はより制約の強い独立性の仮定を置いた場合（表 2.8）と比べると少々複雑ですが、それでもある程度のパターン化がなされていることがわかります。

　このカスケード性の仮定に基づいて提案されたのが RIPS 推定量であり、次のように定義されます（McInerney20）。

定義 2.6. あるデータ収集方策 π_0 により収集されたログデータ $\mathcal{D}$ を用いるとき、ランキング方策 π の性能 $V(\pi)$ に対する Reward-interaction Inverse Propensity Score（RIPS）推定量は、次のように定義される。

$$\hat{V}_{\mathrm{RIPS}}(\pi; \mathcal{D}) \tag{2.19}$$

$$:= \frac{1}{n} \sum_{i=1}^{n} \sum_{k=1}^{K} \frac{\pi(\boldsymbol{a}_i(1:k) \mid x_i)}{\pi_0(\boldsymbol{a}_i(1:k) \mid x_i)} \alpha_k \boldsymbol{r}_i(k) = \frac{1}{n} \sum_{i=1}^{n} \sum_{k=1}^{K} w_{1:k}(x_i, \boldsymbol{a}_i) \alpha_k \boldsymbol{r}_i(k)$$

なお $\pi(\boldsymbol{a}(1:k) \mid x) := \sum_{\boldsymbol{a}' \in \Pi(\mathcal{A})} \pi(\boldsymbol{a}' \mid x) \mathbb{I}\{\boldsymbol{a}'(1:k) = \boldsymbol{a}(1:k)\}$ は、上位 k 番目までのアイテムの組がそれぞれ所定のポジションに提示される周辺確率であり、それを用いて定義される $w_{1:k}(x, \boldsymbol{a}) := \pi(\boldsymbol{a}(1:k) \mid x)/\pi_0(\boldsymbol{a}(1:k) \mid x)$ は、評価方策 π とデータ収集方策 π_0 による**トップ k に関する重要度重み**（top-k importance weight）と呼ばれる（上位 k 番目のポジションまでの行動選択確率の比を考えていることから）。

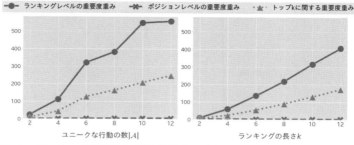

図 2.18　ランキングレベルの重要度重み（IPS 推定量）・ポジションレベルの重要度重み（IIPS 推定量）・トップ k に関する重要度重み（RIPS 推定量）の大きさの比較（ここでは各重要度重みの最大値の期待値、すなわち $\mathbb{E}_{p(x)}[\max_a w(x, a)]$ などを比べている）

　RIPS 推定量の定義では、**IPS 推定量で用いられていたランキングレベルの重要度重みではなく、上位 k 番目までのアイテムの組がそれぞれのポジションに提示される周辺確率に基づくトップ k に関する重要度重み**が用いられていることがわかります。図 2.18 において、ランキングレベルの重要度重み・ポジションレベルの重要度重み・トップ k に関する重要度重みの大きさを比較しています。これによると RIPS 推定量が用いるトップ k に関する重要度重みが IPS 推定量が用いるランキングレベルの重要度重みよりも小さい値をとる傾向にあることから、独立性よりも現実的な仮定に基づきながらも一定程度のバリアンス減少が期待できることがわかります。

　ここから RIPS 推定量のバイアスとバリアンスを分析し、IPS 推定量や IIPS 推定量と比較することでその特徴をより深く理解していきます。まずは RIPS 推定量の期待値を計算し、それに基づきバイアスを算出します。なおここでは、RIPS 推定量が想定する報酬関数に関するカスケード性（仮定 2.2）を仮定したうえで計算を行います。

$$
\mathbb{E}_{p(\mathcal{D})}[\hat{V}_{\mathrm{RIPS}}(\pi; \mathcal{D})]
$$

$$
= \frac{1}{n} \sum_{i=1}^{n} \mathbb{E}_{p(x_i)\pi_0(\boldsymbol{a}_i|x_i)p(\boldsymbol{r}_i|x_i,\boldsymbol{a}_i)} \left[\sum_{k=1}^{K} \frac{\pi(\boldsymbol{a}_i(1:k)\,|\,x)}{\pi_0(\boldsymbol{a}_i(1:k)\,|\,x)} \alpha_k \boldsymbol{r}_i(k) \right]
$$

$$
= \mathbb{E}_{p(x)} \left[\sum_{\boldsymbol{a} \in \Pi(\mathcal{A})} \pi_0(\boldsymbol{a}\,|\,x) \sum_{k=1}^{K} \frac{\pi(\boldsymbol{a}(1:k)\,|\,x)}{\pi_0(\boldsymbol{a}(1:k)\,|\,x)} \alpha_k q_k(x, \boldsymbol{a}) \right]
$$

$$
= \mathbb{E}_{p(x)} \left[\sum_{\boldsymbol{a} \in \Pi(\mathcal{A})} \pi_0(\boldsymbol{a}\,|\,x) \sum_{k=1}^{K} \frac{\pi(\boldsymbol{a}(1:k)\,|\,x)}{\pi_0(\boldsymbol{a}(1:k)\,|\,x)} \alpha_k q_k(x, \boldsymbol{a}(1:k)) \right] \quad \because 仮定 2.2
$$

$$
= \mathbb{E}_{p(x)} \left[\sum_{\boldsymbol{a} \in \Pi(\mathcal{A})} \pi_0(\boldsymbol{a}\,|\,x) \sum_{k=1}^{K} \sum_{\boldsymbol{a}' \in \Pi(\mathcal{A})} \frac{\pi(\boldsymbol{a}'(1:k)\,|\,x)}{\pi_0(\boldsymbol{a}'(1:k)\,|\,x)} \alpha_k q_k(x, \boldsymbol{a}'(1:k)) \right.
$$

$$\mathbb{I}\{\boldsymbol{a}(1:k) = \boldsymbol{a}'(1:k)\}\Bigg]$$

$$= \mathbb{E}_{p(x)}\Bigg[\sum_{k=1}^{K} \sum_{\boldsymbol{a}' \in \Pi(\mathcal{A})} \frac{\pi(\boldsymbol{a}'(1:k)\,|\,x)}{\pi_0(\boldsymbol{a}'(1:k)\,|\,x)} \alpha_k q_k(x, \boldsymbol{a}'(1:k))$$

$$\sum_{\boldsymbol{a} \in \Pi(\mathcal{A})} \pi_0(\boldsymbol{a}\,|\,x)\mathbb{I}\{\boldsymbol{a}(1:k) = \boldsymbol{a}'(1:k)\}\Bigg]$$

$$= \mathbb{E}_{p(x)}\Bigg[\sum_{k=1}^{K} \sum_{\boldsymbol{a}' \in \Pi(\mathcal{A})} \frac{\pi(\boldsymbol{a}'(1:k)\,|\,x)}{\cancel{\pi_0(\boldsymbol{a}'(1:k)\,|\,x)}} \alpha_k q_k(x, \boldsymbol{a}'(1:k))\cancel{\pi_0(\boldsymbol{a}'(1:k)\,|\,x)}\Bigg]$$

$$= \mathbb{E}_{p(x)}\Bigg[\sum_{\boldsymbol{a} \in \Pi(\mathcal{A})} \pi(\boldsymbol{a}\,|\,x) \sum_{k=1}^{K} \alpha_k \sum_{\boldsymbol{a}' \in \Pi(\mathcal{A})} q_k(x, \boldsymbol{a}'(1:k))\mathbb{I}\{\boldsymbol{a}(1:k) = \boldsymbol{a}'(1:k)\}\Bigg]$$

$$= \mathbb{E}_{p(x)\pi(\boldsymbol{a}|x)}\Bigg[\sum_{k=1}^{K} \alpha_k q_k(x, \boldsymbol{a}(1:k))\Bigg]$$

$$= V(\pi)$$

ここでも IIPS 推定量の場合と同様に、カスケード性（仮定 2.2）や周辺確率の定義 $(\pi(\boldsymbol{a}'(1:k)\,|\,x) = \sum_{\boldsymbol{a} \in \Pi(\mathcal{A})} \pi(\boldsymbol{a}\,|\,x)\mathbb{I}\{\boldsymbol{a}(1:k) = \boldsymbol{a}'(1:k)\})$ を適用したり、総和 $\sum$ の順番を適切に入れ替えている部分が鍵となります。この計算から、期待報酬関数のカスケード性のもとで、RIPS 推定量の期待値がランキング方策の真の性能 $V(\pi)$ に一致することがわかりました。よって、次の定理が導かれます。

> **定理 2.7.** あるデータ収集方策 π_0 により収集されたログデータ $\mathcal{D}$ を用いるとき、式 (2.19) で定義される RIPS 推定量は、仮定 2.2（期待報酬関数のカスケード性）のもとで、評価方策 π の真の性能 $V(\pi)$ に対する不偏推定量である。すなわち、
>
> $$\mathbb{E}_{p(\mathcal{D})}[\hat{V}_{\mathrm{RIPS}}(\pi; \mathcal{D})] = V(\pi) \quad (\implies \mathrm{Bias}\big[\hat{V}_{\mathrm{RIPS}}(\pi; \mathcal{D})\big] = 0)$$

つまり（独立性の仮定が成り立っていなくとも）カスケード性さえ成り立っていれば、RIPS 推定量を用いることで、ランキング方策の性能に対する不偏推定を行うことができるのです。

また RIPS 推定量のバリアンスや平均二乗誤差は、次のように表されます。

定理 2.8. あるデータ収集方策 π_0 が収集したログデータ $\mathcal{D}$ を用いるとき、式 (2.19) で定義される RIPS 推定量は、仮定 2.2（期待報酬関数のカスケード性）のもとで、次の平均二乗誤差を持つ。

$$\mathrm{MSE}\big[\hat{V}_{\mathrm{RIPS}}(\pi; \mathcal{D})\big]$$
$$= \mathrm{Var}\big[\hat{V}_{\mathrm{RIPS}}(\pi; \mathcal{D})\big] \quad \because \mathrm{Bias}\big[\hat{V}_{\mathrm{RIPS}}(\pi; \mathcal{D})\big] = 0$$
$$= \frac{1}{n}\Bigg(\mathbb{E}_{p(x)\pi_0(\boldsymbol{a}|x)}\bigg[\sum_{k=1}^{K} w_{1:k}^2(x, \boldsymbol{a})\alpha_k^2\sigma_k^2(x, \boldsymbol{a})\bigg]$$
$$+ \mathbb{V}_{p(x)\pi_0(\boldsymbol{a}|x)}\bigg[\sum_{k=1}^{K} w_{1:k}(x, \boldsymbol{a})\alpha_k q_k(x, \boldsymbol{a})\bigg]\Bigg) \qquad (2.20)$$

式 (2.20) によると、IPS 推定量や IIPS 推定量とは異なり、RIPS 推定量のバリアンスや平均二乗誤差はトップ k に関する重要度重み $w_{1:k}(x, \boldsymbol{a})$ によって決まることがわかります。図 2.18 で確認した通り、トップ k に関する重要度重み $w_{1:k}(x, \boldsymbol{a})$ はランキングレベルの重要度重み $w(x, \boldsymbol{a})$ よりも小さい値をとりますから、RIPS 推定量は IPS 推定量よりも小さいバリアンスを持つことが期待されます。一方でトップ k に関する重要度重み $w_{1:k}(x, \boldsymbol{a})$ は、IIPS 推定量が用いているポジションレベルの重要度重み $w_k(x, \boldsymbol{a}(k))$ よりは大きい値をとる傾向にありますから、RIPS 推定量のバリアンスは IIPS 推定量と比較すると大きくなる傾向にあることが予想されます。

図 2.19 および図 2.20 に、カスケード性は完璧に成り立っている一方で独立性は成り立っていない状況で RIPS 推定量と IIPS 推定量、および IPS 推定量の精度を比較したシミュレーション結果を示しました。まず図 2.19 では、ランキングを徐々に長く（K を大きく）したときの推定量の平均二乗誤差やバイアス、バリアンスを調べています。これを見ると、ランキングが長くなるにつれ IPS 推定量が大幅に精度を悪化させてしまっている一方で、RIPS 推定量は一貫して正確なオフ方策評価を行えていることがわかります。これは RIPS 推定量はカスケード性のもとでバイアスを一切生じない一方で、IPS 推定量と比べてバリアンスを大きく減少できるためです。また RIPS 推定量は、IIPS 推定量よりも常に良い精度を発揮できていることがわかります。こちらもすでに分析した通り、カスケード性が成り立っていたとしても独立性が成り立っているとは限らず、IIPS 推定量を用いると大きなバイアスを生じてしまうためです。似た結論は図 2.20 からも得ることができ、カスケード性のみが成り立つ状況では、RIPS 推定量が不偏かつ IPS 推定量からのバリアンスの減少効果を持つことにより、最も良い平均二乗誤差を達成できることがわかります。ここでも IPS 推定量は大きなバリアンスを生んでおり、また IIPS 推定量はその強すぎる仮定が原因で

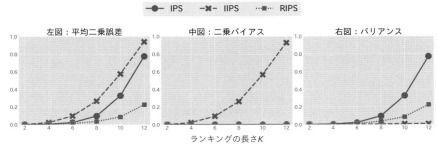

図 2.19　カスケード性が成り立っている（が独立性は成り立っていない）状況でランキングの長さ K を変化させたときの RIPS 推定量の平均二乗誤差・バイアス・バリアンスの挙動（人工データ実験により計測）

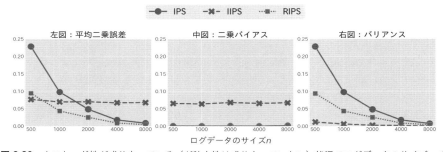

図 2.20　カスケード性が成り立っている（が独立性は成り立っていない）状況でログデータのサイズ n を変化させたときの RIPS 推定量の平均二乗誤差・バイアス・バリアンスの挙動（人工データ実験により計測）

大きなバイアスを持つことから、RIPS 推定量よりも大きな平均二乗誤差を生んでしまっていることがわかります。

　これまでの結果に基づくと今度は RIPS 推定量が無敵に思えてならないわけですが、注意すべきなのは、これまでの分析はすべてカスケード性が成り立っている状況におけるものだということです。もちろん、カスケード性の仮定は IIPS 推定量の独立性の仮定よりは現実的なものですが、それでも常に成り立つとは限りません。ユーザによってはより多くのアイテムを同時に吟味したうえで、クリックや購買などの行動を起こしているかもしれないのです。よって、カスケード性が成り立っていない状況における挙動も理解したうえで、RIPS 推定量を実運用する姿勢が堅実でしょう。ということで、次にカスケード性が成り立っていない状況で RIPS 推定量を用いた場合に発生するバイアスを分析します。そのためにまず、カスケード性を用いずに RIPS 推定量の期待値を計算することにしましょう。

$$\mathbb{E}_{p(\mathcal{D})}[\hat{V}_{\mathrm{RIPS}}(\pi; \mathcal{D})]$$

$$
= \frac{1}{n} \sum_{i=1}^{n} \mathbb{E}_{p(x_i)\pi_0(\boldsymbol{a}_i|x_i)p(\boldsymbol{r}_i|x_i,\boldsymbol{a}_i)} \left[\sum_{k=1}^{K} \frac{\pi(\boldsymbol{a}_i(1:k) \,|\, x)}{\pi_0(\boldsymbol{a}_i(1:k) \,|\, x)} \alpha_k \boldsymbol{r}_i(k) \right]
$$

$$
= \mathbb{E}_{p(x)} \left[\sum_{\boldsymbol{a} \in \Pi(\mathcal{A})} \pi_0(\boldsymbol{a} \,|\, x) \sum_{k=1}^{K} \frac{\pi(\boldsymbol{a}(1:k) \,|\, x)}{\pi_0(\boldsymbol{a}(1:k) \,|\, x)} \alpha_k q_k(x, \boldsymbol{a}) \right]
$$

$$
= \mathbb{E}_{p(x)} \left[\sum_{\boldsymbol{a} \in \Pi(\mathcal{A})} \pi(\boldsymbol{a} \,|\, x) \sum_{k=1}^{K} \frac{\pi_0(\boldsymbol{a} \,|\, x)}{\pi(\boldsymbol{a} \,|\, x)} \frac{\pi(\boldsymbol{a}(1:k) \,|\, x)}{\pi_0(\boldsymbol{a}(1:k) \,|\, x)} \alpha_k q_k(x, \boldsymbol{a}) \right]
$$

$$
= \mathbb{E}_{p(x)\pi(\boldsymbol{a}|x)} \left[\sum_{k=1}^{K} \frac{\pi_0(\boldsymbol{a}(k+1:K) \,|\, x, \boldsymbol{a}(1:k))}{\pi(\boldsymbol{a}(k+1:K) \,|\, x, \boldsymbol{a}(1:k))} \alpha_k q_k(x, \boldsymbol{a}) \right] \tag{2.21}
$$

ここでは $q_k(x, \boldsymbol{a}) = q_k(x, \boldsymbol{a}(1:k))$ というカスケード性に基づく変形が使えないため、RIPS 推定量の期待値はランキング方策の真の性能 $V(\pi)$ に一致しません。式 (2.21) で表される RIPS 推定量の期待値に基づくと、カスケード性が成り立たない場合に発生してしまうバイアスが次のように導かれます。

> **定理 2.9.** あるデータ収集方策 π_0 により収集されたログデータ $\mathcal{D}$ を用いるとき、式 (2.19) で定義される RIPS 推定量は、評価方策 π の真の性能 $V(\pi)$ に対して次のバイアスを持つ。
>
> $$
> \mathrm{Bias}\big[\hat{V}_{\mathrm{RIPS}}(\pi; \mathcal{D})\big] = \mathbb{E}_{p(x)\pi(\boldsymbol{a}|x)} \left[\sum_{k=1}^{K} \Delta w_{1:k}(x, \boldsymbol{a}) \alpha_k q_k(x, \boldsymbol{a}) \right] \tag{2.22}
> $$
>
> なお $\Delta w_{1:k}(x, \boldsymbol{a}) \coloneqq \frac{\pi_0(\boldsymbol{a}(k+1:K) \,|\, x, \boldsymbol{a}(1:k))}{\pi(\boldsymbol{a}(k+1:K) \,|\, x, \boldsymbol{a}(1:k))} - 1$ は、RIPS 推定量が用いるトップ k に関する重要度重みでは考慮されない k 番目以降 ($k+1$ から K) のポジションにおけるデータ収集方策 π_0 と評価方策 π の乖離度である。

定理 2.9 によると、カスケード性が成り立たない状況で RIPS 推定量を用いてしまうと、**トップ k に関する重要度重みでは考慮されない k 番目以降のポジションにおけるデータ収集方策 π_0 と評価方策 π の乖離度 $\Delta w_{1:k}(x, \boldsymbol{a})$ に依存したバイアスが発生してしまう**ことがわかります。これは定理 2.6 で分析した IIPS 推定量のバイアスよりは基本的に小さいものですが、カスケード性が著しく満たされない状況では、大きな値をとってしまう可能性があります。

図 2.21 において、カスケード性の仮定が成り立たない（より複雑なユーザ行動を持つ）ユーザの割合を徐々に増やしたときの RIPS 推定量と IIPS 推定量、および IPS 推定量の精度を比較した結果を示しました。各図の左側ではカスケード性がおおむね

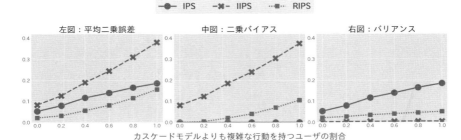

図 2.21 カスケード性が成り立たないユーザの割合を変化させたときの RIPS 推定量の平均二乗誤差・バイアス・バリアンスの挙動（人工データ実験により計測）

成り立っている一方で、図の右側にいくにつれカスケード性が成り立ちにくくなっていきます。結果を見ると、カスケード性の仮定が成り立たないユーザの割合が増えるにつれ RIPS 推定量のバイアスが増加し、それによって平均二乗誤差が悪化することから、IPS 推定量の平均二乗誤差に近づいていってしまうことがわかります。しかし、多くの場合そのバリアンス減少効果の方が大きいため、RIPS 推定量が IPS 推定量よりも大きな平均二乗誤差を持つことは稀なようです。IIPS 推定量はバリアンスを最も小さく抑えられている一方で最も大きなバイアスを生んでおり、RIPS 推定量よりも精度が悪くなってしまっています。RIPS 推定量を用いる際はカスケード性が成り立っていることが望ましいわけですが、仮にこれが成り立っていなかったとしても、RIPS 推定量はバイアスとバリアンスをバランス良く制御することで、多くの場合IPS 推定量や IIPS 推定量よりは良い精度を発揮できることが実験的にわかりました。

2.3.3　Adaptive Inverse Propensity Score（AIPS）推定量

　これまでにユーザ行動あるいは期待報酬関数に関する仮定を駆使することで、ランキングの問題に対応するための推定量を紹介してきました。しかし、これまでに登場した **IIPS 推定量と RIPS 推定量が暗黙のうちに置いてしまっている重大な仮定**が存在します。それは、**すべてのデータ（ユーザ）に対してまったく同じユーザ行動を仮定してしまっている**ことです。例えば、IIPS 推定量はすべてのユーザに対して独立性（仮定 2.1）を仮定しており、RIPS 推定量もすべてのユーザに対してカスケード性（仮定 2.2）を適用していました。**このような大雑把なモデリングは、バイアスとバリアンスの両面から明らかに適切ではない**と考えられます。図 2.22 に示すように、独立性を持つユーザ A とカスケード性を持つユーザ B が混在する状況を例として考えてみることにしましょう。**このような状況で仮に IIPS 推定量を用いると、カスケード性を持つユーザ B については独立性の仮定が成り立たないわけですから推定にバイアスが発生してしまう**はずです（定理 2.6）。一方で RIPS 推定量を適用する場合、すべてのユーザがカスケード性かそれよりも単純な独立性を持っているのでバイアス

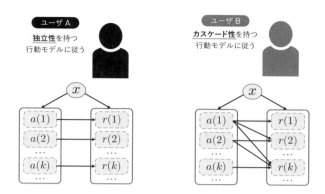

図 2.22 異なる行動モデル（独立モデルとカスケードモデル）を有するユーザが混在する状況

は発生しませんが、**独立性を持っているユーザ A に対して過剰に重要度重みをかけて
しまっているため不必要なバリアンスが発生してしまいます。**あるユーザが独立性を
持っているならば、そのユーザにはポジションレベルの重要度重みを用いることで、
不偏性を保ちつつもバリアンスをさらに減少できるはずです。よって**異なる行動モデ
ルを有するユーザが混在するより現実的な状況では、ユーザごとに適用する仮定およ
び重要度重みの種類を切り替えることが、バイアスとバリアンスの両面で理想的な**は
ずです。より具体的には、独立性に従うユーザ A には IIPS 推定量が用いるポジショ
ンレベルの重要度重みを適用する一方で、カスケード性を有するユーザ B には RIPS
推定量が用いるトップ k に関する重要度重みを適用することで、不偏性を保ちつつも
バリアンスの発生を可能な限り抑えることができるはずなのです。

このように、各ユーザが従う行動モデルに対して適応的（adaptive）に重要度重み
の種類を切り替えることで、より正確なオフ方策評価を目指した推定量が **Adaptive
Inverse Propensity Score（AIPS）推定量** (Kiyohara23) です。この推定量を定義
するため、ユーザごとの行動モデルの違いを考慮できるよう次のようにデータ生成過
程を拡張します。

$$\mathcal{D} := \{(x_i, \boldsymbol{a}_i, \boldsymbol{c}_i, \boldsymbol{r}_i)\}_{i=1}^n \sim \prod_{i=1}^n p(x_i)\pi_0(\boldsymbol{a}_i \mid x_i) \underbrace{p(\boldsymbol{c}_i \mid x_i)}_{\text{行動モデルの分布}} p(\boldsymbol{r}_i \mid x_i, \boldsymbol{a}_i) \quad (2.23)$$

ここで新たに $\boldsymbol{c}_i \sim p(\boldsymbol{c} \mid x)$ という確率変数がログデータに追加されています。これ
は、ユーザが従う行動モデルを表す次のような行列形式をしています。

$$
c = \begin{bmatrix}
c_{1,1} & \cdots & c_{1,k'} & \cdots & c_{1,K} \\
\vdots & \ddots & & & \vdots \\
c_{k,1} & & c_{k,k'} & & c_{k,K} \\
\vdots & & & \ddots & \vdots \\
c_{K,1} & \cdots & c_{K,k'} & \cdots & c_{K,K}
\end{bmatrix} \in \{0,1\}^{K \times K} \tag{2.24}
$$

ここで行列 c の (k, k') 要素 $c_{k,k'}$ は、k 番目のポジションにおける報酬 $r(k)$ が、k' 番目のポジションに提示された行動 $a(k')$ に依存するか否かを表す 2 値変数です。すなわち、$c_{k,k'} = 1$ のとき報酬 $r(k)$ は k' 番目の行動 $a(k')$ から影響を受ける一方で、$c_{k,k'} = 0$ のとき $r(k)$ は k' 番目の行動 $a(k')$ に影響されないことを意味します。これまでに扱ってきた独立モデル（仮定 2.1）やカスケードモデル（仮定 2.2）も、ここで導入したユーザ行動モデルの行列形式を用いて表現できます。

$$
\text{独立モデル:} \quad c_{independent} = \begin{bmatrix}
1 & \cdots & 0 & \cdots & 0 \\
\vdots & \ddots & & & \vdots \\
0 & & 1 & & 0 \\
\vdots & & & \ddots & \vdots \\
0 & \cdots & 0 & \cdots & 1
\end{bmatrix} \tag{2.25}
$$

$$
\text{カスケードモデル:} \quad c_{cascade} = \begin{bmatrix}
1 & \cdots & 0 & \cdots & 0 \\
\vdots & \ddots & & & \vdots \\
1 & & 1 & & 0 \\
\vdots & & & \ddots & \vdots \\
1 & \cdots & 1 & \cdots & 1
\end{bmatrix} \tag{2.26}
$$

独立モデル（仮定 2.1）は、k 番目のポジションにおける報酬は k 番目のポジションに提示されたアイテムにしか影響を受けないという仮定でしたら、式 (2.25) のように単位行列で表現できます。一方でカスケードモデル（仮定 2.2）は k 番目のポジションにおける報酬がそれよりも上位のポジションのアイテム $a(1:k)$ にしか影響を受けないという仮定でしたから、式 (2.26) のように下三角行列で表現できるはずです。このように行列 c を用いることで、これまでに登場した独立モデルやカスケードモデルを含むあらゆるユーザ行動モデルを自在に表現できます。現実世界のユーザ行動は、独立モデルやカスケードモデルだけでは表現しきれない多種多様なモデルが混

ざり合ったものだと考えられますから、それらのモデルすべてを表現可能な行列形式を用いることで、これまでよりも現実に即した定式化が可能になるのです。

またユーザ行動モデルの行列形式の定義に基づくと、あるモデル c が観測されたときのポジションレベルの期待報酬関数 $q_k(x, \boldsymbol{a})$ を、次のように簡略化できます。

$$\underbrace{\mathbb{E}_{\boldsymbol{r}(k)}[\boldsymbol{r}(k) \,|\, x, \boldsymbol{a}]}_{q_k(x, \boldsymbol{a})} = \underbrace{\mathbb{E}_{\boldsymbol{r}(k)}[\boldsymbol{r}(k) \,|\, x, \Phi_k(\boldsymbol{a}, \boldsymbol{c})]}_{q_k(x, \Phi(\boldsymbol{a}, \boldsymbol{c}))} \tag{2.27}$$

ここで $\Phi_k(\boldsymbol{a}, \boldsymbol{c}) \coloneqq \{a_l \in \mathcal{A}, l \in [K] \,|\, c_{k,l} = 1\}$ は、k **番目のポジションの報酬に影響を与えるアイテムの集合であり、これはユーザ行動モデル c に依存して決まります。**例えば、独立モデルの場合 $\Phi_k(\boldsymbol{a}, \boldsymbol{c}_{independent}) = \{\boldsymbol{a}(k)\}$ となりますから、式 (2.27) は式 (2.9)(独立モデルによる期待報酬関数の簡略化)に一致します。また、カスケードモデルの場合 $\Phi_k(\boldsymbol{a}, \boldsymbol{c}_{cascade}) = \boldsymbol{a}(1:k)$ となりますから、式 (2.27) は式 (2.17)(カスケードモデルによる期待報酬関数の簡略化)に一致します。このようにユーザ行動モデル c が与えられたら、それに基づき関係するポジションのアイテム $\Phi_k(\boldsymbol{a}, \boldsymbol{c})$ のみで期待報酬関数を表せるはずである、と言っているのが式 (2.27) です。単にこれまでの独立モデルやカスケードモデルによる定式化を一般化しているにすぎません。

これにて AIPS 推定量を定義する準備が整いました。

定義 2.7. あるデータ収集方策 π_0 により収集されたログデータ $\mathcal{D}$ を用いるとき、ランキング方策 π の性能 $V(\pi)$ に対する Adaptive Inverse Propensity Score(AIPS)推定量は、次のように定義される。

$$\hat{V}_{\mathrm{AIPS}}(\pi; \mathcal{D}) \coloneqq \frac{1}{n} \sum_{i=1}^{n} \sum_{k=1}^{K} \frac{\pi(\Phi_k(\boldsymbol{a}_i, \boldsymbol{c}_i) \,|\, x_i)}{\pi_0(\Phi_k(\boldsymbol{a}_i, \boldsymbol{c}_i) \,|\, x_i)} \alpha_k \boldsymbol{r}_i(k)$$

$$= \frac{1}{n} \sum_{i=1}^{n} \sum_{k=1}^{K} w(x_i, \Phi_k(\boldsymbol{a}_i, \boldsymbol{c}_i)) \alpha_k \boldsymbol{r}_i(k) \tag{2.28}$$

なお $\pi(\Phi_k(\boldsymbol{a}, \boldsymbol{c}) \,|\, x) \coloneqq \sum_{\boldsymbol{a}' \in \Pi(\mathcal{A})} \pi(\boldsymbol{a}' \,|\, x) \mathbb{I}\{\Phi_k(\boldsymbol{a}', \boldsymbol{c}) = \Phi_k(\boldsymbol{a}, \boldsymbol{c})\}$ は、$\Phi_k(\boldsymbol{a}, \boldsymbol{c})$ で表されるアイテム集合がそれぞれ所定のポジションに提示される周辺確率であり、$w(x, \Phi_k(\boldsymbol{a}, \boldsymbol{c})) \coloneqq \pi(\Phi_k(\boldsymbol{a}, \boldsymbol{c}) \,|\, x)/\pi_0(\Phi_k(\boldsymbol{a}, \boldsymbol{c}) \,|\, x)$ は評価方策 π とデータ収集方策 π_0 による**適応的重要度重み**(adaptive importance weight)と呼ばれる。また $\hat{V}_{\mathrm{AIPS}}^{(k)}(\pi; \mathcal{D}) \coloneqq \frac{1}{n} \sum_{i=1}^{n} w(x_i, \Phi_k(\boldsymbol{a}_i, \boldsymbol{c}_i)) \boldsymbol{r}_i(k)$ により、k 番目のポジションにおける期待報酬に対する AIPS 推定量を表すことがある($\hat{V}_{\mathrm{AIPS}}(\pi; \mathcal{D}) = \sum_{k=1}^{K} \alpha_k \hat{V}_{\mathrm{AIPS}}^{(k)}(\pi; \mathcal{D})$)。

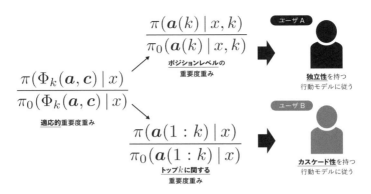

図 2.23　AIPS 推定量による適応的な重要度重みの切り替え

　少々複雑な定義に見えますが、各ポジションの報酬に影響を与えるアイテムの集合 $\Phi_k(\boldsymbol{a}, \boldsymbol{c})$ に絞って重要度重みを定義している部分が、これまでとの唯一の相違点です。ここで特に重要なのは、**重要度重みがデータ i 毎に変化する**ということです（これが**適応的**重要度重みと呼ばれる所以です）。すなわち、あるユーザが独立な行動モデルに従うとき適応的重要度重み $w(x, \Phi_k(\boldsymbol{a}, \boldsymbol{c}))$ はポジションレベルの重要度重み $w_k(x, \boldsymbol{a}(k))$ に変換される一方で、カスケードモデルに従うユーザに対しては、$w(x, \Phi_k(\boldsymbol{a}, \boldsymbol{c}))$ がトップ k に関する重要度重み $w_{1:k}(x, \boldsymbol{a})$ に変換されます。このような重要度重みの賢い切り替えを行なってくれるのが、AIPS 推定量の定義に登場する $\Phi_k(\boldsymbol{a}, \boldsymbol{c})$ というわけです。AIPS 推定量のアイデアを図 2.23 に図示しました。これを見るとアイデアはとてもシンプルで、独立モデルに従うユーザにはポジションレベルの重要度重み $w_k(x, \boldsymbol{a}(k))$ を適用し、カスケードモデルに従うユーザにはトップ k に関する重要度重み $w_{1:k}(x, \boldsymbol{a})$ を切り替えながら適用しているだけです。またこれらの既存のモデルでは捉えきれない複雑なモデルに従うユーザの存在も、行列形式 $\boldsymbol{c}$ を用いた一般的な定式化を採用しているお陰で考慮できているのです。

　ここから AIPS 推定量のバイアスとバリアンスを分析し、その利点を理解していきましょう。まずは AIPS 推定量の期待値を計算します。

$$
\mathbb{E}_{p(\mathcal{D})}[\hat{V}_{\mathrm{AIPS}}(\pi; \mathcal{D})]
$$

$$
= \frac{1}{n} \sum_{i=1}^{n} \mathbb{E}_{p(x_i)\pi_0(\boldsymbol{a}_i|x_i)p(\boldsymbol{r}_i|x_i,\boldsymbol{a}_i)} \left[\sum_{k=1}^{K} \frac{\pi(\Phi_k(\boldsymbol{a}_i, \boldsymbol{c}_i) \mid x)}{\pi_0(\Phi_k(\boldsymbol{a}_i, \boldsymbol{c}_i) \mid x)} \alpha_k \boldsymbol{r}_i(k) \right]
$$

$$
= \mathbb{E}_{p(x)p(\boldsymbol{c}|x)} \left[\sum_{\boldsymbol{a} \in \Pi(\mathcal{A})} \pi_0(\boldsymbol{a} \mid x) \sum_{k=1}^{K} \frac{\pi(\Phi_k(\boldsymbol{a}, \boldsymbol{c}) \mid x)}{\pi_0(\Phi_k(\boldsymbol{a}, \boldsymbol{c}) \mid x)} \alpha_k q_k(x, \boldsymbol{a}) \right]
$$

$$= \mathbb{E}_{p(x)p(\boldsymbol{c}|x)} \left[\sum_{\boldsymbol{a} \in \Pi(\mathcal{A})} \pi_0(\boldsymbol{a} \,|\, x) \sum_{k=1}^{K} \frac{\pi(\Phi_k(\boldsymbol{a}, \boldsymbol{c}) \,|\, x)}{\pi_0(\Phi_k(\boldsymbol{a}, \boldsymbol{c}) \,|\, x)} \alpha_k q_k(x, \Phi_k(\boldsymbol{a}, \boldsymbol{c})) \right] \quad \because 式 (2.27)$$

$$= \mathbb{E}_{p(x)p(\boldsymbol{c}|x)} \left[\sum_{\boldsymbol{a} \in \Pi(\mathcal{A})} \pi_0(\boldsymbol{a} \,|\, x) \sum_{k=1}^{K} \sum_{\boldsymbol{a}' \in \Pi(\mathcal{A})} \frac{\pi(\Phi_k(\boldsymbol{a}', \boldsymbol{c}) \,|\, x)}{\pi_0(\Phi_k(\boldsymbol{a}', \boldsymbol{c}) \,|\, x)} \alpha_k q_k(x, \Phi_k(\boldsymbol{a}', \boldsymbol{c})) \right.$$
$$\left. \mathbb{I}\{\Phi_k(\boldsymbol{a}', \boldsymbol{c}) = \Phi_k(\boldsymbol{a}, \boldsymbol{c})\} \right]$$

$$= \mathbb{E}_{p(x)p(\boldsymbol{c}|x)} \left[\sum_{k=1}^{K} \sum_{\boldsymbol{a}' \in \Pi(\mathcal{A})} \frac{\pi(\Phi_k(\boldsymbol{a}', \boldsymbol{c}) \,|\, x)}{\pi_0(\Phi_k(\boldsymbol{a}', \boldsymbol{c}) \,|\, x)} \alpha_k q_k(x, \Phi_k(\boldsymbol{a}', \boldsymbol{c})) \right.$$
$$\left. \sum_{\boldsymbol{a} \in \Pi(\mathcal{A})} \pi_0(\boldsymbol{a} \,|\, x) \mathbb{I}\{\Phi_k(\boldsymbol{a}', \boldsymbol{c}) = \Phi_k(\boldsymbol{a}, \boldsymbol{c})\} \right]$$

$$= \mathbb{E}_{p(x)p(\boldsymbol{c}|x)} \left[\sum_{k=1}^{K} \sum_{\boldsymbol{a}' \in \Pi(\mathcal{A})} \frac{\pi(\Phi_k(\boldsymbol{a}', \boldsymbol{c}) \,|\, x)}{\cancel{\pi_0(\Phi_k(\boldsymbol{a}', \boldsymbol{c}) \,|\, x)}} \alpha_k q_k(x, \Phi_k(\boldsymbol{a}', \boldsymbol{c})) \cancel{\pi_0(\Phi_k(\boldsymbol{a}', \boldsymbol{c}) \,|\, x)} \right]$$

$$= \mathbb{E}_{p(x)p(\boldsymbol{c}|x)} \left[\sum_{\boldsymbol{a} \in \Pi(\mathcal{A})} \pi(\boldsymbol{a} \,|\, x) \alpha_k \sum_{k=1}^{K} \sum_{\boldsymbol{a}' \in \Pi(\mathcal{A})} q_k(x, \Phi_k(\boldsymbol{a}', \boldsymbol{c})) \mathbb{I}\{\Phi_k(\boldsymbol{a}, \boldsymbol{c}) = \Phi_k(\boldsymbol{a}', \boldsymbol{c})\} \right]$$

$$= \mathbb{E}_{p(x)\pi(\boldsymbol{a}|x)p(\boldsymbol{c}|x)} \left[\sum_{k=1}^{K} \alpha_k q_k(x, \Phi_k(\boldsymbol{a}, \boldsymbol{c})) \right]$$

$$= V(\pi)$$

ここでもこれまでに行なってきた操作の応用により、AIPS 推定量の期待値がランキング方策 π の真の性能 $V(\pi)$ に一致することがわかります。これにより次の定理が導かれます。

定理 2.10. あるデータ収集方策 π_0 により収集されたログデータ $\mathcal{D}$ を用いるとき、式 (2.28) で定義される AIPS 推定量は、任意のユーザ行動モデルの分布 $p(\boldsymbol{c} \,|\, x)$ について、評価方策 π の真の性能 $V(\pi)$ に対する不偏推定量である。すなわち、

$$\mathbb{E}_{p(\mathcal{D})}[\hat{V}_{\mathrm{AIPS}}(\pi; \mathcal{D})] = V(\pi) \quad (\implies \mathrm{Bias}[\hat{V}_{\mathrm{AIPS}}(\pi; \mathcal{D})] = 0)$$

定理 2.10 は、AIPS 推定量が

● ユーザごとに異なる行動モデル c を示す可能性がある

● （独立モデルやカスケードモデルに限らない）あらゆる行動モデルが存在する可能性がある

● 行動モデルが確率的である（$c \sim p(\cdot \,|\, x)$）[*13]

など、**IIPS 推定量や RIPS 推定量では対応できなかったあらゆる意味で一般的な状況を考慮したうえでも不偏性を持つ**ことを示しています。

さらに AIPS 推定量は、適応的に重要度重みを切り替えることで、バリアンスに関するとても望ましい性質を持ちます（導出は章末問題としています）。

定理 2.11. あるデータ収集方策 π_0 が収集したログデータ $\mathcal{D}$ を用いるとき、式 (2.28) で定義される AIPS 推定量は式 (2.4) で定義される IPS 推定量に対して、任意のポジション $k \in [K]$ において次のバリアンス減少量を持つ。

$$\mathrm{Var}\big[\hat{V}_{\mathrm{IPS}}^{(k)}(\pi; \mathcal{D})\big] - \mathrm{Var}\big[\hat{V}_{\mathrm{AIPS}}^{(k)}(\pi; \mathcal{D})\big] \tag{2.29}$$

$$= \frac{1}{n}\mathbb{E}_{p(x)\pi_0(a|x)p(c|x)}\Bigg[w^2(x, \Phi_k(\boldsymbol{a}, \boldsymbol{c}))\mathbb{V}\left(\frac{\pi(\bar{\Phi}_k(\boldsymbol{a}, \boldsymbol{c}) \,|\, x, \Phi_k(\boldsymbol{a}, \boldsymbol{c}))}{\pi_0(\bar{\Phi}_k(\boldsymbol{a}, \boldsymbol{c}) \,|\, x, \Phi_k(\boldsymbol{a}, \boldsymbol{c}))} \right)$$

$$\mathbb{E}_{\boldsymbol{r}(k)}\big[\boldsymbol{r}(k)^2 \,|\, x, \Phi_k(\boldsymbol{a}, \boldsymbol{c})\big]\Bigg](\geq 0)$$

なお $\bar{\Phi}_k(\boldsymbol{a}, \boldsymbol{c})$ は、アイテム集合 $\bar{\Phi}_k(\boldsymbol{a}, \boldsymbol{c})$ の補集合である。また、

$$\pi(\bar{\Phi}_k(\boldsymbol{a}, \boldsymbol{c}) \,|\, x, \Phi_k(\boldsymbol{a}, \boldsymbol{c})) = \frac{\pi(\Phi_k(\boldsymbol{a}, \boldsymbol{c}), \bar{\Phi}_k(\boldsymbol{a}, \boldsymbol{c}) \,|\, x)}{\pi(\Phi_k(\boldsymbol{a}, \boldsymbol{c}) \,|\, x)} = \frac{\pi(\boldsymbol{a} \,|\, x)}{\pi(\Phi_k(\boldsymbol{a}, \boldsymbol{c}) \,|\, x)}$$

はランキング方策 π のもとで集合 $\Phi_k(\boldsymbol{a}, \boldsymbol{c})$ に属するアイテムがそれぞれ所定のポジションに提示されることを条件付けた場合に、それ以外のポジションに提示されるアイテムが $\bar{\Phi}_k(\boldsymbol{a}, \boldsymbol{c})$ であるような条件付き確率である。

定理 2.11 では、（k 番目のポジションにおける）IPS 推定量と AIPS 推定量のバリアンスの差 $\mathrm{Var}\big[\hat{V}_{\mathrm{IPS}}^{(k)}(\pi; \mathcal{D})\big] - \mathrm{Var}\big[\hat{V}_{\mathrm{AIPS}}^{(k)}(\pi; \mathcal{D})\big]$ を計算しており、この値が大きいほど AIPS 推定量によるバリアンス減少量が大きいことを意味します。まず前提として式 (2.29) は常に非負であるため、**AIPS 推定量のバリアンスが IPS 推定量のそれよりも大きくなることはない**ことがわかります。また、**報酬に影響を与えないポジ**

[*13] 例えば、ユーザがある確率で独立性を示し、残りの確率でカスケード性を示すような状況のことです。IIPS 推定量や RIPS 推定量では、確率 1 で（すなわち決定的に）独立性やカスケード性が成り立つことが暗に仮定されていました。

ションで発生している重要度重みの分散 $\mathbb{V}\left(\frac{\pi(\bar{\Phi}_k(\boldsymbol{a},\boldsymbol{c})\,|\,x,\Phi_k(\boldsymbol{a},\boldsymbol{c}))}{\pi_0(\bar{\Phi}_k(\boldsymbol{a},\boldsymbol{c})\,|\,x,\Phi_k(\boldsymbol{a},\boldsymbol{c}))}\right)$ が登場していることが注目に値します。つまり、適用的重要度重みでは考慮していない（する必要がない）一方で、IPS 推定量が用いるランキングレベルの重要度重みでは考慮されてしまっているアイテムの集合 $\bar{\Phi}_k(\boldsymbol{a},\boldsymbol{c})$ について評価方策 π とデータ収集方策 π_0 の間に大きな乖離が存在するとき、AIPS 推定量によるバリアンス減少量が特に大きくなることがわかります。適応的重要度重みでは $\bar{\Phi}_k(\boldsymbol{a},\boldsymbol{c})$ を無視できている一方で、ランキングレベルの重要度重みではすべてのポジションが考慮されてしまっており、このような状況では IPS 推定量のバリアンスだけがとても大きくなってしまうのです。

実は定理 2.11 を応用することで、AIPS 推定量のバリアンスについてさらに望ましい性質を導くことができます。

定理 2.12. あるデータ収集方策 π_0 が収集したログデータ $\mathcal{D}$ を用いるとき、式 (2.28) で定義される AIPS 推定量は、任意の不偏な IPS 推定量よりも大きなバリアンスを持つことはない。すなわち

$$\mathrm{Var}\left[\hat{V}_{\mathrm{AIPS}}(\pi;\mathcal{D})\right] \leq \mathrm{Var}\left[\hat{V}_{\mathrm{UnbiasedIPS}}(\pi;\mathcal{D})\right]$$

定理 2.12 は、**ランキングの問題において不偏性を満たす IPS 推定量のなかで、AIPS 推定量が最小のバリアンスを持つ**ことを主張しています。これは AIPS 推定量が、不偏性を満たす IPS 推定量のなかで最小の平均二乗誤差を持つことと同義です。この AIPS 推定量の最適性は、適応的重要度重みにより、不偏性を満たす範囲において無駄な重みを極限まで削ぎ落としていることに起因します。これまでの分析結果から、AIPS 推定量がユーザ毎の行動モデルの違いを考慮に入れることで、バイアスとバリアンスの両面について非常に望ましい理論性質を持つことがわかりました。

図 2.24 と図 2.25 において、AIPS 推定量の精度を RIPS 推定量や IPS 推定量と比較したシミュレーション結果を示しました。なおここではあらゆるユーザ行動モデル $\boldsymbol{c}$ が混在しており、カスケード性の仮定すらも成り立っていない状況でシミュレーションを行なっています。この結果を見ると、AIPS 推定量は IPS 推定量と同様にバイアスを生じていない一方で大きなバリアンス減少にも成功していることから、あらゆる状況でとても正確であることがわかります。RIPS 推定量は IPS 推定量よりはバリアンスが小さいものの、すべてのユーザに同一のモデルを適用していることが原因で一定量のバイアスを発生させてしまっています。適応的重要度重みによりユーザ毎の行動モデルの違いを考慮することで、ランキングにおけるより正確なオフ方策評価につながることが実験的にも確認できました。

これまでの分析や実験結果に基づくと、今度は AIPS 推定量が最も望ましい推定量に思えるわけですが、本書の記述を鵜呑みにせず常に思考しながら内容を追っている

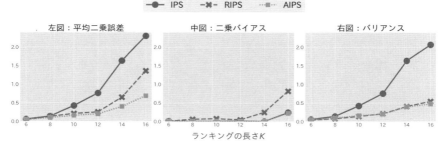

図 2.24　さまざまなユーザ行動が混在する状況でランキングの長さ K を変化させたときの AIPS 推定量の平均二乗誤差・バイアス・バリアンスの挙動（人工データ実験により計測）

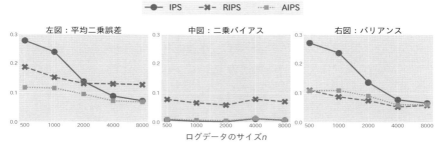

図 2.25　さまざまなユーザ行動が混在する状況でログデータのサイズ n を変化させたときの AIPS 推定量の平均二乗誤差・バイアス・バリアンスの挙動（人工データ実験により計測）

方は一点の疑問を覚えていることでしょう。それは、**AIPS 推定量が現実的には未知であるはずの真の行動モデル c を用いて定義されている**という点です。仮にすべてのユーザの行動モデルが明らかなのであれば、何の問題もなく AIPS 推定量を実装でき、これまで見てきた望ましい統計性質を遺憾無く発揮できるはずです。しかし、実際のところ真の行動モデル c は観測できないので、それを何らかの方法で代替しなくてはなりません。この点は AIPS 推定量を提案している論文（Kiyohara23）でも十分に議論されており、AIPS 推定量の平均二乗誤差が最小化されるよう次のように行動モデル c を最適化することを提案しています[*14]。

$$\tilde{c}(x) = \arg\min_{c(x)} \ \mathrm{MSE}\big[\hat{V}_{\mathrm{AIPS}}(\pi; \mathcal{D})\big], \qquad (2.30)$$

[*14]　具体的にこの最適化問題を解くための一つの方法として、（Kiyohara23）では決定木を拡張した手法を提案しています。また平均二乗誤差 $\mathrm{MSE}\big[\hat{V}_{\mathrm{AIPS}}(\pi; \mathcal{D})\big]$ は方策の性能 $V(\pi)$ に依存するため未知ですが、これは（Su20）や（Udagawa23）で提案されている手法によりログデータから推定できます。より詳しくは（Kiyohara23）の Section 3 を参照するとよいでしょう。

表 2.12 真ではないユーザ行動モデル $\tilde{c}$ をあえて用いることのメリットを表した数値例

	二乗バイアス	バリアンス	平均二乗誤差
真の行動モデル c を用いたとき	0.00	0.50	**0.50**
最適化された行動モデル $\tilde{c}$ を用いたとき	0.01	0.30	**0.31**

ここで $\tilde{c}(x)$ は、AIPS 推定量の平均二乗誤差を最小化するユーザ行動モデルを、特徴量 x ごとに出力する関数です。実は式 (2.30) の解として得られるユーザ行動モデル $\tilde{c}$ は、往々にして真のユーザ行動モデル c とは異なるものになります。定理 2.12 で見たように、真のユーザ行動モデル c に基づく AIPS 推定量は**不偏な IPS 推定量のなかで最小の平均二乗誤差を持つ**わけですが、**不偏ではない推定量も含めた場合に最小の平均二乗誤差を持つとは限りません**。すなわち、式 (2.30) を解くと、意図的に少量のバイアスを発生させつつもバリアンスを大きく減少させることで、結果として平均二乗誤差にさらなる改善をもたらすモデル $\tilde{c}$ がより最適な解として浮かび上がるのです。表 2.12 に、真ではないユーザ行動モデル $\tilde{c}$ をあえて用いることで得られるメリットを表した数値例を示しました。この例では、真のユーザ行動モデル c を知っておりそれを用いて AIPS 推定量を定義した場合、バイアスはまったく発生していない（定理 2.10）一方で 0.50 のバリアンスを発生しています。この AIPS 推定量のバリアンスは不偏な IPS 推定量のなかで最も小さく（定理 2.12）、このとき平均二乗誤差も 0.50 になります。しかし、平均二乗誤差に対して最適化されたモデル $\tilde{c}$ を用いると、0.01 という微小の二乗バイアスを発生する代わりに、バリアンスが 0.30 へと減少しています。つまり**真ではないユーザ行動モデルをあえて用いることで、平均二乗誤差の意味でより良い推定量を作ることに成功している**のです。**オフ方策評価の目的は真のユーザ行動を明らかにすることではなく、より良い平均二乗誤差を達成できる推定量を設計すること**なわけですから、AIPS 推定量を用いる際に真のユーザ行動モデル c を推定しようとする必要はまったくなく、式 (2.30) を通じて、結果としてできあがる AIPS 推定量の平均二乗誤差を最小化するユーザ行動モデル $\tilde{c}$ を探すことに注力する方が定式化に対して整合のとれた戦略なのです。

　最後に図 2.26 に真のユーザ行動モデル c を用いた場合の AIPS 推定量とあえて異なる（よりシンプルな）ユーザ行動モデル $\tilde{c}$ を用いた場合の AIPS 推定量の平均二乗誤差・バイアス・バリアンスを比較した結果を示しました[*15]。これを見ると、$\tilde{c}$ は意図的に真のモデル c とは異なるモデルになっているため多少のバイアスを発生させてしまっていますが、バリアンスをそれ以上に減らすことに成功しており、結果として

[*15] ここで行った簡易実験では式 (2.30) の最適化を解いたわけではなく、ある適当に選んだモデル $\tilde{c}(\neq c)$ を用いています。それでも真のモデルに基づいた AIPS よりも小さな平均二乗誤差を達成しているため、式 (2.30) を実装することでさらなる改善が期待できます。（Kiyohara23）で行われた実験では、式 (2.30) の最適化を実際に解くことで、その有効性が実証されています。

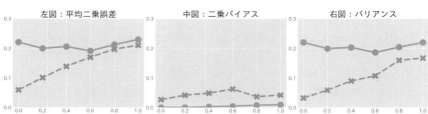

図 2.26　真ではないユーザ行動モデルをあえて用いることの有効性の検証

平均二乗誤差のさらなる改善につながっていることがわかります。

2.3.4　ランキングのための推定量のまとめ

　これまでに IPS 推定量・IIPS 推定量・RIPS 推定量・AIPS 推定量というランキングにおける重要推定量について、それぞれの性質を状況ごとに分析してきました。1 章で扱った IPS 推定量をランキングの設定に拡張するところから始めましたが、これはユーザ行動に関する仮定を何も置いていないため、ユーザ行動によらず常に不偏でありバイアスを一切生みません。しかし、アイテムの数やランキングの長さが増すにつれ巨大なバリアンスにより急速に精度が悪化してしまう重大な欠陥がありました。IPS 推定量のバリアンスの問題を軽減するために開発されたのが IIPS 推定量や RIPS 推定量であり、それぞれ独立性（仮定 2.1）やカスケード性（仮定 2.2）などの仮定に基づいていました。これらの推定量は対応する仮定が正しければ不偏であり、またアイテム間の相互作用を無視した重要度重みを適用することでバリアンスを軽減できます。しかし、これらの推定量はすべてのユーザに対してまったく同じ行動モデルを適用しており、あらゆる行動モデルが混在していると考えられる現実的な状況では、バイアスとバリアンスの両面で損をしてしまう問題がありました。そこで開発されたのが AIPS 推定量であり、各ユーザが従う行動モデルごとに適応的に重要度重みを切り替えることで、あらゆる行動モデルが混在する状況でもバイアスを生まず、さらに IPS 推定量からのバリアンス減少効果も持ち合わせていました。また AIPS 推定量は、すべての不偏な IPS 推定量のなかで最小のバリアンスを持つという理論的にとても望ましい性質を持つのでした。ただし、AIPS 推定量の定義には真のユーザ行動モデル c が使われており、これが現実的には観測できないことが欠点として挙げられました。そこで実践上は真のユーザ行動モデル c ではなく、式（2.30）のように AIPS 推定量の平均二乗誤差を最小化するユーザ行動モデル $\tilde{c}$ を用いることが推奨されており、**こうして得られる（真のモデルとは意図的に異なる）ユーザ行動モデルを用いた方が、真のユーザ行動モデルをそのまま用いる場合と比べより良い平均二乗誤差を達**

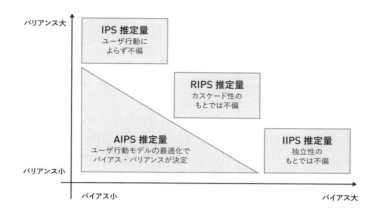

図 2.27 ランキングのオフ方策評価における各推定量のバイアス・バリアンスの比較

成できるという興味深い結果を紹介しました。なお本章では IPS 推定量に基づいた推定量をいくつか紹介しましたが、それらは対応する DR 推定量に拡張することが可能です。実際（Kiyohara22）では、カスケードモデルの構造を利用した DR 推定量（すなわち RIPS 推定量の拡張）である Cascade Doubly Robust 推定量を提案しています[*16]。同様の拡張は IIPS 推定量や AIPS 推定量に対しても行うことができ、それらの定義や分析は章末問題としています。

　このようにランキングにおけるオフ方策評価で現状理想的とされているのは、ユーザ行動モデルを適切に最適化したうえで AIPS 推定量を用いることです。しかし、その最適化には追加的にアルゴリズムを実装し動作させる手間を要するため、初手として IIPS 推定量や RIPS 推定量を用いることも実践上ありえる戦略の一つといえます。そのうえでさらに正確な推定を行う必要や時間・人的リソースに余裕があれば、AIPS 推定量の使用を検討する流れが現実的かもしれません。いずれにせよ、**それぞれの推定量のメリットとデメリットを理解し、場合によっては自ら現場を模倣した環境においてシミュレーションを行って比較検討することで、使用する推定量を決定することが重要**です。さもなくば、オフ方策評価が仮にうまくいかなかった場合に次にどの推定量を試すべきなのか、もしくはリスクを冒してでもオンライン実験を行うべきなのか、といった問いに自信を持って答えを出すことが難しくなってしまいます。

[*16]　独立モデルやカスケードモデルに基づく場合、考慮すべき行動空間が小さくなるため、DM 推定量や DR 推定量でも実装できる可能性が出てきます。

2.4 ランキングのオフ方策評価に残された課題

　本章では、行動空間が爆発的に大きくなってしまうランキングの問題でもうまくオフ方策評価を行うための工夫や推定量を紹介しました。これらのテクニックはランキングにおけるオフ方策評価を扱いやすくするために有用ではありますが、**推薦や検索などの非常に限られた応用でしか効力を発揮しない**という制限があります。またそもそも**ユニークなアイテムの数 $|\mathcal{A}|$ がとても多い場合には、最もバリアンスの小さいIIPS 推定量ですら巨大なバリアンスの問題に苦しむ**ことが想定されます。次章では、ランキングのような構造を持たない広告配信や医療、教育、ロボティクスなどの問題でも威力を発揮するより汎用なアイデアや推定量について学んでいきます。

参考文献

[**Chen20**] Jia Chen, Jiaxin Mao, Yiqun Liu, Min Zhang, and Shaoping Ma. 2020. A ContextAware Click Model for Web Search. In Proceedings of the 13th International Conference on Web Search and Data Mining. pp. 88 – 96.

[**Craswell08**] Nick Craswell, Onno Zoeter, Michael Taylor, and Bill Ramsey. 2008. An Experimental Comparison of Click Position-Bias Models. In Proceedings of the 2008 International Conference on Web Search and Data Mining. pp. 87 – 94.

[**Guo09**] Fan Guo, Chao Liu, and Yi Min Wang. 2009. Efficient Multiple-Click Models in Web Search. In Proceedings of the 2nd ACM International Conference on Web Search and Data Mining. pp. 124 – 131.

[**Kiyohara22**] Haruka Kiyohara, Yuta Saito, Tatsuya Matsuhiro, Yusuke Narita, Nobuyuki Shimizu, and Yasuo Yamamoto. 2022. Doubly Robust Off-Policy Evaluation for Ranking Policies under the Cascade Behavior Model. In Proceedings of the 15th ACM International Conference on Web Search and Data Mining. pp. 487 – 497.

[**Kiyohara23**] Haruka Kiyohara, Masatoshi Uehara, Yusuke Narita, Nobuyuki Shimizu, Yasuo Yamamoto, and Yuta Saito. 2023. Off-Policy Evaluation of Ranking Policies under Diverse User Behavior. In Proceedings of the 29th ACM SIGKDD International Conference on Knowledge Discovery and Data Mining.

[**Li18**] Shuai Li, Yasin Abbasi-Yadkori, Branislav Kveton, S Muthukrishnan, Vishwa Vinay, and Zheng Wen. 2018. Offline Evaluation of Ranking Policies with Click Models. In Proceedings of the 24th ACM SIGKDD International Conference on Knowledge Discovery and Data Mining. pp. 1685 – 1694.

[**McInerney20**] James McInerney, Brian Brost, Praveen Chandar, Rishabh Mehrotra, and Benjamin Carterette. 2020. Counterfactual Evaluation of Slate Recommendations with Sequential

Reward Interactions. In Proceedings of the 26th ACM SIGKDD International Conference on Knowledge Discovery and Data Mining. pp. 1779 – 1788.

[**Su20**] Yi Su, Maria Dimakopoulou, Akshay Krishnamurthy, and Miroslav Dudik. 2020. Doubly Robust Off-Policy Evaluation with Shrinkage. In Proceedings of the 37th International Conference on Machine Learning, Vol. 119. PMLR, pp. 9167-9176.

[**Swaminathan17**] Adith Swaminathan, Akshay Krishnamurthy, Alekh Agarwal, Miro Dudik, John Langford, Damien Jose, and Imed Zitouni. 2017. Off-Policy Evaluation for Slate Recommendation. In Advances in Neural Information Processing Systems, Vol. 30. pp. 3632 – 3642.

[**Udagawa23**] Takuma Udagawa, Haruka Kiyohara, Yusuke Narita, Yuta Saito, and Kei Tateno. 2023. Policy-Adaptive Estimator Selection for Off-Policy Evaluation. In Proceedings of the 37th AAAI Conference on Artificial Intelligence.

章末問題

2.1 （初級）$\alpha_k = \mathbb{I}\{k \leq 1\}$ と $\alpha_k = \mathbb{I}\{k \leq 2\}/\log_2(k+1)$ という 2 種類の重みについて、表 2.4 で表されるポジションレベルの期待報酬関数をもとに表 2.3 で表されるランキング方策の性能 $V(\pi)$（式 (2.1)）を計算せよ。

2.2 （初級）ランキングにおける DM 推定量（定義 2.3）と DR 推定量（定義 2.4）の平均二乗誤差を導出せよ。

2.3 （初級）表 2.7 に示した閲覧確率関数 $\theta(k)$ と興味度合い関数 $v(x, a)$ に基づき、式 (2.10) の構造を持つポジションレベルの期待報酬関数 $q_k(x, \boldsymbol{a}(k))$ をユーザ 2（$x2$）とユーザ 3（$x3$）についても計算したうえで、表 2.8 のように表形式にまとめよ。また同じ興味度合い関数 $v(x, a)$ に基づき、式 (2.18) の構造を持つポジションレベルの期待報酬関数 $q_k(x, \boldsymbol{a}(1:k))$ をユーザ 2（$x2$）とユーザ 3（$x3$）についても計算したうえで、表 2.11 のように表形式にまとめよ。

2.4 （初級）表 2.3 に示したランキング方策 π のもとで、各アイテム（$a1, a2, a3$）が各ポジション $k = 1, 2, 3$ に提示される周辺確率をユーザ 1 〜 ユーザ 3 について計算し、表 2.9 のように表形式にまとめよ。

2.5 （初級）表 2.3 と表 2.6 に示した評価方策 π とデータ収集方策 π_0 について、RIPS 推定量が用いるトップ k に関する重要度重み $w_{1:k}(x, \boldsymbol{a})$ をユーザ 1（$x1$）と $k = 1, 2, 3$ について計算し、表形式にまとめよ。

2.6 （中級）期待報酬関数の独立性（仮定 2.1）が成り立たない場合の IIPS 推定量のバイアスの式（定理 2.3）が、独立性が成り立つ場合にゼロになることを確認せよ。同様に期待報酬関数のカスケード性（仮定 2.2）が成り立たない場合の RIPS 推定量のバイアスの式（定理 2.7）が、カスケード性が成り立つ場合にゼロになることを確認せよ。

2.7 （中級）独立性やカスケード性の仮定が成り立たない状況において発生する RIPS 推定量と IIPS 推定量のバイアスの差を算出し議論せよ。

2.8 （中級）カスケード性の仮定が成り立たない状況において RIPS 推定量が不偏になる条件を導出せよ。

2.9 （中級）データ収集方策のもとで各アイテムが各ポジションに提示される周辺確率を推定した場合（$\hat{\pi}_0(a \mid x, k)$ をポジションレベルの重要度重みの分母として代わりに用いた場合）の IIPS 推定量のバイアスを導出せよ。

2.10 （上級）ランキングの問題における IPS 推定量、IIPS 推定量、RIPS 推定量、AIPS

推定量がそれぞれ不偏性を持つために**最低限必要**な共通サポートの仮定を特定し、またそれらの仮定が成り立たない場合のバイアスをそれぞれの推定量について導出せよ。

2.11 （上級）AIPS 推定量について、真のユーザ行動モデル c とは異なる $\tilde{c}$ を用いた場合のバイアスとバリアンスを算出せよ。

2.12 （上級）IIPS 推定量による IPS 推定量に対するバリアンス減少量の式（定理 2.5）、および AIPS 推定量による IPS 推定量に対するバリアンス減少量の式（定理 2.11）を導出せよ。また、AIPS 推定量がすべての不偏な IPS 推定量のなかで最小のバリアンスを持つことを示せ（定理 2.12）。

2.13 （上級）IIPS 推定量と AIPS 推定量をそれぞれ対応する DR 推定量に拡張せよ。また、それらの推定量のバイアスとバリアンスを算出し、元の IIPS 推定量・AIPS 推定量のバイアスおよびバリアンスと比較せよ。

2.14 （上級）既存の推定量を改良すべく、IPS 推定量と IIPS 推定量をランキングレベルの重要度重みの大きさに基づいて切り替える以下の推定量を思いついた。

$$\hat{V}_{\mathrm{IPS+IIPS}}(\pi; \mathcal{D}, \lambda) := \frac{1}{n} \sum_{i=1}^{n} \sum_{k=1}^{K} \Big(w(x_i, \boldsymbol{a}_i) \mathbb{I}\{w(x_i, \boldsymbol{a}_i) < \lambda\} \\ + w_k(x_i, \boldsymbol{a}_i(k)) \mathbb{I}\{w(x_i, \boldsymbol{a}_i) \geq \lambda\} \Big) \alpha_k \boldsymbol{r}_i(k)$$

この推定量のバイアスとバリアンスを導出し、ハイパーパラメータ λ の値がそれらに与える影響について議論せよ。

第3章：行動特徴量を用いたオフ方策評価

　これまで扱ったオフ方策評価の定式化や手法では、特徴量・行動・報酬という最小限の情報から正確な推定を行うことを頑なに目指してきました。しかし、共通サポートの仮定を満たせなかったり行動の数が増えたりする困難な状況では、最小限の情報だけから有用なオフ方策評価を行うことは不可能に近いといえます。よって最新の研究では、多くの実践で本来なら存在するはずの追加情報を有効活用できる推定量の開発が行われています。本章では中でも代表的な、行動に関する特徴量（いわゆる行動特徴量）をフル活用することで、共通サポートの破れや行動数の増加などに対応できるアイデアと最新手法を学んでいきます。

3.1 行動の特徴量を取り入れたオフ方策評価の定式化

　これまで 1 章や 2 章では、データ収集方策 π_0 によって集められた以下の形式をしたログデータを用いて評価方策 π の性能を推定する問題に立ち向かっていました。

$$\mathcal{D} := \{(x_i, a_i, r_i)\}_{i=1}^n \sim p(\mathcal{D}) = \prod_{i=1}^n p(x_i) \underbrace{\pi_0(a_i \mid x_i)}_{\text{データ収集方策}} p(r_i \mid x_i, a_i) \tag{3.1}$$

$x \in \mathcal{X}$ はユーザ情報などの特徴量、$a \in \mathcal{A}$ は推薦アイテムや広告配信、治療などの（データ収集方策 π_0 によって選択される）行動、そして $r \in \mathbb{R}$ は行動の結果として観測されるクリックや収益などの報酬です。オフ方策評価に関するほとんどの論文は、特徴量・行動・報酬によって構成されるログデータを活用して評価を行う推定量を提案しています。たしかにオフ方策評価を行うほぼすべての現場では、少なくとも特徴量、過去に選択された行動および報酬の情報を活用できるはずであり、この定式化は一つの妥当な定式化であることに間違いはありません。しかし、この標準的な定式化を鵜呑みにしていると正確なオフ方策評価を行うことが難しくなってしまうケースがあります。図 3.1 に、行動の数 $|\mathcal{A}|$ を徐々に増やしていったときの AVG 推定量・IPS 推定量・DR 推定量の推定精度を示しました。まず**行動の数 $|\mathcal{A}|$ が増えるにつれ、IPS 推定量と DR 推定量の精度が急激に悪化してしまっている**ことがわかります。特に行

動数が 1000 を超えたあたりから、IPS 推定量と DR 推定量が共に（オフ方策評価を行ううえで絶対に超えなくてはならないベースラインである）AVG 推定量と比べてもより大きな平均二乗誤差を生じてしまっていることがわかります。

　二乗バイアスとバリアンスの挙動を見ると、**IPS 推定量と DR 推定量の急激な精度悪化の原因が、行動数の増加によるバリアンスの増大である**ことが一目瞭然です。図 3.2 に、同じ実験中に計測した（IPS 推定量や DR 推定量が用いている）重要度重み $w(x, a) = \pi(a \mid x)/\pi_0(a \mid x)$ の大きさの推移を示しました。これを見ると、**行動数が増えるに従って重要度重みの大きさが急激に増加している**様子が見てとれます。これが IPS 推定量と DR 推定量がバリアンスの問題に苦しむ主な原因だと考えてよいでしょう。1 章で分析したとおり、DR 推定量は IPS 推定量よりも小さいバリアンスを持つことが期待されますが、IPS 推定量とまったく同じ重要度重み $w(x, a)$ を用いていることもまた事実であり、その問題が特に強調される行動数が非常に多い状況では、DR 推定量といえどもとても悪い推定精度に終始してしまうのです。

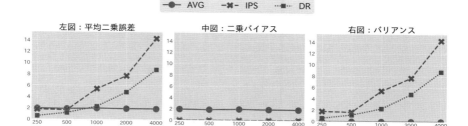

図 3.1 行動の数 $|\mathcal{A}|$ を増やしていったときの AVG 推定量・IPS 推定量・DR 推定量の推定精度の悪化（人工データ実験により計測）

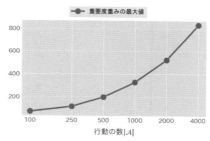

図 3.2 行動の数 $|\mathcal{A}|$ を増やしていったときの重要度重み $w(x, a)$ の大きさの推移（ここでは重要度重みの最大値の期待値 $\mathbb{E}_{p(x)}[\max_a w(x, a)]$ を示している）

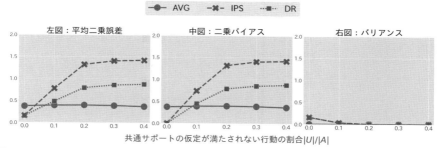

図 3.3 共通サポートの仮定が満たされない行動の割合 $|\mathcal{U}|/|\mathcal{A}|$ を変化させたときの AVG 推定量・IPS 推定量・DR 推定量の推定精度の悪化（人工データ実験により計測、行動数は $|\mathcal{A}| = 1000$ で固定）

　次に、図 3.3 に行動数 $|\mathcal{A}| = 1000$ の状況において共通サポート（仮定 1.1）が満たされない行動の割合 $|\mathcal{U}|/|\mathcal{A}|$ を $|\mathcal{U}|/|\mathcal{A}| \in \{0.0, 0.1, \ldots, 0.4\}$ と徐々に増やした場合の AVG 推定量・IPS 推定量・DR 推定量の推定精度を示しました。これを見ると、1 章でも確認した通り、共通サポートの仮定が満たされない行動が増えるにつれ IPS 推定量と DR 推定量の推定精度が悪化してしまっていることがわかります。なお 1 章で行った行動数 $|\mathcal{A}| = 20$ の場合の実験（図 1.18）では、DR 推定量が IPS 推定量と比

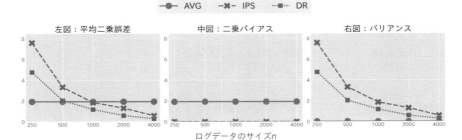

図 3.4　ログデータのサイズ n を大きくしていったときの AVG 推定量・IPS 推定量・DR 推定量の推定精度の変化（人工データ実験により計測、行動数は $|\mathcal{A}| = 1000$ で固定）

べ共通サポートの破れに対して頑健なことが観測されていました。ここでも IPS 推定量と比較すると DR 推定量の精度悪化は緩やかではありますが、それでも共通サポートの仮定が満たされない行動の割合 $|\mathcal{U}|/|\mathcal{A}|$ が 0.1 を超えたあたりから、DR 推定量の推定精度が AVG 推定量よりも悪くなってしまっている様子がわかります。

　最後に図 3.4 に、ログデータのサイズ n を徐々に変化させたときの AVG 推定量・IPS 推定量・DR 推定量の推定精度を示しました。これを見ると、データ数が少ない場合に IPS 推定量と DR 推定量の精度が AVG 推定量よりも格段に悪くなってしまっている様子が見てとれます。これらのシミュレーション結果から、**標準的な推定量を用いていては行動数が多い・共通サポートの仮定が満たされない・データが少ないなどの状況に対応できない**という重大な課題が浮かび上がってきます。

　ここでもしもランキングの構造を持つ問題に取り組んでいるのならば、2 章で扱った推定量を駆使することで、バイアスの発生を抑えつつもバリアンスを改善できるかもしれません。しかし、現実の問題がいつもランキング構造を有しているとは限りません。また仮にランキングのための推定量を使用できたとしても、ユニークなアイテムの数 $|\mathcal{A}|$ がとても大きい場合、共通サポートの仮定が最も弱くバリアンスが最も小さい IIPS 推定量ですら図 3.1 〜 図 3.4 における IPS 推定量と同様のバイアス・バリアンスの問題に苦しむことが想定されます。特に推薦や検索などの問題ではアイテムの数が数百万やそれ以上に上ることもありますから、アイテムの数 $|\mathcal{A}|$ が増えたときにこれまでに登場した推定量が大幅に精度を悪化させてしまう問題は、どうにかして解決しなければなりません。さもなくば、オフ方策評価の適用範囲が大幅に制限されてしまうことになります。

　これらの問題に対する有効な糸口として最近研究され始めているのが、**行動に関する特徴量（行動特徴量、action feature）を活用したオフ方策評価**です（Saito22, Saito23, Peng23, Sachdeva23）。行動特徴量とは、行動 a について観測される特徴量や付随情報のことです。表 3.1 に示したように、例えば映画推薦の問題では、行

表 3.1 行動特徴量の例

応用例	行動特徴量の例
映画推薦	カテゴリ・出演俳優・尺・制作年・配給会社・サムネイル
商品推薦	カテゴリ・価格・商品概要の文章・表品画像・他ユーザによる評点やレビューコメント
宿泊施設推薦	値段・地域・最寄駅・レビュー・系列
クーポン配布	割引率・割引の適用条件

表 3.2 行動特徴量分布 $p(e \,|\, x, a)$ の例

ユーザ 1 $(x1)$

	ロマンス $(e1)$	歴史 $(e2)$	SF$(e3)$	スポーツ $(e4)$	アニメ $(e5)$
タイタニック $(a1)$	$p(e1|\cdot, a1) = 0.8$	$p(e2|\cdot, a1) = 0.2$	$p(e3|\cdot, a1) = 0.0$	$p(e4|\cdot, a1) = 0.0$	$p(e5|\cdot, a1) = 0.0$
アバター $(a2)$	$p(e1|\cdot, a2) = 0.7$	$p(e2|\cdot, a2) = 0.0$	$p(e3|\cdot, a2) = 0.3$	$p(e4|\cdot, a2) = 0.0$	$p(e5|\cdot, a2) = 0.0$
スラムダンク $(a3)$	$p(e1|\cdot, a3) = 0.0$	$p(e2|\cdot, a3) = 0.0$	$p(e3|\cdot, a3) = 0.0$	$p(e4|\cdot, a3) = 0.5$	$p(e5|\cdot, a3) = 0.5$

ユーザ 2 $(x2)$ とユーザ 3 $(x3)$

	ロマンス $(e1)$	歴史 $(e2)$	SF$(e3)$	スポーツ $(e4)$	アニメ $(e5)$
タイタニック $(a1)$	$p(e1|\cdot, a1) = 0.0$	$p(e2|\cdot, a1) = 1.0$	$p(e3|\cdot, a1) = 0.0$	$p(e4|\cdot, a1) = 0.0$	$p(e5|\cdot, a1) = 0.0$
アバター $(a2)$	$p(e1|\cdot, a2) = 0.0$	$p(e2|\cdot, a2) = 0.0$	$p(e3|\cdot, a2) = 1.0$	$p(e4|\cdot, a2) = 0.0$	$p(e5|\cdot, a2) = 0.0$
スラムダンク $(a3)$	$p(e1|\cdot, a3) = 0.0$	$p(e2|\cdot, a3) = 0.0$	$p(e3|\cdot, a3) = 0.0$	$p(e4|\cdot, a3) = 0.0$	$p(e5|\cdot, a3) = 1.0$

動 a となる各映画についてカテゴリ（ロマンスやコメディ、ホラーなど）や出演している俳優、映画の尺や制作年、制作会社など多くの付随情報が追加的に観測されるはずです。**これらの付随情報は、異なる行動間の類似性に関する有用な情報を含んでいると考えられますから、オフ方策評価に活用しない手はない**でしょう。言われてみれば、これまで行動 a は単なるインデックスにすぎず、異なる行動間の類似性の情報は一切含まれていませんでした。このような使える情報がとても少ない状況で行動数そのものや共通サポートが満たされない行動の数が大幅に増えると、オフ方策評価がかなり困難になってしまうことは目に見えています。しかし、多くの応用では行動について何らかの付随情報が観測されているはずなので、行動特徴量の存在を考慮したうえで推定量を構築するのがむしろ自然であり、仮にこの追加情報を有効活用できればより困難な状況においても正確な推定量を作れるはずなのです。

　ということでここからは特に行動数が多い状況や共通サポートの仮定が満たされない状況にも対応できる新たな推定量を開発すべく、行動特徴量の存在を考慮した定式化を導入します。まず、d 次元の行動特徴量を $e \in \mathcal{E} \subseteq \mathbb{R}^d$ というベクトルで表します。行動特徴量 e の各次元は、商品カテゴリのような離散変数であっても価格のような連続変数であっても問題ありません。また、行動特徴量は $p(e \,|\, x, a)$ という条件付き分布に従い観測されるという想定を置きます（すなわち $e \sim p(\cdot \,|\, x, a)$）。

　表 3.2 に、行動特徴量分布 $p(e \,|\, x, a)$ の例を示しました。ここでは、タイタニック $(a1)$・アバター $(a2)$・スラムダンク $(a3)$ という 3 本の映画に対する行動特徴量分布 $p(e \,|\, x, a)$ の例を示しています。行動特徴量 e としては、5 種類の映画カテゴリ（ロマ

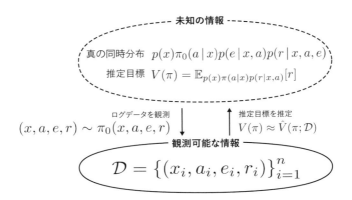

図 3.5　行動特徴量 e が追加的に観測される状況においてオフ方策評価が解く統計的推定問題（ここではデータ収集方策によって形成される (x, a, e, r) の同時分布を $\pi_0(x, a, e, r) := p(x)\pi_0(a \mid x)p(e \mid x, a)p(r \mid x, a, e)$ と表記している）

ンス・歴史・SF・スポーツ・アニメ）を考えています（すなわち $\mathcal{E} = \{e1, e2, \ldots, e5\}$）。表 3.2 を見ると、ユーザ 1 がタイタニックをロマンス 80%・歴史 20%の混合カテゴリとして見ている一方で、ユーザ 2・3 はタイタニックを歴史 100%の映画だと思っている状況がわかります。またユーザ 1 については、タイタニックとアバターが比較的似ている映画だといえる一方で、ユーザ 2 とユーザ 3 はすべての映画をまったく別ジャンルに捉えている様子がわかります。なおここで示した例はとても一般的な例であり、実践上は特徴量 x に非依存な行動特徴量分布、すなわちすべてのユーザについてまったく同じカテゴリの割り当てを行うことや、決定的なカテゴリの割り当てを行うより単純な定式化を考えることももちろん可能です。一方で行動特徴量としての商品価格が何らかの確率的な価格最適化アルゴリズムによって決められている場合などは、行動特徴量が確率的かつ特徴量 x に依存した分布 $p(e \mid x, a)$ に従う、より一般的な状況に対応します。以後紹介する推定量や分析は最も一般的な確率的かつ特徴量 x に依存した行動特徴量分布 $p(e \mid x, a)$ を念頭に置いているので、その特殊ケースとして考えられる行動特徴量分布に対しても適用可能な手法や結果になっています。

　行動特徴量 e の存在を踏まえて、オフ方策評価に用いることができるログデータを以下のように拡張することにしましょう。

$$\mathcal{D} := \{(x_i, a_i, e_i, r_i)\}_{i=1}^{n} \sim p(\mathcal{D}) = \prod_{i=1}^{n} p(x_i)\pi_0(a_i \mid x_i) \underbrace{p(e_i \mid x_i, a_i)}_{\text{行動特徴量の分布}} p(r_i \mid x_i, a_i, e_i)$$

(3.2)

基本的にはこれまで想定してきたログデータの生成過程と同じ流れを辿り、まず特徴量 x を未知の分布 $p(x)$ から観測し、次にデータ収集方策 π_0 が行動 a を選択します。1 章で扱った定式化では、このあとすぐに報酬 r を観測していました。しかし本章で扱う新たな定式化では、行動 a を観測したあと、その行動に関する特徴量 e を分布 $p(e\,|\,x,a)$ から観測します[*1]。なお、行動特徴量分布が既知であるか未知であるかは問題によります。そして最後に、報酬 r が条件付き分布 $p(r\,|\,x,a,e)$ に従い観測されます。例えば行動特徴量 e を商品価格や表示画像とするとき、同じ商品 a でも価格・画像 e が異なれば購買確率などは異なると考えられるため、一般に報酬分布は行動特徴量 e に依存します。1 章で扱った単純な定式化は、行動特徴量 e が行動のインデックスのみで構成される特殊ケース（すなわち $e = a$）に該当します[*2]。仮に行動のインデックス以上の情報を持つ行動特徴量が観測されているならば、それをうまく活用することでより正確なオフ方策評価を実現できるはずです。このあと本章では、行動特徴量を有効活用できる新たな推定量を紹介し、それらの性質を解き明かしていきます。なお本章でも引き続き、式 (1.1) で定義した

$$V(\pi) = \mathbb{E}_{p(x)\pi(a|x)p(r|x,a)}[r] = \mathbb{E}_{p(x)\pi(a|x)}[q(x,a)]$$

を推定目標とし、推定量 $\hat{V}$ の正確さはその平均二乗誤差

$$\mathrm{MSE}\big[\hat{V}(\pi;\mathcal{D})\big] = \mathbb{E}_{p(\mathcal{D})}\big[\big(V(\pi) - \hat{V}(\pi;\mathcal{D})\big)^2\big] = \mathrm{Bias}\big[\hat{V}(\pi;\mathcal{D})\big]^2 + \mathrm{Var}\big[\hat{V}(\pi;\mathcal{D})\big]$$

で定量化します。

3.2 行動特徴量を有効活用する推定量

3.2.1 Marginalized Inverse Propensity Score（MIPS）推定量

まずはじめに扱う行動特徴量を活用した手法は **Marginalized Inverse Propensity Score（MIPS）推定量**と呼ばれる推定量であり、これは次のように定義されます (Saito22)。

[*1] 行動特徴量（のすべての次元）が決定的であるという特殊ケースについては、行動を特徴化する関数 $f : \mathcal{A} \to \mathcal{E}$ が存在し、$e = f(a)$ として行動特徴量が定義・観測されると考えるとよいでしょう。

[*2] なお何らかの行動特徴量 e が存在するにもかかわらずそれを無視する場合も 1 章で扱った定式化に帰着します。この場合は、$p(r\,|\,x,a) = \int_e p(e|x,a)p(r|x,a,e)de$ として定義される報酬の周辺分布によって形成される同時分布 $p(x)\pi_0(a|x)p(r|x,a)$ からデータを観測していることになります。

定義 3.1. あるデータ収集方策 π_0 により収集されたログデータ $\mathcal{D}$ を用いるとき、評価方策 π の性能 $V(\pi)$ に対する Marginalized Inverse Propensity Score (MIPS) 推定量は、次のように定義される。

$$\hat{V}_{\mathrm{MIPS}}(\pi; \mathcal{D}) := \frac{1}{n} \sum_{i=1}^{n} \frac{\pi(e_i \mid x_i)}{\pi_0(e_i \mid x_i)} r_i = \frac{1}{n} \sum_{i=1}^{n} w(x_i, e_i) r_i \qquad (3.3)$$

なお

$$w(x, e) := \frac{\pi(e \mid x)}{\pi_0(e \mid x)} = \frac{\sum_{a \in \mathcal{A}} p(e \mid x, a)\pi(a \mid x)}{\sum_{a \in \mathcal{A}} p(e \mid x, a)\pi_0(a \mid x)} = \frac{\mathbb{E}_{\pi(a \mid x)}[p(e \mid x, a)]}{\mathbb{E}_{\pi_0(a \mid x)}[p(e \mid x, a)]} \qquad (3.4)$$

は、評価方策 π とデータ収集方策 π_0 のもとでの行動特徴量 e の周辺分布の比であり**周辺重要度重み**（marginal importance weight）と呼ばれる。

ここで新たに定義した MIPS 推定量も、**観測されている報酬の重み付け平均にすぎない**という意味では、IPS 推定量と同様非常にシンプルであることがわかります。**唯一かつ重大な違いは重要度重みの定義**であり、IPS 推定量は行動選択確率の比 $w(x, a) = \pi(a \mid x)/\pi_0(a \mid x)$ を重みとして用いていた一方で、MIPS 推定量は**行動特徴量の周辺分布の比** $w(x, e) = \pi(e \mid x)/\pi_0(e \mid x)$ を重みとして用いています[*3]。

表 3.3 に、方策 $\pi(a \mid x)$ からそれに基づく周辺分布 $\pi(e \mid x)$ が計算される様子を示しました。行動特徴量 e としては、映画のカテゴリ情報（SF or スポーツ）を用いています[*4]。これを見ると、方策 $\pi(a \mid x)$ がそれぞれ個別の映画を推薦する確率であるのに対し、行動特徴量の周辺分布は、ある方策のもとで各カテゴリが選択される確率として解釈できることがわかります。具体的には、SF 映画が選択される確率は合計 40% であり、スポーツの映画が選択される確率は合計 60% であることが単純な足し算により計算されます。もちろんこの周辺分布は行動選択確率に依存して変化するため、データ収集方策 $\pi_0(a \mid x)$ と評価方策 $\pi(a \mid x)$ に基づいて計算される周辺分布（$\pi_0(e \mid x)$ と $\pi(e \mid x)$）は一般的に異なります。何はともあれ、IPS 推定量が行動選択確率 $\pi(a \mid x)$ に基づいて定義される重要度重み $w(x, a)$ を用いていた一方で、MIPS 推定量は行動特徴量の周辺分布 $\pi(e \mid x)$ によって周辺重要度重み $w(x, e)$ を構成している違いを押さえましょう。表 3.5 に周辺分布 $\pi(e \mid x)$ のもう一つの例を示しました。この例では、表 3.4 の方策

[*3] ここで $\pi(e \mid x)$ は、行動と行動特徴量の同時分布 $\pi(a, e \mid x) = p(e \mid x, a)\pi(a \mid x)$ の周辺化 $\pi(e \mid x) = \sum_{a \in \mathcal{A}} \pi(a, e \mid x) = \sum_{a \in \mathcal{A}} p(e \mid x, a)\pi(a \mid x)$ を行うことで定義されています。これこそが、$w(x, e)$ が周辺重要度重みと呼ばれる所以です。

[*4] ここでは簡単のためカテゴリという 1 次元かつ離散の行動特徴量を例として用いていますが、実践上はもちろん多次元かつ連続な行動特徴量を考えることができます。

表 3.3 映画推薦の問題における行動特徴量の周辺分布 $\pi(e\,|\,x)$ の例

映画 a	方策 $\pi(a\,|\,x)$	行動特徴量 e	行動特徴量の周辺分布 $\pi(e\,|\,x)$
テネット	0.2	SF	0.4
ロッキー	0.1	スポーツ	0.6
スターウォーズ	0.2	SF	0.4
マネーボール	0.5	スポーツ	0.6

表 3.4 映画推薦の問題における意思決定方策 π の例

	タイタニック（$a1$）	アバター（$a2$）	スラムダンク（$a3$）
ユーザ 1（$x1$）	$\pi(a1|x1)=0.2$	$\pi(a2|x1)=0.5$	$\pi(a3|x1)=0.3$
ユーザ 2（$x2$）	$\pi(a1|x2)=0.8$	$\pi(a2|x2)=0.0$	$\pi(a3|x2)=0.2$
ユーザ 3（$x3$）	$\pi(a1|x3)=0.0$	$\pi(a2|x3)=0.0$	$\pi(a3|x3)=1.0$

表 3.5 表 3.2 の行動特徴量分布 $p(e\,|\,x,a)$ と表 3.4 の方策 π が与えられたときの行動特徴量の周辺分布 $\pi(e\,|\,x)$

	ロマンス（$e1$）	歴史（$e2$）	SF（$e3$）	スポーツ（$e4$）	アニメ（$e5$）
ユーザ 1（$x1$）	$\pi(e1|x1)=0.51$	$\pi(e2|x1)=0.04$	$\pi(e3|x1)=0.15$	$\pi(e4|x1)=0.15$	$\pi(e5|x1)=0.15$
ユーザ 2（$x2$）	$\pi(e1|x2)=0.00$	$\pi(e2|x2)=0.80$	$\pi(e3|x2)=0.00$	$\pi(e4|x2)=0.00$	$\pi(e5|x2)=0.20$
ユーザ 3（$x3$）	$\pi(e1|x3)=0.00$	$\pi(e2|x3)=0.00$	$\pi(e3|x3)=0.00$	$\pi(e4|x3)=0.00$	$\pi(e5|x3)=1.00$

$\pi(a\,|\,x)$ を表 3.2 の行動特徴量分布 $p(e|x,a)$ に基づき周辺分布 $\pi(e\,|\,x)$ に変換しています。ユーザやカテゴリの数が増えているため表 3.3 の例と比べ少々複雑になっていますが、周辺分布を算出するための計算方法は何も変わりません。例えば $\pi(e1\,|\,x1) = \sum_{a\in\mathcal{A}} \pi(a\,|\,x1)p(e1\,|\,x1,a) = 0.2\times0.8+0.5\times0.7+0.3\times0.0 = 0.51$ と計算され、また $\pi(e5\,|\,x2) = \sum_{a\in\mathcal{A}} \pi(a\,|\,x2)p(e5\,|\,x2,a) = 0.8\times0.0+0.0\times0.0+0.2\times1.0 = 0.2$ と計算されています。ここでも表 3.4 の行動選択確率に基づき重みを定義するのが IPS 推定量であり、表 3.5 の周辺分布に基づき重みを構成するのが MIPS 推定量と対比して理解しておきましょう。

図 3.6 において、IPS 推定量が用いる重要度重み $w(x,a)$ と MIPS 推定量が用いる周辺重要度重み $w(x,e)$ の大きさを比較しています。これを見ると、IPS 推定量の重要度重みは行動数 $|\mathcal{A}|$ が増加するにつれ急激に大きな値をとるようになっている一方で、周辺重要度重みは一貫して小さい値をとる傾向にあり、MIPS 推定量の方が IPS 推定量よりも大幅に小さいバリアンスを持つことが期待されます。

ここから MIPS 推定量の推定精度を分析していきます。そのために、次の**共通特徴量サポート**（**common feature support**）と**直接効果無視**（**no direct effect**）という二つの新たな仮定を導入します。

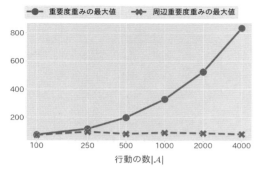

図 3.6　重要度重み（IPS 推定量）と周辺重要度重み（MIPS 推定量）の大きさの比較（ここでは各重要度重みの最大値の期待値 $\mathbb{E}_{p(x)}[\max_a w(x,a)]$ および $\mathbb{E}_{p(x)}[\max_e w(x,e)]$ を比べている）

表 3.6　共通特徴量サポート（仮定 3.1）は満たされる一方で共通サポート（仮定 1.1）は満たされない例

	$\pi_0(a\|\cdot)$	$\pi(a\|\cdot)$	$w(\cdot,a)$		$p(e_1\|\cdot,a)$	$p(e_2\|\cdot,a)$	$p(e_3\|\cdot,a)$		$\pi_0(e\|\cdot)$	$\pi(e\|\cdot)$	$w(\cdot,e)$
$a1$	0.0	0.2	定義不能	$a1$	0.25	0.25	0.50	$e1$	0.30	0.45	1.50
$a2$	0.2	0.8	4.0	$a2$	0.50	0.25	0.25	$e2$	0.45	0.25	0.55
$a3$	0.8	0.0	0.0	$a3$	0.25	0.50	0.25	$e3$	0.25	0.30	1.20

仮定 3.1. すべての $x \in \mathcal{X}$ および $e \in \mathcal{E}$ について

$$\pi(e\,|\,x) > 0 \implies \pi_0(e\,|\,x) > 0 \tag{3.5}$$

を満たすとき、データ収集方策 π_0 は評価方策 π に対して**共通特徴量サポート**を持つという。

仮定 3.2. 確率変数 (x, a, e, r) について

$$a \perp\!\!\!\perp r\,|\,x, e \tag{3.6}$$

という条件付き独立の関係が成り立つとき、行動特徴量 e は**直接効果無視**の仮定を満たす。

　共通特徴量サポート（仮定 3.1）は IPS 推定量などの基礎となっていた共通サポート（仮定 1.1）の亜種であり、評価方策 π のもとで正の確率で観測される行動特徴量 e は、データ収集方策 π_0 のもとでも正の観測確率を持っていなければならないことを要求する仮定です。**実は共通サポートの仮定が満たされていたら必ず共通特徴量サポートの仮定は満たされる一方で、共通特徴量サポートの仮定が満たされるからと**

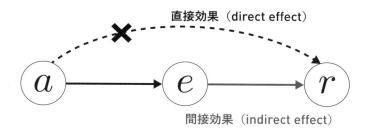

図 3.7　直接効果無視の仮定（仮定 3.2）の図解

表 3.7　直接効果無視の仮定（仮定 3.2）が**満たされる**例

映画 a	行動特徴量 e	期待報酬関数 $q(x,a)$（視聴確率など）
テネット	SF	0.2
ロッキー	スポーツ	0.1
スターウォーズ	SF	0.2
マネーボール	スポーツ	0.1

表 3.8　直接効果無視の仮定（仮定 3.2）が**満たされない**例

映画 a	行動特徴量 e	期待報酬関数 $q(x,a)$（視聴確率など）
テネット	SF	0.1
ロッキー	スポーツ	0.0
スターウォーズ	SF	0.2
マネーボール	スポーツ	0.3

いって共通サポートの仮定が満たされるとは限りません[*5]。実際表 3.6 に示した例では、共通サポートの仮定は満たされていない一方で、共通特徴量サポートの仮定は満たされています。よって**共通特徴量サポートの仮定は、IPS 推定量の不偏性に必要だった共通サポートの仮定よりも弱い（成り立ちやすい）仮定**といえます。

　また直接効果無視の仮定（仮定 3.2）は、特徴量 x と行動特徴量 e で条件付けたとき、報酬 r と行動 a が統計的に独立であることを要求しています。仮にこの仮定が正しければ、期待報酬関数について以下の等式が成り立ちます。

$$\underbrace{\mathbb{E}[r \mid x, a, e]}_{q(x,a,e)} = \underbrace{\mathbb{E}[r \mid x, e]}_{q(x,e)} \tag{3.7}$$

[*5]　例えば映画推薦の問題において、すべての映画（a）を正の確率で選択したらすべてのカテゴリ（e）も正の確率で観測されますが、すべてのカテゴリ（e）を正の確率で選択したとしてもすべての映画（a）を正の確率で観測するとは限りません。

この等式は、**行動 a の情報を一切用いずとも、特徴量 x と行動特徴量 e のみで期待報酬関数を表すことができる状況**を意味します。このことから、直接効果無視の仮定は**行動特徴量 e に含まれる情報量に関する仮定**であり、**行動の報酬に対する因果効果をすべて説明できるほどの情報量が行動特徴量に含まれている**ことを要求していることがわかります。また直接効果無視の仮定は図 3.7 の図解を通して理解することもでき、これによると**行動から報酬への因果効果のうち行動特徴量を媒介しない直接効果が存在してはならない**ことを要求していることがわかります。表 3.7 に、直接効果無視の仮定が満たされる状況の例を示しました。この数値例では、映画のカテゴリが同じであれば期待報酬関数が同じ値をとっているようなので式 (3.7) が成り立っており、カテゴリという行動特徴量が期待報酬を表すために十分な情報量を持っていることがわかります。よって、行動特徴量を経由しない行動の効果が存在しないため、期待報酬関数を定義するのにもはや行動 a を条件付ける必要はありません。一方で、表 3.8 に、直接効果無視の仮定が満たされない例を示しました。この表の数値例では、同じカテゴリでも期待報酬の値が異なっているため行動 a からの直接効果が存在し、カテゴリだけでは期待報酬関数を定義するために十分な情報量を持っているとはいえなさそうです。よってこちらの数値例で直接効果無視の仮定を満たすためには、行動に関する新たな情報を追加したより高次元の行動特徴量を用いる必要がありそうだということがわかります。なお表 3.7 や表 3.8 の例を見ると直接効果無視が強い仮定のように思えるかもしれませんが、これまでに何度も強調しているように、行動特徴量をどのように構築するかは我々に委ねられており、カテゴリ情報だけが行動特徴量になりえるわけではありません。基本的にはより多くの情報を詰め込んだ高次元の行動特徴量を用いることで、直接効果無視の仮定はより満たされやすくなっていきます。よって我々は、直接効果無視の仮定の満たされ度合いを制御できるのです。ここではあくまで簡単のため、1 次元で離散的な行動特徴量を例として用いているにすぎません。

　ここで本題に戻り、MIPS 推定量の統計性質を分析していきます。まずは共通特徴量サポート（仮定 3.1）と直接効果無視（仮定 3.2）を仮定したうえで、ログデータを生成する分布 $p(\mathcal{D})$ に関する MIPS 推定量の期待値を計算します[*6]。

$$
\begin{aligned}
\mathbb{E}_{p(\mathcal{D})}[\hat{V}_{\mathrm{MIPS}}(\pi; \mathcal{D})] &= \frac{1}{n} \sum_{i=1}^{n} \mathbb{E}_{p(x_i)\pi_0(a_i|x_i)p(e_i|x_i,a_i)p(r_i|x_i,a_i,e_i)} [w(x_i, e_i)r_i] \\
&= \mathbb{E}_{p(x)} \left[\sum_{a \in \mathcal{A}} \pi_0(a \mid x) \sum_{e \in \mathcal{E}} p(e \mid x, a) w(x, e) q(x, a, e) \right]
\end{aligned}
$$

---

*6　なおここでは表記の簡略化のため離散的な行動特徴量空間について計算しています。

$$= \mathbb{E}_{p(x)} \left[\sum_{a \in \mathcal{A}} \pi_0(a \mid x) \sum_{e \in \mathcal{E}} p(e \mid x, a) w(x, e) q(x, e) \right] \quad \because \text{仮定 3.2}$$

$$= \mathbb{E}_{p(x)} \left[\sum_{e \in \mathcal{E}} w(x, e) q(x, e) \sum_{a \in \mathcal{A}} \pi_0(a \mid x) p(e \mid x, a) \right] \tag{3.8}$$

$$= \mathbb{E}_{p(x)} \left[\sum_{e \in \mathcal{E}} \frac{\pi(e \mid x)}{\pi_0(e \mid x)} q(x, e) \pi_0(e \mid x) \right]$$

$$= \mathbb{E}_{p(x)} \left[\sum_{a \in \mathcal{A}} \pi(a \mid x) \sum_{e \in \mathcal{E}} p(e \mid x, a) q(x, a, e) \right] \quad \because \text{仮定 3.2}$$

$$= \mathbb{E}_{p(x)\pi(a \mid x)} [q(x, a)] \quad \because q(x, a) = \sum_{e \in \mathcal{E}} p(e \mid x, a) q(x, a, e)$$

$$= V(\pi)$$

ここで行った期待値計算におけるポイントは、式 (3.8) で $\sum_{a \in \mathcal{A}}$ と $\sum_{e \in \mathcal{E}}$ の順番を入れ替えることにより重要度重みのトリックを活用できるようにしている点です。また計算途中で、$\pi(e \mid x) = \sum_{a \in \mathcal{A}} p(e \mid x, a) \pi(a \mid x)$ であることを用いています。この期待値計算により、適切な仮定のもとで MIPS 推定量の期待値が真の方策の性能 $V(\pi)$ に一致することがわかりました。このことから、次の定理が導かれます。

> **定理 3.1.** あるデータ収集方策 π_0 により収集されたログデータ $\mathcal{D}$ を用いるとき、式 (3.3) で定義される MIPS 推定量は、仮定 3.1（共通特徴量サポート）と仮定 3.2（直接効果無視）のもとで、評価方策 π の真の性能 $V(\pi)$ に対する不偏推定量である。すなわち、
>
> $$\mathbb{E}_{p(\mathcal{D})}[\hat{V}_{\mathrm{MIPS}}(\pi; \mathcal{D})] = V(\pi) \quad (\implies \mathrm{Bias}[\hat{V}_{\mathrm{MIPS}}(\pi; \mathcal{D})] = 0)$$

よって重要度重みの定義を変更したとしても、先に導入した二つの仮定のもとで MIPS 推定量はバイアスを生みません。整理すると、

- IPS 推定量は共通サポート（仮定 1.1）のもとで不偏
- MIPS 推定量は共通特徴量サポート（仮定 3.1）と直接効果無視（仮定 3.2）のもとで不偏

となります。すなわち IPS 推定量と比べて、MIPS 推定量は一つの弱い仮定（共通

特徴量サポート）と一つの追加的な仮定（直接効果無視）のもとで不偏性を満たします。よって IPS 推定量と MIPS 推定量のバイアスの比較は単純ではなく、**どちらの方が不偏になりやすいか、あるいはどちらのバイアスがより小さいかは状況に依存します**。共通サポートの仮定を満たすことが難しい状況では、共通特徴量サポートで十分な MIPS 推定量の方がより小さいバイアスを持つかもしれません。一方で、直接効果無視の仮定を満たすことが難しい状況では、IPS 推定量の方が小さいバイアスを持つこともありえるでしょう。よって **MIPS 推定量は、不偏性を満たすための新たな条件を提供してくれている推定量である**と理解しておくのがよいでしょう。

なお MIPS 推定量のバイアスについては、直接効果無視を仮定しない、より一般的な状況における分析も行われています（Saito22）。

定理 3.2. あるデータ収集方策 π_0 により収集されたログデータ $\mathcal{D}$ を用いるとき、式 (3.3) で定義される MIPS 推定量は、仮定 3.1（共通特徴量サポート）のもとで、評価方策 π の真の性能 $V(\pi)$ に対して次のバイアスを持つ。

$$\mathrm{Bias}\big[\hat{V}_{\mathrm{MIPS}}(\pi; \mathcal{D})\big]$$
$$= \mathbb{E}_{p(x)\pi_0(e\,|\,x)}\Bigg[\sum_{(a,b):a\neq b} \pi_0(a\,|\,x,e)\pi_0(b\,|\,x,e) \times (q(x,a,e) - q(x,b,e))$$
$$\times (w(x,b) - w(x,a))\Bigg] \quad (3.9)$$

ここで $a, b \in \mathcal{A}$ であり、$\sum_{(a,b):a\neq b}$ は二つの異なる行動のペアに関する総和を意味する。また $\pi_0(a\,|\,x,e) := \pi_0(a\,|\,x)p(e\,|\,x,a)/\pi_0(e\,|\,x)$ である。なお仮定 3.2（直接効果無視）が正しいとき、すべての行動 $a \in \mathcal{A}$ について $q(x,a,e) = q(x,e)$（式 (3.7)）であるため $\mathrm{Bias}\big[\hat{V}_{\mathrm{MIPS}}(\pi; \mathcal{D})\big] = 0$ であり、これは定理 3.1 と整合する。

定理 3.2 は、直接効果無視が仮定できない状況で MIPS 推定量を用いたときに発生してしまうバイアスの量を示しています。定理 3.2 の結果を詳しく見ると、**MIPS 推定量のバイアスの大きさが以下の要素で決まる**ことがわかります。

1. 行動特徴量 e による行動 a の判別可能性: $\pi_0(a\,|\,x,e)\pi_0(b\,|\,x,e)$
2. 行動特徴量 e では説明しきれない直接効果の大きさ: $q(x,a,e) - q(x,b,e)$
3. データ収集方策 π_0 と評価方策 π の乖離度: $w(x,b) - w(x,a)$

まず最初に、行動特徴量 e に多くの情報が含まれておりそれがどの行動のことを説明しているのかほとんど判別できてしまう場合、条件付き確率 $\pi_0(a \mid x, e)$ は 0 か 1 に近い値をとりやすくなります。このとき、二つの異なる行動 a, b の条件付き確率の積は 0 に近くなります[*7]。すなわち $\pi_0(a \mid x, e)\pi_0(b \mid x, e) \approx 0$ となることから、MIPS 推定量のバイアスは小さくなります。なお極端なケースとして仮に行動特徴量 e が行動 a と一対一対応である場合、行動特徴量 e が与えられたらそれがどの行動の特徴量なのかが 100%判別できるため $\pi_0(a \mid x, e)\pi_0(b \mid x, e) = 0$ となり、MIPS 推定量は不偏になることがわかります。行動特徴量 e が行動 a と一対一対応のとき MIPS 推定量の定義は IPS 推定量と一致するため、その場合 MIPS 推定量が不偏になるという定理 3.2 の結果は、IPS 推定量の不偏性の結果（定理 1.5）と整合しています。MIPS 推定量のバイアスの大きさを決める二つ目の要素は、行動特徴量 e では説明しきれない直接効果の大きさであり、これは $q(x, a, e) - q(x, b, e)$ の部分に対応します。仮に直接効果無視の仮定が正しければこの項はゼロになる[*8]ため、これは直接効果無視の仮定がどの程度破られているかを定量化している項と解釈できます。よって行動特徴量 e にあまり情報が含まれておらず大きな直接効果を生んでしまう場合、MIPS 推定量のバイアスは大きくなってしまう一方で、直接効果がまったく存在しない場合はすべての $a, b \in \mathcal{A}$ について $q(x, a, e) - q(x, b, e) = 0$ となることから、MIPS 推定量は不偏になります（これはまさしく定理 3.1 の結果です）。これまでの考察から、**行動特徴量 e により多くの情報を詰め込むことで、一つ目の要素（$\pi_0(a \mid x, e)\pi_0(b \mid x, e)$）と二つ目の要素（$q(x, a, e) - q(x, b, e)$）が小さくなり、結果として MIPS 推定量のバイアスは小さくなる**ことがわかります。最後に $w(x, b) - w(x, a)$ は二つの異なる行動 $a, b \in \mathcal{A}$ に関する重要度重みの差であり、データ収集方策 π_0 と評価方策 π の乖離が大きいほど大きな値をとります。これはすなわち、直接効果無視が正しい状況では MIPS 推定量は共通特徴量サポートを満たすいかなる評価方策 π についても不偏である一方で、直接効果無視が成り立たない状況では、データ収集方策 π_0 と評価方策 π の乖離度に応じて発生するバイアスの量が変化することを示唆しています。なおデータ収集方策 π_0 と評価方策 π が一致する、すなわちオンライン実験を実施できたとき、すべての行動について重要度重みは 1 をとることから $w(x, b) - w(x, a) = 1 - 1 = 0$ となり、この場合 MIPS 推定量はそのほかの条件によらず不偏になることがわかります（この結果はオンライン実験のもとで AVG 推定量が不偏性を持つという結果に整合します）。**定理 3.2 は、これまでに行ってきた多くの分析を特殊ケースとして含む**

[*7] 行動特徴量 e が与えられた場合にそれがある行動 a に関する特徴である確率が 1 に近い（$\pi_0(a \mid x, e) \approx 1$）場合、同じ行動特徴量 e が別の行動 b に関する特徴量である確率は 0 に近い（$\pi_0(b \mid x, e) \approx 0$）はずですから、これらの確率の積は 0 に近くなります。

[*8] 直接効果無視の仮定のもとでは、$q(x, a, e) = q(x, b, e) = q(x, e) \implies q(x, a, e) - q(x, b, e) = q(x, e) - q(x, e) = 0, \forall(x, a, b)$ となります。

とても一般的なバイアス表現なのです。

MIPS 推定量のバイアスに対する理解が深まったところで、次にそのバリアンスや平均二乗誤差に関する分析結果を見ていきます（導出は章末問題としています）。

定理 3.3. あるデータ収集方策 π_0 が収集したログデータ $\mathcal{D}$ を用いるとき、式 (3.3) で定義される MIPS 推定量は、仮定 3.1（共通特徴量サポート）と仮定 3.2（直接効果無視）のもとで、次の平均二乗誤差を持つ。

$$\mathrm{MSE}\big[\hat{V}_{\mathrm{MIPS}}(\pi;\mathcal{D})\big]$$
$$= \mathrm{Var}\big[\hat{V}_{\mathrm{MIPS}}(\pi;\mathcal{D})\big] \quad \because \mathrm{Bias}\big[\hat{V}_{\mathrm{MIPS}}(\pi;\mathcal{D})\big] = 0$$
$$= \frac{1}{n}\Big(\mathbb{E}_{p(x)\pi_0(e|x)}\big[w^2(x,e)\sigma^2(x,e)\big] + \mathbb{E}_{p(x)}\big[\mathbb{V}_{\pi_0(e|x)}[w(x,e)q(x,e)]\big]$$
$$+ \mathbb{V}_{p(x)}\big[q(x,\pi)\big]\Big) \quad (3.10)$$

定理 3.3 を見ると、MIPS 推定量のバリアンスや平均二乗誤差が、周辺重要度重み $w(x,e)$ の二乗やバリアンスによって決まっていることがわかります。先に図 3.6 で確認した通り、周辺重要度重み $w(x,e)$ は IPS 推定量が用いる重要度重み $w(x,a)$ よりも大幅に小さい値をとりますから、MIPS 推定量のバリアンスや平均二乗誤差は IPS 推定量よりも小さくなることが期待されます。なお、MIPS 推定量を用いることで得られるバリアンス減少量を次のようにより直接的に計算することもできます。

定理 3.4. あるデータ収集方策 π_0 が収集したログデータ $\mathcal{D}$ を用いるとき、式 (3.3) で定義される MIPS 推定量は、式 (1.16) で定義される IPS 推定量に対して、仮定 3.1（共通特徴量サポート）と仮定 3.2（直接効果無視）のもとで、次のバリアンス減少量を持つ。

$$\mathrm{Var}\big[\hat{V}_{\mathrm{IPS}}(\pi;\mathcal{D})\big] - \mathrm{Var}\big[\hat{V}_{\mathrm{MIPS}}(\pi;\mathcal{D})\big]$$
$$= \frac{1}{n}\mathbb{E}_{p(x)\pi_0(e|x)}\big[\mathbb{E}_{p(r|x,e)}\big[r^2\big]\mathbb{V}_{\pi_0(a|x,e)}[w(x,a)]\big] \quad (\geq 0) \quad (3.11)$$

定理 3.4 では MIPS 推定量と IPS 推定量のバリアンスの差 $\mathrm{Var}\big[\hat{V}_{\mathrm{IPS}}(\pi;\mathcal{D})\big] - \mathrm{Var}\big[\hat{V}_{\mathrm{MIPS}}(\pi;\mathcal{D})\big]$ を計算しており、この値が大きいほど MIPS 推定量のバリアンスが IPS 推定量のそれよりも小さいことを意味します。式 (3.11) の中身を見ると、まずこの式が常に非負の値をとることがわかります。すなわち、**MIPS 推定量のバリアンスが IPS 推定量のバリアンスよりも大きくなることはない**のです。MIPS 推定量は行動特徴量を追加情報として用いているためこれは至極直感的な結果ですが、少なく

ともバリアンスの意味では、行動特徴量が手に入っている状況で IPS 推定量をあえて用いる理由はないことがわかります。またより詳細にこの式を眺めると、MIPS 推定量によるバリアンス減少量が以下の要素により決定付けられることがわかります。

1. 報酬の二乗の条件付き期待値: $\mathbb{E}_{p(r|x,e)}\left[r^2\right]$ ($= q^2(x,e) + \sigma^2(x,e)$)

2. IPS 推定量が用いる重要度重みのバリアンス: $\mathbb{V}_{\pi_0(a|x,e)}[w(x,a)]$

3. 行動特徴量 e による行動 a の判別可能性: $\pi_0(a|x,e)$

まず式 (3.11) から、$\mathbb{E}_{p(r|x,e)}\left[r^2\right]$ が大きいとき MIPS 推定量によるバリアンス減少量も大きくなることがわかります。$\mathbb{E}_{p(r|x,e)}\left[r^2\right]$ は、報酬のスケール $q^2(x,e)$ とノイズ $\sigma^2(x,e)$ に分解されます（導出は章末問題としています）。特に報酬のノイズ $\sigma^2(x,e)$ はオフ方策評価を困難にする主な要因の一つですから、これが大きいときにバリアンス減少量が大きくなるのはとても嬉しい性質でしょう。MIPS 推定量によるバリアンス減少量を決める次の要素は、IPS 推定量が用いる重要度重みのバリアンス $\mathbb{V}[w(x,a)]$ です。これもそのままバリアンス減少量の式に表れており、これが大きいほど MIPS 推定量によるバリアンス減少量も大きくなることがわかります。（図 3.6 で見たように）重要度重み $w(x,a)$ のバリアンスは、行動数 $|\mathcal{A}|$ が多いときにとても大きな値をとる傾向にあります。このことから**MIPS 推定量がもたらすバリアンス減少量は、行動数 $|\mathcal{A}|$ が多いほど大きくなる**ことがわかります。つまり **MIPS 推定量は、行動数が多い状況で特に大きな力を発揮する**というとても嬉しい性質を持つのです。最後に着目すべきは、式 (3.11) 中に現れる重要度重みのバリアンスが、行動特徴量 e で条件付けた行動 a の確率分布 $\pi_0(a|x,e)$ によって定義されている点です。我々は式 (3.11) ができるだけ大きな値をとってほしいわけですが（式 (3.11) の値が大きいことは MIPS 推定量によるバリアンス減少量がより大きいことを意味するため）、仮に $\pi_0(a|x,e)$ が 0 や 1 に近い値をとりやすい決定的な分布の場合、この分布によって定義されるバリアンス $\mathbb{V}_{\pi_0(a|x,e)}[w(x,a)]$ の値は小さくなってしまいます[*9]。よって、**MIPS 推定量によるバリアンス減少量を大きく保つためには、条件付き分布 $\pi_0(a|x,e)$ が適度に確率的である必要がある**のです。先にバイアスを分析した際にも述べたように、条件付き分布 $\pi_0(a|x,e)$ は行動特徴量 e による行動 a の判別可能性を表し、行動特徴量の情報から行動を高精度に復元できてしまう場合に条件付き分布 $\pi_0(a|x,e)$ はより決定的になっていきます。すなわち、**より大きなバリアンス**

---

*9 例えば、$a \in \{1,2\}, \pi(1|x,e) = 1, \pi(2|x,e) = 0$ という決定的な分布を考えると、$\mathbb{E}_{\pi(a|x,e)}[w(x,a)] = w(x,1)$ であり、$\mathbb{V}_{\pi(a|x,e)}[w(x,a)] = \mathbb{E}_{\pi(a|x,e)}[(w(x,a) - \mathbb{E}_{\pi(a|x,e)}[w(x,a)])^2] = \pi(1|x,e)(w(x,1) - w(x,1))^2 + \pi(2|x,e)(w(x,2) - w(x,1))^2 = 0$ となります。

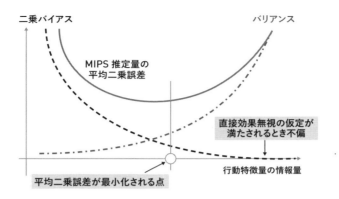

図 3.8　行動特徴量 e に含まれる情報量がもたらす MIPS 推定量のバイアス・バリアンストレードオフ。直接効果無視の仮定が満たされるとき MIPS 推定量は不偏だが、行動特徴量に含まれる情報量を意図的に削ぎ落とすことでバリアンスがさらに減少するため、平均二乗誤差が最小化されるのは往々にして直接効果無視の仮定が適度に成り立たない場合である。

減少効果を得るためには、行動特徴量の情報をあえて制限することで行動特徴量から行動が判別できすぎないように保つ必要があるのです。

　MIPS 推定量のバイアスやバリアンス減少に関するこれまでの分析結果をまとめると、実はとても面白いトレードオフが生じていることに気がつきます。

- ●**MIPS 推定量のバイアスを小さく抑える**ためには、行動の判別可能性を向上させたり直接効果無視の仮定を満たしやすくする必要があり、**行動特徴量に多くの情報を詰め込む（より高次元の行動特徴量を使う）べき**である（定理 3.2）
- ●**MIPS 推定量によるバリアンス減少効果を高める**ためには、条件付き分布 $\pi_0(a \mid x, e)$ が確率的である必要があり、**行動特徴量に詰め込む情報を制限する（より低次元の行動特徴量を使う）べき**である（定理 3.4）

　つまり**我々がどのように行動特徴量 e を構成するか（どれほどの情報量を e に託すか）によって、MIPS 推定量のバイアス・バリアンストレードオフが変化する**ことがわかります。あらゆる情報を詰め込んだ高次元の行動特徴量を使うと MIPS 推定量のバイアスは小さくなっていく一方で、IPS 推定量に対するバリアンス減少量もまた小さくなってしまいます。それに対し、情報量を制限した低次元の行動特徴量を用いると MIPS 推定量による大きなバリアンス減少が見込めますが、代わりに大きなバイアスが発生してしまう可能性があります。オフ方策評価を行う際に我々が常々最小化したいのは二乗バイアスとバリアンスの和である平均二乗誤差ですから、**MIPS 推定量を用いる際には、このバイアス・バリアンストレードオフを考慮しながら行動特徴量**

e を適切に設計する必要がある のです。例えば、**行動特徴量に含める情報量を制限し大きなバリアンス減少効果を得ることでより良い平均二乗誤差が達成可能ならば、直接効果無視の仮定を意図的に破ることも有効な戦略**になりえます（図 3.8 を参照。直接効果無視の仮定が成り立たない場合に MIPS の平均二乗誤差が最小化される可能性があることは、このあとにシミュレーションでも確認します）。

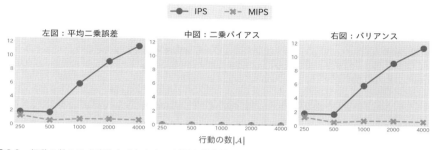

図 3.9 行動の数 $|\mathcal{A}|$ を変化させたときの MIPS 推定量の平均二乗誤差・バイアス・バリアンスの挙動（人工データ実験により計測）

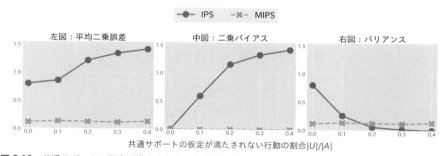

図 3.10 共通サポートの仮定が満たされない行動の割合 $|\mathcal{U}|/|\mathcal{A}|$ を変化させたときの MIPS 推定量の平均二乗誤差・バイアス・バリアンスの挙動（人工データ実験により計測、行動数は $|\mathcal{A}| = 1000$ で固定）

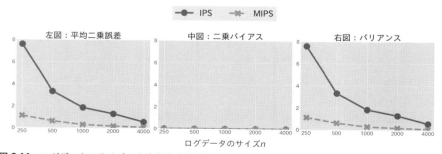

図 3.11 ログデータのサイズ n を変化させたときの MIPS 推定量の平均二乗誤差・バイアス・バリアンスの挙動（人工データ実験により計測、行動数は $|\mathcal{A}| = 1000$ で固定）

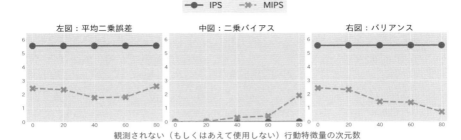

図 3.12　観測されない（もしくはあえて使用しない）行動特徴量の次元数を増加させたときの MIPS 推定量の平均二乗誤差・バイアス・バリアンスの挙動（人工データ実験により計測、行動数は $|\mathcal{A}| = 1000$ で固定）

図 3.9 から図 3.12 に、MIPS 推定量と IPS 推定量の平均二乗誤差を比較したシミュレーション結果を示しました。まず図 3.9 では、行動数 $|\mathcal{A}|$ を徐々に増やしたときの推定量の平均二乗誤差やバイアス、バリアンスを調べています。これを見ると、行動数 $|\mathcal{A}|$ が増えるにつれ IPS 推定量の精度が大幅に悪化してしまっている一方で、MIPS 推定量は行動数増加の悪影響をほとんど受けていないことがわかります。これは MIPS 推定量が直接効果無視の仮定のもとでバイアスを生じない一方で、定理 3.4 で見たように IPS 推定量と比べてバリアンスを大きく減少できるためです。

図 3.10 に、共通サポートの仮定が満たされない行動の割合 $|\mathcal{U}|/|\mathcal{A}|$ を変化させたときの推定量の平均二乗誤差やバイアス、バリアンスを示しました。この実験においては、共通サポートの仮定が満たされない行動の割合 $|\mathcal{U}|/|\mathcal{A}|$ が増えるにつれ IPS 推定量のバイアスが急増している一方で、MIPS 推定量のバイアスはほとんど影響を受けていないことがわかります。IPS 推定量はログデータ $\mathcal{D}$ に情報が含まれない（データ収集方策が探索していなかった）行動に関しては打つ手がなくバイアスを生まざるを得ない一方で、MIPS 推定量はログデータに情報が含まれない行動についても、類似の行動特徴量を持つ行動に関して観測された報酬をもとにうまく穴埋めすることでバイアスの発生を防ぐことができるのです。

また図 3.11 においても、MIPS 推定量が不偏かつ IPS 推定量からのバリアンス減少効果を持つことにより、特にデータ数 n が小さい困難な状況でより小さい平均二乗誤差を持つことがわかります。ここでも IPS 推定量は大きなバリアンスを生んでしまっており、データ数が増えるにつれ精度がある程度改善するもののその収束はとても遅いと言わざるを得ません。

最後に図 3.12 では、直接効果無視の仮定を徐々に大きく破っていったときの MIPS 推定量の平均二乗誤差の挙動を調べています。具体的にはまず、20 次元の行動特徴量 e を人工的に生成し、その 20 次元すべてが観測されていた場合に直接効果無視の仮定が満たされるよう期待報酬関数 $q(x, a, e)$ を定義します。そして、観測できない

（あるいはあえて使用しない）行動特徴量の次元数を 0 から 18 まで徐々に増やしたときの MIPS 推定量の挙動を調べています。図 3.12 の横軸は MIPS 推定量が使用しない行動特徴量の次元数を表し、これが 0 のときは直接効果無視の仮定を完全に満たすため、MIPS 推定量はバイアスを生みません。一方で、図の右側に行くにつれ使用している行動特徴量の次元数が減っていくため直接効果無視の仮定が徐々に大きく破れていき、MIPS 推定量は大きなバイアスを発生させてしまうと考えられます。

　この実験設定を踏まえたうえで図 3.12 全体を見ると、とても面白い結果が得られていることがわかります。すなわち、**MIPS 推定量の平均二乗誤差が、直接効果無視の仮定が満たされるときではなく、行動特徴量のいくつかの次元が観測されないときに最小化されている**ということです。この結果は、**MIPS 推定量の平均二乗誤差を最小化する意味では直接効果無視の仮定を必ずしも満たす必要がないどころか、行動特徴量の次元をいくつか捨てることで仮定を意図的・戦略的に破ることが有効になりえる**ことを示唆しています。この現象はすでに分析したバイアス・バリアンストレードオフによって生じており、図 3.12 の中図・右図に示した MIPS 推定量のバイアス・バリアンスの挙動を見ると、用いる行動特徴量の次元数が減るにつれバイアスは増大する（定理 3.2）一方で、バリアンスは減少していく（定理 3.4）というトレードオフがはっきり見てとれます。よってこれらの和である平均二乗誤差は、行動特徴量に含める情報量をあえて制限し、バイアスとバリアンスが共に適度に抑えられたときに最小化されるのです。なお (Saito22) では、MIPS 推定量の精度を最適化するために、行動に関する特徴量選択を自動で行う具体的方法を紹介しています。また (Peng23) や (Kiyohara24) では、MIPS 推定量に基づいたより良い推定を達成するために、直接効果無視の仮定をなるべく満たすような（すなわち因果効果的な意味での情報量をなるべく損なわないような）低次元の行動表現を得るための表現学習手法を提案しています。これらの手法を MIPS 推定量と併用できれば、バイアスの発生をできるだけ抑えつつ、より大きなバリアンス減少効果を得ることができる可能性が高まります。

■周辺重要度重みが未知の場合の対応.　これまでは真の周辺重要度重みが既知である場合について、MIPS 推定量の分析やシミュレーションを行ってきました。行動特徴量分布 $p(e \mid x, a)$ が決定的だったり既知であれば、式 (3.4) の定義に従うことで真の周辺重要度重みを計算できるでしょう。しかし、行動特徴量分布 $p(e \mid x, a)$ が未知である場合は、観測データから周辺重要度重み $w(x, e)$ を事前に推定しておく必要があります[*10]。このような状況で周辺重要度重みをデータから推定するために、以下の

[*10]　行動特徴量分布 $p(e \mid x, a)$ が既知であるか未知であるかは状況に依存します。例えば、商品価格を行動特徴量に用いる場合 $p(e \mid x, a)$ は価格最適化アルゴリズムを意味することがありますが、これが他チームによって開発されていた場合、その分布の情報を完全に再現するのは不可能（すなわち $p(e \mid x, a)$ が未知）かもしれません。

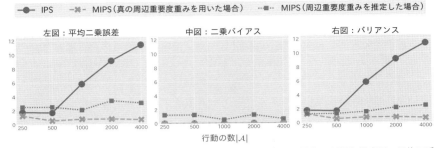

図 3.13 行動の数 $|\mathcal{A}|$ を変化させたときの周辺重要度重みを推定した場合の MIPS 推定量の平均二乗誤差・バイアス・バリアンスの挙動（人工データ実験により計測）

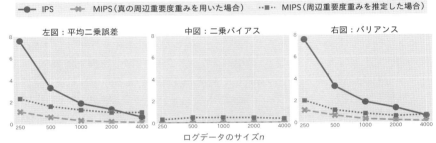

図 3.14 ログデータのサイズ n を変化させたときの周辺重要度重みを推定した場合の MIPS 推定量の平均二乗誤差・バイアス・バリアンスの挙動（人工データ実験により計測）

変形を用いるシンプルな方法が提案されています（導出は章末問題にしています）。

$$w(x, e) = \mathbb{E}_{\pi_0(a|x,e)}[w(x, a)] \tag{3.12}$$

式 (3.12) は、周辺重要度重み $w(x, e)$ が重要度重み $w(x, a)$ の条件付き確率 $\pi_0(a \mid x, e)$ に関する期待値であるという変換です。式 (3.12) を用いると、次の手順に従うことで周辺重要度重みをログデータ $\mathcal{D}$ から推定できることがわかります。

1. 特徴量 x と行動特徴量 e を入力として、行動 a を予測する分類問題を解くことで、条件付き確率 $\pi_0(a \mid x, e)$ を推定する。

2. 推定された条件付き確率 $\hat{\pi}_0(a \mid x, e)$ を用いて式 (3.12) を計算することで、$\hat{w}(x, e) = \mathbb{E}_{\hat{\pi}_0(a|x,e)}[w(x, a)]$ として周辺重要度重みを推定する。

図 3.13 と図 3.14 では、真の周辺重要度重みを用いた MIPS 推定量、周辺重要度

重みを推定した場合の MIPS 推定量、そしてベースラインとしての IPS 推定量の推定精度を比較しています。これを見ると行動数 $|\mathcal{A}|$ を徐々に増加させている図 3.13 とログデータのサイズ n を徐々に大きくしている図 3.14 の両方で、真の周辺重要度重みを用いた場合と周辺重要度重みを推定した場合の MIPS 推定量がともに IPS 推定量よりも正確な推定を行えている様子が見てとれます。また真の周辺重要度重みを用いた場合と周辺重要度重みを推定した場合の MIPS 推定量の挙動を比べると、真の周辺重要度重みを用いた場合の方が常により良い平均二乗誤差を達成していることがわかります。これは周辺重要度重みを推定する場合、その推定誤差に応じた追加的なバイアスが発生してしまうためです。以上の結果から、真の周辺重要度重みを活用できるに越したことはない一方で、真の周辺重要度重みが未知だったとしても、先に示した手順に従いそれをデータから推定することで、IPS 推定量に対する（バリアンス減少による）平均二乗誤差の大きな改善を達成できることがわかりました。

3.2.2 Off-Policy Evaluation based on the Conjunct Effect Model (Of-fCEM) 推定量

MIPS 推定量は行動特徴量を自然かつ容易にオフ方策評価に取り込める推定量であり、IPS 推定量に対する大幅なバリアンス減少など望ましい性質を持っていました。しかし特に行動特徴量が高次元である場合に、困難なバイアス・バリアンストレードオフが生じてしまう弱点があります。すなわち、高次元の行動特徴量を用いれば直接効果無視の仮定を満たしやすくなり、MIPS 推定量のバイアスは小さくなりますが、その場合行動の判別可能性が高まり条件付き分布 $\pi_0(a \,|\, x, e)$ が決定的になってしまうため、バリアンス減少の恩恵をほとんど得ることができません。もちろん MIPS 推定量のバリアンス減少効果を高めるために（図 3.12 で見たように）意図的にいくつかの次元を捨てることもできるでしょうが、そうすると今度は直接効果無視の仮定を破ってしまい、定理 3.2 に従って生じるバイアスの問題に苦しむ可能性があります。図 3.15 において、高次元の行動特徴量 e が与えられた場合の MIPS 推定量の弱点を調べています。ここでは人工的に 1000 次元の行動特徴量を生成しておき、そのうち MIPS 推定量が使用できる行動特徴量の次元数を横軸で変化させることで、用いる行動特徴量の次元数と MIPS 推定量のバイアス・バリアンスのトレードオフの関係性を調べています。これを見ると、前節と同様に用いる行動特徴量の次元数を減らすにつれ MIPS 推定量によるバリアンス減少量が大きくなっていく様子が右図から見てとれますが、それとほぼ同量のバイアスが発生してしまっていることが中図からわかります。その結果、仮に最適な行動特徴量の次元数を特定できた場合であっても、IPS 推定量に対してほんのわずかな改善をもたらすにとどまっています。同様に図 3.16 や図 3.17 においても、（ランダムな）行動特徴量選択を行った場合の MIPS 推定量はある程度のバイアスを発生させてしまうため、IPS 推定量に対して目立った改善をもた

らせていない様子です。このように**直接効果無視の仮定を満たすために高次元の行動特徴量が必要な場合、MIPS 推定量にも困難なバイアス・バリアンスのトレードオフが発生し、IPS 推定量に対して大きな改善をもたらすことが難しくなる**のです。

　MIPS 推定量のこの問題を解決するために提案されたのが、**Off-Policy Evaluation based on the Conjunct Effect Model (OffCEM) 推定量**です（Saito23）。この新たな推定量は、MIPS 推定量のように直接効果無視の仮定を置くのではなく、**統合効**

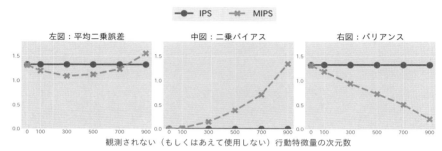

図 3.15　行動特徴量 e が高次元の場合に、観測されない（もしくはあえて使用しない）行動特徴量の次元数を増加させたときの MIPS 推定量の平均二乗誤差・バイアス・バリアンスの挙動（人工データ実験により計測）

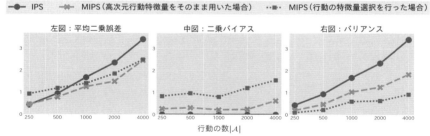

図 3.16　行動特徴量 e が高次元の場合に、行動の数 $|\mathcal{A}|$ を変化させたときの MIPS 推定量の平均二乗誤差・バイアス・バリアンスの挙動（人工データ実験により計測）

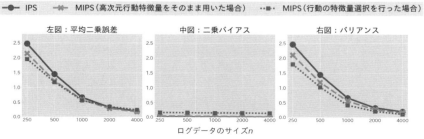

図 3.17　行動特徴量 e が高次元の場合に、ログデータのサイズ n を変化させたときの MIPS 推定量の平均二乗誤差・バイアス・バリアンスの挙動（人工データ実験により計測）

果モデルと呼ばれる期待報酬関数 $q(x,a)$ の分解を活用します。

> **統合効果モデル**（Conjunct Effect Model; CEM）
>
> $$\underbrace{q(x,a)}_{\text{期待報酬関数}} = \underbrace{g(x,\phi(x,e_a))}_{\text{クラスタ効果（cluster effect）}} + \underbrace{h(x,a)}_{\text{残差効果（residual effect）}} \qquad (3.13)$$
>
> ここで、$\phi : \mathcal{X} \times \mathcal{E} \to \mathcal{C}$ は行動特徴量 e_a に基づいた行動 a のクラスタリング
> を行う関数である。

統合効果モデルと呼ばれる式 (3.13) では、図 3.18 に示すように、期待報酬関数 $q(x,a)$ を**クラスタ効果**（**cluster effect**）と呼ばれる行動クラスタ $\phi(x,e_a)$ のみに依存する項と**残差効果**（**residual effect**）と呼ばれる行動クラスタだけでは捉えきれない個々の行動 a に依存する項への分解を考えています[*11]。なお、式 (3.13) や以降では簡単のため決定的な行動特徴量 e_a を考えています[*12]。

実は**この統合効果モデルは、MIPS 推定量が用いていた直接効果無視の仮定を自然に一般化したもの**だと解釈できます。すなわち、統合効果モデルにおいて $\phi(x,e_a) = e_a$ としてクラスタリングを一切行わず、$h(x,a) = 0$ と置いて残差効果を無視してみると $q(x,a) = g(x,e_a)$ となり、直接効果無視の仮定（式 (3.7)）と同じ式を得ます。よって**統合効果モデルは、MIPS 推定量では完全に無視されていた残差効果を考慮に入れたより現実的なモデル**といえるのです。

統合効果モデルは、いかにしてオフ方策評価に役立つのでしょうか？ 新たな推定量のアイデアを得るための最初のステップとして、表 3.9 に統合効果モデルに関する数値例を示しました。この例では、行動クラスタが映画のカテゴリ情報（SF or スポー

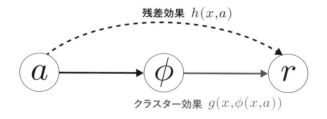

図 3.18 統合効果モデル（式 (3.13)）の図解

[*11] この統合効果モデルはクラスタ効果 $g(x,\phi(x,e_a))$ や残差効果 $h(x,a)$ の関数形を特定しているわけではないので仮定ではなく、期待報酬関数の一つの有用な分解を示しているにすぎません。この点は、直接効果無視という明らかな仮定に基づいている MIPS 推定量と異なるといえるでしょう。

[*12] 式 (3.13) を MIPS 推定量で考えていた確率的な行動特徴量 $e \sim p(\cdot|x,a)$ の場合に拡張することも可能ですが、それに基づく分析などが少々複雑になるため本書では簡略化しています。

表 3.9   統合効果モデルの例

映画 a	クラスタ $\phi(x, e_a)$	クラスタ効果 $g(x, \phi(x, e_a))$	残差効果 $h(x, a)$	期待報酬関数 $q(x, a)$
テネット	SF	0.15	0.10	0.25
ロッキー	スポーツ	0.30	-0.10	0.20
スターウォーズ	SF	0.15	-0.05	0.10
マネーボール	スポーツ	0.30	0.05	0.35

ツ）で定義されており、スポーツの方が SF よりも高いクラスタ効果を持っていることがわかります。これはすなわち、このユーザが SF 映画よりもスポーツの映画に興味を持ちやすいことを意味します。一方で、残差効果は各カテゴリに属する行動それぞれが追加的に持っている効果を表し、例えば SF 映画の中ではスターウォーズよりもテネットへの興味が強いことがわかります。統合効果モデルに関するこの例は、前節で用いた直接効果無視の仮定が成り立つ状況（表 3.7 のようにカテゴリが一致する映画はすべて期待報酬が一致するような状況）と比べ、とても現実的な状況を表していることがわかります。また表 3.9 を見ると、**期待報酬関数の大部分がクラスタ効果によって説明されている**ことがわかります。すなわちユーザの興味の大部分は映画のカテゴリによって決まっており、その後各映画による修飾的な残差効果が加算あるいは減算されたうえで、個々の映画に対する興味度合い $q(x, a)$ が決まっているのです。このようにある程度有用な行動クラスタリングが存在するとき、次のように**クラスタ効果と残差効果で推定戦略を適切に切り替える**ことでより良い推定量が構築できる気がしてきます。

●**クラスタ効果は、IPS・MIPS 推定量と同様に重要度重みを用いて推定**

●**残差効果は、DM 推定量と同様に報酬推定モデルを用いて推定**

すなわち統合効果モデルのうち、クラスタ効果 $g(x, \phi(x, e_a))$ は重要度重みを用いた方法により不偏推定し、残差効果 $h(x, a)$ については報酬推定モデルを用いた方法で低バリアンスに推定しようという戦略です。この推定戦略は、表 3.9 におけるカテゴリ情報のように期待報酬関数の大部分を説明できる行動のクラスタリング $\phi(x, e_a)$ が存在する一方で、直接効果無視の仮定を完璧に満たそうとすると高次元の行動特徴量が必要になるケースで特に威力を発揮します。このような場合にクラスタ $\phi(x, e_a)$ に対して重要度重みを適用すると、期待報酬関数の大部分を占めるクラスタ効果を不偏推定できる一方で、バリアンスはあまり発生しないという理想的な状況が生まれます。ここで残差効果まで含めてすべてを重要度重みによって推定しようとすると巨大なバリアンスが発生してしまうため、残差効果については DM 推定量のように報酬推定モデルを用いることにします。そうすることで巨大なバリアンスが発生することを防ぎ

つつも、MIPS 推定量のように $h(x, a) = 0$ として残差効果を完全に無視してしまう（直接効果無視の仮定）よりは正確な推定が見込めるはずです。このように**クラスタ効果と残差効果の推定において適切に推定戦略を分けよう**というアイデアに基づいて提案されたのが OffCEM 推定量であり、具体的に次のように定義されます（Saito23）。

> **定義 3.2.** あるデータ収集方策 π_0 により収集されたログデータ $\mathcal{D}$ を用いるとき、評価方策 π の性能 $V(\pi)$ に対する OffCEM 推定量は、次のように定義される。
>
> $$\hat{V}_{\mathrm{OffCEM}}(\pi; \mathcal{D})$$
>
> $$:= \frac{1}{n} \sum_{i=1}^{n} \left\{ \frac{\pi(\phi(x, e_{a_i}) \mid x_i)}{\pi_0(\phi(x, e_{a_i}) \mid x_i)} (r_i - \hat{f}(x_i, a_i)) + \mathbb{E}_{\pi(a|x_i)}[\hat{f}(x_i, a)] \right\}$$
>
> $$= \frac{1}{n} \sum_{i=1}^{n} \left\{ w(x_i, \phi(x, e_{a_i}))(r_i - \hat{f}(x_i, a_i)) + \hat{f}(x_i, \pi) \right\} \qquad (3.14)$$
>
> なお
>
> $$w(x, \phi(x, e_a)) := \frac{\pi(\phi(x, e_a) \mid x)}{\pi_0(\phi(x, e_a) \mid x)} = \frac{\sum_{a' \in \mathcal{A}} \mathbb{I}\{\phi(x, e_a) = \phi(x, e_{a'})\}\pi(a' \mid x)}{\sum_{a' \in \mathcal{A}} \mathbb{I}\{\phi(x, e_a) = \phi(x, e_{a'})\}\pi_0(a' \mid x)}$$
>
> は、評価方策 π とデータ収集方策 π_0 によって生成される行動クラスタの周辺分布の比であり**クラスタ重要度重み**（cluster importance weight）と呼ばれる。また $\hat{f} : \mathcal{X} \times \mathcal{A} \to \mathbb{R}$ は、回帰モデル（regression model）と呼ばれる関数である。回帰モデルの最適化法については後述する。

ここで新たに定義された OffCEM 推定量では、第一項 $w(x, \phi(x, e_a))(r - \hat{f}(x, a))$ でクラスタ重要度重みに基づきクラスタ効果 $g(x, \phi(x, e_a))$ を推定しており、第二項 $\hat{f}(x, \pi)$ で回帰モデル $\hat{f}(x, a)$ に基づき残差効果 $h(x, a)$ を推定しています。なお回帰モデル $\hat{f}(x, a)$ を得るための方法は、のちほど OffCEM 推定量の統計性質を分析することで明らかにしていきます。

ここからは OffCEM 推定量のバイアスとバリアンスの分析を行い、MIPS 推定量の統計性質と比較していきます。そのために、次の**局所正確性**（local correctness）という新たな仮定を導入します。

仮定 3.3. すべての $x \in \mathcal{X}$、および $\phi(x, e_a) = \phi(x, e_b)$ となる $a, b \in \mathcal{A}$（同じクラスタに属する二つの異なる行動）について

$$\Delta_q(x, a, b) = \Delta_{\hat{f}}(x, a, b), \tag{3.15}$$

を満たすとき、回帰モデル $\hat{f}(x, a)$ は**局所正確性**の仮定を満たす。なお $\Delta_q(x, a, b) := q(x, a) - q(x, b)$ は、異なる二つの行動 a と b の期待報酬の差であり、**相対価値の差**と呼ぶ。また $\Delta_{\hat{f}}(x, a, b) := \hat{f}(x, a) - \hat{f}(x, b)$ は、回帰モデル $\hat{f}(x, a)$ による相対価値の差の推定値である。

　ここで新たに導入した局所正確性の仮定は、**回帰モデル $\hat{f}(x, a)$ が、同じクラスタに属する行動のペアについて相対価値の差を正しく推定できていること**を要求する仮定です。実はこの仮定は、直接効果無視の仮定（仮定 3.2）や期待報酬関数 $q(x, a)$ 自体を正確に推定できることよりも弱い仮定といえます。すなわち、直接効果無視の仮定が正しかったり期待報酬関数 $q(x, a)$ を知っていたとしたら局所正確性の仮定は成り立つ一方で、局所正確性の仮定が正しかったとしてもそれは直接効果無視の仮定が正しかったり期待報酬関数 $q(x, a)$ を知っていたりすることを必ずしも意味しません。表 3.10 に局所正確性の仮定（仮定 3.3）を満たす回帰モデル $\hat{f}(x, a)$ の例を示しました。一つ目の例 $\hat{f}_1$ は、SF という同じクラスタに属する $a1$ と $a3$ について $q(x, a1) - q(x, a3) = \hat{f}_1(x, a1) - \hat{f}_1(x, a3) = 0.15$ が成り立ち、またスポーツという同じクラスタに属する $a2$ と $a4$ についても $q(x, a2) - q(x, a4) = \hat{f}_1(x, a2) - \hat{f}_1(x, a4) = -0.2$ が成り立っていることから、局所正確性を持つことがわかります。同様のことは、$\hat{f}_2$ と $\hat{f}_3$ にもいえます。特に $\hat{f}_2$ は期待報酬関数の推定モデルとしてはまったく機能していませんが、局所正確性は満たしています。また $\hat{f}_3$ のように期待報酬関数を完璧に推定できる回帰モデルも局所正確性を満たします。なお局所正確性は同じクラスタに属する行動ペアの相対価値の差を正しく推定することのみを要求しているため、回帰モデルがクラスタの異なる行動ペアに関して何かを推定できている必要はないことに注意してください。

　ここで本題に戻り、OffCEM 推定量の統計性質を分析していきましょう。まずは、共通特徴量サポート（仮定 3.1）と局所正確性（仮定 3.3）が成り立っている場合の

表 3.10　局所正確性の仮定（仮定 3.3）を満たす回帰モデル $\hat{f}(x, a)$ の例

映画 a	行動クラスタ $\phi(x, e_a)$	期待報酬関数 $q(x, a)$	例1: $\hat{f}_1$	例2: $\hat{f}_2$	例3: $\hat{f}_3$
テネット（$a1$）	SF	0.25	0.30	5.25	0.25
ロッキー（$a2$）	スポーツ	0.20	0.00	-2.80	0.20
スターウォーズ（$a3$）	SF	0.10	0.15	5.10	0.10
マネーボール（$a4$）	スポーツ	0.40	0.20	-2.60	0.40

OffCEM 推定量の期待値を計算します。

$$\mathbb{E}_{p(\mathcal{D})}[\hat{V}_{\mathrm{OffCEM}}(\pi; \mathcal{D})]$$

$$= \frac{1}{n} \sum_{i=1}^{n} \mathbb{E}_{p(x_i)\pi_0(a_i|x_i)p(r_i|x_i,a_i)} \left[w(x_i, \phi(x_i, e_{a_i}))(r_i - \hat{f}(x_i, a_i)) + \hat{f}(x_i, \pi) \right]$$

$$= \mathbb{E}_{p(x)} \left[\sum_{a \in \mathcal{A}} \pi_0(a \mid x) w(x, \phi(x, e_a))(q(x, a) - \hat{f}(x, a)) + \hat{f}(x, \pi) \right]$$

$$= \mathbb{E}_{p(x)} \left[\sum_{a \in \mathcal{A}} \pi_0(a \mid x) w(x, \phi(x, e_a)) g(x, \phi(x, e_a)) + \hat{f}(x, \pi) \right] \quad \because \text{仮定 3.3}$$

$$= \mathbb{E}_{p(x)} \left[\sum_{a \in \mathcal{A}} \pi_0(a \mid x) \sum_{c \in \mathcal{C}} w(x, c) g(x, c) \mathbb{I}\{\phi(x, e_a) = c\} + \hat{f}(x, \pi) \right]$$

$$= \mathbb{E}_{p(x)} \left[\sum_{c \in \mathcal{C}} w(x, c) g(x, c) \sum_{a \in \mathcal{A}} \pi_0(a \mid x) \mathbb{I}\{\phi(x, e_a) = c\} + \hat{f}(x, \pi) \right]$$

$$= \mathbb{E}_{p(x)} \left[\sum_{c \in \mathcal{C}} \frac{\pi(c \mid x)}{\pi_0(c \mid x)} g(x, c) \pi_0(c \mid x) + \hat{f}(x, \pi) \right]$$

$$= \mathbb{E}_{p(x)} \left[\sum_{a \in \mathcal{A}} \pi(a \mid x) \left\{ g(x, e_a) + \hat{f}(x, a) \right\} \right]$$

$$= \mathbb{E}_{p(x)\pi(a|x)} [q(x, a)] \quad \because \text{仮定 3.3}$$

$$= V(\pi)$$

この期待値計算におけるポイントは、局所正確性の仮定により回帰モデルの推定誤差 $q(x, a) - \hat{f}(x, a)$ が行動 a に依存しないこと[13]を利用している点でしょう。この期待値計算から、次の定理が導かれます。

---

[13] 仮に局所正確性が成り立つなら、$\Delta_q(x, a, b) = \Delta_{\hat{f}}(x, a, b) \implies q(x, a) - \hat{f}(x, a) = q(x, b) - \hat{f}(x, b), \forall a, b \in \mathcal{A}$, s.t. $\phi(x, e_a) = \phi(x, e_b) = c$ であり、これは任意の $a \in \mathcal{A}$ について $q(x, a) - \hat{f}(x, a) = g(x, c)$ を満たす関数 $g(x, c)$ が存在することを意味します。つまり局所正確性が成り立つとき、回帰モデルの誤差 $q(x, a) - \hat{f}(x, a)$ は行動 a に依存しないのです。OffCEM 推定量の期待値計算では、この条件を利用しています。

> **定理 3.5.** あるデータ収集方策 π_0 により収集されたログデータ $\mathcal{D}$ を用いるとき、式 (3.14) で定義される OffCEM 推定量は、仮定 3.1（共通特徴量サポート）と仮定 3.3（局所正確性）のもとで、評価方策 π の真の性能 $V(\pi)$ に対する不偏推定量である。すなわち、
>
> $$\mathbb{E}_{p(\mathcal{D})}[\hat{V}_{\text{OffCEM}}(\pi;\mathcal{D})] = V(\pi) \quad (\implies \text{Bias}[\hat{V}_{\text{OffCEM}}(\pi;\mathcal{D})] = 0)$$

これまでに登場した推定量の不偏性のための条件を整理すると、

- IPS 推定量は共通サポートの仮定（仮定 1.1）のもとで不偏
- MIPS 推定量は共通特徴量サポート（仮定 3.1）と直接効果無視（仮定 3.2）の仮定のもとで不偏
- OffCEM 推定量は共通特徴量サポート（仮定 3.1）と局所正確性（仮定 3.3）の仮定のもとで不偏

となります。特に MIPS 推定量と比べて、OffCEM 推定量は局所正確性というより弱い仮定のもとで不偏性を持ちます。依然として IPS 推定量とのバイアスの比較は単純ではなく、IPS 推定量と OffCEM 推定量のどちらが不偏になりやすいか、あるいはどちらのバイアスがより小さいかは状況に依存します。共通サポートの仮定を満たすことが難しい状況では、共通特徴量サポートで十分な OffCEM 推定量がより小さいバイアスを持つかもしれません。一方で、局所正確性を満たすことが難しい状況では、IPS 推定量の方がより小さいバイアスを持つこともありえます。しかし直接効果無視の仮定が満たされなくても局所正確性が満たされる可能性はあるため、OffCEM 推定量は（多くの場合）MIPS 推定量よりも小さいバイアスを持つといえます。

また、局所正確性（仮定 3.3）の仮定が成り立たないときに発生してしまう OffCEM 推定量のバイアスは、以下のように分析されています（Saito23）。

定理 3.6. あるデータ収集方策 π_0 により収集されたログデータ $\mathcal{D}$ を用いるとき、式 (3.14) で定義される OffCEM 推定量は、仮定 3.1（共通特徴量サポート）のもとで、評価方策 π の真の性能 $V(\pi)$ に対して次のバイアスを持つ。

$$\mathrm{Bias}\big[\hat{V}_{\mathrm{OffCEM}}(\pi;\mathcal{D})\big] \tag{3.16}$$

$$= \mathbb{E}_{p(x)\pi_0(c|x)}\Bigg[\sum_{(a,b):\phi(x,e_a)=\phi(x,e_b)=c} \pi_0(a\,|\,x,c)\pi_0(b\,|\,x,c)$$

$$\times\, (\Delta_q(x,a,b) - \Delta_{\hat{f}}(x,a,b)) \times (w(x,b) - w(x,a))\Bigg]$$

ここで $a,b \in \mathcal{A}$ であり、$\pi_0(a\,|\,x,c) \coloneqq \pi_0(a\,|\,x)/\pi_0(c\,|\,x)$ である。$\sum_{(a,b):\phi(x,e_a)=\phi(x,e_b)=c}$ は、同じクラスタ c に属する行動ペアに関する総和を表す。仮定 3.3（局所正確性）が正しいとき、同じクラスタに属するすべての行動の組 $a,b \in \mathcal{A}$ について $\Delta_q(x,a,b) = \Delta_{\hat{f}}(x,a,b)$（式 (3.15)）であるため $\mathrm{Bias}\big[\hat{V}_{\mathrm{OffCEM}}(\pi;\mathcal{D})\big] = 0$ であり、これは定理 3.5 と整合する。

定理 3.6 によると、**OffCEM 推定量のバイアスの大きさは主に以下の要素によって決まる**ことがわかります。

1. 回帰モデル $\hat{f}(x,a)$ による、同じクラスタに属する行動ペアに関する相対価値の差の推定精度: $\Delta_q(x,a,b) - \Delta_{\hat{f}}(x,a,b)$
2. データ収集方策 π_0 と評価方策 π の乖離度: $w(x,b) - w(x,a)$

まずは MIPS 推定量の場合と同様に、OffCEM 推定量のバイアスにはデータ収集方策 π_0 と評価方策 π の間の乖離度 $w(x,b) - w(x,a)$ が現れていることがわかります。よって局所正確性の仮定（仮定 3.3）が正しい状況では、OffCEM 推定量は共通特徴量サポートの仮定（仮定 3.1）を満たすいかなる評価方策 π についても不偏である一方で、局所正確性の仮定が成り立たない状況では、データ収集方策 π_0 と評価方策 π の乖離度に応じて発生するバイアスの量が変化することがわかります。また **MIPS 推定量のバイアス分析（定理 3.2）との重要な相違点として、OffCEM 推定量のバイアスには、回帰モデル $\hat{f}(x,a)$ による相対価値の差の推定精度 $\Delta_q(x,a,b) - \Delta_{\hat{f}}(x,a,b)$ が出現している**ことがわかります。もしも局所正確性の仮定が正しければこの項はゼロになるため、これは局所正確性の仮定がどの程度破れているかを定量化している項といえるでしょう。回帰モデル $\hat{f}(x,a)$ が同一クラスタ内の異なる行動間の相対価値の差を精度良く推定できていなければ OffCEM 推定量のバイアスも大きくなってし

まう一方で、相対価値の差さえ正確に推定できれば OffCEM 推定量のバイアスも小さくなっていきます。よって OffCEM 推定量のバイアスを小さく抑えるためには、**同じクラスタに属する行動ペアに関する相対価値の差の推定精度が良くなるように回帰モデル $\hat{f}(x,a)$ を最適化すべき**だということがわかります。

次に OffCEM 推定量のバリアンスや平均二乗誤差に関する分析結果を見ていきます（導出は章末問題としています）。

定理 3.7. あるデータ収集方策 π_0 が収集したログデータ $\mathcal{D}$ を用いるとき、式 (3.14) で定義される OffCEM 推定量は、仮定 3.1（共通特徴量サポート）と仮定 3.3（局所正確性）のもとで、次の平均二乗誤差を持つ。

$$
\begin{aligned}
&\mathrm{MSE}\big[\hat{V}_{\mathrm{OffCEM}}(\pi;\mathcal{D})\big] \\
&= \mathrm{Var}\big[\hat{V}_{\mathrm{OffCEM}}(\pi;\mathcal{D})\big] \quad \because \mathrm{Bias}\big[\hat{V}_{\mathrm{OffCEM}}(\pi;\mathcal{D})\big] = 0 \\
&= \frac{1}{n}\bigg(\mathbb{E}_{p(x)\pi_0(a|x)}\big[w^2(x,\phi(x,e_a))\sigma^2(x,a)\big] \\
&\qquad + \mathbb{E}_{p(x)}\Big[\mathbb{V}_{\pi_0(a|x)}[w(x,\phi(x,e_a))\Delta_{q,\hat{f}}(x,a)]\Big] + \mathbb{V}_{p(x)}\big[q(x,\pi)\big] \bigg)
\end{aligned}
$$
(3.17)

なお $\Delta_{q,\hat{f}}(x,a) := q(x,a) - \hat{f}(x,a)$ は、回帰モデル $\hat{f}(x,a)$ の期待報酬関数 $q(x,a)$ に対する推定誤差である。

定理 3.7 を見ると、OffCEM 推定量のバリアンスや平均二乗誤差がクラスタ重要度重み $w(x,\phi(x,a))$ の二乗やバリアンスによって決まっており、IPS 推定量や MIPS 推定量よりもバリアンスが小さくなることが伺えます。また、MIPS 推定量のバリアンスや平均二乗誤差の第二項が期待報酬関数 $q(x,a)$ に依存していた一方で、OffCEM 推定量のバリアンスや平均二乗誤差には回帰モデル $\hat{f}(x,a)$ の期待報酬関数 $q(x,a)$ に対する推定誤差 $\Delta_{q,\hat{f}}(x,a) := q(x,a) - \hat{f}(x,a)$ が現れていることがわかります。すなわち、期待報酬関数に対する推定誤差が期待報酬関数それ自体よりも小さくなる程度の精度（$|\Delta_{q,\hat{f}}(x,a)| \leq q(x,a), \forall(x,a)$）を有する回帰モデル $\hat{f}(x,a)$ さえ得ることができれば、OffCEM 推定量のバリアンスや平均二乗誤差の第二項は、MIPS 推定量のそれよりもさらに小さくなることがわかります。またこのことは、**OffCEM 推定量のバリアンスをより小さくするためには、期待報酬関数に対する推定誤差 $\Delta_{q,\hat{f}}(x,a)$ が小さくなるように回帰モデル $\hat{f}(x,a)$ を最適化すべきであること**を意味します。よって、これまでの分析結果により明らかになった回帰モデル $\hat{f}(x,a)$ と OffCEM 推定量のバイアスとバリアンスの関係性を整理すると、

- **OffCEM 推定量のバイアスをより小さく抑える**ためには、**同じクラスタに属する行動ペアの相対価値の差 $\Delta_q(x,a,b)$ をより正しく推定できる回帰モデルを用いるべき**（定理 3.6）
- **OffCEM 推定量のバリアンスをより小さく抑える**ためには、**期待報酬関数 $q(x,a)$ をより正しく推定できる回帰モデルを用いるべき**（定理 3.7）

となり、**OffCEM 推定量のバイアスとバリアンスがそれぞれ回帰モデル $\hat{f}(x,a)$ の異なる側面に基づいて決まる**ことがわかります。この分析結果に基づくと、**OffCEM 推定量に用いる回帰モデル $\hat{f}(x,a)$ は、次の 2 段階の方法で最適化することが理想的**であることがわかります。

- **1 段階目（バイアス最小化ステップ）**：相対価値の差 $\Delta_q(x,a,b)$ を正しく推定できる関数 $\hat{h}(x,a)$ を得る（以後 $\hat{h}(x,a)$ をペアワイズ回帰関数と呼ぶ）。

$$\min_{\hat{h}} \sum_{(x,a,b,r_a,r_b)\in\mathcal{D}_{pair}} \ell_h\left(r_a - r_b, \hat{h}(x,a) - \hat{h}(x,b)\right) \tag{3.18}$$

なお $\ell_h : \mathbb{R} \times \mathbb{R} \to \mathbb{R}$ は二乗誤差などの損失関数であり、$\mathcal{D}_{pair}$ は式 (3.18) のペアワイズ回帰を行うための前処理が施された次のデータセットである。

$$\mathcal{D}_{pair} := \left\{ (x,a,b,r_a,r_b) \mid \begin{array}{l} (x_a,a,r_a),(x_b,b,r_b) \in \mathcal{D} \\ x = x_a = x_b, \phi(x,e_a) = \phi(x,e_b) \end{array} \right\}.$$

$\mathcal{D}_{pair}$ は同じ特徴量 x に対して、同じクラスタに属する二つの行動 a,b が選択されたデータを $\mathcal{D}$ から抜き出し結合することで作られるデータセットである。

- **2 段階目（バリアンス最小化ステップ）**：回帰モデルを $\hat{f}(x,a) = \hat{g}(x,\phi(x,e_a)) + \hat{h}(x,a)$ と定義したときに期待報酬関数に対する推定誤差が小さくなるよう、ペアワイズ回帰関数 $\hat{h}(x,a)$ が生じる残差を予測する関数 $\hat{g}(x,\phi(x,e_a))$ を得る（以後 $\hat{g}$ をベースライン関数と呼ぶ）。

$$\min_{\hat{g}} \sum_{(x,a,r)\in\mathcal{D}} \ell_g\left(r - \hat{h}(x,a), \hat{g}(x,\phi(x,e_a))\right) \tag{3.19}$$

なお $\ell_g : \mathbb{R} \times \mathbb{R} \to \mathbb{R}$ は、二乗誤差などの損失関数である。

まず 1 段階目では、同じクラスタに属する行動ペア $(a, b : \phi(x, e_a) = \phi(x, e_b))$ の相対価値の差 $\Delta_q(x, a, b)$ に対する推定誤差を最小化する基準でペアワイズ回帰関数 $\hat{h}(x, a)$ を最適化することで、OffCEM 推定量のバイアスを最小化します。期待報酬関数 $q(x, a)$ 自体を推定するよりも相対価値の差 $\Delta_q(x, a, b)$ を推定するペアワイズ回帰の方が簡単なタスク[*14]なので、まずは比較的簡単に解けるバイアス最小化に集中しようという算段です。そのあとで、行動クラスタを入力としたベースライン関数 $\hat{g}(x, \phi(x, e_a))$ を $q(x, a) \approx \hat{h}(x, a) + \hat{g}(x, \phi(x, e_a))$ となるように最適化し、バリアンスの最小化に着手します。定理 3.6 によると、行動クラスタ $\phi(x, e_a)$ が条件付けられたうえでの相対価値の差の推定精度が OffCEM 推定量のバイアスを決定しますから、行動 a をベースライン関数の入力として用いない限り OffCEM 推定量のバイアスは変化せず、2 段階目では OffCEM 推定量のバリアンスのみが減少していきます[*15]。このように、**OffCEM 推定量のバイアスとバリアンスが異なる要素に依存して決定するという分析結果を最大限に利用してバイアスとバリアンスを段階的に最適化するのが、回帰モデル $\hat{f}(x, a)$ の理想的な最適化方法**なのです。もし仮に回帰モデルの 2 段階最適化を実装するのが手間であれば、DM 推定量や DR 推定量と同様に単に期待報酬関数の推定モデルを回帰モデルとして用いる（すなわち $\hat{f}(x, a) = \hat{q}(x, a)$ としてしまう）ことも可能です。この場合でも、OffCEM 推定量は IPS 推定量や DR 推定量、MIPS 推定量よりは少なくとも正確であると考えられます。実際 (Saito23) では、2 段階最適化に基づき回帰モデル $\hat{f}(x, a)$ を得た場合の OffCEM 推定量が最も正確である一方で、期待報酬関数に対する推定モデル $\hat{q}(x, a)$ を回帰モデルとして用いた簡易的な OffCEM 推定量も（主にバリアンスの減少により）IPS 推定量や DR 推定量、MIPS 推定量と比べてより正確であることを実験的に確認しています。

　図 3.19 において、直接効果無視の仮定を徐々に大きく破っていったときの OffCEM 推定量と MIPS 推定量、および IPS 推定量の平均二乗誤差の挙動を調べています。具体的にはまず、1000 次元の行動特徴量 e を人工的に生成し、その 1000 次元すべてが観測されていた場合に直接効果無視の仮定が満たされるよう期待報酬関数 $q(x, a, e)$ を定義します。そして、観測できない（あるいはあえて使用しない）行動特徴量の次元数を 0 から 900 まで徐々に増やしたときの推定量の精度を比較します。

[*14] 仮に $q(x, a)$ を正確に推定できれば $\Delta_q(x, a, b)$ も正確に推定できますが、$\Delta_q(x, a, b)$ が正確に推定できるからといって $q(x, a)$ が正確に推定できるとは限りません。

[*15] 定理 3.6 より、OffCEM 推定量のバイアスは同じクラスタに属する行動ペア a, b に関する相対価値の差 $\Delta_q(x, a, b) - \Delta_{\hat{f}}(x, a, b)$ によって決まります。ここで、$\Delta_{\hat{h}}(x, a, b) = \hat{h}(x, a) - \hat{h}(x, b) = (\hat{g}(x, c) + \hat{h}(x, a)) - (\hat{g}(x, c) + \hat{h}(x, b)) = \Delta_{\hat{f}}(x, a, b)$, $(\phi(x, e_a) = \phi(x, e_b) = c)$ より、ペアワイズ回帰関数 $\hat{h}(x, a)$ にベースライン関数 $\hat{g}(x, \phi(x, e_a))$ を追加しても OffCEM 推定量のバイアスは変化しません。

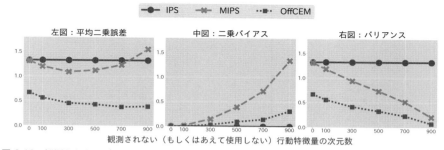

図 3.19 観測されない（もしくはあえて使用しない）行動特徴量の次元数を増加させたときの OffCEM 推定量の平均二乗誤差・バイアス・バリアンスの挙動（人工データ実験により計測、行動数は $|\mathcal{A}| = 1000$ で固定）

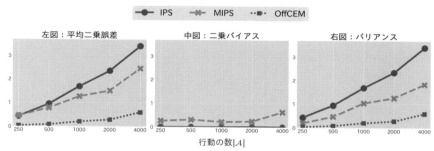

図 3.20 行動の数 $|\mathcal{A}|$ を変化させたときの OffCEM 推定量の平均二乗誤差・バイアス・バリアンスの挙動（人工データ実験により計測）

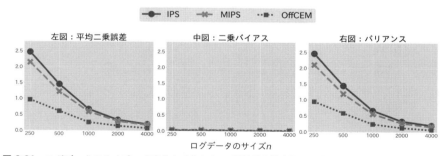

図 3.21 ログデータのサイズ n を変化させたときの OffCEM 推定量の平均二乗誤差・バイアス・バリアンスの挙動（人工データ実験により計測、行動数は $|\mathcal{A}| = 1000$ で固定）

　図を見ると、**MIPS 推定量は IPS 推定量と似た悪い精度に終始してしまっている一方で、OffCEM 推定量は高次元行動特徴量が与えられたとしても、かなり正確なオフ方策評価を行えている**ことがわかります。より具体的には、与えられた行動特徴量のすべての次元を推定に用いる場合、MIPS 推定量は非常に大きなバリアンスを持つ

ため IPS 推定量と同じ平均二乗誤差を生じてしまっています。使用する行動特徴量の次元を少なくしていく（図の右側に行く）につれ MIPS 推定量のバリアンスは小さくなっていきますが、そうすると今度は直接効果無視の仮定が大きく破れてしまい、大きなバイアスが発生してしまいます。これにより MIPS 推定量は、IPS 推定量に対して大きな改善をもたらすことができなくなってしまっています。一方で OffCEM 推定量は、MIPS 推定量と比べ常により良いバイアスとバリアンスを達成していることから、平均二乗誤差にも大きな改善をもたらせています。特にある程度低次元の行動特徴量を使用した際に OffCEM 推定量の平均二乗誤差が最小化されていることがわかります。この結果は、低次元の行動特徴量を用いることで大きなバリアンス減少を得つつ、（MIPS 推定量とは違い）回帰モデル $\hat{f}(x, a)$ を用いて残差効果をも考慮に入れることでバイアスの発生を抑えることができるという OffCEM 推定量の強みが発揮された形だといえるでしょう。また図 3.20 と図 3.21 において、行動数 $|\mathcal{A}|$ やデータ数 n を徐々に増やしたときの平均二乗誤差を比較したシミュレーション結果を示しました。まず図 3.20 を見ると、行動数 $|\mathcal{A}|$ が増えるにつれ OffCEM 推定量が IPS 推定量よりも大幅に正確なオフ方策評価を行えていることがわかります。一方で MIPS 推定量は、残差効果を無視していることによるバイアスに加えある程度のバリアンスも発生していることで、（IPS 推定量よりは正確なものの）常に OffCEM 推定量よりも大きな平均二乗誤差を発生してしまっています。OffCEM 推定量は低次元の行動特徴量を用いることで大きなバリアンス減少を得つつ回帰モデルを組み込むことでバイアスにも適切に対処している一方で、MIPS 推定量は残差効果を完全に無視してしまっているため、バイアスとバリアンスの両面で最適ではないことがあるのです。図 3.21 においても、OffCEM 推定量がバイアスを小さく抑えつつも大きなバリアンス減少効果を発揮することで、常に最小の平均二乗誤差を達成していることがわかります。

3.3 これまでに登場した推定量のまとめ

本章では映画のカテゴリや商品価格などの行動特徴量が含まれるログデータ $\mathcal{D} = \{(x_i, a_i, e_i, r_i)\}_{i=1}^{n}$ を活用したオフ方策評価の推定量を紹介し、それらが共通サポートが満たされなかったり行動が非常に多いなどの困難な問題において、特に大きな威力を発揮することを見てきました。なお、本章で新たに紹介した推定量や 1 章に登場した標準的な設定における推定量は、すべて以下の一般形をもとに導出できます。

$$\hat{V}_{\text{General}}(\pi; \mathcal{D}, \tilde{w}, f, \lambda) := \frac{1}{n} \sum_{i=1}^{n} \{f(x_i, \pi) + \tilde{w}(x_i, a_i, e_i; \lambda)(r_i - f(x_i, a_i, e_i))\}$$

(3.20)

表 3.11 に、式 (3.20) の一般形に基づいた各推定量の導出をまとめています。例えば、$\tilde{w}(x, a, e; \lambda) = w(x, e)$ かつ $f(x, a, e) = 0$ とすると周辺重要度重みを用いる MIPS 推定量が導かれ、$\tilde{w}(x, a, e; \lambda) = w(x, \phi(x, e_a))$ かつ $f(x, a, e) = \hat{h}(x, a) + \hat{g}(x, \phi(x, e_a))$ とすると周辺重要度重みと回帰モデルの 2 段階最適化によって定義される OffCEM 推定量が導かれることがわかります。本書執筆時点では行動特徴量を用いたオフ方策評価はまだ始動したばかりの最新研究ですが、式 (3.20) の一般形をもとにすれば、MIPS 推定量や OffCEM 推定量をさらに改善する亜種を自由に設計できるはずです。本章の章末問題では、式 (3.20) の一般形をもとにして得られる（論文などではまだ提案されていない）新推定量の分析を行う問題を用意しています。このように、論文などで提案されているアイデアや手法を適度に抽象化し、現場の状況に応じて独自に修正したうえで活用することこそ研究成果の理想的な応用方法であり、反実仮想機械学習の自在な応用を目指すうえで一つの必須能力と言ってよいでしょう。既存の研究成果や論文などから得られる知見を自ら修正しつつ個々の問題に対応する実践スキルについては、6 章でケーススタディを通じてさらに鍛錬していきます。

これまで 1 章から 3 章を通じて、オフ方策評価の研究・実践で必須となる手法や考え方、基本的な理論分析を網羅しました。次章では、より複雑な強化学習の設定におけるオフ方策評価や推定量のハイパーパラメータチューニングなど、より発展的かつ実践的な話題を網羅的に解説していきます。

表 3.11 式 (3.20) の一般形 $\hat{V}_{\text{General}}(\pi; \mathcal{D}, \tilde{w}, f, \lambda)$ をもとにした各推定量の導出

	$\tilde{w}(x, a, e; \lambda)$	$f(x, a)$
DM 推定量（式 (1.9)）	0	$\hat{q}(x, a)$
IPS 推定量（式 (1.16)）	$w(x, a)$	0
DR 推定量（式 (1.28)）	$w(x, a)$	$\hat{q}(x, a)$
CIPS 推定量（式 (1.36)）	$\min\{w(x, a), \lambda\}$	0
SNIPS 推定量（式 (1.37)）	$\dfrac{n\,w(x, a)}{\sum_{i=1}^{n} w(x_i, a_i)}$	0
Switch-DR 推定量（式 (1.38)）	$w(x, a)\mathbb{I}\{w(x, a) \leq \lambda\}$	$\hat{q}(x, a)$
MIPS 推定量（式 (3.3)）	$w(x, e)$	0
OffCEM 推定量（式 (3.14)）	$w(x, \phi(x, e_a))$	$\hat{h}(x, a) + \hat{g}(x, \phi(x, e_a))$

参考文献

[**Kiyohara24**] Haruka Kiyohara, Masahiro Nomura, and Yuta Saito. 2024. Off-Policy Evaluation of Slate Bandit Policies via Optimizing Abstraction. arXiv preprint arXiv:2402.02171.

[**Peng23**] Jie Peng, Hao Zou, Jiashuo Liu, Shaoming Li, Yibao Jiang, Jian Pei, and Peng Cui.

2023. Offline Policy Evaluation in Large Action Spaces via Outcome-Oriented Action Grouping. In Proceedings of the ACM Web Conference 2023. pp. 1220 – 1230.

[**Sachdeva23**] Noveen Sachdeva, Lequn Wang, Dawen Liang, Nathan Kallus, and Julian McAuley. 2023. Off-Policy Evaluation for Large Action Spaces via Policy Convolution. arXiv preprint arXiv:2310.15433.

[**Saito22**] Yuta Saito and Thorsten Joachims. 2022. Off-Policy Evaluation for Large Action Spaces via Embeddings. In Proceedings of the 39th International Conference on Machine Learning, Vol. 162. PMLR, pp. 19089--19122.

[**Saito23**] Yuta Saito, Qingyang Ren, and Thorsten Joachims. 2023. Off-Policy Evaluation for Large Action Spaces via Conjunct Effect Modeling. In Proceedings of the 40th International Conference on Machine Learning.

[**Swaminathan17**] Adith Swaminathan, Akshay Krishnamurthy, Alekh Agarwal, Miro Dudik, John Langford, Damien Jose, and Imed Zitouni. 2017. Off-Policy Evaluation for Slate Recommendation. In Advances in Neural Information Processing Systems, Vol. 30. pp. 3632 – 3642.

章末問題

3.1 （初級）$\mathbb{E}_{p(r|x,e)}\left[r^2\right] = q^2(x,e) + \sigma^2(x,e)$ であることを示せ。

3.2 （初級）$w(x,e) = \mathbb{E}_{\pi_0(a|x,e)}[w(x,a)]$ が成り立つことを示せ。

3.3 （初級）行動特徴量 e が行動 a と一対一対応のとき、MIPS 推定量の定義が IPS 推定量に一致することを説明せよ。

3.4 （中級）共通特徴量サポートの仮定（仮定 3.1）が成り立たない場合の MIPS 推定量と OffCEM 推定量のバイアスを算出せよ。なお、直接効果無視（仮定 3.2）や局所正確性（仮定 3.3）は仮定してよい。

3.5 （中級）データ収集方策 π_0 を $\hat{\pi}_0$ で推定した場合の以下の MIPS 推定量のバイアスを算出せよ。

$$\hat{V}_{\mathrm{MIPS}}(\pi; \mathcal{D}) = \frac{1}{n} \sum_{i=1}^{n} \frac{\pi(e_i \mid x_i)}{\hat{\pi}_0(e_i \mid x_i)} r_i$$

3.6 （中級）MIPS 推定量と OffCEM 推定量の平均二乗誤差（定理 3.3 と定理 3.7）を導出せよ。

3.7 （上級）MIPS 推定量によるバリアンス減少量の式（定理 3.4）を導出せよ。

3.8 （上級）一般形 $\hat{V}_{\mathrm{General}}(\pi; \mathcal{D}, \tilde{w}, f, \lambda)$ において、$\tilde{w}(x,a,e;\lambda) = w(x,e)\mathbb{I}\{w(x,e) \le \lambda\}$ かつ $f(x,a) = \hat{q}(x,a)$ とした（1 章で扱った Switch-DR 推定量の改良版として解釈できる）新たな推定量のバイアスおよびバリアンスを導出せよ。また、ハイパーパラメータ λ の値の設定がこの推定量のバイアスとバリアンスに及ぼす影響について議論せよ。

3.9 （上級）一般形 $\hat{V}_{\mathrm{General}}(\pi; \mathcal{D}, \tilde{w}, f, \lambda)$ において、$\tilde{w}(x,a,e;\lambda) = w(x,e)\mathbb{I}\{w(x,a) > \lambda\} + w(x,a)\mathbb{I}\{w(x,a) \le \lambda\}$ かつ $f(x,a) = 0$ とした（IPS 推定量と MIPS 推定量の融合として解釈できる）新たな推定量のバイアスおよびバリアンスを導出せよ。また、ハイパーパラメータ λ の値の設定がこの推定量のバイアスとバリアンスに及ぼす影響について議論せよ。

3.10 （上級）2 章で導入・分析した IIPS 推定量（式 (2.11)）と 3 章で導入・分析した MIPS 推定量の関連性を議論せよ。

第4章：オフ方策評価に関する最新の話題

　本書ではこれまで、各ユーザや患者などに対してある単発の意思決定を行う単純な設定に関するオフ方策評価を扱ってきました。現状、多くの現場で実際に用いられる意思決定システムはこれまで本書で扱ってきた定式化やそれに修正を加えたもので表現可能なため、まずは3章までの内容を固めることが重要です。しかしオフ方策評価の先端研究では、各ユーザや患者に対して複数回の意思決定を行い、その結果として得られる累積報酬の最大化を目指す強化学習方策のオフ方策評価を扱うことが増えてきています。本章では、強化学習に関するオフ方策評価のエッセンスをカバーすることで、先端研究に食らいついていくための基礎体力を養います。さらに、これまでの章では扱いきれなかったオフ方策評価に関するそのほかの先端トピックを網羅的にカバーします。

4.1 強化学習の方策に対するオフ方策評価

　これまで本書では、状態変化などが存在しないシンプルな設定におけるオフ方策評価を主に扱ってきました。しかし場合によっては、より複雑で一般的な強化学習（Reinforcement Learning; RL）と呼ばれる設定でオフ方策評価を行いたいこともあるでしょう。本節では、これまでに学んできた定式化や推定量を自然に拡張する形で、強化学習におけるオフ方策評価の基礎を解説していきます[*1]。

　強化学習の問題を定式化するため、まず状態（state）ベクトルを $s \in \mathcal{S}$、離散的な行動（action）を $a \in \mathcal{A}$、行動の結果として観測される報酬（reward）を $r \in \mathbb{R}$ で表すことにします。表4.1に、これらの重要な確率変数に関する具体例を示しました。基本的にはこれまで特徴量 x と呼ばれていたものが状態 s と呼ばれるようになっただけであり、行動や報酬が持つ意味に変化はありません。またこれまでと同様に、意思決定方策 $\pi : \mathcal{S} \to \Delta(\mathcal{A})$ を行動空間 $\mathcal{A}$ 上の条件付き確率分布として導入します。$\pi(a \mid s)$ とは、ある状態 s で表されるデータ（ユーザや患者の状態）に対して、a という行動（映画や楽曲、治療薬）を選択する確率です。表4.2に、意思決定方策 π の例を示しました。この具体例では、ユーザの異なる状態（$\mathcal{S} = \{s1, s2, s3\}$）に対して、

[*1] 強化学習におけるオフ方策評価は少々複雑であり、また実際に強化学習が運用されている現場も現状そこまで多くないでしょうから、すぐに現場で役に立つ知識に絞って学習したい方は本節を流し読みしても大きな問題はないでしょう。

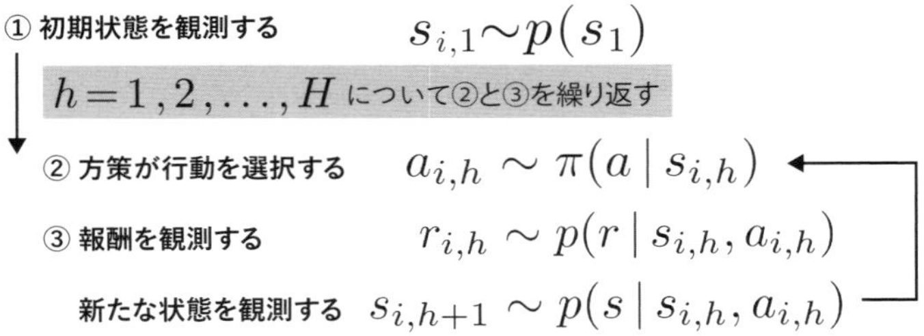

① 初期状態を観測する　　　$s_{i,1} \sim p(s_1)$

$h = 1, 2, \ldots, H$ について②と③を繰り返す

② 方策が行動を選択する　　$a_{i,h} \sim \pi(a \mid s_{i,h})$

③ 報酬を観測する　　　　　$r_{i,h} \sim p(r \mid s_{i,h}, a_{i,h})$

新たな状態を観測する　$s_{i,h+1} \sim p(s \mid s_{i,h}, a_{i,h})$

図 4.1　方策 π によるデータ生成過程（強化学習の場合）

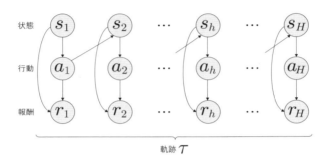

図 4.2　強化学習に登場する確率変数間の関係性

3 本の映画（$a \in \{a1, a2, a3\}$）を推薦する問題を考えています。表 4.2 を見ると、この意思決定方策 π は、$s1$ という状態にあるユーザに対してはタイタニックを 20%、アバターを 50%、スラムダンクを 30%の確率で推薦する一方で、$s3$ という状態にあるユーザに対してはスラムダンクを 100%の確率で推薦し、そのほかの映画はまったく推薦しないことがわかります。強化学習の設定でも、実装する意思決定方策が変わればその結果として観測される報酬（クリック確率や視聴確率など）も変わるため、意思決定方策をさまざまに変えた際に訪れるであろう KPI の変化をログデータのみに基づいて推定したいというモチベーションが普遍的に存在します。

図 4.1 に、強化学習において方策 π がデータを生成するプロセスを示しました。それぞれのユーザや患者について、我々はまず未知の初期状態分布 $p(s_1)$ に従う状態変

表 4.1　状態 / 行動 / 報酬の例

応用例	状態 s	行動 a	報酬 r
映画推薦	ユーザの映画視聴履歴	映画の種類	クリック・視聴時間
クーポン配布	ユーザの購買履歴	クーポンの種類	購買有無・売上
投薬	患者の過去の検査結果	薬の種類・投薬量	生存有無・血糖値

表 4.2　映画推薦の問題における意思決定方策 π の例

	タイタニック（$a1$）	アバター（$a2$）	スラムダンク（$a3$）
状態 1（$s1$）	$\pi(a1|s1) = 0.2$	$\pi(a2|s1) = 0.5$	$\pi(a3|s1) = 0.3$
状態 2（$s2$）	$\pi(a1|s2) = 0.8$	$\pi(a2|s2) = 0.0$	$\pi(a3|s2) = 0.2$
状態 3（$s3$）	$\pi(a1|s3) = 0.0$	$\pi(a2|s3) = 0.0$	$\pi(a3|s3) = 1.0$

数 $s_{i,1}$ を観測します。次に、観測した $s_{i,1}$ に基づき方策 π が推薦アイテムや治療などの行動 $a_{i,1}$ を選択します。最後に、報酬 $r_{i,1}$ が未知の確率分布 $p(r \mid s_{i,1}, a_{i,1})$ に従い観測されます（どの状態において何を推薦したかに応じてクリック確率などは変化するはずなので、報酬の分布は状態 s と行動 a で条件付けられています）。さらに**状態 s と行動 a の両方に依存して、状態遷移（state transition）が発生**します。状態遷移は例えば、あるアイテムを推薦することによるユーザの興味傾向の変化やある治療を施すことによる患者の健康状態の変化などを表します。具体的には、次の時点 $h+1$ における状態 $s_{i,h+1}$ が未知の状態遷移分布 $p(s_{h+1} \mid s_{i,h}, a_{i,h})$ に従い観測されます。この意思決定プロセスを**ユーザや患者ごとに H 回繰り返すことで得られる累積報酬の最大化ないしは最小化を目指す**のが強化学習における意思決定方策の役割になります。これまでに扱ってきたより単純な設定と比べて、各ユーザや患者について $h = 1, 2, \ldots, H$ という複数の意思決定時点を考え、状態遷移分布 $p(s_{h+1} \mid s_h, a_h)$ に従い状態 s が刻一刻と変化しながら報酬が各時点で発生する点、そして各時点で発生する報酬の累積和に興味がある点が大きな違いでしょう（図 4.2 を参照）。

　強化学習における**意思決定方策 π の性能**は、次のように定義されます。

定義 4.1.（強化学習の設定において）意思決定方策 π の性能は、次のように定義される。

$$V(\pi) := \mathbb{E}_{\tau \sim p_\pi(\tau)} \left[\sum_{h=1}^{H} r_h \right] \tag{4.1}$$

なお $\tau = \{s_h, a_h, r_h, s_{h+1}\}_{h=1}^{H}$ は（状態・行動・報酬・状態遷移）の情報を含んだ軌跡（trajectory）であり、ある方策 π が生成する軌跡の分布は、

$$p_\pi(\tau) = p(s_1) \prod_{h=1}^{H} \pi(a_h \mid s_h) p(r_h \mid s_h, a_h) p(s_{h+1} \mid s_h, a_h)$$

と表される。

　強化学習における意思決定方策の性能 $V(\pi)$ は、その方策 π を環境に実装した際に

得られる**累積報酬（cumulative reward）の期待値**で定義されます[*2]。例えば、報酬 r がクリック有無で定義されるならば、$V(\pi)$ は方策 π によってもたらされる時点 $h=1$ から $h=H$ の間に発生する累積クリック数の期待値になります。強化学習においても変わらず、**オフ方策評価の目的は、すでに運用されている意思決定方策（データ収集方策）π_0 により収集されたログデータのみを用いて、新たな方策 π（評価方策）の性能を正確に推定すること**です[*3]。強化学習の場合、オフ方策評価に用いることができるログデータ $\mathcal{D}$ は、次の独立同一分布からの抽出により与えられます。

$$\mathcal{D} := \{\tau_i\}_{i=1}^n \sim p(\mathcal{D}) = \prod_{i=1}^n p_{\pi_0}(\tau_i), \tag{4.2}$$

ログデータ $\mathcal{D}$ は、データ収集方策 π_0 が図 4.1 に示されるフローに従って行った意思決定の結果として各ユーザや患者について観測される軌跡 τ の n 個の集合です。なお、ログデータに含まれる軌跡 τ は $\tau = \{s_h, a_h, r_h, s_{h+1}\} \sim p_{\pi_0}(\tau) = p(s_1) \prod_{h=1}^H \pi_0(a_h \mid s_h) p(r_h \mid s_h, a_h) p(s_{h+1} \mid s_h, a_h)$ というデータ収集方策 π_0 が形成する同時分布に従い観測されます。

　強化学習におけるオフ方策評価でも、データ収集方策 π_0 が収集したログデータ $\mathcal{D}$ のみを用いて評価方策の性能 $V(\pi)$ をより正確に推定できる推定量 $\hat{V}$ の構築を目指します。推定量 $\hat{V}$ の正確さは平均二乗誤差によって定量化され、平均二乗誤差が小さいほど推定量がより正確であることを意味します。推定量の平均二乗誤差はバイアスとバリアンスに分解でき（$\mathrm{MSE}[\hat{V}(\pi;\mathcal{D})] = \mathrm{Bias}[\hat{V}(\pi;\mathcal{D})]^2 + \mathrm{Var}[\hat{V}(\pi;\mathcal{D})]$）、強化学習のオフ方策評価においても、どちらか一方を小さくすればもう一方は大きくなりがちです。よってバイアスとバリアンスの両方を小さく抑え、結果としてより小さい平均二乗誤差を達成する推定量を構築することが重要な研究課題とされています。

4.1.1　Importance Sampling (IS) に基づく推定量

　ここから、データ収集方策 π_0 が生成した軌跡のログデータ $\mathcal{D}$（式 (4.2)）のみを用いて、新たな方策 π の性能 $V(\pi)$ を推定する問題を具体的に扱っていきます。まずはじめに、IPS 推定量の考え方を単純に強化学習の設定に応用した次の **Trajectory-wise**

[*2] 即時報酬（immediate reward）と将来報酬（future reward）の優先度を調整する割引率（discount factor）と呼ばれるパラメータ $\gamma \in (0,1]$ を導入して、方策の性能を $V(\pi) := \mathbb{E}_{\tau \sim p_\pi(\tau)}\left[\sum_{h=1}^H \gamma^{h-1} r_h\right]$ と定義することも多くあります。

[*3] 強化学習のオフ方策評価の論文では挙動方策（behavior policy）と呼ばれ π_b と表記されることが多いですが、意味は変わりません。同じ役割の方策に対し複数の異なる表記や呼称を用いることによる混乱を避けるため、本書では一貫して π_0 という表記を用い、これをデータ収集方策（logging policy）と呼ぶことにしています。

Importance Sampling（Traj-IS）推定量を導入します。

定義 4.2. （強化学習の設定において）あるデータ収集方策 π_0 により収集されたログデータ $\mathcal{D}$ を用いるとき、評価方策 π の性能 $V(\pi)$ に対する Trajectory-wise Importance Sampling（Traj-IS）推定量は、次のように定義される。

$$\hat{V}_{\text{TrajIS}}(\pi; \mathcal{D}) \tag{4.3}$$

$$:= \frac{1}{n} \sum_{i=1}^{n} \frac{p_\pi(\tau_i)}{p_{\pi_0}(\tau_i)} \sum_{h=1}^{H} r_{i,h} = \frac{1}{n} \sum_{i=1}^{n} \left(\prod_{h=1}^{H} \underbrace{\frac{\pi(a_{i,h} \mid s_{i,h})}{\pi_0(a_{i,h} \mid s_{i,h})}}_{w(s_{i,h}, a_{i,h})} \right) \sum_{h=1}^{H} r_{i,h}$$

なお $w(s, a) := \pi(a \mid s)/\pi_0(a \mid s)$ は、評価方策 π とデータ収集方策 π_0 による行動選択確率の比であり、**重要度重み**と呼ばれる。

Traj-IS 推定量は、**軌跡 τ 全体を一つの行動とみなしたうえで軌跡の生成分布についての重要度重み $p_\pi(\tau_i)/p_{\pi_0}(\tau_i)$ を定義し、IPS 推定量の考え方を適用**しています。なお方策 π が変化したとしても状態遷移分布 $p(s_{h+1}|s_h, a_h)$ に変化はないため、軌跡の生成分布に関する重要度重みは、結局のところ次のように変形されます。

$$\frac{p_\pi(\tau_i)}{p_{\pi_0}(\tau_i)} = \frac{\cancel{p(s_{i,1})} \prod_{h=1}^{H} \pi(a_{i,h} \mid s_{i,h}) \cancel{p(r_{i,h} \mid s_{i,h}, a_{i,h})} \cancel{p(s_{i,h+1} \mid s_{i,h}, a_{i,h})}}{\cancel{p(s_{i,1})} \prod_{h=1}^{H} \pi_0(a_{i,h} \mid s_{i,h}) \cancel{p(r_{i,h} \mid s_{i,h}, a_{i,h})} \cancel{p(s_{i,h+1} \mid s_{i,h}, a_{i,h})}}$$

$$= \prod_{h=1}^{H} \frac{\pi(a_{i,h} \mid s_{i,h})}{\pi_0(a_{i,h} \mid s_{i,h})} = \prod_{h=1}^{H} w(s_{i,h}, a_{i,h})$$

よって、軌跡の生成分布に関する重要度重みは、時点 $h = 1$ から $h = H$ に選択された行動の組み合わせ $(a_1, a_2, \ldots, a_H)$ が、データ収集方策と評価方策のもとでそれぞれ観測される確率に関する重要度重み $\prod_{h=1}^{H} w(s_{i,h}, a_{i,h})$ に一致します。

Traj-IS 推定量のバイアスを調べるために、（強化学習に特有のデータ生成過程に注意しながら）その期待値を計算してみることにしましょう。

$$\mathbb{E}_{p(\mathcal{D})}[\hat{V}_{\text{TrajIS}}(\pi; \mathcal{D})] = \mathbb{E}_{p(\mathcal{D})} \left[\frac{1}{n} \sum_{i=1}^{n} \frac{p_\pi(\tau_i)}{p_{\pi_0}(\tau_i)} \sum_{h=1}^{H} r_{i,h} \right]$$

$$= \frac{1}{n} \sum_{i=1}^{n} \mathbb{E}_{\tau \sim p_{\pi_0}} \left[\frac{p_\pi(\tau)}{p_{\pi_0}(\tau)} \sum_{h=1}^{H} r_h \right] \quad \because \tau_i \overset{\text{i.i.d.}}{\sim} p_{\pi_0}(\tau)$$

$$= \sum_{\tau} p_{\pi_0}(\tau) \frac{p_\pi(\tau)}{p_{\pi_0}(\tau)} \sum_{h=1}^{H} r_h$$

$$= \mathbb{E}_{\tau \sim p_\pi(\tau)} \left[\sum_{h=1}^{H} r_h \right]$$

$$= V(\pi)$$

よってこれまでと同様の重要度重みのトリックにより、データ収集方策による軌跡の分布 p_{π_0} に関する期待値が評価方策による軌跡の分布 p_π に関する期待値に切り替わるため、Traj-IS 推定量の期待値が評価方策の性能に一致しています。よって次の定理が導かれます。

定理 4.1. あるデータ収集方策 π_0 により収集されたログデータ $\mathcal{D}$ を用いるとき、式 (4.3) で定義される Traj-IS 推定量は、評価方策 π の真の性能 $V(\pi)$ に対する不偏推定量である。すなわち、

$$\mathbb{E}_{p(\mathcal{D})}[\hat{V}_{\mathrm{TrajIS}}(\pi; \mathcal{D})] = V(\pi) \quad (\implies \mathrm{Bias}[\hat{V}_{\mathrm{TrajIS}}(\pi; \mathcal{D})] = 0)$$

よって、軌跡全体の分布に関する重要度重みを考える Traj-IS 推定量により、強化学習のオフ方策評価においても不偏推定が可能になります。しかし、3 章までに繰り返し問題になったように、強化学習の設定でも重要度重みに基づく推定量は大きなバリアンスの問題に苦しむことが知られています。特に、Traj-IS 推定量は重要度重みの総積 $\prod_{h=1}^{H} w(s_{i,h}, a_{i,h})$ に依存しており、バリアンスが指数的に増大することが想定されます (Liu18)。図 4.3 および図 4.4 において、Traj-IS 推定量の欠陥を調べたシミュレーション結果を示しました。まず図 4.3 では、軌跡を徐々に長くしたとき（H を大きくしたとき）の Traj-IS 推定量の精度を調べています。なおここでは、Traj-IS 推定量の正確さをイメージするためのベースラインとして、ログデータ上の累積報酬を単純平均した AVG 推定量[*4]の推定精度も同時に表示しています。図 4.3 を見ると、**軌跡が長くなるにつれ Traj-IS 推定量の推定誤差が急激に悪化している**様子が一目瞭然です。H が小さいときは良好な精度で推定できているにもかかわらず、**軌跡が長くなるにつれ AVG 推定量と比較しても非常に大きな推定誤差を生じてしまっています。**次に、ログデータのサイズ n を徐々に大きくしたときの Traj-IS 推定量の平均二乗誤

[*4]   強化学習における AVG 推定量は $\hat{V}_{\mathrm{AVG}}(\pi, \mathcal{D}) := \frac{1}{n} \sum_{i=1}^{n} \sum_{h=1}^{H} r_{i,h}$ と定義されます。これは評価方策 π に非依存であるため、オフライン評価においてまったく意味を成さない推定量であり、最低限上回らなくてはならないベースラインといえます。

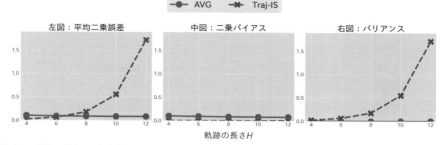

図 4.3 軌跡の長さ H を変化させたときの AVG 推定量と Traj-IS 推定量の平均二乗誤差・バイアス・バリアンスの挙動（人工データ実験により計測）

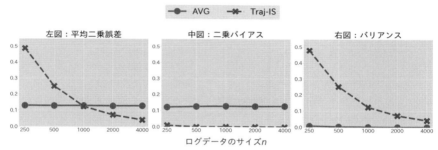

図 4.4 ログデータのサイズ n を変化させたときの AVG 推定量と Traj-IS 推定量の平均二乗誤差・バイアス・バリアンスの挙動（人工データ実験により計測）

差を調べた図 4.4 を見ると、データ数 n が増加するにつれ精度の改善が見られる一方で、データ数 n が小さい場合にやはり深刻なバリアンスの問題から AVG 推定量と比較しても大きな推定誤差を生じています。よって、バイアスの発生をできる限り小さく抑えながらも Traj-IS 推定量の指数的なバリアンスを改善することが、強化学習のオフ方策評価における一つの大きな研究課題になっているのです。

　Traj-IS 推定量のバリアンスを軽減するためのシンプルなテクニックに **Step-wise Importance Sampling（Step-IS）推定量**があります。Step-IS 推定量は、**ある時点 h に観測される報酬 r_h がそれ以前に選択された行動** $a_1, a_2, \ldots, a_h$ **にしか依存しない**ことを利用して、次のように定義されます。

> **定義 4.3.** （強化学習の設定において）あるデータ収集方策 π_0 により収集された
> ログデータ $\mathcal{D}$ を用いるとき、評価方策 π の性能 $V(\pi)$ に対する Step-wise
> Importance Sampling（Step-IS）推定量は、次のように定義される。
>
> $$\hat{V}_{\text{StepIS}}(\pi; \mathcal{D}) \tag{4.4}$$
>
> $$:= \frac{1}{n}\sum_{i=1}^{n}\sum_{h=1}^{H}\left(\prod_{h'=1}^{h}\underbrace{\frac{\pi(a_{i,h'} \mid s_{i,h'})}{\pi_0(a_{i,h'} \mid s_{i,h'})}}_{w(s_{i,h'}, a_{i,h'})}\right)r_{i,h} = \frac{1}{n}\sum_{i=1}^{n}\sum_{h=1}^{H}\rho_{1:h}(\tau_i)r_{i,h}$$
>
> なお $\rho_{1:h}(\tau) := \prod_{h'=1}^{h}w(s_{h'}, a_{h'})$ は、評価方策 π とデータ収集方策 π_0 によ
> る行動選択確率の比で定義される各時点ごとの重要度重みを、時点 $h' = 1$ か
> ら $h' = h$ まで掛け合わせたものである。

Traj-IS 推定量と比べ Step-IS 推定量では、**各時点 h に観測された状態と行動のペ
ア (s_h, a_h) に関する重要度重み $w(s_h, a_h)$ が、時点についての和 $\sum_{h=1}^{H}$ の中に入っ
ている**ことが特徴的です。また**各時点に観測された報酬 r_h を重み付ける際には**、r_h
**がそれ以前に選択された行動 $a_1, a_2, \ldots, a_h$ にしか依存しない事実に基づき、時点
$h' = 1$ から $h' = h$ までの重みの積 $\prod_{h'=1}^{h}w(s_{h'}, a_{h'})$ しか用いていない**ことがわか
ります。これにより、Traj-IS 推定量と比べて掛け算される重みの数が減少するため、
多くの場合 Step-IS 推定量の方がより小さいバリアンスを持つことが知られていま
す[*5]。またデータ収集方策 π_0 による軌跡の生成分布について期待値を計算すること
で、Step-IS 推定量も評価方策の真の性能に対する不偏性を持つことを確認できます
（導出は章末問題としています）。

> **定理 4.2.** あるデータ収集方策 π_0 により収集されたログデータ $\mathcal{D}$ を用いると
> き、式 (4.4) で定義される Step-IS 推定量は、評価方策 π の真の性能 $V(\pi)$
> に対する不偏推定量である。すなわち、
>
> $$\mathbb{E}_{p(\mathcal{D})}[\hat{V}_{\text{StepIS}}(\pi; \mathcal{D})] = V(\pi) \quad (\implies \text{Bias}[\hat{V}_{\text{StepIS}}(\pi; \mathcal{D})] = 0)$$

よって Step-IS 推定量は不偏性を満たし、Traj-IS 推定量よりも小さいバリアンス
を持つことから、多くの場合より小さい平均二乗誤差を達成することが報告されてい

[*5] （Liu20）によると、Traj-IS 推定量の方が小さなバリアンスを持つ問題とデータ生成分布の例を構成
することが可能であるため、Step-IS 推定量のバリアンスが常に Traj-IS 推定量のそれよりも小さく
なるとは限りません。しかし、軌跡がある程度長い状況では、ほとんどの場合 Step-IS 推定量の方
が小さいバリアンスを持つことが経験的に知られています（Voloshin19）。

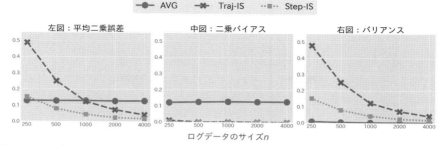

図 4.5 ログデータのサイズ n を変化させたときの AVG 推定量・Traj-IS 推定量・Step-IS 推定量の平均二乗誤差・バイアス・バリアンスの挙動（人工データ実験により計測）

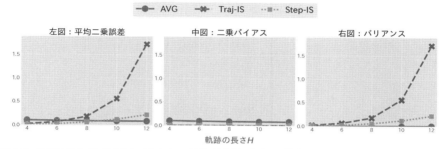

図 4.6 軌跡の長さ H を変化させたときの AVG 推定量・Traj-IS 推定量・Step-IS 推定量の平均二乗誤差・バイアス・バリアンスの挙動（人工データ実験により計測）

ます（Yuan21, Voloshin19）。図 4.5 と図 4.6 において、AVG 推定量と Traj-IS 推定量、Step-IS 推定量の推定精度をシミュレーションに基づき比較しています。まず図 4.5 では、ログデータのサイズ（観測される軌跡の数）n を徐々に増加させたときの推定量の平均二乗誤差やバイアス・バリアンスを示しています。この結果を見ると、Traj-IS 推定量と Step-IS 推定量はデータのサイズ n が大きくなるにつれともに平均二乗誤差を単調減少させているものの、バリアンスの差により、Traj-IS 推定量よりも Step-IS 推定量の方が常により正確であることがわかります。また、Step-IS 推定量がほとんどの場合 AVG 推定量よりも正確であることもわかります。図 4.6 では、軌跡を徐々に長くしたとき（H を大きくしたとき）の各推定量の平均二乗誤差やバイアス・バリアンスを調べており、Step-IS 推定量が強化学習の問題の構造を利用した重要度重みの定義により、Traj-IS 推定量よりも軌跡の長さ H に頑健なことが見てとれます。一方で Step-IS 推定量を用いたとしても、最終時点 H に観測された報酬 r_H を扱う際には Traj-IS 推定量と同様の重みの総積 $\prod_{h'=1}^{H} w(s_{h'}, a_{h'})$ を適用する必要があり、これが原因で未だ巨大なバリアンスの発生が懸念されます。実験結果を見ても、$H = 12$ のときにはベースラインである AVG 推定量よりも大きな平均二乗誤差

を発生してしまっている様子が見てとれます。よって、Step-IS 推定量をもとに、さらなるバリアンスの減少を目指した推定量が多く開発されています。

4.1.2　強化学習における Doubly Robust（DR）推定量

Step-IS 推定量のバリアンスを改善するためにすぐに思いつくアイデアは、**Doubly Robust（DR）推定量**を強化学習の設定に拡張することです。実際に強化学習の設定における DR 推定量は存在し、次のように定義されます（Jiang16, Thomas16）。

定義 4.4.（強化学習の設定において）あるデータ収集方策 π_0 により収集されたログデータ $\mathcal{D}$ を用いるとき、評価方策 π の性能 $V(\pi)$ に対する Doubly Robust（DR）推定量は、次のように定義される。

$$\hat{V}_{\mathrm{DR}}(\pi; \mathcal{D}, \hat{Q}) := \frac{1}{n} \sum_{i=1}^{n} \sum_{h=1}^{H} \Big\{ \rho_{1:h}(\tau_i)(r_{i,h} - \hat{Q}_h^\pi(s_{i,h}, a_{i,h}))$$

$$+ \rho_{1:h-1}(\tau_i) \mathbb{E}_{\pi(a|s_{i,h})}[\hat{Q}_h^\pi(s_{i,h}, a)] \Big\} \quad (4.5)$$

なお $\rho_{1:h}(\tau) := \prod_{h'=1}^{h} w(s_{h'}, a_{h'})$ は、評価方策 π とデータ収集方策 π_0 による行動選択確率の比で定義される各時点の重要度重みを、時点 $h' = 1$ から $h' = h$ まで掛け合わせたものである。また $\hat{Q}_h^\pi(s, a)$ は、時点 h における期待将来累積報酬 $Q_h^\pi(s, a) := \mathbb{E}_{p_\pi(\tau_{h:H}|s_h=s, a_h=a)}[\sum_{h'=h}^{H} r_{h'}]$（Q 関数と呼ばれる）に対する推定モデルである（$\tau_{h:H}$ は時点 h から H までの軌跡）。

ここで定義した DR 推定量は、Step-IS 推定量をもとにして期待将来累積報酬 $Q_h^\pi(s, a)$ に対する推定モデル $\hat{Q}_h^\pi(s, a)$ を組み込むことで定義されます。なお $\hat{Q}_h^\pi(s, a)$ の最適化には、（例えば）次の再帰的なアルゴリズムが用いられます（Le19, Hao21, Kallus21）[6]。

1. $\hat{Q}_{H+1}^\pi(s, a) = 0,\ \forall(s, a)$
2. For $h = H, H-1, \dots, 1$

   ● $y_{i,h} := r_{i,h} + \mathbb{E}_{\pi(a|s_{i,h+1})}[\hat{Q}_{h+1}^\pi(s_{i,h+1}, a)],\ \forall i$

   ● $\hat{Q}_h^\pi = \arg\min_{\hat{Q} \in \mathcal{Q}} \frac{1}{n} \sum_{i=1}^{n} \left(y_{i,h} - \hat{Q}(s_{i,h}, a_{i,h}) \right)^2$

---

[6] このように期待将来累積報酬 $Q_h^\pi(s, a)$ に対する推定モデル $\hat{Q}_h^\pi(s, a)$ を得るアルゴリズムを Fitted Q-Evaluation（FQE）と呼び、これ自体がオフ方策評価の推定量として用いられることもあります（Le19）。具体的に FQE は、$\hat{V}_{\mathrm{FQE}}(\pi; \mathcal{D}, \hat{Q}_1) := \frac{1}{n} \sum_{i=1}^{n} \mathbb{E}_{\pi(a|s_{i,1})}[\hat{Q}_1^\pi(s_{i,1}, a)]$ と定義され、これは 1 章で扱った標準的な設定における DM 推定量に対応します。FQE の詳細が気になる方は参考文献を参照するとよいでしょう。

すなわち、時点 $h = H$ からスタートして、徐々に h を小さくしながら（時点を遡りながら）最適化を進めます。ある時点 h における推定モデル $\hat{Q}_h^\pi$ を得る際には、時点 $h+1$ においてすでに最適化済みの推定モデル $\hat{Q}_{h+1}^\pi$ を用いて $y_{i,h} := r_{i,h} + \mathbb{E}_{\pi(a|s_{i,h+1})}[\hat{Q}_{h+1}^\pi(s_{i,h+1}, a)]$ という目的変数を定義します。そして、$y_{i,h}$ を目的変数とする教師あり予測の問題を解くことで $\hat{Q}_h^\pi$ を得ます。これを繰り返すことで、各時点における期待将来累積報酬の推定モデル $\hat{Q}_1^\pi, \hat{Q}_2^\pi, \ldots, \hat{Q}_H^\pi$ を得ます。

DR 推定量では、Step-IS 推定量と同様の時点 $h' = 1$ から $h' = h$ までの重みの積 $\rho_{1:h}(\tau) = \prod_{h'=1}^{h} w(s_{h'}, a_{h'})$ が存在する一方で、それに掛け算される要素が報酬自体 r_h ではなく報酬と推定モデルの差 $r_h - \hat{Q}_h^\pi(s_h, a_h)$ となっているため、直感的には推定モデルの精度に応じてバリアンスが減少しそうです。実際 DR 推定量は、Traj-IS 推定量や Step-IS 推定量よりも多くの場合より小さいバリアンスを持つことが理論的・実験的に知られています（Jiang16, Thomas16, Voloshin19）。また強化学習における DR 推定量は、これまでに扱った推定量と同様に、評価方策の真の性能に対して不偏であることが知られています（導出は章末問題としています）。

定理 4.3. あるデータ収集方策 π_0 により収集されたログデータ $\mathcal{D}$ を用いるとき、式 (4.5) で定義される DR 推定量は、評価方策 π の真の性能 $V(\pi)$ に対する不偏推定量である。すなわち、

$$\mathbb{E}_{p(\mathcal{D})}[\hat{V}_{\mathrm{DR}}(\pi; \mathcal{D}, \hat{Q})] = V(\pi) \quad (\implies \mathrm{Bias}[\hat{V}_{\mathrm{DR}}(\pi; \mathcal{D}, \hat{Q})] = 0)$$

図 4.7 と図 4.8 において、Traj-IS 推定量と Step-IS 推定量、DR 推定量の推定精度を比較しています。まず図 4.7 では、ログデータのサイズ n を徐々に大きくしたときの推定量の平均二乗誤差やバイアス・バリアンスを示しています。この結果を見ると、どの推定量も n が大きくなるにつれ平均二乗誤差を単調に減少させているものの、バリアンスの差により、Traj-IS 推定量よりも Step-IS 推定量が、Step-IS 推定量よりも DR 推定量が（わずかながら）常により正確であることがわかります。また図 4.8 では、軌跡を徐々に長くしたとき（H を大きくしたとき）の各推定量の平均二乗誤差やバイアス・バリアンスを調べており、Step-IS 推定量や DR 推定量が、強化学習の問題の構造を利用した重要度重みの定義により、Traj-IS 推定量よりも軌跡の長さ H に頑健なことが見てとれます。一方で、Step-IS 推定量や DR 推定量も結局のところ時点 $h = H$ のデータに対しては Traj-IS 推定量と同様の重み $\rho_{1:H}(\tau) = \prod_{h'=1}^{H} w(s_{h'}, a_{h'})$ を適用していることから、H が大きい場合に大きなバリアンスが発生してしまうため、まだ改善余地が残されていることがわかります。

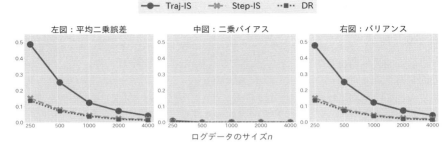

図 4.7 ログデータのサイズ n を変化させたときの Traj-IS・Step-IS・DR 推定量の平均二乗誤差・バイアス・バリアンスの挙動（人工データ実験により計測）

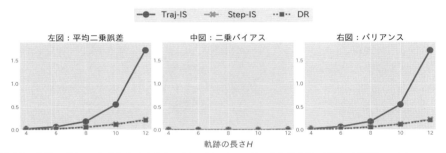

図 4.8 軌跡の長さ H を変化させたときの Traj-IS・Step-IS・DR 推定量の平均二乗誤差・バイアス・バリアンスの挙動（人工データ実験により計測）

4.1.3　Marginalized Importance Sampling（MIS）推定量

　Traj-IS 推定量や Step-IS 推定量、DR 推定量はどれも不偏性を持つ一方で、軌跡の長さ H に依存する巨大なバリアンスが発生する欠点がありました。**Marginalized Importance Sampling（MIS）推定量**は、このバリアンスの問題に対する解決策として提案された推定量であり、評価方策 π の真の性能に対する次の変形をもとに定義されます（Xie19）。

$$V(\pi) = \mathbb{E}_{p_\pi(\tau)}\left[\sum_{h=1}^{H} r_h\right] = \sum_{h=1}^{H} \mathbb{E}_{p_{\pi,h}(s,a)}\left[q_h(s,a)\right] \tag{4.6}$$

ここで $p_{\pi,h}(s,a) := p_\pi(s_h = s, a_h = a)$ は、方策 π のもとである状態 s と行動 a を時点 h に観測する周辺状態行動確率（marginal state-action distribution）です[*7]。

---

*7　周辺状態行動確率は軌跡分布の周辺化を行うことで
$p_{\pi,h}(s,a) = \sum_{s_1,a_1,\ldots,a_{h-1},s_{h+1}} p(s_1)\prod_{h'=1}^{h} \pi(a_{h'}|s_{h'})p(s_{h'+1}|s_{h'},a_{h'})$ として計算されます。

また $q_h(s,a) := \mathbb{E}[r_h \mid s_h = s, a_h = a]$ は、時点 h における期待即時報酬です。

式 (4.6) を眺めると、Traj-IS 推定量のように軌跡 τ の分布で重要度重み $p_\pi(\tau)/p_{\pi_0}(\tau)$ を考えるのではなく、状態と行動の周辺分布 $p_{\pi,h}(s,a)$ に関する重要度重みを適用することでも評価方策の性能を推定できそうです。この考え方に基づき提案されたのが MIS 推定量であり、次のように定義されます（Xie19）。

> **定義 4.5.** （強化学習の設定において）あるデータ収集方策 π_0 により収集されたログデータ $\mathcal{D}$ を用いるとき、評価方策 π の性能 $V(\pi)$ に対する Marginalized Importance Sampling（MIS）推定量は、次のように定義される。
>
> $$\hat{V}_{\mathrm{MIS}}(\pi; \mathcal{D}) := \frac{1}{n}\sum_{i=1}^{n}\sum_{h=1}^{H}\frac{p_{\pi,h}(s_{i,h}, a_{i,h})}{p_{\pi_0,h}(s_{i,h}, a_{i,h})}r_{i,h} = \frac{1}{n}\sum_{i=1}^{n}\sum_{h=1}^{H}v_h(s_{i,h}, a_{i,h})r_{i,h}$$
>
> $$(4.7)$$
>
> なお $v_h(s,a) := p_{\pi,h}(s,a)/p_{\pi_0,h}(s,a)$ は、評価方策 π とデータ収集方策 π_0 のもとで定義される周辺状態行動確率の比であり、**周辺重要度重み**（marginal importance weight）と呼ばれる。

ここでは式 (4.6) から着想を得て、周辺状態行動確率の比によって定義される周辺重要度重み $v_h(s,a) := p_{\pi,h}(s,a)/p_{\pi_0,h}(s,a)$ に基づく MIS 推定量を定義しています[*8]。周辺重要度重みを重要度重みの総積の代わりに用いることで、Traj-IS 推定量や Step-IS 推定量、DR 推定量が依存していた重要度重みの総積 $\rho_{1:h}$ が消失するため、長い（H の大きい）軌跡を扱う際に、これらの推定量に対して特に大きなバリアンス減少が見込めます。また MIS 推定量は、真の周辺重要度重みを用いることができるならば評価方策の性能 $V(\pi)$ に対して不偏性を持つことが知られています（Xie19）。したがって MIS 推定量を用いることで、特に H が大きい状況でほかの推定量よりも正確なオフ方策評価が可能になると考えられるのです。

図 4.9 と図 4.10 において Step-IS 推定量と DR 推定量、MIS 推定量の精度をシミュレーションにより比較しています。まず図 4.9 では、ログデータのサイズ n を徐々に大きくしたときの推定量の平均二乗誤差やバイアス・バリアンスを示しています。これを見ると、どの推定量も n が大きくなるにつれ平均二乗誤差を単調に減少させているものの、特にデータ数が小さいときに、MIS 推定量のバリアンスが最も小さく Step-IS 推定量や DR 推定量と比べて常により正確であることがわかります。また図 4.10 で、軌跡を徐々に長くしたとき（H を大きくしたとき）の各推定量の平均

[*8] 共通サポートの破れや大規模行動空間に対応するための方法として MIPS 推定量（定義 3.1）やそれに対応する周辺重要度重み $w(x,e)$ が 3 章で登場しましたが、強化学習の設定における周辺重要度重み $v_h(s,a)$ とは異なる概念であることに注意してください。

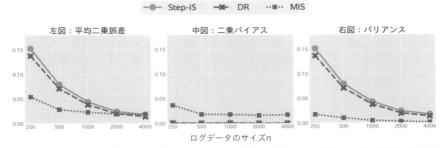

図 4.9　ログデータのサイズ n を変化させたときの Step-IS 推定量・DR 推定量・MIS 推定量の平均二乗誤差・バイアス・バリアンスの挙動（人工データ実験により計測）

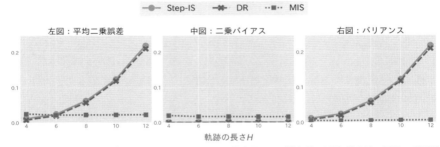

図 4.10　軌跡の長さ H を変化させたときの Step-IS 推定量・DR 推定量・MIS 推定量の平均二乗誤差・バイアス・バリアンスの挙動（人工データ実験により計測）

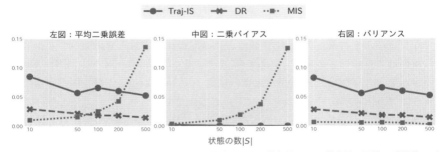

図 4.11　状態数 $|\mathcal{S}|$ を変化させたときの Traj-IS 推定量・DR 推定量・MIS 推定量の平均二乗誤差・バイアス・バリアンスの挙動（人工データ実験により計測）

二乗誤差やバイアス・バリアンスを調べており、H が大きくなるにつれ Step-IS 推定量や DR 推定量のバリアンスが急激に増加し平均二乗誤差が悪化している一方で、MIS 推定量は重要度重みの総積を用いていないため、軌跡の長さ（H の大きさ）に対してかなり頑健であることがわかります。

　このシミュレーション結果に基づくと MIS 推定量がかなり望ましい推定量のよう

に思えますが、Traj-IS 推定量や Step-IS 推定量、DR 推定量が用いている行動選択確率に関する重要度重み $w(s,a)$ は既知であることも多い一方で、MIS 推定量が用いる周辺重要度重み $v_h(s,a)$ は状態遷移確率が未知であるために未知であることがほとんどです。よって、実際には**ログデータ $\mathcal{D}$ に基づき周辺重要度重みを推定せざるをえず、MIS 推定量は周辺重要度重みの推定誤差に依存したバイアスに苦しむ可能性があります**。実際に図 4.9 と図 4.10 の結果では、MIS 推定量のみが少量ながらバイアスを発生していました。よって MIS 推定量と Step-IS 推定量や DR 推定量の間には、MIS 推定量がバリアンスに優位性を持つ一方で、Step-IS 推定量や DR 推定量はバイアスを発生しにくいという意味でのトレードオフが存在します。図 4.11 に、状態数 $|\mathcal{S}|$ を徐々に増加させたときの Traj-IS・DR・MIS 推定量の平均二乗誤差やバイアス・バリアンスを調べた結果を示しました。これを見ると、状態数 $|\mathcal{S}|$ が増えると MIS 推定量のバイアスが急増しており、場合によっては Traj-IS 推定量よりも精度が悪化してしまう可能性が示されています。この MIS 推定量のバイアスの増加は、状態数が増えたときに周辺重要度重みの推定が困難になることに起因しています。周辺重要度重みをログデータのみからうまく推定する方法は主に理論面から活発に研究されていますが、これを安定して正確かつ容易に推定できる手法は未だ存在しないのが現状であり、今後のさらなる発展が期待されます。また MIS 推定量をさらに改善するための亜種として、Step-IS 推定量と MIS 推定量を組み合わせた SOPE 推定量（Yuan21）や MIS 推定量に対して Q 関数の推定モデルを組み込むことでバリアンスのさらなる減少をねらった DRL 推定量（Kallus20）などが提案されています。

4.1.4　強化学習のオフ方策評価のまとめ

　本節では、状態遷移など新たな構造を持つ強化学習の設定におけるオフ方策評価を簡単に紹介しました。特に H が大きい状況では、重要度重みの総積に基づく Step-IS 推定量や DR 推定量は大きなバリアンスに苦しみます。周辺重要度重みに基づく MIS 推定量は H の大きさに対して比較的頑健ですが、ログデータに基づいた周辺重要度重みの推定という新たな問題を抱えます。したがって、強化学習のオフ方策評価には大きな研究余地が残されており、理論・実験の両面に関する論文が本書執筆現在も頻繁に公開されている状況にあります。本節で学んだ内容を基礎に、参考文献やawesome-offline-rl[*9]に代表される論文リストを参考にしながら、各自興味や関係のある領域のさらなる学習に取り組むとよいでしょう。

[*9]　https://github.com/hanjuku-kaso/awesome-offline-rl

4.2 オフ方策評価に関するそのほかの最新トピック

ここからは、詳細に扱うほどではないがその概要を知っておくとオフ方策評価の実用性の向上につながる最新技術をいくつか簡単に紹介します。

4.2.1 複数の異なるデータ収集方策が収集したログデータの有効活用

まずはじめに、ログデータが複数の異なるデータ収集方策によって収集されている状況を考えます。これまでは、ある一つのデータ収集方策 π_0 が蓄積したログデータ $\mathcal{D} := \{(x_i, a_i, r_i)\}_{i=1}^{n}$ のみを用いたオフ方策評価を一貫して考えてきました。しかし現実には、複数の異なるデータ収集方策が収集した複数のログデータが蓄積している場合があります。具体的には、次のように K 個の異なるデータ収集方策 $\pi_1, \pi_2, \ldots, \pi_k, \ldots, \pi_K$ がそれぞれ独立にログデータ $\mathcal{D}_1, \mathcal{D}_2, \ldots, \mathcal{D}_k, \ldots, \mathcal{D}_K$ を生成している状況を考えます。

$$\mathcal{D}_1 := \{(x_{i,1}, a_{i,1}, r_{i,1})\}_{i=1}^{n_1} \sim \prod_{i=1}^{n_1} p(x_i)\pi_1(a_i \mid x_i)p(r_i \mid x_i, a_i)$$

...

$$\mathcal{D}_k := \{(x_{i,k}, a_{i,k}, r_{i,k})\}_{i=1}^{n_k} \sim \prod_{i=1}^{n_k} p(x_i)\underbrace{\pi_k(a_i \mid x_i)}_{k\text{番目のデータ収集方策}}p(r_i \mid x_i, a_i)$$

...

$$\mathcal{D}_K := \{(x_{i,K}, a_{i,K}, r_{i,K})\}_{i=1}^{n_K} \sim \prod_{i=1}^{n_K} p(x_i)\pi_K(a_i \mid x_i)p(r_i \mid x_i, a_i)$$

k 番目のログデータ $\mathcal{D}_k$ は、k 番目のデータ収集方策 π_k によって収集されています。これまで環境やサービスに複数の方策を実装したことがあるならば、それはここで導入したように複数種類のデータセットが存在している状況だと考えられ、オフ方策評価を行う際にはすべてのデータ $\{\mathcal{D}_k\}_{k=1}^{K}$ をフル活用することで、より正確な推定を行うことが望ましいでしょう。

複数の異なるデータ収集方策が集めたデータを活用するための最も単純な方法は、手元のデータセット $\{\mathcal{D}_k\}_{k=1}^{K}$ をすべて使って IPS などの推定量をそのままの定義で計算してしまうことです。こうして生まれるいわゆる**ナイーブ（naive）な推定量**は、正確には次のように定義できます。

定義 4.6. 複数の異なるデータ収集方策 $\{\pi_k\}_{k=1}^K$ により収集されたログデータ $\{\mathcal{D}_k\}_{k=1}^K$ が与えられたとき、評価方策 π の性能 $V(\pi)$ に対する Naive Inverse Propensity Score（NIPS）推定量は、次のように定義される。

$$\hat{V}_{\mathrm{NIPS}}(\pi; \{\mathcal{D}_k\}_{k=1}^K) := \frac{1}{n} \sum_{k=1}^K \sum_{i=1}^{n_k} \frac{\pi(a_{i,k} \mid x_{i,k})}{\pi_k(a_{i,k} \mid x_{i,k})} r_{i,k} \tag{4.8}$$

なお $n := \sum_{k=1}^K n_k$ は、すべてのデータセットを結合したときの総データ数である。

　ここでは、複数のデータ収集方策が集めたデータセット $\{\mathcal{D}_k\}_{k=1}^K$ をすべて用いた NIPS 推定量を定義しました。基本的には IPS 推定量の考え方に基づき、手元にあるデータセットを単純に結合したうえで、観測されている報酬の重み付け平均を計算しているだけです。ただし、k 番目のデータセット $\mathcal{D}_k$ に含まれるデータについて計算を行うときは、対応するデータ収集方策に基づく重み $\pi(a \mid x)/\pi_k(a \mid x)$ を用いていることに注意しましょう。

　この NIPS 推定量は元々の IPS 推定量と同じ考えに基づき設計されているため、次のように不偏性を満たします。

定理 4.4. ある K 個の異なるデータ収集方策 $\{\pi_k\}_{k=1}^K$ により収集されたログデータ $\{\mathcal{D}_k\}_{k=1}^K$ を用いるとき、式 (4.8) で定義される NIPS 推定量は、すべてのデータ収集方策が仮定 1.1（共通サポートの仮定）を満たすとき、評価方策 π の真の性能 $V(\pi)$ に対する不偏推定量である。すなわち、

$$\mathbb{E}_{p(\mathcal{D})}[\hat{V}_{\mathrm{NIPS}}(\pi; \{\mathcal{D}_k\}_{k=1}^K)] = V(\pi) \quad (\implies \mathrm{Bias}\big[\hat{V}_{\mathrm{NIPS}}(\pi; \{\mathcal{D}_k\}_{k=1}^K)\big] = 0)$$

NIPS 推定量の不偏性は、その期待値を計算することで容易に確認できます。

$$
\begin{aligned}
\mathbb{E}_{p(\mathcal{D})}[\hat{V}_{\mathrm{NIPS}}(\pi; \{\mathcal{D}_k\}_{k=1}^K)] &= \mathbb{E}_{p(\mathcal{D})}\left[\frac{1}{n} \sum_{k=1}^K \sum_{i=1}^{n_k} \frac{\pi(a_{i,k} \mid x_{i,k})}{\pi_k(a_{i,k} \mid x_{i,k})} r_{i,k} \right] \\
&= \frac{1}{n} \sum_{k=1}^K \sum_{i=1}^{n_k} \mathbb{E}_{p(x)\pi_k(a \mid x)p(r \mid x,a)}\left[\frac{\pi(a \mid x)}{\pi_k(a \mid x)} r \right] \\
&= \frac{1}{n} \sum_{k=1}^K n_k \mathbb{E}_{p(x)}\left[\sum_{a \in \mathcal{A}} \pi_k(a \mid x) \frac{\pi(a \mid x)}{\pi_k(a \mid x)} q(x,a) \right]
\end{aligned}
$$

$$= \sum_{k=1}^{K} \frac{n_k}{n} \mathbb{E}_{p(x)} \left[\sum_{a \in \mathcal{A}} \pi(a \mid x) q(x, a) \right]$$

$$= V(\pi) \sum_{k=1}^{K} \frac{n_k}{n}$$

$$= V(\pi) \quad \because \sum_{k=1}^{K} \frac{n_k}{n} = 1$$

NIPS 推定量は評価方策の真の性能 $V(\pi)$ に対して不偏性を持ち、また手元のデータセットを余すことなく用いているため、一見望ましい推定量に思えます。しかし、この NIPS 推定量には思わぬ欠陥が潜んでいることが指摘されています（Agarwal18）。NIPS 推定量の欠陥について理解を深めるために、表 4.3 の数値例を用います。表 4.3 には、二つの特徴量 $\mathcal{X} = \{x1, x2\}$ と二つの行動 $\mathcal{A} = \{a1, a2\}$ のみが存在する非常に小規模な問題における特徴量分布 $p(x)$ や期待報酬関数 $q(x, a)$、評価方策 π と二つのデータ収集方策 π_1, π_2 が例として示されています。それぞれの方策による行動の選択確率を見ると、π_1 よりも π_2 の方が評価方策 π に似ていることがわかります。

表 4.3　一部のデータを捨てることで NIPS 推定量のバリアンスが改善してしまう例

	x_1		x_2	
	$a1$	$a2$	$a1$	$a2$
特徴量分布: $p(x)$	0.5		0.5	
期待報酬関数: $q(x, a)$	10	1	1	10
評価方策: $\pi(a \mid x)$	0.8	0.2	0.2	0.8
データ収集方策 1: $\pi_1(a \mid x)$	0.2	0.8	0.8	0.2
データ収集方策 2: $\pi_2(a \mid x)$	0.9	0.1	0.1	0.9

ここで二つのデータ収集方策 π_1, π_2 が $\mathcal{D}_1 = \{(x_{1,1}, a_{1,1}, q(x_{1,1}, a_{1,1}))\}, \mathcal{D}_2 = \{(x_{1,2}, a_{1,2}, q(x_{1,2}, a_{1,2}))\}$ というそれぞれサイズが $n_1 = n_2 = 1$ のデータセットを収集していたとします[*10]。この二つのログデータ $\mathcal{D}_1, \mathcal{D}_2$ を用いて NIPS 推定量によるオフ方策評価を行うとき、実は $\mathrm{Var}\left[\hat{V}_{\mathrm{NIPS}}(\pi; \mathcal{D}_1 \cup \mathcal{D}_2)\right] \fallingdotseq 64.27$ というとても大きなバリアンスが発生してしまいます[*11]。一方で、評価方策と大きく異なる挙動を持

[*10]　ここでは報酬のノイズを考えていないため、特徴量 x と行動 a が与えられたとき、確率 1 で報酬 $r = q(x, a)$ が観測されています。

[*11]　バリアンスの計算は章末問題としています。

つデータ収集方策 π_1 が集めたログデータ $\mathcal{D}_1$ をあえて捨て、データ収集方策 π_2 が集めたログデータ $\mathcal{D}_2$ のみを用いてオフ方策評価を行うと、面白いことに NIPS 推定量のバリアンスは $\mathrm{Var}\left[\hat{V}_{\mathrm{NIPS}}(\pi;\mathcal{D}_2)\right] = 4.27$ へと大きく減少します。**手元に存在するログデータを闇雲にすべて使ったとしても推定量のバリアンスが必ず減少するわけではなく、データの使い方を誤ってしまうと、むしろより多くのデータを使った場合の方がバリアンスが大きくなってしまうことがある**のです。より具体的には、**NIPS 推定量は異なるデータ収集方策によって集められたデータセットを一様に扱ってしまっているため、一部のデータ収集方策が評価方策とかけ離れている場合に、不必要に大きなバリアンスを発生させてしまう**という問題を抱えていることがわかります。

この NIPS 推定量の欠点を解決し、複数の異なるデータ収集方策が集めたデータセットをより有効活用するための推定量がいくつか提案されています（Agarwal18, Kallus21）。その中で最も基本的なものが、次に定義される **Balanced Inverse Propensity Score（BIPS）推定量**と呼ばれる推定量です（Agarwal18）。

定義 4.7. 複数の異なるデータ収集方策 $\{\pi_k\}_{k=1}^{K}$ により収集されたログデータ $\{\mathcal{D}_k\}_{k=1}^{K}$ が与えられたとき、評価方策 π の性能 $V(\pi)$ に対する Balanced Inverse Propensity Score（BIPS）推定量は、次のように定義される。

$$\hat{V}_{\mathrm{BIPS}}(\pi;\{\mathcal{D}_k\}_{k=1}^{K}) := \frac{1}{n}\sum_{k=1}^{K}\sum_{i=1}^{n_k}\frac{\pi(a_{i,k}\,|\,x_{i,k})}{\bar{\pi}_{1:K}(a_{i,k}\,|\,x_{i,k})}r_{i,k} \qquad (4.9)$$

なお $\bar{\pi}_{1:K}(a\,|\,x) := \sum_{k=1}^{K}\rho_k\pi_k(a\,|\,x)$ は、複数の異なるデータ収集方策 $\{\pi_k\}_{k=1}^{K}$ の重み付け平均により定義される平均化方策である。$\rho_k := n_k/n$ は、すべてのデータの中で k 番目のデータ収集方策が収集したデータが占める割合である。

ここで新たに定義した BIPS 推定量も、IPS 推定量や NIPS 推定量と同様に、観測されている報酬の重み付け平均で定義されるシンプルな推定量といえます。重要な違いは重みの定義であり、BIPS 推定量は NIPS 推定量のようにデータセット $\mathcal{D}_k$ を独立に用いるのではなく、**複数存在するデータ収集方策を平均化して定義される平均化方策 $\bar{\pi}_{1:K}(a\,|\,x) := \sum_{k=1}^{K}\rho_k\pi_k(a\,|\,x)$ に基づいた重みを一貫して使用**しています。この工夫により、評価方策とかけ離れたデータ収集方策が仮に存在したとしても、それによるバリアンスに対する悪影響が軽減されるのです。

まずは重みの定義を変更した BIPS 推定量が不必要なバイアスを生まないことを期待値計算により確かめてみましょう。

$$\mathbb{E}_{p(\mathcal{D})}[\hat{V}_{\mathrm{BIPS}}(\pi; \{\mathcal{D}_k\}_{k=1}^K)]$$

$$= \mathbb{E}_{p(\mathcal{D})}\left[\frac{1}{n}\sum_{k=1}^K\sum_{i=1}^{n_k}\frac{\pi(a_{i,k}\,|\,x_{i,k})}{\bar{\pi}_{1:K}(a_{i,k}\,|\,x_{i,k})}r_{i,k}\right]$$

$$= \frac{1}{n}\sum_{k=1}^K n_k\mathbb{E}_{p(x)\pi_k(a|x)p(r|x,a)}\left[\frac{\pi(a\,|\,x)}{\bar{\pi}_{1:K}(a\,|\,x)}r\right]$$

$$= \sum_{k=1}^K \rho_k\mathbb{E}_{p(x)}\left[\sum_{a\in\mathcal{A}}\pi_k(a\,|\,x)\frac{\pi(a\,|\,x)}{\bar{\pi}_{1:K}(a\,|\,x)}q(x,a)\right]$$

$$= \mathbb{E}_{p(x)}\left[\sum_{a\in\mathcal{A}}\frac{\pi(a\,|\,x)}{\bar{\pi}_{1:K}(a\,|\,x)}q(x,a)\sum_{k=1}^K\rho_k\pi_k(a\,|\,x)\right]$$

$$= \mathbb{E}_{p(x)}\left[\sum_{a\in\mathcal{A}}\frac{\pi(a\,|\,x)}{\bar{\pi}_{1:K}(a\,|\,x)}q(x,a)\bar{\pi}_{1:K}(a\,|\,x)\right]\;\because\bar{\pi}_{1:K}(a\,|\,x) = \sum_{k=1}^K\rho_k\pi_k(a\,|\,x)$$

$$= V(\pi)$$

よって、事前にデータ収集方策を平均化したうえで重みを定義する BIPS 推定量の期待値も、評価方策の真の性能に一致することがわかりました。

> **定理 4.5.** ある K 個の異なるデータ収集方策 $\{\pi_k\}_{k=1}^K$ により収集されたログデータ $\{\mathcal{D}_k\}_{k=1}^K$ を用いるとき、式 (4.9) で定義される BIPS 推定量は、平均化方策 $\bar{\pi}_{1:K}$ が仮定 1.1（共通サポートの仮定）を満たすとき、評価方策 π の真の性能 $V(\pi)$ に対する不偏推定量である。すなわち、
>
> $$\mathbb{E}_{p(\mathcal{D})}[\hat{V}_{\mathrm{BIPS}}(\pi; \{\mathcal{D}_k\}_{k=1}^K)] = V(\pi)\quad(\implies \mathrm{Bias}[\hat{V}_{\mathrm{BIPS}}(\pi; \{\mathcal{D}_k\}_{k=1}^K)] = 0)$$

また BIPS 推定量は、NIPS 推定量と比べてより望ましいバリアンスを持つことが知られています（導出は章末問題としています）。

> **定理 4.6.** ある K 個の異なるデータ収集方策 $\{\pi_k\}_{k=1}^K$ により収集されたログデータ $\{\mathcal{D}_k\}_{k=1}^K$ を用いるとき、式 (4.9) で定義される BIPS 推定量は、式 (4.8) で定義される NIPS 推定量よりも常に小さいバリアンスを持つ。すなわち、
>
> $$\mathrm{Var}[\hat{V}_{\mathrm{BIPS}}(\pi; \{\mathcal{D}_k\}_{k=1}^K)] \leq \mathrm{Var}[\hat{V}_{\mathrm{NIPS}}(\pi; \{\mathcal{D}_k\}_{k=1}^K)]$$

　よって **BIPS 推定量は、不偏性を保ちつつ NIPS 推定量よりも常に小さいバリアンスを持つため、NIPS 推定量と比較したときに BIPS 推定量の使用を優先しない理由はない**ことになります。実際、表 4.3 の数値例に BIPS 推定量を適用するとそのバリアンスは $\mathrm{Var}\big[\hat{V}_{\mathrm{BIPS}}(\pi; \mathcal{D}_1 \cup \mathcal{D}_2)\big] \fallingdotseq 12.43$ となり、これは同じ数値例における NIPS 推定量のバリアンス $\mathrm{Var}\big[\hat{V}_{\mathrm{NIPS}}(\pi; \mathcal{D}_1 \cup \mathcal{D}_2)\big] \fallingdotseq 64.27$ と比べ非常に小さいことがわかります。一方で π_1 が集めたログデータ $\mathcal{D}_1$ をあえて捨て、$\mathcal{D}_2$ のみを用いてオフ方策評価を行う場合のバリアンス（$\mathrm{Var}\big[\hat{V}_{\mathrm{NIPS}}(\pi; \mathcal{D}_2)\big] \fallingdotseq 4.27$）と比較すると BIPS 推定量のバリアンスの方が未だ大きいことも事実であり、複数の異なる方策が収集したログデータを活用する方法にはまだ改善余地が残されていそうな予感が漂います。

　この BIPS 推定量の非最適性を解決し、さらなる精度向上を目指して提案されたのが次の **Weighted Inverse Propensity Score（WIPS）推定量**です（Agarwal18）。

定義 4.8. 複数の異なるデータ収集方策 $\{\pi_k\}_{k=1}^{K}$ により収集されたログデータ $\{\mathcal{D}_k\}_{k=1}^{K}$ が与えられたとき、評価方策 π の性能 $V(\pi)$ に対する Weighted Inverse Propensity Score（WIPS）推定量は、次のように定義される。

$$\hat{V}_{\mathrm{WIPS}}(\pi; \{\mathcal{D}_k\}_{k=1}^{K}) := \sum_{k=1}^{K} \lambda_k^{\star} \sum_{i=1}^{n_k} \frac{\pi(a_{i,k} \mid x_{i,k})}{\pi_k(a_{i,k} \mid x_{i,k})} r_{i,k} \tag{4.10}$$

なお $\lambda_k^{\star}$ は、次のように定義される評価方策 π と k 番目のデータ収集方策 π_k の類似度であり、二つの方策が似た挙動を持つほど大きな値をとる。

$$\lambda_k^{\star} := \frac{1}{\sigma^2(\pi \| \pi_k) \sum_{j=1}^{K} \frac{n_j}{\sigma^2(\pi \| \pi_j)}}$$

なお $\sigma^2(\pi \| \pi_k) := \mathbb{V}_{p(x)\pi_k(a|x)}\Big[\frac{\pi(a \mid x)}{\pi_k(a \mid x)} q(x,a)\Big]$ かつ $\sum_{k=1}^{K} \lambda_k^{\star} n_k = 1$ である。

　ここで新たに定義した WIPS 推定量は、**評価方策に似たデータ収集方策が収集したログデータをより重要視しよう**というアイデアに基づいています。具体的には、評価方策 π とデータ収集方策 π_k が似ているほど大きな値をとる方策間類似度 $\lambda_k^{\star}$ を定義し、その類似度に基づいてデータセットの重視度合いを調整します。表 4.3 の数値例に登場した二つのデータ収集方策について方策間類似度 $\lambda_k^{\star}$ を計算してみると $(\lambda_1^{\star}, \lambda_2^{\star}) = (0.02, 0.98)$ となり、評価方策により近い二つ目のデータ収集方策 π_2 に大きな重みを割り当てる一方で、一つ目のデータ収集方策 π_1 によって収集されたデータを完全に捨てることもしない、という工夫がなされることがわかります。

　WIPS 推定量も、以下のように不偏性を持つことが知られています（導出は章末問題としています）。

> **定理 4.7.** ある K 個の異なるデータ収集方策 $\{\pi_k\}_{k=1}^K$ により収集されたログデータ $\{\mathcal{D}_k\}_{k=1}^K$ を用いるとき、式 (4.10) で定義される WIPS 推定量は、すべてのデータ収集方策が仮定 1.1（共通サポートの仮定）を満たすとき、評価方策 π の真の性能 $V(\pi)$ に対する不偏推定量である。すなわち、
>
> $$\mathbb{E}_{p(\mathcal{D})}[\hat{V}_{\mathrm{WIPS}}(\pi; \{\mathcal{D}_k\}_{k=1}^K)] = V(\pi) \quad (\implies \mathrm{Bias}[\hat{V}_{\mathrm{WIPS}}(\pi; \{\mathcal{D}_k\}_{k=1}^K)] = 0)$$

また WIPS 推定量は、バリアンスについてとても望ましい性質を持つことが知られています（導出は章末問題としています）。

> **定理 4.8.** ある K 個の異なるデータ収集方策 $\{\pi_k\}_{k=1}^K$ により収集されたログデータ $\{\mathcal{D}_k\}_{k=1}^K$ を用いるとき、式 (4.10) で定義される WIPS 推定量は、以下の一般系に属するいかなる推定量よりも常に小さいバリアンスを持つ。
>
> $$\hat{V}_\lambda(\pi; \{\mathcal{D}_k\}_{k=1}^K, \{\lambda_k\}_{k=1}^K) := \sum_{k=1}^K \lambda_k \sum_{i=1}^{n_k} \frac{\pi(a_{i,k} \mid x_{i,k})}{\pi_k(a_{i,k} \mid x_{i,k})} r_{i,k}, \text{ s.t. } \sum_{k=1}^K \lambda_k n_k = 1$$
>
> $$(4.11)$$
>
> すなわち、いかなる $\{\lambda_k\}_{k=1}^K$（$\sum_{k=1}^K \lambda_k n_k = 1$）についても
>
> $$\mathrm{Var}[\hat{V}_{\mathrm{WIPS}}(\pi; \{\mathcal{D}_k\}_{k=1}^K)] \le \mathrm{Var}[\hat{V}_\lambda(\pi; \{\mathcal{D}_k\}_{k=1}^K, \{\lambda_k\}_{k=1}^K)]$$
>
> を満たす。

定理 4.8 は、WIPS 推定量が式 (4.11) で定義される IPS 推定量の一般系の中で最も小さいバリアンスを持つことを主張しています（式 (4.11) で $\lambda_k = 1/n$ とすれば NIPS 推定量が、$\lambda_k = \lambda_k^\star$ とすれば WIPS 推定量が導出されます）。実際、表 4.3 の数値例において WIPS 推定量のバリアンスは $\mathrm{Var}[\hat{V}_{\mathrm{WIPS}}(\pi; \mathcal{D}_1 \cup \mathcal{D}_2)] \fallingdotseq 4.20$ となり、これは NIPS 推定量（$\mathrm{Var}[\hat{V}_{\mathrm{NIPS}}(\pi; \mathcal{D}_1 \cup \mathcal{D}_2)] \fallingdotseq 64.27$）や $\mathcal{D}_1$ をあえて捨てたときのバリアンス（$\mathrm{Var}[\hat{V}_{\mathrm{NIPS}}(\pi; \mathcal{D}_2)] \fallingdotseq 4.27$）よりも小さいことがわかります。

なおここで一点注意が必要なのは、**式 (4.9) の BIPS 推定量は、式 (4.11) で定義される一般系には属さない**ということです。すなわち、**BIPS 推定量と WIPS 推定量はそれぞれが常に NIPS 推定量よりも小さいバリアンスを持つものの、BIPS 推定量と WIPS 推定量のバリアンスの大小は個々の問題に依存して変化します**。表 4.3 の数値例では WIPS 推定量の方が BIPS 推定量よりも小さいバリアンスを持っていましたが、むしろ BIPS 推定量の方が小さいバリアンスを持つ数値例を作ることも可能なのです（Agarwal18）。

このように問題設定によって良い推定量が異なってしまうジレンマを解決するために提案されたのが、次の **Balanced Doubly Robust（BDR）推定量**です（Kallus21）。

定義 4.9. 複数の異なるデータ収集方策 $\{\pi_k\}_{k=1}^{K}$ により収集されたログデータ $\{\mathcal{D}_k\}_{k=1}^{K}$ が与えられたとき、評価方策 π の性能 $V(\pi)$ に対する Balanced Doubly Robust（BDR）推定量は、次のように定義される。

$$\hat{V}_{\mathrm{BDR}}(\pi; \{\mathcal{D}_k\}_{k=1}^{K}) \tag{4.12}$$

$$:= \frac{1}{n} \sum_{k=1}^{K} \sum_{i=1}^{n_k} \left\{ \hat{q}(x_{i,k}, \pi) + \frac{\pi(a_{i,k} \mid x_{i,k})}{\bar{\pi}_{1:K}(a_{i,k} \mid x_{i,k})} (r_{i,k} - \hat{q}(x_{i,k}, a_{i,k})) \right\}$$

なお $\bar{\pi}_{1:K}(a \mid x) := \sum_{k=1}^{K} \rho_k \pi_k(a \mid x)$ は、複数の異なるデータ収集方策 $\{\pi_k\}_{k=1}^{K}$ を重み付け平均することで定義される平均化方策である。また $\hat{q}(x, a)$ は期待報酬関数 $q(x, a)$ に対する推定モデルである。

BDR 推定量は、期待報酬関数に対する推定モデル $\hat{q}(x, a)$ を BIPS 推定量に加えることで定義されています。この BDR 推定量は評価方策の真の性能に対し不偏性を持ち、また（漸近）分散の意味で最適性を持つことが示されています（Kallus21）。

4.2.2　連続的な行動空間におけるオフ方策評価

次に扱うのは、行動が連続変数の場合のオフ方策評価です。本書ではこれまで一貫して離散的な行動を扱ってきました。推薦システムや広告配信、クーポン配布に代表されるように行動が離散的な場面は数多く存在するため、その状況におけるオフ方策評価の論文や手法が多く存在するのは自然なことです。しかし、商品などの価格最適化や薬の投薬量の最適化、予算配分の最適化、ポイント付与量の最適化など、行動が連続変数である応用が多く存在することもまた事実です。行動が連続変数の場合のオフ方策評価においてもこれまでと同様、データ収集方策 π_0 によって以下のログデータ $\mathcal{D}$ が蓄積されている状況を考えます。

$$\mathcal{D} := \{(x_i, a_i, r_i)\}_{i=1}^{n} \sim p(\mathcal{D}) = \prod_{i=1}^{n} p(x_i) \underbrace{\pi_0(a_i \mid x_i)}_{\text{データ収集方策}} p(r_i \mid x_i, a_i) \tag{4.13}$$

基本的にはこれまでと同様のデータ生成過程に見えますが、行動 a が連続変数である（すなわち $a \in \mathcal{A} \subseteq \mathbb{R}$）部分に相違があり、データ収集方策は正規分布などの連続型確率分布によってモデル化されていると考えます。

オフ方策評価における目標は連続行動の場合でも変わらず（データ収集方策 π_0 と

は異なる）評価方策の性能 $V(\pi) := \mathbb{E}_{p(x)\pi(a|x)p(r|x,a)}[r] = \mathbb{E}_{p(x)\pi(a|x)}[q(x,a)]$ を、ロ
グデータ $\mathcal{D}$ のみを用いて正確に推定することです。このとき、仮に評価方策 π が確
率的ならば、離散行動の場合の IPS 推定量や DR 推定量をそのまま適用できます。

$$\hat{V}_{\mathrm{IPS}}(\pi; \mathcal{D}) := \frac{1}{n}\sum_{i=1}^{n} \frac{\pi(a_i \mid x_i)}{\pi_0(a_i \mid x_i)} r_i = \frac{1}{n}\sum_{i=1}^{n} w(x_i, a_i) r_i \tag{4.14}$$

$$\hat{V}_{\mathrm{DR}}(\pi; \mathcal{D}, \hat{q}) := \frac{1}{n}\sum_{i=1}^{n} \left\{ \hat{q}(x_i, \pi) + w(x_i, a_i)(r_i - \hat{q}(x_i, a_i)) \right\} \tag{4.15}$$

　これらの推定量は、行動空間が連続の場合でも、評価方策が確率的かつデータ収集
方策が仮定 1.1（共通サポートの仮定）を満たしていれば不偏性を持ち、またこれま
でと同様の手順でバリアンスを算出できます。しかし**評価方策が決定的、すなわちあ
る連続行動を確率 1 で出力する関数**（$\pi : \mathcal{X} \to \mathcal{A}$）**である場合、話が大きく変わって
きます**。評価方策が決定的な場合、式 (4.14) の IPS 推定量はその定義に従うと、次
のように具体化されます[*12]。

$$\hat{V}_{\mathrm{IPS}}(\pi; \mathcal{D}) = \frac{1}{n}\sum_{i=1}^{n} \frac{\mathbb{I}\{\pi(x_i) = a_i\}}{\pi_0(a_i \mid x_i)} r_i \tag{4.16}$$

式 (4.16) の分子に現れる指示関数 $\mathbb{I}\{\pi(x_i) = a_i\}$ は、データ収集方策が選択した行動
a_i と評価方策による決定的な出力 $\pi(x_i)$ が一致するときは 1 を、一致しないときは
0 を出力します。すなわち評価方策が決定的な方策の場合、IPS 推定量はログデータ
中に含まれる行動と評価方策による意思決定が一致するデータについて、報酬を重み
付け平均する操作で定義されることになります。一見、式 (4.16) は単なる IPS 推定
量の特殊ケースに思えるでしょう。しかし、行動 a が連続変数であることを加味する
と、**式 (4.16) は常に 0 を出力してしまい、まったく意味を成さない**ことに気がつきま
す。つまり行動 a が連続変数の場合、ログデータ中に含まれる行動 a_i と評価方策に
よる出力 $\pi(x_i)$ が完全一致することはありえないことから、常に $\mathbb{I}\{\pi(x_i) = a_i\} = 0$
となってしまうのです。（複数の最適行動が存在する特殊ケースを除き）最適な評価
方策は決定的な方策であるため、連続行動の場合に決定的方策の性能をうまく推定で
きないというのは由々しき問題というわけです（Kallus18）。

[*12]　IPS 推定量の一般的な定義 $\hat{V}_{\mathrm{IPS}}(\pi; \mathcal{D}) := \frac{1}{n}\sum_{i=1}^{n} \frac{\pi(a_i \mid x_i)}{\pi_0(a_i \mid x_i)} r_i$ において、重みの分子 $\pi(a_i \mid x_i)$
　　はデータ収集方策 π_0 が選択した行動 a_i を評価方策 π が選択する確率を意味します。これは評価
　　方策が決定的な方策である場合、評価方策が a_i を選択する場合は 1、しない場合は 0 となるため、
　　$\mathbb{I}\{\pi(x_i) = a_i\}$ と表すことができます。

この問題を解決し、連続行動の場合でも決定的な評価方策に対するオフ方策評価を可能にする手法がこれまでにいくつか提案されています。中でも代表的な手法が、カーネル密度推定（kernel density estimation）というノンパラメトリック統計でよく用いられる手法に着想を得た **Kernelized Inverse Propensity Score (KIPS) 推定量**であり、次のように定義されます（Kallus18）。

定義 4.10. データ収集方策 π_0 により収集されたログデータ $\mathcal{D}$ およびカーネル関数（kernel function）$K(\cdot)$ とバンド幅（bandwidth）$h \, (> 0)$ が与えられたとき、決定的な評価方策 π の性能 $V(\pi)$ に対する Kernelized Inverse Propensity Score (KIPS) 推定量は、次のように定義される。

$$\hat{V}_{\mathrm{KIPS}}(\pi; \mathcal{D}) := \frac{1}{nh} \sum_{i=1}^{n} K\left(\frac{\pi(x_i) - a_i}{h}\right) \frac{r_i}{\pi_0(a_i \mid x_i)} \tag{4.17}$$

式 (4.17) で定義される KIPS 推定量では、式 (4.16) で定義される IPS 推定量と比べて**指示関数 $\mathbb{I}\{\pi(x_i) = a_i\}$ の代わりに、カーネル関数 $K\left(\frac{\pi(x_i)-a_i}{h}\right)$ が用いられています**。カーネル関数 $K : \mathbb{R} \to \mathbb{R}$ は、いくつかの（理論分析のための）条件[*13]を満たすように定義された、ある二つの連続値の距離を測るための関数です。具体的には、次のカーネル関数がよく用いられます。

$$\text{一様カーネル：} \quad K(u) = \frac{1}{2}\mathbb{I}\{|u| \leq 1\}$$

$$\text{ガウスカーネル：} \quad K(u) = \frac{1}{\sqrt{2\pi}} \exp\left(-\frac{u^2}{2}\right)$$

$$\text{三角カーネル：} \quad K(u) = (1 - |u|)\mathbb{I}\{|u| \leq 1\}$$

$$\text{エパネチニコフカーネル：} \quad K(u) = \frac{3}{4}(1 - u^2)\mathbb{I}\{|u| \leq 1\}$$

どのカーネル関数も入力 u の値が小さいほど大きな値を出力し、$u = 0$ のとき最大値をとります。すなわち、KIPS 推定量におけるカーネル関数 $K\left(\frac{\pi(x_i)-a_i}{h}\right)$ は、ログデータ中に観測された行動 a_i と評価方策の出力 $\pi(x_i)$ の値が近いほど大きい値をとり、逆に離れているほど小さい値をとります（図 4.12 を参照）。こうすることで、**問題の原因となっていた 0 か 1 しかとりえない極端な挙動をする指示関数を連続値にうまく緩和している**のです。なおカーネル関数の内部に現れる**ハイパーパラメータ**

[*13] $\int_u K(u)du = 1$, $\int_u uK(u)du = 0$, $\int_u u^2 K(u)du > 0$.

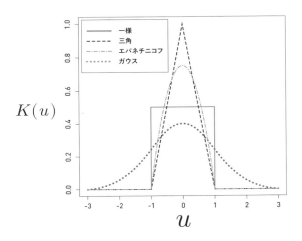

図 4.12　よく用いられるカーネル関数 $K(u)$

$h\,(>0)$ **はバンド幅と呼ばれ、このパラメータの値の設定は KIPS 推定量のバイアス・バリアンストレードオフに大きな影響を与えます。** バンド幅 h に小さい値を設定すると、観測された行動 a_i と評価方策の出力値 $\pi(x_i)$ が限りなく近くないとカーネル関数が大きな値をとりません。すなわち、カーネル関数は指示関数に近い挙動をするためバイアスは小さくなる一方で、カーネル関数の出力がほとんど 0 に近い値になってしまい観測データを有効活用できないことからバリアンスは大きくなりがちです。反対にバンド幅 h に大きな値を設定すると、観測された行動 a_i と評価方策の出力値 $\pi(x_i)$ がさほど近くなかったとしても、カーネル関数は大きな値を出力しがちになりバリアンスは小さくなる一方で、指示関数とは異なる挙動を示すことになるため大きなバイアスを生じてしまう可能性が出てきます。このバンド幅の調整による KIPS 推定量の挙動をより厳密に理解すべく、(Kallus18) の Theorem 1 ではそのバイアスとバリアンスが分析されています。本書では詳細に扱いませんが、KIPS 推定量のバイアスとバリアンスを導出すると、この推定量のバイアスとバリアンスの間には明確なトレードオフがあり、そのトレードオフが（図 4.13 に示したように）バンド幅 h によって制御されることがわかります。

　本節で紹介したカーネル関数に基づく推定量のほかにも、(Demirer19) では期待報酬関数の関数系を仮定したうえでその構造を利用した推定量が提案され、(Cai21) では連続行動空間を離散化するアプローチが提案されています。また (Lee22) では、カーネル関数に基づいた推定量の精度を高めるために、二つの連続行動の距離尺度をデータに基づき最適化する方法が提案されています。連続行動に対するオフ方策評価に興味がある方は、まずこれらの論文を参照するところから始めるとよいでしょう。

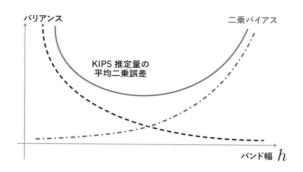

図 4.13 KIPS 推定量のバンド幅 h がもたらすバイアス・バリアンストレードオフ

4.2.3 オフ方策評価における推定量のパラメータチューニング

次に扱うのは、オフ方策評価の推定量にたびたび現れるハイパーパラメータの値をログデータに基づいて自動でチューニングするための手法です。これまでに登場した CIPS 推定量（定義 1.7）や Switch-DR 推定量（定義 1.9）に埋め込まれたパラメータ λ や前節で扱った KIPS 推定量（定義 4.10）に埋め込まれたバンド幅 h は、これらの推定量のバイアスやバリアンス、平均二乗誤差に大きな影響を与える重要なハイパーパラメータです。これらの推定量のハイパーパラメータを一般化して $\theta \in \Theta = \{\theta_m\}_{m=1}^{M}$（$\Theta$ はハイパーパラメータの探索空間）と表すとき、オフ方策評価における目標が平均二乗誤差を最小にする推定量を設計することであることを踏まえると、最適なハイパーパラメータ θ^* は次のように定義されるはずです。

$$\theta^* = \underset{\theta \in \Theta}{\arg\min} \ \mathrm{MSE}\big[\hat{V}(\pi, \mathcal{D}, \theta)\big] \ \Big(= \mathrm{Bias}\big[\hat{V}(\pi, \mathcal{D}, \theta)\big]^2 + \mathrm{Var}\big[\hat{V}(\pi, \mathcal{D}, \theta)\big]\Big)$$

(4.18)

最適なハイパーパラメータ θ^* は、探索空間 Θ の中で推定量 $\hat{V}(\pi, \mathcal{D}, \theta)$ の平均二乗誤差を最小化するものです。ここで仮に推定量 $\hat{V}$ の真の平均二乗誤差 $\mathrm{MSE}\big[\hat{V}(\pi, \mathcal{D}, \theta)\big]$ がわかるならば、それを目的関数として探索空間 Θ を全探索したり、Optuna (Akiba19) などを用いた効率的な探索により、ハイパーパラメータの最適値（に近い値）を比較的容易に見つけ出すことができるでしょう。しかしここで大きな問題となるのが、**我々は推定量の真の平均二乗誤差を知りえない**ということです。ここで平均二乗誤差の構成要素のうち、特に問題になるのがバイアスの部分です。すなわち、推定量のバイアスの定義（$\mathrm{Bias}\big[\hat{V}(\pi, \mathcal{D}, \theta)\big] = \mathbb{E}_{p(\mathcal{D})}[\hat{V}(\pi, \mathcal{D}, \theta)] - V(\pi)$）には評価方策の真の性能 $V(\pi)$ が含まれており、推定量のバイアスを知るためにはまず $V(\pi)$ を知らねばならないのです。しかしオフ方策評価の目的が $V(\pi)$ を正確に推定

することであったことを踏まえると、仮に推定量のバイアスを推定できるのであれば、それはもはやオフ方策評価の問題自体が解かれてしまっていることを意味します。オフ方策評価の問題をうまく解くために考えている推定量のハイパーパラメータチューニングに出現したバイアスを推定する問題は、本来解きたかったオフ方策評価の問題と同等の難しさをはらんでいるのです（一方で、推定量のバリアンスの定義 $\mathrm{Var}[\hat{V}(\pi; \mathcal{D})] := \mathbb{E}_{p(\mathcal{D})}[(\hat{V}(\pi; \mathcal{D}) - \mathbb{E}_{p(\mathcal{D})}[\hat{V}(\pi; \mathcal{D})])^2]$ に評価方策の真の性能 $V(\pi)$ は出現しないため、バリアンスの推定はバイアスの推定と比べると容易といえます）。

　ここで確認した通り、推定量のハイパーパラメータチューニングは非常に重要な問題である一方で、推定量のバイアスを評価する部分に大きな困難があることがわかりました。この困難を乗り越え、観測可能なログデータ $\mathcal{D}$ のみに基づいて良いハイパーパラメータを見つけ出すための手法がいくつか開発されています。中でも初期に提案されたシンプルな方法が、IPS 推定量を活用して推定量のバイアスを推定し、それに基づきハイパーパラメータを探索する方法です（Su20a）（この方法は特に命名されていませんが、本書では便宜上**ナイーブな方法**と呼ぶことにします）。このナイーブな方法は、具体的に次のようにしてハイパーパラメータチューニングを実行します。

$$\hat{\theta}_{\mathrm{naive}} = \underset{\theta \in \Theta}{\arg\min} \underbrace{\left(\frac{1}{n} \sum_{i=1}^{n} \left(\frac{\pi(a_i \mid x_i)}{\pi_0(a_i \mid x_i)} r_i - \hat{V}(\pi; \mathcal{D}, \theta) \right) \right)^2}_{\widehat{\mathrm{Bias}}_{\mathrm{IPS}}[\hat{V}(\pi; \mathcal{D}, \theta)]} + \widehat{\mathrm{Var}}[\hat{V}(\pi; \mathcal{D}, \theta)]$$

$$(4.19)$$

ここで $\widehat{\mathrm{Bias}}_{\mathrm{IPS}}[\hat{V}(\pi; \mathcal{D}, \theta)]$ は、IPS 推定量に基づく $\hat{V}$ のバイアスの推定量であり、$\widehat{\mathrm{Var}}[\hat{V}(\pi; \mathcal{D}, \theta)]$ は、ログデータ $\mathcal{D}$ に基づき推定された $\hat{V}$ のバリアンスです[*14]。特にバイアスの推定方法は強引で、IPS 推定量が正確ではない状況ではあまり信頼できない方法ですが、のちにシミュレーションでも確認するように、IPS 推定量がある程度正確な場面では有用なチューニング精度を発揮します。

　ナイーブなチューニング方法は、推定量のバイアスに含まれる評価方策の真の性能を単に IPS 推定量で代替してしまおうという粗いアイデアでした。理想的には、ここで問題になっているバイアスの推定をうまく回避できるパラメータチューニング方法を構築したいものです。そこで、バイアスを推定せずともハイパーパラメータをうまくチューニングできる手法として提案されたのが SLOPE と呼ばれるアルゴリズムです（Su20b, Tucker21）。この手法ではまず下準備として、探索空間に含まれるハイ

[*14]　$\hat{V} := \frac{1}{n} \sum_{i=1}^{n} Y_i$ で定義される推定量（例えば、IPS 推定量は $Y_i = w(a_i \mid x_i) r_i$ で表せる）のバリアンスは、$\widehat{\mathrm{Var}}[\hat{V}] = \frac{1}{n^2} \sum_{i=1}^{n} (Y_i - \hat{V})^2$ などで推定できます（Wang17）。

パーパラメータ $\Theta = \{\theta_m\}_{m=1}^{M}$ を次の関係が成り立つよう並べ替えておきます。

● $\mathrm{Bias}\big[\hat{V}(\pi;\mathcal{D},\theta_m)\big] \le \mathrm{Bias}\big[\hat{V}(\pi;\mathcal{D},\theta_{m+1})\big]$ （インデックス m が大きいほどバイアスが大きい）

● $\mathrm{CNF}\big[\hat{V}(\pi;\mathcal{D},\theta_{m+1})\big] \le \mathrm{CNF}\big[\hat{V}(\pi;\mathcal{D},\theta_m)\big]$ （インデックス m が大きいほど推定誤差の確率上界が小さい）

ここで $\mathrm{CNF}\big[\hat{V}(\pi;\mathcal{D},\theta_m)\big]$ は、Hoeffding や Bernstein などの集中不等式によって構成される推定量 $\hat{V}$ による推定誤差の確率上界です（CNF という表記は confidence に由来します）。ここで集中不等式について詳しく知らない方は、$\mathrm{CNF}\big[\hat{V}(\pi;\mathcal{D},\theta_m)\big]$ を推定量のバリアンス $\mathrm{Var}\big[\hat{V}(\pi;\mathcal{D},\theta_m)\big]$ と読み替えてしまっても大きな問題はありません。つまり SLOPE を用いるにはまず、バイアスとバリアンスが順々に変化するよう探索空間に含まれるハイパーパラメータを並べ替えておく必要があります。例えば CIPS 推定量のハイパーパラメータ λ は、小さい値であるほど大きなバイアスを発生する一方でバリアンスは小さくなるという効果を持っていたので、$\Theta = \{1000, 100, 10, 1\}$ のように小さい値ほど大きなインデックスが割り当たるよう並べ替えておきます。そのうえで SLOPE では、次の基準で適切なハイパーパラメータのインデックスを選択します。

$$\hat{m} := \max\{j : |\hat{V}(\pi;\mathcal{D},\theta_j) - \hat{V}(\pi;\mathcal{D},\theta_m)| \tag{4.20}$$
$$\le \mathrm{CNF}\big[\hat{V}(\pi;\mathcal{D},\theta_j)\big] + (\sqrt{6}-1)\mathrm{CNF}\big[\hat{V}(\pi;\mathcal{D},\theta_m)\big], m < j\}$$

そして選択されたインデックスに対応するパラメータをチューニングの結果とします（$\hat{\theta}_{\mathrm{SLOPE}} = \theta_{\hat{m}}$）。式 (4.20) では、バイアスの小さいハイパーパラメータから順にインデックスを一つずつ増やしたときの推定値の変化量 $|\hat{V}(\pi;\mathcal{D},\theta_m) - \hat{V}(\pi;\mathcal{D},\theta_j)|$ を調べていき、変化量がしきい値 $\mathrm{CNF}\big[\hat{V}(\pi;\mathcal{D},\theta_j)\big] + (\sqrt{6}-1)\mathrm{CNF}\big[\hat{V}(\pi;\mathcal{D},\theta_m)\big]$ を超えるタイミングのインデックスを出力しています。こうすることで直感的には、図 4.14 のようにバイアスとバリアンスを程よくバランスするハイパーパラメータが選択されます。（Su20b）や（Tucker21）では、SLOPE によって選択されたハイパーパラメータを用いたときの平均二乗誤差などに関する理論分析が行われているので、気になる方は参照するとよいでしょう。

図 4.15 において、CIPS 推定量のハイパーパラメータ λ をナイーブな方法でチューニングした場合と SLOPE によりチューニングした場合の平均二乗誤差の比較を示しました。またベースラインとして、$\lambda = 10$ および $\lambda = 1000$ でハイパーパラメー

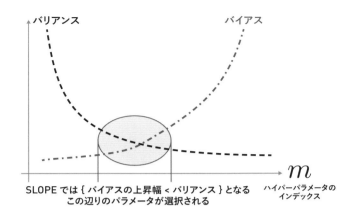

図 4.14　SLOPE によって選択されるハイパーパラメータのイメージ（ここではバイアスとバリアンスの大小順にハイパーパラメータのインデックスが並べ替えられている状況を図示している）

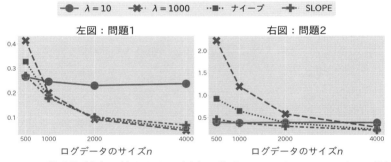

図 4.15　ナイーブな方法（式 (4.19)）と SLOPE（式 (4.20)）を用いてハイパーパラメータ λ の値をチューニングしたときの CIPS 推定量の平均二乗誤差の推移（人工データ実験により計測）

タの値を固定した場合の CIPS 推定量の平均二乗誤差も比べています。左図と右図では異なるデータ収集方策を用いて実験しており、左図では $\lambda = 1000$ の方が、右図では $\lambda = 10$ の方が適切な設定であることがわかります。そのうえでナイーブな方法でチューニングした場合と SLOPE によりチューニングした場合の結果を見ると、左図では両方の手法がより適切なパラメータ（$\lambda = 1000$）をログデータのみから自動的に特定できている様子が見えます（なおナイーブな方法と SLOPE はそれぞれ $\Theta = \{10, 20, \ldots, 1000\}$ という探索空間を用いています）。一方で右図を見ると、SLOPE はこちらの問題でも適切なパラメータを特定し $\lambda = 10$ よりもさらに正確なオフ方策評価を達成できている一方で、ナイーブな方法でチューニングした場合は、$\lambda = 1000$ のように非常に悪い推定を導くパラメータを避けることはできているものの、SLOPE ほどの精度は達成できていません。この実験結果から、より実装が容易

なナイーブな方法を用いるだけでも大きな失敗を回避できるメリットがある一方で、バイアスの推定をうまく避けている SLOPE を実装できれば、最適なハイパーパラメータの値が大きく異なる問題にもうまく適応できることがわかります。

4.2.4 そのほかの研究動向

本節で扱った最新トピック以外にも、動向を押さえておくべき研究課題が存在します。まずはじめに、特徴量や報酬の分布に関する**分布シフト（distribution shift）の問題**があります。これまでは、**ログデータ $\mathcal{D}$ を生成する特徴量分布 $p(x)$ や報酬分布 $p(r \mid x, a)$ と評価方策の性能 $V(\pi)$ を定義する際に想定する特徴量分布や報酬分布は同一である**との暗黙の仮定が置かれていました。しかし、ログデータが収集された期間と評価方策に性能を発揮して欲しい期間が異なり、それらの間で分布が異なるケースは多々考えられます。例えば、データ収集方策 π_0 が 3 月に収集したログデータ $\mathcal{D}_{\mathsf{March}}$ を用いて、評価方策 π を 4 月に実装したときの性能 $V_{\mathsf{April}}(\pi)$ を推定したいといった場面です。このとき、ログデータや評価方策の性能をそれぞれ

$$\mathcal{D}_{\mathsf{March}} := \{(x_i, a_i, r_i)\}_{i=1}^n \sim \prod_{i=1}^n p_{\mathsf{March}}(x_i)\pi_0(a_i \mid x_i)p_{\mathsf{March}}(r_i \mid x_i, a_i), \quad (4.21)$$

$$V_{\mathsf{April}}(\pi) := \mathbb{E}_{p_{\mathsf{April}}(x)\pi(a|x)p_{\mathsf{April}}(r|x,a)}[r] \quad (4.22)$$

とデータが得られる時期を区別して定義すると、ログデータを生成した分布 $p_{\mathsf{March}}(x), p_{\mathsf{March}}(r \mid x, a)$ と評価方策の性能を定義する分布 $p_{\mathsf{April}}(x), p_{\mathsf{April}}(r \mid x, a)$ が異なることになります。このように時間軸を考えることによる分布シフトのほかにも、新たな方策をスマートフォンアプリにおける推薦に用いたときの性能を、PC で収集されたログデータを用いて推定したい場面などにおいても、スマートフォンと PC を使用しがちなユーザ群が異なる場合に、分布シフトの問題が生じてしまうと考えられます。これらの状況で分布シフトを無視して推定量を単純適用してしまうと、オフ方策評価に予期せぬバイアスが生まれてしまうことになります。分布シフトの問題に対応するための手法はこれまでにいくつか提案されており、例えば (Kato20) では、評価方策の性能を定義する特徴量分布に従う観測 $\{x_j\}_{j=1}^m \sim \prod_{j=1}^m p_{\mathsf{April}}(x_j)$ がいくらか得られているという仮定のもとで、分布シフトに対応するための重要度重みを追加的に定義し、標準的な推定量を修正する方法が提案されています。そのほか (Si20, Kallus22, Mu22) では、評価方策の性能が定義される分布 $p_{\mathsf{April}}(x), p_{\mathsf{April}}(r \mid x, a)$ が未知であり、これらに従うデータも一切得られないより現実的な状況において、ありえる分布シフトの集合の中で最悪ケースにおける評価方策の性能を推定する定式化と

推定量が提案されています。これにより予期せぬ分布変化が発生したとしても、評価方策が最低限達成可能な性能下界を推定できるようになります。

　分布シフトの設定では、ログデータを生成した分布と評価方策の性能を定義する分布が異なるだけで、ログデータはただ一つの分布から生成されていました。しかし、ログデータも複数の異なる分布から生成されている状況を考えることもできるはずです。例えば、データ収集方策 π_0 が 3 月に収集したログデータ $\mathcal{D}_{\text{March}}$ を用いるとしても、各曜日ごとに特徴量分布 $p(x)$ や報酬分布 $p(r \mid x, a)$ が異なる可能性があるでしょう。このような状況では、各データがどのような分布から生成されていたのか推測しながら、評価方策の性能を推定するうえでより情報量の多いデータを重要視しつつ、オフ方策評価を行うことが望ましいでしょう。このようにさまざまな分布から生成されたデータが混在する設定に対する研究はまだまだ発展途上ですが、例えば、(Jagerman19) は滑らかな分布変化を仮定し性能を評価する時点により近い時間に観測されたデータを重視する工夫を施していたり、(Hong21) は似た分布から生成されていそうなデータを事前にクラスタリングしたうえで、その情報をオフ方策評価に活用しています。また (Chandak20, Chandak22) では、異なる時間帯に収集されたログデータ上でそれぞれ別個にオフ方策評価を行ったあと、オフ方策評価の結果の系列をうまく学習することで、評価方策の将来性能を推定する方法が提案されています。しかし、ここで簡単に紹介した方法にはそれぞれ大きな弱点が存在するため、今後のさらなる研究発展が期待される領域だといえます。

　また、これまでデータ収集方策 π_0 は固定されていたため、ログデータ $\mathcal{D}$ は独立な抽出によって得られているという想定が可能でした。しかし、**実装中に新たに観測されるデータを用いて方策を逐次的に更新するいわゆるオンラインバンディットアルゴリズム（online bandit algorithm）によってログデータが収集されていた場合、各データがそれ以前に観測されていたデータに依存するため、データ間の独立性を仮定できません。** データ収集方策 π_0 がオンラインバンディットアルゴリズムである場合、データ生成過程は以下のように記述できます。

$$\mathcal{D} := \{(x_i, a_i, r_i)\}_{i=1}^{n} \sim \prod_{i=1}^{n} p(x_i) \underbrace{\pi_0(a_i \mid x_i, \mathcal{H}_i)}_{\text{データ収集方策}} p(r_i \mid x_i, a_i)$$

ここで $\mathcal{H}_i := \{(x_j, a_j, r_j)\}_{j=1}^{i-1}$ は、データ i が観測される以前に観測されたデータの系列であり、データ収集方策 π_0 がオンラインバンディットアルゴリズムで定義される場合、$\pi_0(a_i \mid x_i, \mathcal{H}_i)$ のように新たな行動 a_i が過去のデータ系列 $\mathcal{H}_i$ に依存して選択されると考えられます。このようにデータ間に依存関係が認められる場合、推定量のバリアンスや信頼区間の推定などに影響を及ぼすため、厳密には適切な対処が必要

になります。このような問題設定は適応的データ（adaptive data）に基づくオフ方策評価と呼ばれており、（Zhan21, Hadad21, Kato21）などでこの問題に対処するための推定量や理論分析が提案されています。

そのほかにも、データ収集方策が意思決定に用いた特徴量のいくつかが未知であり、未知の交絡因子によるバイアスが見込まれる状況への対応（Namkoong20）、将来的により正確なオフ方策評価を行うための最適なデータ収集（Tucker22）、候補となる複数の評価方策の中から最適な方策を選択することに特化したオフ方策"選択"の問題（Kuzborskij21, Yang22）、評価方策が導く期待報酬以外を推定目標とする場合のオフ方策評価（Huang21, Chandak21, Huang22）、ログデータ $\mathcal{D}$ のみに基づき適切な推定量を選択する問題（Udagawa23）、強化学習のオフ方策評価を行うにあたって必要となる周辺状態行動分布を推定するための手法（Uehara20, Zhang20, Zhang21, Yang21）などが最近の主要な研究トピックとして挙げられます。

参考文献

[**Agarwal18**] Aman Agarwal, Soumya Basu, Tobias Schnabel, and Thorsten Joachims. Effective Evaluation using Logged Bandit Feedback from Multiple Loggers. 2018. In Proceedings of the 23rd ACM SIGKDD International Conference on Knowledge Discovery and Data Mining, pp. 687-696.

[**Cai21**] Hengrui Cai, Chengchun Shi, Rui Song, and Wenbin Lu. 2021. Deep Jump Learning for Off-Policy Evaluation in Continuous Treatment Settings. In Proceedings of the 35th Conference on Neural Information Processing Systems.

[**Chandak20**] Yash Chandak, Georgios Theocharous, Shiv Shankar, Martha White, Sridhar Mahadevan, and Philip S. Thomas. 2020. Optimizing for the Future in Non-Stationary MDPs. In Proceedings of the 37th International Conference on Machine Learning.

[**Chandak21**] Yash Chandak, Scott Niekum, Bruno da Silva, Erik Learned-Miller, Emma Brunskill, and Philip S. Thomas. 2021. Universal Off-Policy Evaluation. In Proceedings of the 35th Conference on Neural Information Processing Systems.

[**Chandak22**] Yash Chandak, Shiv Shankar, Nathaniel D. Bastian, Bruno Castro da Silva, Emma Brunskil, and Philip S. Thomas. 2022. Off-Policy Evaluation for Action-Dependent Non-Stationary Environments. In Proceedings of the 36th Conference on Neural Information Processing Systems.

[**Demirer19**] Victor Chernozhukov, Mert Demirer, Greg Lewis, and Vasilis Syrgkanis. 2019. Semi-Parametric Efficient Policy Learning with Continuous Actions. In Proceedings of the 33rd Conference on Neural Information Processing Systems.

[**Jagerman19**] Rolf Jagerman, Ilya Markov, and Maarten de Rijke. 2019. When People Change their Mind: Off-Policy Evaluation in Non-stationary Recommendation Environments. In Proceedings of the 12th ACM International Conference on Web Search and Data Mining.

[Jiang16] Nan Jiang and Lihong Li. Doubly Robust Off-Policy Value Evaluation for Reinforcement Learning. 2016. In Proceedings of the 37th International Conference on Machine Learning, Vol. 48. PMLR, 652 – 661.

[Hadad21] Vitor Hadad, David A. Hirshberg, Ruohan Zhan, Stefan Wager, and Susan Athey. 2021. Confidence Intervals for Policy Evaluation in Adaptive Experiments. In Proceedings of the National Academy of Sciences.

[Hao21] Botao Hao, Xiang Ji, Yaqi Duan, Hao Lu, Csaba Szepesvári, and Mengdi Wang. 2021. Bootstrapping Fitted Q-Evaluation for Off-Policy Inference. In Proceedings of the 37th International Conference on Machine Learning.

[Hong21] Joey Hong, Branislav Kveton, Manzil Zaheer, Yinlam Chow, and Amr Ahmed. 2021. Non-Stationary Off-Policy Optimization. In Proceedings of the 24th International Conference on Artificial Intelligence and Statistics (AISTATS).

[Huang21] Audrey Huang, Liu Leqi, Zachary C. Lipton, and Kamyar Azizzadenesheli. 2021. Off-Policy Risk Assessment in Contextual Bandits. In Proceedings of the 35th Conference on Neural Information Processing Systems.

[Huang22] Audrey Huang, Liu Leqi, Zachary Lipton, and Kamyar Azizzadenesheli. Off-Policy Risk Assessment for Markov Decision Processes. In Proceedings of the 25th International Conference on Artificial Intelligence and Statistics (AISTATS), Vol. 151. PMLR, 5022-5050.

[Kallus18] Nathan Kallus and Angela Zhou. 2018. Policy Evaluation and Optimization with Continuous Treatments. In Proceedings of the 25th International Conference on Artificial Intelligence and Statistics (AISTATS), Vol. 84. PMLR, 1243-1251.

[Kallus20] Nathan Kallus, Masatoshi Uehara. 2020. Double Reinforcement Learning for Efficient Off-Policy Evaluation in Markov Decision Processes. In Proceedings of the 37th International Conference on Machine Learning.

[Kallus21] Nathan Kallus, Yuta Saito, and Masatoshi Uehara. Optimal Off-Policy Evaluation from Multiple Logging Policies. 2021. In Proceedings of the 37th International Conference on Machine Learning, Vol. 139. PMLR, 5247-5256.

[Kallus22] Nathan Kallus, Xiaojie Mao, Kaiwen Wang, Zhengyuan Zhou. 2022. Doubly Robust Distributionally Robust Off-Policy Evaluation and Learning. In Proceedings of the 39th International Conference on Machine Learning.

[Kato20] Masatoshi Uehara, Masahiro Kato, and Shota Yasui. 2020. Off-Policy Evaluation and Learning for External Validity under a Covariate Shift. In Proceedings of the 34th Conference on Neural Information Processing Systems.

[Kato21] Masahiro Kato, Shota Yasui, and Kenichiro McAlinn. 2021. The Adaptive Doubly Robust Estimator for Policy Evaluation in Adaptive Experiments and a Paradox Concerning Logging Policy. In Proceedings of the 35th Conference on Neural Information Processing Systems.

[**Kuzborskij21**] Ilja Kuzborskij, Claire Vernade, András György, Csaba Szepesvári. 2021. Confident Off-Policy Evaluation and Selection through Self-Normalized Importance Weighting. In Proceedings of the 24th International Conference on Artificial Intelligence and Statistics (AISTATS).

[**Lee22**] Haanvid Lee, Jongmin Lee, Yunseon Choi, Wonseok Jeon, Byung-Jun Lee, Yung-Kyun Noh, Kee-Eung Kim. 2022. Local Metric Learning for Off-Policy Evaluation in Contextual Bandits with Continuous Actions. In Proceedings of the 36th Conference on Neural Information Processing Systems.

[**Le19**] Hoang M. Le, Cameron Voloshin, Yisong Yue. 2019. Batch Policy Learning under Constraints. In Proceedings of the 36th International Conference on Machine Learning.

[**Liu18**] Qiang Liu, Lihong Li, Ziyang Tang, and Dengyong Zhou. 2018. Breaking the Curse of Horizon: Infinite Horizon Off-Policy Estimation. In Proceedings of the 31st Conference on Neural Information Processing Systems.

[**Liu20**] Yao Liu, Pierre-Luc Bacon, Emma Brunskill. 2020. Understanding the Curse of Horizon in Off-Policy Evaluation via Conditional Importance Sampling. In Proceedings of the 37th International Conference on Machine Learning.

[**Liu23**] Vincent Liu, Yash Chandak, Philip Thomas, Martha White. 2023. Asymptotically Unbiased Off-Policy Policy Evaluation when Reusing Old Data in Nonstationary Environments. In Proceedings of the 26th International Conference on Artificial Intelligence and Statistics (AISTATS).

[**Mu22**] Tong Mu, Yash Chandak, Tatsunori Hashimoto, Emma Brunskill. 2022. Factored DRO: Factored Distributionally Robust Policies for Contextual Bandits. In Proceedings of the 36th Conference on Neural Information Processing Systems.

[**Namkoong20**] Hongseok Namkoong, Ramtin Keramti, Steve Yadlowsky and Emma Brunskill. 2020. Off-policy Policy Evaluation For Sequential Decisions Under Unobserved Confounding. In Proceedings of the 34th Conference on Neural Information Processing Systems.

[**Si20**] Nian Si, Fan Zhang, Zhengyuan Zhou, Jose Blanchet. 2020. Distributionally Robust Policy Evaluation and Learning in Offline Contextual Bandits. In Proceedings of the 37th International Conference on Machine Learning.

[**Su20a**] Yi Su, Maria Dimakopoulou, Akshay Krishnamurthy, and Miroslav Dudík. 2020. Doubly Robust Off-Policy Evaluation with Shrinkage. In Proceedings of the 37th International Conference on Machine Learning, Vol. 119. PMLR, 9167 – 9176.

[**Su20b**] Yi Su, Pavithra Srinath, and Akshay Krishnamurthy. 2020. Adaptive Estimator Selection for Off-Policy Evaluation. In Proceedings of the 37th International Conference on Machine Learning, Vol. 119. PMLR, 9196 – 9205.

[**Thomas16**] Philip Thomas and Emma Brunskill. Data-Efficient Off-Policy Policy Evaluation for Reinforcement Learning. 2016. In Proceedings of the 33rd International Conference on Machine Learning, Vol. 48. PMLR, 2139 – 2148.

[**Tucker21**] George Tucker and Jonathan Lee. 2021. Improved Estimator Selection for Off-Policy Evaluation. In Workshop on Reinforcement Learning Theory at the 38th International Conference on Machine Learning.

[**Tucker22**] Aaron Tucker and Thorsten Joachims. 2023. Variance-Optimal Augmentation Logging for Counterfactual Evaluation in Contextual Bandits. In Proceedings of the ACM Conference on Web Search and Data Mining.

[**Uehara20**] Masatoshi Uehara, Jiawei Huang, and Nan Jiang. 2020. Minimax Weight and Q-Function Learning for Off-Policy Evaluation. In Proceedings of the 37th International Conference on Machine Learning.

[**Udagawa23**] Takuma Udagawa, Haruka Kiyohara, Yusuke Narita, Yuta Saito, and Kei Tateno. 2023. Policy-Adaptive Estimator Selection for Off-Policy Evaluation. In Proceedings of the 37th AAAI Conference on Artificial Intelligence.

[**Voloshin19**] Cameron Voloshin, Hoang M. Le, Nan Jiang, Yisong Yue. 2021. Empirical Study of Off-Policy Policy Evaluation for Reinforcement Learning. In Proceedings of the 35th Conference on Neural Information Processing Systems.

[**Xie19**] Tengyang Xie, Yifei Ma, Yu-Xiang Wang. 2019. Towards Optimal Off-Policy Evaluation for Reinforcement Learning with Marginalized Importance Sampling. In Proceedings of the 33rd Conference on Neural Information Processing Systems.

[**Yang20**] Mengjiao Yang, Ofir Nachum, Bo Dai, Lihong Li, Dale Schuurmans. 2020. Off-Policy Evaluation via the Regularized Lagrangian. In Proceedings of the 34th Conference on Neural Information Processing Systems.

[**Yang21**] Mengjiao Yang, Ofir Nachum, Bo Dai, Lihong Li, and Dale Schuurmans. 2020. Off-Policy Evaluation via the Regularized Lagrangian. In Proceedings of the 34th Conference on Neural Information Processing Systems.

[**Yang22**] Mengjiao Yang, Bo Dai, Ofir Nachum, George Tucker, Dale Schuurmans. 2022. Offline Policy Selection under Uncertainty. In Proceedings of the 25th International Conference on Artificial Intelligence and Statistics (AISTATS).

[**Yuan21**] Christina Yuan, Yash Chandak, Stephen Giguere, Philip S Thomas, and Scott Niekum. 2021. SOPE: Spectrum of Off-Policy Estimators. In Proceedings of the 35th Conference on Neural Information Processing Systems.

[**Zhang20**] Ruiyi Zhang, Bo Dai, Lihong Li, and Dale Schuurmans. 2020. GenDICE: Generalized Offline Estimation of Stationary Values. In International Conference on Learning Representations.

[**Zhang21**] Shangtong Zhang, Bo Liu, Shimon Whiteson. 2021. GradientDICE: Rethinking Generalized Offline Estimation of Stationary Values. In Proceedings of the 38th International Conference on Machine Learning.

[**Zhan21**] Ruohan Zhan, Vitor Hadad, David A. Hirshberg, and Susan Athey. 2021. Off-Policy

Evaluation via Adaptive Weighting with Data from Contextual Bandits. In Proceedings of the 27th ACM SIGKDD Conference on Knowledge Discovery and Data Mining.

章末問題

4.1（初級）WIPS 推定量（定義 4.8）の不偏性を示せ。

4.2（中級）強化学習における Step-IS 推定量（定義 4.3）と DR 推定量（定義 4.4）の不偏性を示せ。

4.3（中級）表 4.3 の数値例において、π_1 が収集したデータセット $\mathcal{D}_1$ および π_2 が収集したデータセット $\mathcal{D}_2$ を用いたときの NIPS 推定量・BIPS 推定量・WIPS 推定量のバリアンスを計算せよ。またあえて $\mathcal{D}_2$ のみを用いたときの NIPS 推定量のバリアンスを計算せよ。

4.4（上級）BIPS 推定量のバリアンスが NIPS 推定量のバリアンスよりも常に小さいこと（定理 4.6）と WIPS 推定量のバリアンスの性質（定理 4.8）を示せ（ヒント：コーシーシュワルツの不等式を用いる）。

4.5（中級）BDR 推定量（定義 4.9）の不偏性を示せ。

4.6（中級）行動が連続変数である場合の IPS 推定量（式 (4.14)）と DR 推定量（式 (4.15)）のバイアスとバリアンスを導出せよ。

4.7（中級）式 (4.19) の第一項に用いられているバイアスの推定量 $\widehat{\mathrm{Bias}}_{\mathrm{IPS}}[\hat{V}(\pi; \mathcal{D}, \theta)]$ が推定量 $\hat{V}$ の真のバイアス $\mathrm{Bias}[\hat{V}(\pi; \mathcal{D})] := \mathbb{E}_{p(\mathcal{D})}[\hat{V}(\pi; \mathcal{D})] - V(\pi)$ に対する不偏推定量であることを示せ。

4.8（上級）式 (4.21) の $\mathcal{D}_{\mathrm{March}}$ を用いて、式 (4.22) の $V_{\mathrm{April}}(\pi)$ を推定する問題において、標準的な IPS 推定量を用いた場合に発生するバイアスを導出せよ。また、$V_{\mathrm{April}}(\pi)$ に対する不偏推定量を新たに設計し、それが不偏であることを示せ。

4.9（上級）KIPS 推定量に用いられているカーネル関数 $K(u)$ のアイデアを応用することで、3 章で扱った MIPS 推定量（式 (3.3)）を改善する可能性を秘める新たな推定量を提案し、その有効性を議論せよ。

第5章：オフ方策評価からオフ方策学習へ

　本書ではこれまで、さまざまな問題設定において、新たな方策の性能をログデータのみからより正確に推定するためのオフ方策評価の技術を磨いてきました。次なるステップは、より良い性能を発揮する方策をログデータのみから新たに学習することでしょう。このいわゆる「オフ方策学習」の問題は、ログデータに基づいて評価した方策の性能に基づき、より良い性能を発揮する方策を探す作業といえます。よって、方策学習は方策評価の連続と捉えることができます。仮にあらゆる方策の性能を正確に推定できれば、より良い性能を発揮する方策を見つけ出すことができるはずです。一方で、方策の性能を正確に評価できなければ、有用な方策学習を行うことは困難です。よって本章では、これまでに培ってきた方策評価の技術を基礎として、それを自然と拡張する形で、オフ方策学習の基礎的な手法を導いていきます。

5.1 オフ方策学習の定式化

　これまで本書では、データ収集方策 π_0 によって集められた以下の形式のログデータを活用し、（データ収集方策とは異なる）評価方策の性能 $V(\pi)$ を推定する問題についてひたすら考えてきました。

$$\mathcal{D} := \{(x_i, a_i, r_i)\}_{i=1}^{n} \sim p(\mathcal{D}) = \prod_{i=1}^{n} p(x_i) \underbrace{\pi_0(a_i \mid x_i)}_{\text{データ収集方策}} p(r_i \mid x_i, a_i) \tag{5.1}$$

$x \in \mathcal{X}$ はユーザ情報などの特徴量、$a \in \mathcal{A}$ は広告や推薦アイテム、治療などの（データ収集方策 π_0 によって選択された）行動、そして $r \in \mathbb{R}$ は行動の結果として観測されるクリックや収益などの報酬です。また方策 π の性能としては、その方策を環境に実装した際に得られる期待報酬が用いられてきました。

$$V(\pi) = \mathbb{E}_{p(x)\pi(a|x)p(r|x,a)}[r] = \mathbb{E}_{p(x)\pi(a|x)}[q(x, a)]$$

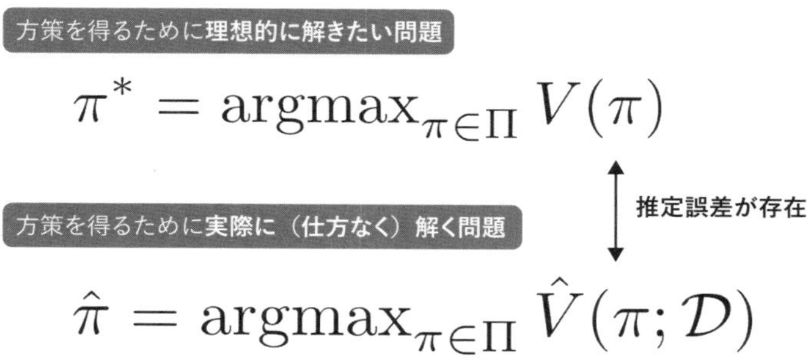

方策を得るために**理想的に解きたい**問題

$$\pi^* = \operatorname{argmax}_{\pi \in \Pi} V(\pi)$$

推定誤差が存在

方策を得るために**実際に（仕方なく）解く**問題

$$\hat{\pi} = \operatorname{argmax}_{\pi \in \Pi} \hat{V}(\pi; \mathcal{D})$$

図 5.1　オフ方策学習において理想的に解きたい問題と実際に解く問題の比較

新たな方策 π の性能をログデータのみを用いて正確に推定できることのメリットは多くあり、さまざまな設定でこれを達成するための推定量について時間をかけて学んできたのでした。

　ここで、これまでに扱ってきたオフ方策評価の問題では、新たな方策 π がすでに与えられた状況を考えてきましたが、そもそもこの評価対象となる新たな方策をどのように得れば（学習すれば）よいのだろうか？ という疑問が残っています。ログデータに基づいて新たな方策を学習する術を持っていなければ、**たとえ正確なオフ方策評価を行う土壌が整っていたとしても（もちろんそれはそれでとても有用ではありますが）、それだけでは方策の性能改善にはつながらない**のです。

　そこで本章では、**データ収集方策 π_0 が集めたログデータに基づいて、より良い性能を発揮できる新たな方策 π を学習するオフ方策学習（Off-Policy Learning; OPL）**と呼ばれる問題を考えます。より具体的にオフ方策学習では、式 (5.1) で表されるログデータ $\mathcal{D}$ のみを用いて、次の最適化問題を解くことを目標とします。

オフ方策学習とは、式 (5.1) に従いデータ収集方策 π_0 が生成するログデータ $\mathcal{D}$ のみを用いて、以下のように性能 $V(\pi)$ を最大化する新たな方策 π を得る問題である。

$$\max_{\pi \in \Pi} V(\pi) \ \left(= \mathbb{E}_{p(x)\pi(a|x)}[q(x, a)] \right) \tag{5.2}$$

Π は方策の集合である。また性能 $V(\pi)$ を最大化する方策を最適方策（optimal policy）と呼び、$\pi^* := \operatorname{arg\,max}_{\pi \in \Pi} V(\pi)$ と表記する。

　オフ方策学習では、実装した際にできるだけ良い期待報酬を導いてくれる新たな方策 π を得る問題を考えます。ここで仮に任意の方策 $\pi \in \Pi$ についてその真の性能 $V(\pi)$ がわかっているならば、オフ方策学習は最適化問題に帰着し、単に式 (5.2) を解

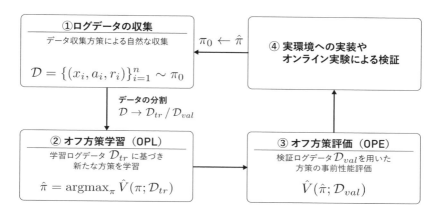

図 5.2 オフ方策学習とオフ方策評価を組み合わせた方策改善プロセス

表 5.1 オフ方策評価（OPE）とオフ方策学習（OPL）の比較

	オフ方策評価（OPE）	オフ方策学習（OPL）
使えるデータ	$\mathcal{D} := \{(x_i, a_i, r_i)\}_{i=1}^n \sim \pi_0$	$\mathcal{D} := \{(x_i, a_i, r_i)\}_{i=1}^n \sim \pi_0$
目標	性能の推定: $V(\pi) \approx \hat{V}(\pi; \mathcal{D})$	方策の最適化: $\max_{\pi \in \Pi} V(\pi)$
主な評価指標	平均二乗誤差: $\mathrm{MSE}\big[\hat{V}(\pi; \mathcal{D})\big]$	期待報酬: $V(\pi)$

けばよいことになります。しかし、これまで扱ってきたように方策の真の性能 $V(\pi)$ は未知であり（だからこそオフ方策評価の問題を考えてきたのでした）、式 (5.2) の問題を直接解くことは残念ながらできません。よってオフ方策学習の問題では、データ収集方策 π_0 が生成したログデータ $\mathcal{D}$ とこれまでにオフ方策評価で培ってきた推定技術を駆使して、方策の真の性能 $V(\pi)$ を推定しつつ、式 (5.2) の問題をより良く解くための手順を考える必要があります（図 5.1 を参照）。方策 π の性能 $V(\pi)$ を正確に推定するだけではなく、それを最大化する方策 π を見つけ出すところまで行う必要があることから、オフ方策学習はオフ方策評価を発展させた問題と見ることができるのです（表 5.1 を参照）。

　現場でオフ方策学習とオフ方策評価を活用して、方策を改善・運用する際の基本サイクルを図 5.2 にまとめました。まずは、あるデータ収集方策（旧ロジック）π_0 がログデータ $\mathcal{D}$ を収集している状況を出発点として考えます。ここで、データ収集方策は必ずしも機械学習や本章で学ぶオフ方策学習の手法で仕立て上げられている必要はなく、人手に基づくシンプルなモデルやルールベースであっても問題ありません。次にオフ方策学習により新たな方策を学習するのですが、その前に機械学習の標準的な作法にならい、ログデータをトレーニングデータ $\mathcal{D}_{tr}$ とバリデーション

データ $\mathcal{D}_{val}$ に分割しておきます。そしてトレーニングデータを用いて、新たな方策を $\hat{\pi} = \arg\max_{\pi \in \Pi} \hat{V}(\pi; \mathcal{D}_{tr})$ のように学習します。ここで $\hat{V}(\pi; \mathcal{D})$ は、真の目的関数 $V(\pi)$ をログデータ $\mathcal{D}$ のみに基づき近似する推定量です。次にオフ方策学習で得た新たな方策の性能を、オフ方策評価によりログデータのみを用いて事前に評価します。このオフ方策評価のステップを飛ばして実環境への実装やオンライン実験による性能検証に進むこともできますが、学習した方策 $\hat{\pi}$ が大きな失敗を招かないものであるか、最低限データ収集方策の性能 $V(\pi_0)$ を上回るものであるかなどをチェックする目的で、事前のオフ方策評価を行いたいことがほとんどでしょう。学習済みの方策 $\hat{\pi}$ の性能評価値は、推定量 $\hat{V}$ にバリデーションデータを与えることで $\hat{V}(\hat{\pi}; \mathcal{D}_{val})$ として計算できます。最後にオフ方策評価による性能評価値を参考に、学習した方策を導入すべきか否かの判断を下します。実環境を用いたオンライン実験を行い、新たな方策の性能の良し悪しについてより正確な結果を得たうえで導入に踏み切ることもできます。またここで重要なのは、新たに導入した方策 $\hat{\pi}$ を実環境で一定期間運用することで蓄積されるログデータは、将来の方策学習に活用されるということです（学習された方策 $\hat{\pi}$ は、ひとたび環境に実装されるとデータ収集方策 π_0 となる）。すなわち、オフ方策学習やオフ方策評価は図 5.2 に示したサイクルとして動作します。

実際にオフ方策学習の問題を解く際には、（教師あり学習と同様）方策 π を何らかの形で**パラメータ化（parameterize）**したうえで、方策の性能 $V(\pi)$ を最大化するパラメータを求める問題として実装されることがほとんどです。具体的には、ある d 次元パラメータベクトル $\theta \in \mathbb{R}^d$ でパラメータ化された方策を π_θ としたうえで、方策 π_θ の性能を最大化するパラメータ θ を学習する以下の問題を解くことを考えます。

$$\theta^* = \arg\max_\theta V(\pi_\theta) \ \left(= \mathbb{E}_{p(x)\pi_\theta(a|x)}[q(x,a)] \right) \tag{5.3}$$

方策のパラメータ化の代表例としては、以下のものがあります。

$$線形方策 : \pi_\theta(a \,|\, x) = \frac{\exp(\theta_a^\top x)}{\sum_{a' \in \mathcal{A}} \exp(\theta_{a'}^\top x)}$$

$$ニューラルネットワーク方策 : \pi_\theta(a \,|\, x) = \frac{\exp(NN_\theta(x,a))}{\sum_{a' \in \mathcal{A}} \exp(NN_\theta(x,a'))}$$

線形方策は、行動 $a \in \mathcal{A}$ ごとにパラメータベクトル θ_a を用意し、そのパラメータ θ_a と特徴量 x の内積に対してソフトマックス関数を適用することで定義されます。線形方策を用いる場合、各特徴量 x についてより大きな内積 $\theta_a^\top x$ の値を持つ行動 a が選

表 5.2 映画推薦の問題における期待報酬関数 $q(x, a)$ の例

	タイタニック（a1）	アバター（a2）	スラムダンク（a3）
ユーザ 1（x1）	$q(x1, a1) = 0.2$	$q(x1, a2) = 0.1$	$q(x1, a3) = 0.5$
ユーザ 2（x2）	$q(x2, a1) = 0.5$	$q(x2, a2) = 0.7$	$q(x2, a3) = 0.4$
ユーザ 3（x3）	$q(x3, a1) = 0.3$	$q(x3, a2) = 0.6$	$q(x3, a3) = 0.9$

択されやすくなります。よって方策の性能を改善するためには、期待報酬 $q(x, a)$ がより大きい行動 a について、内積 $\theta_a^\top x$ が大きい値をとるようパラメータ $\{\theta_a\}_{a \in \mathcal{A}}$ を学習することが求められます。またより表現力の高い方法に、ニューラルネットワークを用いたパラメータ化があります。この方法では、パラメータ θ によって定義されるニューラルネットワーク $NN_\theta : \mathcal{X} \times \mathcal{A} \to \mathbb{R}$ にソフトマックス関数を適用することで定義できます。このニューラルネットワーク方策の性能を改善するためには、より大きな期待報酬 $q(x, a)$ を持つ行動 a に対して、ニューラルネットワーク NN_θ が大きな値を出力するようパラメータ θ を学習する必要があります。もちろんこれらは代表例にすぎず、方策をパラメータ化する方法はほかにも考えられます。

5.2 オフ方策学習における標準的なアプローチ

　ここから、データ収集方策 π_0 が生成したログデータ $\mathcal{D}$ のみを用いて、式 (5.2) や式 (5.3) で定義されるオフ方策学習の問題を解くための標準的なアプローチを

- ●回帰ベース（Regression-based）
- ●勾配ベース（Gradient-based）
- ●回帰ベースと勾配ベースを融合した第三のアプローチ

という三つに分けて紹介します。

5.2.1　回帰ベース（Regression-based）のアプローチ

　回帰ベースのアプローチは、最適方策 $\pi^* := \arg\max_{\pi \in \Pi} V(\pi)$ と期待報酬関数 $q(x, a)$ に関する次の関係性に着目します。

$$\pi^*(a \,|\, x) = \begin{cases} 1 & (a = \arg\max_{a' \in \mathcal{A}} q(x, a')) \\ 0 & （そのほかの行動） \end{cases} \tag{5.4}$$

すなわち最適方策 π^* は、各特徴量 x が与えられたときに、期待報酬関数 $q(x, a)$ の

値が最大となる行動 $a = \arg\max_{a' \in \mathcal{A}} q(x, a')$ を確率 1 で選ぶ決定的な方策として定義できます（証明は章末問題としています）。

表 5.2 に、3 人のユーザ $\{x1, x2, x3\}$ と 3 本の映画 $\{a1, a2, a3\}$ で構成される映画推薦の問題における真の期待報酬関数 $q(x, a)$ の例を示しました。表 5.2 と式 (5.4) に基づくと、この映画推薦の問題における最適方策 π^* は、ユーザ 1 とユーザ 3 にはスラムダンク（$a3$）を、ユーザ 2 にはアバター（$a2$）をそれぞれ確率 1 で推薦する方策であることがわかります。また、仮に 3 人のユーザが一様に分布している（すなわち $p(x_1) = p(x_2) = p(x_3) = 1/3$）とした場合の最適方策の性能 $V(\pi^*)$ は

$$
\begin{aligned}
V(\pi^*) &= \mathbb{E}_{p(x)\pi^*(a|x)}[q(x, a)] \\
&= \sum_{x \in \{x1, x2, x3\}} p(x) \sum_{a \in \{a1, a2, a3\}} \pi^*(a \mid x) q(x, a) \\
&= \frac{1}{3} \Big(\underbrace{(0.0 \times 0.2 + 0.0 \times 0.1 + 1.0 \times 0.5)}_{\text{ユーザ 1 についての計算}} \\
&\quad + \underbrace{(0.0 \times 0.5 + 1.0 \times 0.7 + 0.0 \times 0.4)}_{\text{ユーザ 2 についての計算}} \\
&\quad + \underbrace{(0.0 \times 0.3 + 0.0 \times 0.6 + 1.0 \times 0.9)}_{\text{ユーザ 3 についての計算}} \Big) \\
&= 0.70
\end{aligned}
\tag{5.5}
$$

と計算されます。もちろん実際には真の期待報酬関数 $q(x, a)$ は未知のため、式 (5.4) を直接利用して方策を得ることはできません。しかし、**観測可能なログデータ $\mathcal{D}$ を用いて期待報酬関数 $q(x, a)$ を正確に近似できるならば、$q(x, a)$ の近似に対して式 (5.4) を適用することで、良い方策を得ることができるかもしれません**。回帰ベースの方策学習はこのアイデアに基づいており、次のように定義されます。

表 5.3　映画推薦の問題における期待報酬関数の推定モデル $\hat{q}(x, a)$ の例

	タイタニック （a1）	アバター （a2）	スラムダンク （a3）
ユーザ 1 （x1）	$\hat{q}(x1, a1) = 0.1$	$\hat{q}(x1, a2) = 0.4$	$\hat{q}(x1, a3) = 0.2$
ユーザ 2 （x2）	$\hat{q}(x2, a1) = 0.4$	$\hat{q}(x2, a2) = 0.3$	$\hat{q}(x2, a3) = 0.3$
ユーザ 3 （x3）	$\hat{q}(x3, a1) = 0.5$	$\hat{q}(x3, a2) = 0.7$	$\hat{q}(x3, a3) = 0.8$

オフ方策学習における**回帰ベースのアプローチ**とは、データ収集方策 π_0 によって収集されたログデータ $\mathcal{D}$ のみを用いて期待報酬関数 $q(x, a)$ を推定し、それを方策に変換する手順のことである。すなわち、（例えば）次のようにして期待報酬関数 $q(x, a)$ に対する推定モデル $\hat{q}(x, a)$ を事前に得ておく。

$$\hat{q}(x, a) = \underset{q' \in \mathcal{Q}}{\arg\min} \frac{1}{n} \sum_{i=1}^{n} \ell_r(r_i, q'(x_i, a_i)) \tag{5.6}$$

ここで $\ell_r(\cdot, \cdot)$ は、交差エントロピー誤差や二乗誤差など、問題に応じて適切に選択された損失関数である。また $\mathcal{Q}$ は、期待報酬関数を推定するための仮説集合であり、リッジ回帰やニューラルネットワーク、ランダムフォレストなどの機械学習手法を用いて定義できる。期待報酬関数に対する推定モデル $\hat{q}(x, a)$ を得たら、それを次のようにして新たな方策に変換する。

$$\hat{\pi}_{\mathrm{regbased}}(a \mid x; \hat{q}) = \begin{cases} 1 & (a = \arg\max_{a' \in \mathcal{A}} \hat{q}(x, a')) \\ 0 & (\text{そのほかの行動}) \end{cases} \tag{5.7}$$

回帰ベースのアプローチでは、ログデータ $\mathcal{D}$ を用いて報酬 r を予測する回帰問題を解き、期待報酬関数の推定モデル $\hat{q}(x, a)$ を得ておきます。その後、式 (5.4) における未知の期待報酬関数 $q(x, a)$ の部分を推定モデル $\hat{q}(x, a)$ に置き換えることで、新たな方策を学習します。この回帰ベースの方策学習は、期待報酬関数 $q(x, a)$ に対する推定モデル $\hat{q}(x, a)$ を活用しているという意味でオフ方策評価における DM 推定量と同じ設計思想に基づいているといえます。したがって、推定モデル $\hat{q}(x, a)$ の精度が良ければ、それに基づいて定義される方策 $\hat{\pi}_{\mathrm{regbased}}$ の性能も良くなることが期待されます。その一方で、推定モデル $\hat{q}(x, a)$ の精度が芳しくない場合に、それに基づいて得られる方策 $\hat{\pi}_{\mathrm{regbased}}$ の性能が悪化してしまうことは想像に難くないでしょう。DM 推定量の解説でもふれたように、クリックやコンバージョンなどで定義される報酬 r をすべての行動 $a \in \mathcal{A}$ について正確に予測することは容易ではなく、その場合回帰ベースのアプローチは効果的ではない可能性があることには注意が必要です。

先にも用いた映画推薦の例において、回帰ベースに基づく方策 $\hat{\pi}_{\mathrm{regbased}}$ を実装してみることにしましょう。ここでは、表 5.3 で表される推定モデル $\hat{q}(x, a)$ をログデー

タに基づき事前に得ていたとします。この推定モデル $\hat{q}(x,a)$ を式 (5.7) に適用することで学習される方策 $\hat{\pi}_{\mathrm{regbased}}$ は、ユーザ 1 にはアバター（$a2$）を、ユーザ 2 にはタイタニック（$a1$）を、そしてユーザ 3 にはスラムダンク（$a3$）をそれぞれ確率 1 で推薦する方策になるはずです。ユーザ 3 には最適な行動（$a3$）を選べている一方で、ユーザ 1 とユーザ 2 については、推定モデル $\hat{q}(x,a)$ による予測誤差が原因で本来最適な行動であるはずのスラムダンク（$a3$）やアバター（$a2$）を選択することに失敗してしまっています。ここで得た回帰ベースの方策 $\hat{\pi}_{\mathrm{regbased}}$ の性能は、

$$
\begin{aligned}
V(\hat{\pi}_{\mathrm{regbased}}) &= \mathbb{E}_{p(x)\hat{\pi}_{\mathrm{regbased}}(a|x)}[q(x,a)] \\
&= \sum_{x\in\{x1,x2,x3\}} p(x) \sum_{a\in\{a1,a2,a3\}} \hat{\pi}_{\mathrm{regbased}}(a|x)q(x,a) \\
&= \frac{1}{3}\Big(\underbrace{(0.0\times 0.2 + 1.0\times 0.1 + 0.0\times 0.5)}_{\text{ユーザ 1 についての計算}} \\
&\quad + \underbrace{(1.0\times 0.5 + 0.0\times 0.7 + 0.0\times 0.4)}_{\text{ユーザ 2 についての計算}} \\
&\quad + \underbrace{(0.0\times 0.3 + 0.0\times 0.6 + 1.0\times 0.9)}_{\text{ユーザ 3 についての計算}} \Big) \\
&= 0.50
\end{aligned}
$$

と計算されます。式 (5.5) で計算した最適方策の性能と比較すると、$V(\pi^*) - V(\hat{\pi}_{\mathrm{regbased}}) = 0.7 - 0.5 = 0.2$ の損失が生じてしまっていることがわかります。もちろん、より正確な推定モデル $\hat{q}(x,a)$ を得ることができれば最適方策の性能に対する損失も（基本的には）小さくなっていくことが予想される一方で、ここで扱った例のように、推定誤差を含んだ推定モデル $\hat{q}(x,a)$ に基づいて得られる方策 $\hat{\pi}_{\mathrm{regbased}}$ はそれに準ずる損失を生じてしまうことがわかります。

　なお式 (5.7) では、推定モデルが最大値を出力する行動 $a = \arg\max_{a'\in\mathcal{A}} \hat{q}(x,a')$ を確率 1 で選択する決定的な方策を定義していますが、推定モデル $\hat{q}(x,a)$ を方策に変換する方法はほかにも考えられます。例えば、推定モデルにソフトマックス関数を適用することで、次のように確率的な方策を得ることもできます。

$$
\hat{\pi}_{\mathrm{regbased}}(a\,|\,x;\hat{q},\tau) = \frac{\exp(\hat{q}(x,a)/\tau)}{\sum_{a'\in\mathcal{A}}\exp(\hat{q}(x,a')/\tau)} \tag{5.8}
$$

$\tau > 0$ は温度パラメータと呼ばれるハイパーパラメータであり、この値が小さいほど、式 (5.8) で定義される方策は式 (5.7) で定義される決定的な方策に近づいていく一方で、τ に大きな値を設定すると式 (5.8) の方策は一様分布に近づいていきます。

式 (5.7) で定義される決定的な方策を用いるべきか、はたまた式 (5.8) などで定義される確率的な方策を用いるべきかは状況によります。例えば実装の観点からは、行動のランダムサンプリングを行う必要のない決定的な方策が好まれる傾向にあります。また（特殊ケースを除いて）最適方策 π^* は常に決定的な方策ですから、その意味では、決定的方策を用いるのが自然かもしれません。一方で、再度オフ方策学習を行うことを見越して将来に有用なログデータを蓄積しておくためには、確率的な方策をあえて採用することで探索を行うことが望ましいといえるでしょう。また方策を定義するために用いる推定モデル $\hat{q}(x, a)$ の精度が良くない場合に決定的な方策を採用してしまうと、行動選択の大きな誤りにつながりかねないため、失敗時のリスクを考えある程度安全な方策を採用したいという要求には、確率的な方策の方が適しているといえるでしょう。実践現場では、これらの観点を総合的に考慮して、決定的な方策（式 (5.7)）と確率的な方策（式 (5.8) など）のどちらを用いるべきなのか判断します。

5.2.2 勾配ベース（Gradient-based）のアプローチ

回帰ベースのアプローチは、非常に直感的で教師あり学習に似た思想に基づくことから、方策学習の実践でも多く用いられる手法です。現在実装している意思決定最適化の解き方が、知らぬ間に回帰ベースのアプローチに類するものになっていたという方も多いでしょう。しかし一つの欠点として、**回帰ベースのアプローチはあくまで報酬の予測問題を解いているだけであり、方策学習の問題を直接的に解いているわけではない**という点が挙げられます。表 5.4 の数値例を用いて、この点を理解します。この例では、ある特定のユーザ x に関する真の期待報酬関数 $q(x, a)$ とそれに対する二つの異なる推定モデル（$\hat{q}_1(x, a)$ および $\hat{q}_2(x, a)$）が示されています。この例における最適方策 π^* はタイタニック（$a1 = \arg\max_a q(x, a)$）を確率 1 で選ぶ方策であり、その性能は $V(\pi^*) = 0.5$ です。しかし、実際には期待報酬関数 $q(x, a)$ は未知のため、回帰ベースのアプローチでは推定モデル $\hat{q}(x, a)$ に基づいて方策を構成するのでした。ここでは、$\hat{q}_1(x, a)$ と $\hat{q}_2(x, a)$ の二つの推定モデルを事前に得ている状況を考えており、それぞれの推定モデルの精度を絶対誤差で計算すると、

推定モデル 1 の精度: $(|0.9 - 0.5| + |0.7 - 0.3| + |0.0 - 0.4|)/3 = 0.4$

推定モデル 2 の精度: $(|0.5 - 0.5| + |0.4 - 0.3| + |0.6 - 0.4|)/3 = 0.1$

表 5.4 映画推薦の問題における回帰ベースのアプローチの失敗

	タイタニック（$a1$）	アバター（$a2$）	スラムダンク（$a3$）
真の期待報酬関数: $q(x,a)$	$q(x,a1) = 0.5$	$q(x,a2) = 0.3$	$q(x,a3) = 0.4$
推定モデル 1: $\hat{q}_1(x,a)$	$\hat{q}_1(x,a1) = 0.9$	$\hat{q}_1(x,a2) = 0.7$	$\hat{q}_1(x,a3) = 0.0$
推定モデル 2: $\hat{q}_2(x,a)$	$\hat{q}_2(x,a1) = 0.5$	$\hat{q}_2(x,a2) = 0.4$	$\hat{q}_2(x,a3) = 0.6$

であることから、推定モデル 2 の方がより正確な報酬予測を達成できていることがわかります。次に、推定モデル 1 と推定モデル 2 のそれぞれに基づいて回帰ベースの方策 $\hat{\pi}_{\mathrm{regbased1}}$ および $\hat{\pi}_{\mathrm{regbased2}}$ を構成することにします。まず推定モデル 1 のもとでは、タイタニックに対する報酬の予測値が最も大きい（$a1 = \arg\max_a \hat{q}_1(x,a)$）ため、このモデルに基づいて構成される方策 $\hat{\pi}_{\mathrm{regbased1}}$ は、タイタニックを確率 1 で推薦する方策になります。一方で推定モデル 2 のもとでは、スラムダンクに対する報酬の予測値が最も大きい（$a3 = \arg\max_a \hat{q}_2(x,a)$）ため、このモデルに基づいて構成される方策 $\hat{\pi}_{\mathrm{regbased2}}$ は、スラムダンクを確率 1 で推薦する方策になるはずです。すなわち、予測誤差の大きい推定モデル 1 に基づく方策 $\hat{\pi}_{\mathrm{regbased1}}$ は最適方策と一致しており性能 $V(\hat{\pi}_{\mathrm{regbased1}}) = 0.5$ を達成する一方で、より正確なはずの推定モデル 2 に基づく方策 $\hat{\pi}_{\mathrm{regbased2}}$ はむしろ最適な行動を選択することに失敗しており、より予測誤差の大きい推定モデルに基づく方策よりも悪い性能（$V(\hat{\pi}_{\mathrm{regbased2}}) = 0.4$）に甘んじてしまっています。このことから、**予測誤差が小さくより正確な推定モデルを得ることは、必ずしもより良い性能を発揮する方策の獲得につながるわけではない**ことがわかります。**報酬予測と意思決定最適化は本質的に異なる問題であり、回帰ベースのアプローチは方策学習の問題を直接的に解いているわけではない**のです。

　直接的に方策学習の問題を解いているとはいえない回帰ベースのアプローチに対して、**勾配ベース（gradient-based）のアプローチは、高性能を発揮する方策をより直接的に学習する方法**といえます。より具体的に勾配ベースのアプローチでは、方策の性能の勾配 $\nabla_\theta V(\pi_\theta)$ に基づいて、方策 π_θ の性能が良くなるよう以下の通りにパラメータ θ の更新を繰り返すことで学習を行います。

$$\theta_{t+1} \longleftarrow \theta_t + \eta \nabla_\theta V(\pi_\theta) \tag{5.9}$$

ここで $\eta > 0$ は、パラメータ更新時に用いる学習率（learning rate）です。$\nabla_\theta V(\pi_\theta)$ は**方策勾配（policy gradient）**と呼ばれ、具体的には次の形をしています。

$$\nabla_\theta V(\pi_\theta) = \nabla_\theta \mathbb{E}_{p(x)\pi_\theta(a|x)}[q(x,a)]$$

$$= \mathbb{E}_{p(x)}\left[\nabla_\theta \sum_{a \in \mathcal{A}} \pi_\theta(a \mid x) q(x, a)\right]$$

$$= \mathbb{E}_{p(x)}\left[\sum_{a \in \mathcal{A}} q(x, a) \nabla_\theta \pi_\theta(a \mid x)\right]$$

$$= \mathbb{E}_{p(x)}\left[\sum_{a \in \mathcal{A}} q(x, a) \pi_\theta(a|x) \nabla_\theta \log \pi_\theta(a \mid x)\right]$$

$$= \mathbb{E}_{p(x)\pi_\theta(a|x)}[q(x, a) \nabla_\theta \log \pi_\theta(a \mid x)] \tag{5.10}$$

$\nabla_\theta \pi_\theta(a \mid x) = \pi_\theta(a \mid x) \nabla_\theta \log \pi_\theta(a \mid x)$ の変換はログトリック (log-derivative trick) と呼ばれ、勾配ベースの方策学習における頻出操作です。式 (5.9) と式 (5.10) を合わせると、勾配ベースのアプローチが、**期待報酬関数 $q(x, a)$ の値が大きい行動 a の選択確率を大きくするよう方策パラメータ θ を更新していく**ことがわかります。

しかし、勾配ベースのアプローチでも、式 (5.9) で表されるパラメータ更新則を直接実装することはできません。それは、真の方策勾配 $\nabla_\theta V(\pi_\theta)$ に現れる期待報酬関数 $q(x, a)$ が未知であるためです。したがって勾配ベースのアプローチでは、**データ収集方策 π_0 が生成したログデータ $\mathcal{D}$ を用いて真の方策勾配 $\nabla_\theta V(\pi_\theta)$ を推定したうえで、推定された勾配 $\widehat{\nabla_\theta V}(\pi_\theta; \mathcal{D})$ に基づいて式 (5.9) のパラメータ更新を実装する必要があります**。すなわち、実際の勾配ベースのアプローチは次の手順で実装されます。

オフ方策学習における**勾配ベースのアプローチ**とは、データ収集方策 π_0 によって収集されたログデータ $\mathcal{D}$ のみを用いて方策勾配 $\nabla_\theta V(\pi_\theta)$ を推定し、それに基づいて高性能を導く方策のパラメータを学習するアプローチである。すなわち、まずはログデータ $\mathcal{D}$ に基づいて真の方策勾配 $\nabla_\theta V(\pi_\theta)$ を推定する推定量 $\widehat{\nabla_\theta V}(\pi_\theta; \mathcal{D})$ を得ておく。そしてその勾配推定量に基づいて、以下のパラメータ更新を繰り返すことで方策を学習する。

$$\theta_{t+1} \longleftarrow \theta_t + \eta \widehat{\nabla_\theta V}(\pi_\theta; \mathcal{D}) \tag{5.11}$$

ここで $\eta > 0$ は、パラメータ更新における学習率である。

よって、実際には未知である真の方策勾配 $\nabla_\theta V(\pi_\theta)$ に対する推定量 $\widehat{\nabla_\theta V}(\pi_\theta; \mathcal{D})$ を構成したうえで、(仕方なく) その推定量に基づき式 (5.11) の通りにパラメータ θ を更新していきます。以降では、勾配ベースのアプローチに基づく方策学習に必要不可欠な真の方策勾配 $\nabla_\theta V(\pi_\theta)$ に対する推定量を紹介・分析していきます。

まずはじめに、IPS 推定量の考え方を応用することで、方策勾配 $\nabla_\theta V(\pi_\theta)$ を推定

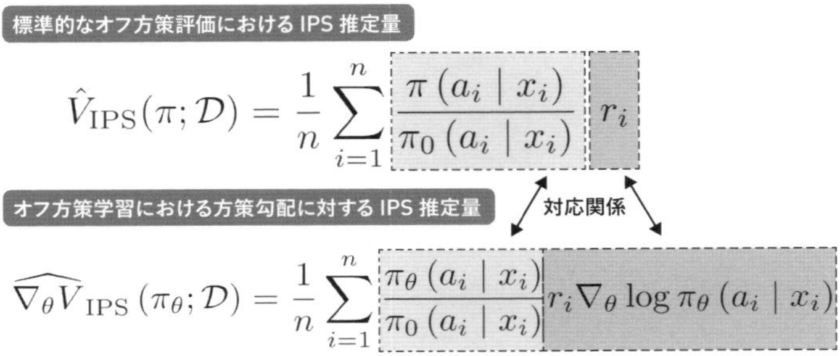

標準的なオフ方策評価における IPS 推定量

$$\hat{V}_{\mathrm{IPS}}(\pi; \mathcal{D}) = \frac{1}{n} \sum_{i=1}^{n} \frac{\pi(a_i \mid x_i)}{\pi_0(a_i \mid x_i)} r_i$$

対応関係

オフ方策学習における方策勾配に対する IPS 推定量

$$\widehat{\nabla_\theta V}_{\mathrm{IPS}}(\pi_\theta; \mathcal{D}) = \frac{1}{n} \sum_{i=1}^{n} \frac{\pi_\theta(a_i \mid x_i)}{\pi_0(a_i \mid x_i)} r_i \nabla_\theta \log \pi_\theta(a_i \mid x_i)$$

図 5.3　オフ方策評価における IPS 推定量とオフ方策学習における方策勾配に対する IPS 推定量の対応関係

することを考えてみましょう。

> **定義 5.1.** データ収集方策 π_0 によって収集されたログデータ $\mathcal{D}$ が与えられたとき、真の方策勾配 $\nabla_\theta V(\pi_\theta)$ に対する Inverse Propensity Score（IPS）推定量は、次のように定義される。
>
> $$\widehat{\nabla_\theta V}_{\mathrm{IPS}}(\pi_\theta; \mathcal{D}) := \frac{1}{n} \sum_{i=1}^{n} w(x_i, a_i) r_i \nabla_\theta \log \pi_\theta(a_i \mid x_i) \tag{5.12}$$
>
> なお $w(x, a) := \pi_\theta(a \mid x) / \pi_0(a \mid x)$ は、学習中の方策 π_θ とデータ収集方策 π_0 による行動選択確率の比であり、**重要度重み**と呼ばれる。

　ここでは、重要度重みのテクニックに基づく方策勾配に対する IPS 推定量を定義しました。しかし、推定目標が評価方策の性能 $V(\pi)$ から方策勾配 $\nabla_\theta V(\pi_\theta)$ に変わっていますから、それに応じて報酬 r_i だけではなく、学習中の方策 π_θ による行動選択確率の対数の勾配 $\nabla_\theta \log \pi_\theta(a_i \mid x_i)$[*1]が推定量内部に現れているという些細な違いがあります（図 5.3 を参照）。

　オフ方策評価における IPS 推定量は評価方策の真の性能 $V(\pi)$ に対して不偏性を持ちましたが、式（5.12）で定義した方策勾配に対する IPS 推定量はどうでしょうか？期待値計算を通してそのバイアスを算出してみましょう。

$$\mathbb{E}_{p(\mathcal{D})} \left[\widehat{\nabla_\theta V}_{\mathrm{IPS}}(\pi_\theta; \mathcal{D}) \right] = \mathbb{E}_{p(\mathcal{D})} \left[\frac{1}{n} \sum_{i=1}^{n} \frac{\pi_\theta(a_i \mid x_i)}{\pi_0(a_i \mid x_i)} r_i \nabla_\theta \log \pi_\theta(a_i \mid x_i) \right]$$

---

*1　これを方策スコア関数（policy score function）と呼ぶことがあります。

$$= \mathbb{E}_{p(x)\pi_0(a|x)} \left[\frac{\pi_\theta(a \mid x)}{\pi_0(a \mid x)} q(x, a) \nabla_\theta \log \pi_\theta(a \mid x) \right]$$

$$= \mathbb{E}_{p(x)} \left[\sum_{a \in \mathcal{A}} \pi_0(a \mid x) \frac{\pi_\theta(a \mid x)}{\pi_0(a \mid x)} q(x, a) \nabla_\theta \log \pi_\theta(a \mid x) \right]$$

$$= \mathbb{E}_{p(x)} \left[\sum_{a \in \mathcal{A}} \pi_\theta(a \mid x) q(x, a) \nabla_\theta \log \pi_\theta(a \mid x) \right]$$

$$= \mathbb{E}_{p(x)\pi_\theta(a|x)} \left[q(x, a) \nabla_\theta \log \pi_\theta(a \mid x) \right]$$

$$= \nabla_\theta V(\pi_\theta) \quad \because \text{式 (5.10)}$$

よって、方策勾配のための IPS 推定量の期待値は、真の方策勾配 $\nabla_\theta V(\pi_\theta)$ に一致することがわかりました。このことから次の定理が導かれます。

> **定理 5.1.** あるデータ収集方策 π_0 により収集されたログデータ $\mathcal{D}$ を用いるとき、式 (5.12) で定義される方策勾配に対する IPS 推定量は、仮定 1.1（共通サポートの仮定）のもとで、真の方策勾配 $\nabla_\theta V(\pi_\theta)$ に対する不偏推定量である。すなわち、
>
> $$\mathbb{E}_{p(\mathcal{D})}[\widehat{\nabla_\theta V}_{\mathrm{IPS}}(\pi_\theta; \mathcal{D})] = \nabla_\theta V(\pi_\theta) \quad (\implies \mathrm{Bias}[\widehat{\nabla_\theta V}_{\mathrm{IPS}}(\pi_\theta; \mathcal{D})] = 0)$$

よって方策勾配に基づくオフ方策学習においても、IPS 推定量を定義することで真の方策勾配を不偏推定でき、それに基づいて（式 (5.11) に従って）方策パラメータ θ を学習できるのです。

しかしここでも、重要度重みに起因して発生するバリアンスが問題になりえます。すなわち、方策勾配に対する IPS 推定量の期待値が真の方策勾配に一致するとしても、その推定には大きなばらつきが生じてしまう可能性があるのです。特に IPS 推定量のようにバリアンスが大きい推定量を用いて方策勾配を推定する場合、収束に時間がかかったり、収束により多くのログデータを要するなど、学習の非効率性の問題が生じることが指摘されています（Liang22, Saito24）。したがって方策勾配の推定においても、バイアスの発生をできるだけ抑えつつバリアンスを減少することが重要な研究課題とされています。

IPS 推定量の不偏性を維持しつつもバリアンスを減少させる方法に、DR 推定量がありました。IPS 推定量が方策勾配推定に困難なく拡張できたことを考えると、DR 推定量を方策勾配推定に応用することもできるはずです。具体的に、方策勾配推定における DR 推定量は次のように定義されます。

定義 5.2. データ収集方策 π_0 によって収集されたログデータ $\mathcal{D}$ が与えられたとき、真の方策勾配 $\nabla_\theta V(\pi_\theta)$ に対する Doubly Robust（DR）推定量は、次のように定義される。

$$\widehat{\nabla_\theta V}_{\mathrm{DR}}(\pi_\theta; \mathcal{D}) := \frac{1}{n} \sum_{i=1}^{n} \left\{ w(x_i, a_i)(r_i - \hat{q}(x_i, a_i))\nabla_\theta \log \pi_\theta(a_i \mid x_i) \right.$$

$$\left. + \mathbb{E}_{\pi_\theta(a|x_i)}[\hat{q}(x_i, a)\nabla_\theta \log \pi_\theta(a \mid x_i)] \right\} \quad (5.13)$$

なお $\hat{q}(x, a)$ は、期待報酬関数 $q(x, a)$ に対する推定モデルであり、回帰ベースのアプローチの場合と同様に、例えば式（5.6）などによって得る。また $w(x, a) := \pi_\theta(a \mid x)/\pi_0(a \mid x)$ は、IPS 推定量と同様の重要度重みである。

ここでは、真の方策勾配 $\nabla_\theta V(\pi_\theta)$ に対する DR 推定量を定義しました。基本的にはオフ方策評価の場合と同様のアイデアに則っており、ログデータを用いて事前に学習しておいた期待報酬関数に対する推定モデル $\hat{q}(x, a)$ をベースラインとして用いることで、IPS 推定量からのバリアンス減少をねらっています。なお DR 推定量は、重要度重みに加えて期待報酬関数に対する推定モデル $\hat{q}(x, a)$ を用いていることから、回帰ベースと勾配ベースを融合した方法のように思えるかもしれません。しかしここでは、推定モデル $\hat{q}(x, a)$ を単に方策勾配の推定を手助けする役割で用いているだけであり、方策は勾配によるパラメータ更新で学習しますから、**DR 推定量はあくまで勾配ベースのアプローチにおける方策勾配推定量の一種**と考えるのが自然です。真の意味で回帰ベースと勾配ベースを融合したアプローチは、次項で扱います。

方策勾配に対する DR 推定量についても、IPS 推定量と同様に不偏性が成り立ちます（導出は章末問題としています）。

定理 5.2. あるデータ収集方策 π_0 により収集されたログデータ $\mathcal{D}$ を用いるとき、式（5.13）で定義される DR 推定量は、仮定 1.1（共通サポートの仮定）のもとで、真の方策勾配 $\nabla_\theta V(\pi_\theta)$ に対する不偏推定量である。すなわち、

$$\mathbb{E}_{p(\mathcal{D})}[\widehat{\nabla_\theta V}_{\mathrm{DR}}(\pi_\theta; \mathcal{D})] = \nabla_\theta V(\pi_\theta) \quad (\implies \mathrm{Bias}[\widehat{\nabla_\theta V}_{\mathrm{DR}}(\pi_\theta; \mathcal{D})] = 0)$$

よって方策勾配の推定においても、期待報酬関数に対する推定モデル $\hat{q}(x, a)$ を活用することで、不偏性を崩さずにバリアンスに改善をもたらすことが可能なのです。

図 5.4 において、回帰ベースの手法と勾配ベースの手法（IPS 推定量と DR 推定量に基づく場合のそれぞれ）で学習された方策 π_θ の性能を比較したシミュレーション

結果を示しました。それぞれの図の縦軸は、学習された方策 π_θ のデータ収集方策 π_0 に対する相対的な性能 $V(\pi_\theta)/V(\pi_0)$ を表しています。この値を計測することで、新たに学習された方策が、データ収集方策の性能をどの程度改善するものであるかがわかります。また回帰ベースの手法のための推定モデル $\hat{q}(x,a)$ や勾配ベースで学習する方策 π_θ は、どれも 3 層ニューラルネットワークによりパラメータ化しています。まず図 5.4 の左図では、ログデータのサイズ n を徐々に大きくしたときに、それぞれの手法で学習された方策 π_θ の性能に現れる変化を調べています。これを見ると、ログデータのサイズ n が小さい場合は回帰ベースが勾配ベースと比べわずかながらより良い方策を学習している一方で、データが増えるにつれ勾配ベースの手法で学習された方策の性能が特に良くなっていく傾向が見てとれます。これは、データ数が少ない場合は勾配ベースの手法が方策勾配推定におけるバリアンスの影響で、比較的大きな推定誤差を含んだ勾配に基づいて学習を実行せざるを得ないことに起因します。一方で、勾配ベースの手法は回帰ベースの手法のように期待報酬関数を正確に近似できるという仮定を必要としないため、十分なデータ数さえ確保できれば、より良い方策を学習できる可能性が高まります。また、方策勾配の IPS 推定量と DR 推定量に基づいて学習される方策の性能を比べると、方策勾配推定におけるバリアンスの減少により、DR 推定量の方が安定してより良い方策を学習できていることがわかります。また、データ数を $n = 100, 500, 2000$ としたときの各手法による学習曲線（テストデータにおける方策の性能の推移）を図 5.5 に示しました。これを見ると、回帰ベースの手法が学習の初期段階である程度の性能に行き付く一方で、勾配ベースの手法を用いると（特に IPS 推定量に基づく場合に）よりゆっくり時間をかけて方策学習が進行するものの最終的にはより良い性能の方策が学習される傾向にあることがわかります。

5.2.3　回帰ベースと勾配ベースを融合したアプローチ

これまで、回帰・勾配ベースというオフ方策学習における主要アプローチを紹介してきました。また簡単なシミュレーションを通じて、十分なログデータが存在する場合は、それぞれの方法でデータ収集方策 π_0 の性能を大きく上回る方策を学習できることがわかりました。しかしオフ方策評価（主に 3 章）でも同様の話題があったように、これらの典型的なアプローチには、実践上非常に厄介な問題が存在します。それは、**データ数 n が少ない場合や行動数 $|\mathcal{A}|$ が多い場合に方策学習がうまく進まなくなる**という問題です。この問題はすでに図 5.4 において観測されており、回帰ベース・勾配ベースのそれぞれで学習された方策によるデータ収集方策に対する性能の改善率が、データ数 n が減少したり行動数 $|\mathcal{A}|$ が増加したりするにつれ大幅に小さくなることがわかります。特にデータ数が $n = 100, 200$ のときや行動数が $|\mathcal{A}| = 5000$ のときに、回帰ベース・勾配ベースどちらの手法を用いたとしても、データ収集方策とさほど変わらない性能の方策しか学習できていない様子が見てとれます。方策学習を実装

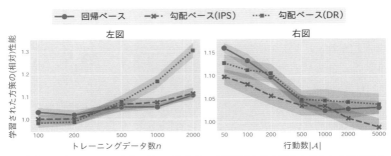

図 5.4　ログデータ（トレーニングデータ）のサイズ n や行動数 $|\mathcal{A}|$ を変化させたときの回帰ベース・勾配ベースでそれぞれ学習された方策の性能の変化（人工データ実験により計測）

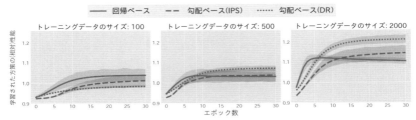

図 5.5　ログデータ（トレーニングデータ）のサイズ n ごとの学習曲線の比較（人工データ実験により計測）

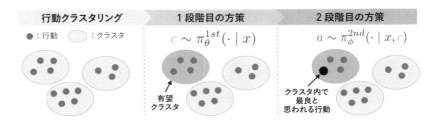

図 5.6　行動のクラスタリングに基づき、回帰ベースと勾配ベースの方策学習を融合した POTEC アルゴリズム。勾配ベースのアプローチにより、より良い行動クラスタを特定する方策（1 段階目方策）を学習し、回帰ベースのアプローチにより、選択されたクラスタの中で最も良い行動を特定する方策（2 段階目方策）を学習する。

するからには、ログデータを収集した方策よりは良い性能を発揮できる方策を最低限得たいところですから、これはなんとかして解決したい問題です。

　データ数が少ない・行動数が多いなど非常に困難な状況においても、（データ収集方策 π_0 よりも良い方策を学習できるという意味で）有益な方策を学習するためのアイデアとして提案されているのが、**回帰ベースと勾配ベースのアプローチを融合した第三のアプローチである POTEC アルゴリズム**[*2]です（Saito24）。より具体的に POTEC

---

*2　POTEC は、Policy Optimization via Two-Stage Policy Decomposition の略です。

アルゴリズムでは、図 5.6 に示すようにまず行動クラスタ $c_a \in \mathcal{C}$ を構成します。ここで、c_a は行動 a が属するクラスタを表します。行動のクラスタが構成できたら、次に**有望な行動クラスタを特定するための 1 段階目方策**（1st-stage policy）π_θ^{1st} を学習します。これは、各特徴量 x に対して有望だと思われるクラスタを特定するための方策であり、特徴量 x で条件付けられたクラスタ上の確率分布 $\pi_\theta^{1st}(c \mid x)$ として定式化できます。1 段階目方策によって有望な行動クラスタが特定できたら、最後に**そのクラスタ内で最良と思われる行動を特定するための 2 段階目方策**（2nd-stage policy）π_ϕ^{2nd} を学習します。この 2 段階目方策は、特徴量 x とクラスタ c が条件付けられたうえで行動 a を選択する確率分布 $\pi_\phi^{2nd}(a \mid x, c)$ のことを指し、1 段階目方策が選択したクラスタ c に属する行動をそれぞれどれほどの確率で選択すべきか決めるものです。まとめると第三のアプローチである 2 段階方策学習のアルゴリズムでは、まずはじめに行動をクラスタリングし、その後各特徴量 x に対して、

- 1 段階目方策により、有望クラスタを特定する：$c \sim \pi_\theta^{1st}(\cdot \mid x)$
- 2 段階目方策により、有望クラスタ内で最良と思われる行動を特定する：$a \sim \pi_\phi^{2nd}(\cdot \mid x, c)$

ことで、最終的に選択する行動 a を決定します。このように 2 段階の手順で選択すべき行動 a を決定する場合、結局のところ次の**全体方策**（overall policy）に基づき行動 a を選択していることになります。

$$\pi_{\theta,\phi}^{overall}(a \mid x) = \mathbb{E}_{\pi_\theta^{1st}(c \mid x)}\left[\pi_\phi^{2nd}(a \mid x, c)\right] = \sum_{c \in \mathcal{C}} \pi_\theta^{1st}(c \mid x)\pi_\phi^{2nd}(a \mid x, c) \quad (5.14)$$

全体方策 $\pi_{\theta,\phi}^{overall}$ は、2 段階目方策の期待値を 1 段階目方策に関して計算することで定義されます。1 段階目方策 π_θ^{1st} により有望クラスタを特定し、その後そのクラスタ内で最良と思われる行動を 2 段階目方策 π_ϕ^{2nd} により特定するという 2 段階の推論手順は、この全体方策 $\pi_{\theta,\phi}^{overall}(a \mid x)$ に基づいて行動選択を行うこと（$a \sim \pi_{\theta,\phi}^{overall}(\cdot \mid x)$）と同義なのです。つまり、この 2 段階方策学習の枠組みで我々が行いたいのは、以下のように、**結果としてできあがる全体方策 $\pi_{\theta,\phi}^{overall}$ がより良い性能を発揮するように、1 段階目方策と 2 段階目方策（のパラメータ）を学習する**ことです。

$$(\theta^*, \phi^*) = \arg\max_{\theta,\phi} V(\pi_{\theta,\phi}^{overall})$$

　これからこの 2 段階方策学習の枠組みに従って、全体方策の性能 $V(\pi_{\theta,\phi}^{overall})$ がより良くなるように、1 段階目方策と 2 段階目方策を学習する手順を考えます。このように**全体方策をあえて分解して考えることで、それぞれの方策を学習する際に回帰ベースと勾配ベースのアプローチを使い分けることができ、それぞれの良い点をより際立たせることが可能になります**。結果として、**データ数が少なかったり行動数が多かったとしても、どちらか一つの方法のみに依存する場合よりも良い方策を学習できる可能性が高まる**のです。具体的には、1 段階目方策 π_{θ}^{1st} は勾配ベースの方法で、2 段階目方策 π_{ϕ}^{2nd} は回帰ベースの方法で学習することが提案されています (Saito24)。1 段階目方策は有望クラスタのみを特定できればよく、クラスタの数は行動の数よりも少ないわけですから、行動数に対するデータ数が多い場合により良い方策を学習できる勾配ベースの方法がより適しているといえます。一方で、2 段階目方策は個別の行動の良さを見分ける必要がありますから、行動数に対するデータ数が少ない状況に比較的頑健な回帰ベースの方法が好まれます。ここから、まずはある 2 段階目方策 π_{ϕ}^{2nd} が与えられた状況で、全体方策 $\pi_{\theta,\phi}^{overall}$ の性能がより良くなるように 1 段階目方策 π_{θ}^{1st} を学習する方法を紹介します。その後、その方法の理論分析に基づき、2 段階目方策を学習する方法を自然に導きます。

■ 1 段階目方策の学習.　まずは、2 段階目方策 π_{ϕ}^{2nd} が与えられた状況で、1 段階目方策 π_{θ}^{1st} を勾配ベースの方法に基づき学習する方法を考えます。勾配ベースの方法では、方策の性能がより良くなるよう方策パラメータを更新するのでした。ここでは**全体方策 $\pi_{\theta,\phi}^{overall}$ の性能がより良くなるように 1 段階目方策 π_{θ}^{1st} を学習**したいわけですから、1 段階目方策のパラメータは、次のように学習すべきでしょう。

$$\theta_{t+1} \leftarrow \theta_t + \eta \nabla_\theta V(\pi_{\theta,\phi}^{overall}) \tag{5.15}$$

すなわち、結果として構成される全体方策 $\pi_{\theta,\phi}^{overall}$ の性能が良くなるように、全体方策の性能についての勾配 $\nabla_\theta V(\pi_{\theta,\phi}^{overall})$ に基づき、1 段階目方策のパラメータ θ を学習すべきだということです。ここで、1 段階目方策に関する方策勾配 $\nabla_\theta V(\pi_{\theta,\phi}^{overall})$ は、具体的に次のような形をしています。

$$\begin{aligned}
\nabla_\theta V\left(\pi_{\theta,\phi}^{overall}\right) &= \nabla_\theta \mathbb{E}_{p(x)\pi_{\theta,\phi}^{overall}(a\,|\,x)}\left[q(x,a)\right] \\
&= \mathbb{E}_{p(x)}\left[\sum_{a \in \mathcal{A}} q(x,a)\nabla_\theta \pi_{\theta,\phi}^{overall}(a\,|\,x)\right]
\end{aligned}$$

2 段階目方策が最適の場合

行動 a	アバター	スターウォーズ	ロッキー	マネーボール
クラスタ C_a	SF		スポーツ	
期待報酬 $q(x,a)$	4	2	5	0
2 段階目方策（最適） $\pi_\phi^{2nd}(a \mid x, c_a)$	1	0	1	0
クラスタ価値 $q^{\pi_\phi^{2nd}}(x, c_a)$	4		5（最適クラスタ）	

2 段階目方策が一様の場合

行動 a	アバター	スターウォーズ	ロッキー	マネーボール
クラスタ C_a	SF		スポーツ	
期待報酬 $q(x,a)$	4	2	5	0
2 段階目方策（一様） $\pi_\phi^{2nd}(a \mid x, c_a)$	0.5	0.5	0.5	0.5
クラスタ価値 $q^{\pi_\phi^{2nd}}(x, c_a)$	3（最適クラスタ）		2.5	

図 5.7 2 段階目方策が変わると 1 段階目方策が選ぶべき最適クラスタが変化することを示した数値例

$$= \mathbb{E}_{p(x)} \left[\sum_{a \in \mathcal{A}} q(x,a) \sum_{c \in \mathcal{C}} \nabla_\theta \pi_\theta^{1st}(c \mid x) \pi_\phi^{2nd}(a \mid x, c) \right] \quad \because \text{式 (5.14)}$$

$$= \mathbb{E}_{p(x)} \left[\sum_{c \in \mathcal{C}} \nabla_\theta \pi_\theta^{1st}(c \mid x) \sum_{a \in \mathcal{A}} q(x,a) \pi_\phi^{2nd}(a \mid x, c) \right]$$

$$= \mathbb{E}_{p(x)} \left[\sum_{c \in \mathcal{C}} \pi_\theta^{1st}(c \mid x) \nabla_\theta \log \pi_\theta^{1st}(c \mid x) q^{\pi_\phi^{2nd}}(x, c) \right]$$

$$= \mathbb{E}_{p(x) \pi_\theta^{1st}(c|x)} \left[q^{\pi_\phi^{2nd}}(x, c) \nabla_\theta \log \pi_\theta^{1st}(c \mid x) \right] \tag{5.16}$$

ここでは、式 (5.14) に示した全体方策 $\pi_{\theta,\phi}^{overall}$ の分解や 1 段階目方策に関するログトリック（$\nabla_\theta \pi_\theta^{1st}(c \mid x) = \pi_\theta^{1st}(c \mid x) \nabla_\theta \log \pi_\theta^{1st}(c \mid x)$）を用いて、方策勾配を導いています。また期待報酬関数 $q(x,a)$ の 2 段階目方策 π_ϕ^{2nd} に関する期待値に、$q^{\pi_\phi^{2nd}}(x, c) := \mathbb{E}_{\pi_\phi^{2nd}(a|x,c)}[q(x,a)]$ という表記を割り当てています。式 (5.15) と式 (5.16) を合わせると、**全体方策 $\pi_{\theta,\phi}^{overall}$ の性能をより良いものにするためには、関数 $q^{\pi_\phi^{2nd}}(x, c)$ の値が大きいクラスタ c の選択確率をより大きくするように、1 段階目**

方策 π_θ^{1st} **のパラメータ θ を更新すべきである**ことがわかります。関数 $q^{\pi_\phi^{2nd}}(x,c)$ の値が大きいクラスタ c をより高確率で選ぶことができれば、全体方策の性能が改善されるわけですから、この関数は**クラスタ c の価値を表す関数（クラスタ価値関数）**といえます。またクラスタ価値関数 $q^{\pi_\phi^{2nd}}(x,c)$ の定義から、**クラスタの価値は 2 段階目方策によって変化し、1 段階目方策が選ぶべき有望クラスタは 2 段階目方策 π_ϕ^{2nd} によって変わる**ことがわかります。この現象を、図 5.7 の数値例を通して理解することにしましょう。この表では、SF 映画にクラスタリングされるアバター（$a1$）・スターウォーズ（$a2$）とスポーツ映画にクラスタリングされるロッキー（$a3$）・マネーボール（$a4$）の 4 種類の映画を行動とした場合の方策学習を考えています。またそれぞれの映画の期待報酬は $q(x,a)$ で与えられており、この例ではロッキー（$a3$）が最も高く、マネーボール（$a4$）が最も低い期待報酬を持っていることがわかります。図 5.7 の中でも上の表では、各クラスタ内で最も高い期待報酬を持つ行動を確率 1 で選ぶ最適な 2 段階目方策に基づいてクラスタ価値関数 $q^{\pi_\phi^{2nd}}(x,c)$ を計算している一方で、図 5.7 における下の表では、各クラスタ内の行動を確率 0.5 ずつで選択する一様な 2 段階目方策に基づいてクラスタ価値関数 $q^{\pi_\phi^{2nd}}(x,c)$ を計算しています。例えば、最適な 2 段階目方策 π_ϕ^{2nd} が与えられた際のクラスタ "SF" の価値は、クラスタ価値関数の定義に従うと $q^{\pi_\phi^{2nd}}(x,\mathsf{SF}) = \sum_{a\in\{a1,a2\}} \pi_\phi^{2nd}(a\,|\,x,\mathsf{SF}) \cdot q(x,a) = 1 \times 4 + 0 \times 2 = 4$ と計算できます。そのほかのクラスタ価値も実際に計算してみると、理解のよい確認になるでしょう。ここで重要なのは、**異なる 2 段階目方策が与えられたときに 1 段階目方策が選ぶべきクラスタが変化している**ことです。すなわち、最適な 2 段階目方策が与えられている上の表でクラスタ価値関数の値を比較すると "スポーツ" の方が大きな値を持っていますから、この場合 1 段階目方策はスポーツを優先して選択すべきであることがわかります。一方で、一様な 2 段階目方策が与えられている下の表においてクラスタ価値関数の値を比較すると、今度は "SF" の方が大きな値を持っていることから、この場合 1 段階目方策は SF をより高確率で選択すべきだということです。すでに述べたように我々が達成したいのは、より良い性能を発揮できる全体方策 $\pi_{\theta,\phi}^{overall}$ を導くことであり、全体方策は 1 段階目方策と 2 段階目方策を組み合わせることで構成されるわけですから、1 段階目方策を学習する際に 2 段階目方策を考慮に入れるべきであるという事実が数式的にも数値例でも示唆されるのです。

　全体方策 $\pi_{\theta,\phi}^{overall}$ の性能を改善するために 1 段階目方策をいかにして学習すべきであるかという点に関して理解は深まりましたが、それだけでは実際に 1 段階目方策を学習できることを意味しません。前節で勾配ベースのアプローチを扱った際と同様に、我々は式 (5.16) で表される 1 段階目方策の真の方策勾配 $\nabla_\theta V(\pi_{\theta,\phi}^{overall})$ に直接アクセスできないため、これをログデータに基づいてうまく推定してあげないことには、1 段階目方策の学習を実装できないのです。よってまずは、ログデータに基づ

いて真の方策勾配 $\nabla_\theta V(\pi_{\theta,\phi}^{overall})$ を正確に推定できる推定量を設計することを考えます。しかしここでは、1 段階目方策の真の方策勾配が 2 段階目方策にも依存していることが原因で、重要度重みを用いるだけでは不偏推定量を構築できません（この問題について詳しくは章末問題で扱っています）。そこで 2 段階目方策による影響も考慮できるより洗練された方法として、3 章に登場した OffCEM 推定量（式 (3.14)）の考え方を応用した、次の POTEC 推定量が提案されています (Saito24)。

定義 5.3. データ収集方策 π_0 によって収集されたログデータ $\mathcal{D}$ が与えられたとき、全体方策 $\pi_{\theta,\phi}^{overall}$ に関する真の方策勾配 $\nabla_\theta V(\pi_{\theta,\phi}^{overall})$ に対する POTEC 推定量は、次のように定義される。

$$\widehat{\nabla_\theta V}_{\mathrm{POTEC}}(\pi_{\theta,\phi}^{overall}; \mathcal{D})$$

$$:= \frac{1}{n} \sum_{i=1}^{n} \left\{ \frac{\pi_\theta^{1st}(c_{a_i} \mid x_i)}{\pi_0(c_{a_i} \mid x_i)} (r_i - \hat{f}(x_i, a_i)) \nabla_\theta \log \pi_\theta^{1st}(c_{a_i} \mid x_i) \right.$$

$$\left. + \mathbb{E}_{\pi_\theta^{1st}(c \mid x_i)} [\hat{f}^{\pi_\phi^{2nd}}(x_i, c) \nabla_\theta \log \pi_\theta^{1st}(c \mid x_i)] \right\} \quad (5.17)$$

なお $w(x, c) := \pi_\theta^{1st}(c \mid x)/\pi_0(c \mid x)$ は、1 段階目方策とデータ収集方策によるクラスタ選択確率の比で定義される**クラスタ重要度重み** (cluster importance weight) である。また $\hat{f} : \mathcal{X} \times \mathcal{A} \to \mathbb{R}$ は、回帰モデル (regression model) と呼ばれる関数であり、$\hat{f}^{\pi_\phi^{2nd}}(x, c) := \mathbb{E}_{\pi_\phi^{2nd}(a \mid x, c)}[\hat{f}(x, a)]$ は、回帰モデルの 2 段階目方策 π_ϕ^{2nd} についての期待値である。回帰モデルの最適化法は、POTEC 推定量の理論分析に基づき後述する。

ここで定義した POTEC 推定量は、（行動ではなく）クラスタ選択確率の比によって定義されるクラスタ重要度重みに加え、事前に与えられる回帰モデル $\hat{f}(x, a)$ をベースラインとして用いたうえで定義されています。これは 3 章で登場した OffCEM 推定量に、1 段階目方策に関する方策スコア関数 $\nabla_\theta \log \pi_\theta^{1st}(c \mid x)$ を適切に加えることで方策勾配に対する推定量として拡張したものと捉えることもできます。したがって 3 章でも用いた回帰モデルに関する**局所正確性**の仮定に基づき、POTEC 推定量の分析を行うことができます。

> **仮定 5.1.** すべての $x \in \mathcal{X}$ および $c_a = c_b$ となるような $a, b \in \mathcal{A}$ について
>
> $$\Delta_q(x, a, b) = \Delta_{\hat{f}}(x, a, b), \tag{5.18}$$
>
> を満たすとき、回帰モデル $\hat{f}(x, a)$ は、**局所正確性**の仮定を満たす。なお $\Delta_q(x, a, b) := q(x, a) - q(x, b)$ は、異なる二つの行動 a と b の期待報酬の違いであり**相対価値の差**と呼ぶ。また $\Delta_{\hat{f}}(x, a, b) := \hat{f}(x, a) - \hat{f}(x, b)$ は、回帰モデル $\hat{f}(x, a)$ による相対価値の差の推定値である。

　局所正確性の仮定では、**同じクラスタに属する二つの行動** a, b（$c_a = c_b$）**についてのみ相対価値の差を推定できれば良い点がポイント**です（必要に応じて、3 章の表 3.10 で与えた具体例に立ち戻って局所正確性の仮定を復習するとよいでしょう）。すなわち、与えられる行動クラスタリングに応じて、局所正確性の成り立ちやすさが変化します。クラスタの数が多ければ、各クラスタに属する行動の数が減りますから、局所正確性は満たしやすくなります。一方でクラスタの数が少ない場合、多くの行動が同じクラスタに含まれ、相対価値の差が正しく推定できなければならない行動ペアが増えるため局所正確性を満たすことが比較的難しくなります。

　局所正確性の仮定（仮定 5.1）のもとで、POTEC 推定量の期待値は次のように計算できます（以下の計算では、$s_\theta(x, c) := \nabla_\theta \log \pi_\theta^{1st}(c \,|\, x)$ という簡略化のための表記を用います）。

$$\mathbb{E}_{p(\mathcal{D})}\left[\widehat{\nabla_\theta V}_{\text{POTEC}}(\pi_{\theta,\phi}^{overall}; \mathcal{D})\right]$$

$$= \mathbb{E}_{p(\mathcal{D})}\left[\frac{1}{n}\sum_{i=1}^{n}\left\{\frac{\pi_\theta^{1st}(c_{a_i} \,|\, x_i)}{\pi_0(c_{a_i} \,|\, x_i)}(r_i - \hat{f}(x_i, a_i))s_\theta(x, c_{a_i})\right.\right.$$

$$\left.\left. + \mathbb{E}_{\pi_\theta^{1st}(c|x_i)}[\hat{f}^{\pi_\phi^{2nd}}(x_i, c)s_\theta(x_i, c)]\right\}\right]$$

$$= \mathbb{E}_{p(x)\pi_0(a|x)p(r|x,a)}\left[\frac{\pi_\theta^{1st}(c_a \,|\, x)}{\pi_0(c_a \,|\, x)}(r - \hat{f}(x, a))s_\theta(x, c_a) + \mathbb{E}_{\pi_\theta^{1st}(c|x)}[\hat{f}^{\pi_\phi^{2nd}}(x, c)s_\theta(x, c)]\right]$$

$$= \mathbb{E}_{p(x)\pi_0(a|x)}\left[\frac{\pi_\theta^{1st}(c_a \,|\, x)}{\pi_0(c_a \,|\, x)}(q(x, a) - \hat{f}(x, a))s_\theta(x, c_a) + \mathbb{E}_{\pi_\theta^{1st}(c|x)}[\hat{f}^{\pi_\phi^{2nd}}(x, c)s_\theta(x, c)]\right]$$

$$= \mathbb{E}_{p(x)}\left[\sum_{a \in \mathcal{A}}\pi_0(a \,|\, x)\frac{\pi_\theta^{1st}(c_a \,|\, x)}{\pi_0(c_a \,|\, x)}g(x, c_a)s_\theta(x, c_a) + \mathbb{E}_{\pi_\theta^{1st}(c|x)}[\hat{f}^{\pi_\phi^{2nd}}(x, c)s_\theta(x, c)]\right]$$

$$= \mathbb{E}_{p(x)}\left[\sum_{a \in \mathcal{A}}\pi_0(a \,|\, x)\sum_{c \in \mathcal{C}}\frac{\pi_\theta^{1st}(c \,|\, x)}{\pi_0(c \,|\, x)}g(x, c)s_\theta(x, c)\mathbb{I}\{c_a = c\}\right.$$

$$+ \mathbb{E}_{\pi_\theta^{1st}(c|x)}[\hat{f}^{\pi_\phi^{2nd}}(x,c)s_\theta(x,c)]\Big]$$

$$= \mathbb{E}_{p(x)}\Big[\sum_{c\in\mathcal{C}}\frac{\pi_\theta^{1st}(c\,|\,x)}{\pi_0(c\,|\,x)}g(x,c)s_\theta(x,c)\sum_{a\in\mathcal{A}}\pi_0(a\,|\,x)\mathbb{I}\{c_a=c\}$$

$$+ \mathbb{E}_{\pi_\theta^{1st}(c|x)}[\hat{f}^{\pi_\phi^{2nd}}(x,c)s_\theta(x,c)]\Big]$$

$$= \mathbb{E}_{p(x)}\left[\sum_{c\in\mathcal{C}}\frac{\pi_\theta^{1st}(c\,|\,x)}{\pi_0(c\,|\,x)}g(x,c)s_\theta(x,c)\pi_0(c\,|\,x) + \mathbb{E}_{\pi_\theta^{1st}(c|x)}[\hat{f}^{\pi_\phi^{2nd}}(x,c)s_\theta(x,c)]\right]$$

$$= \mathbb{E}_{p(x)}\left[\sum_{c\in\mathcal{C}}\pi_\theta^{1st}(c\,|\,x)g(x,c)s_\theta(x,c) + \mathbb{E}_{\pi_\theta^{1st}(c|x)}[\hat{f}^{\pi_\phi^{2nd}}(x,c)s_\theta(x,c)]\right]$$

$$= \mathbb{E}_{p(x)\pi_\theta^{1st}(c|x)}\left[\{g(x,c) + \hat{f}^{\pi_\phi^{2nd}}(x,c)\}s_\theta(x,c)\right]$$

$$= \mathbb{E}_{p(x)\pi_\theta^{1st}(c|x)}\left[q^{\pi_\phi^{2nd}}(x,c)s_\theta(x,c)\right]$$

$$= \nabla_\theta V(\pi_{\theta,\phi}^{overall})$$

この期待値計算では、局所正確性の仮定より $q(x,a) - \hat{f}(x,a) = g(x,c_a)$ を満たす関数 $g(x,c)$ が存在することを用いています。この期待値計算により、局所正確性のもとで、POTEC 推定量の期待値が全体方策に関する真の方策勾配 $\nabla_\theta V(\pi_{\theta,\phi}^{overall})$ に一致することがわかりました。

> **定理 5.3.** あるデータ収集方策 π_0 により収集されたログデータ $\mathcal{D}$ を用いるとき、式 (5.17) で定義される POTEC 推定量は、仮定 5.1（局所正確性の仮定）のもとで、全体方策の真の方策勾配 $\nabla_\theta V(\pi_{\theta,\phi}^{overall})$ に対する不偏推定量である。すなわち、
>
> $$\mathbb{E}_{p(\mathcal{D})}[\widehat{\nabla_\theta V}_{\text{POTEC}}(\pi_{\theta,\phi}^{overall};\mathcal{D})] = \nabla_\theta V(\pi_{\theta,\phi}^{overall})$$

　つまり、各クラスタに属する行動の相対的な期待報酬の差をうまく推定できる回帰モデル $\hat{f}(x,a)$ さえ得ることができれば、2 段階目方策によりクラスタ価値関数が変化することを考慮したうえでも 1 段階目方策の方策勾配を不偏推定できるのです。

　なお、局所正確性の仮定が満たされない場合の POTEC 推定量のバイアスも以下の通り分析されています (Saito24)。

定理 5.4. あるデータ収集方策 π_0 により収集されたログデータ $\mathcal{D}$ を用いるとき、式 (5.17) で定義される POTEC 推定量は、真の方策勾配 $\nabla_\theta V(\pi_{\theta,\phi}^{overall})$ に対して次のバイアスを持つ。

$$
\mathrm{Bias}\left[\widehat{\nabla_\theta V}_{\mathrm{POTEC}}(\pi_{\theta,\phi}^{overall};\mathcal{D})\right]
$$

$$
= \mathbb{E}_{p(x)\pi_0(c|x)}\left[\sum_{(a,b):c_a=c_b=c} \pi_0(a\,|\,x,c)\pi_0(b\,|\,x,c) \times (\Delta_q(x,a,b) - \Delta_{\hat{f}}(x,a,b))\right.
$$

$$
\left. \times (w(x,b) - w(x,a))\nabla_\theta \log \pi_\theta^{1st}(c\,|\,x)\right] \qquad (5.19)
$$

ここで $a,b \in \mathcal{A}$ であり、$\sum_{(a,b):c_a=c_b=c}$ は同じクラスタ c に属する二つの異なる行動のペアに関する総和を意味する。また仮に仮定 5.1（局所正確性）が正しいとき、$c_a = c_b$ となるすべての行動の組 $a,b \in \mathcal{A}$ について $\Delta_q(x,a,b) = \Delta_{\hat{f}}(x,a,b)$ であるため $\mathrm{Bias}\left[\widehat{\nabla_\theta V}_{\mathrm{POTEC}}(\pi_{\theta,\phi}^{overall};\mathcal{D})\right] = 0$ であり、これは定理 5.3 と整合する。

　定理 5.4 は、局所正確性（仮定 5.1）が仮定できない状況で POTEC 推定量を用いたときに発生するバイアスを算出しています。定理 5.4 によると、POTEC 推定量のバイアスが**回帰モデル $\hat{f}(x,a)$ による相対価値の差の推定精度** $\Delta_q(x,a,b) - \Delta_{\hat{f}}(x,a,b)$ **に依存していること**がわかります。局所正確性の仮定が正しいときこの項はゼロになるため、これは局所正確性の仮定がどの程度破られているかを定量化した項といえます。回帰モデル $\hat{f}(x,a)$ が異なる行動間の相対価値の差を正確に推定できていないならば、POTEC 推定量のバイアスも大きくなってしまう一方で、相対価値の差を正確に推定できるほど POTEC 推定量のバイアスも小さくなっていきます。つまり、POTEC 推定量のバイアスを小さくするためには、**各クラスタ内における相対価値の差に対する推定精度が良くなるように回帰モデル $\hat{f}(x,a)$ を最適化すべき**だということがわかります。

　次に POTEC 推定量のバリアンスを見ていきます。

定理 5.5. あるデータ収集方策 π_0 が収集したログデータ $\mathcal{D}$ を用いるとき、式 (5.17) で定義される POTEC 推定量（の j 番目の次元）は、仮定 5.1（局所正確性）のもとで、次のバリアンスを持つ。

$$
\mathrm{Var}\left(\widehat{\nabla_\theta V}_{\mathrm{POTEC}}(\pi_{\theta,\phi}^{overall};\mathcal{D})^{(j)}\right)
$$
$$
= \frac{1}{n}\Big(\mathbb{E}_{p(x)\pi_0(a|x)}\left[(w(x,c_a)\nabla_\theta^{(j)}\log\pi_\theta^{1st}(c_a\,|\,x))^2\sigma^2(x,a)\right]
$$
$$
+ \mathbb{E}_{p(x)}\left[\mathbb{V}_{\pi_0(a|x)}\left[w(x,c_a)\Delta_{q,\hat{f}}(x,a)\nabla_\theta^{(j)}\log\pi_\theta^{1st}(c_a\,|\,x)\right]\right]
$$
$$
+ \mathbb{V}_{p(x)}\left[\mathbb{E}_{\pi_\theta^{1st}(c|x)}\left[q^{\pi_\psi^{2nd}}(x,c)\nabla_\theta^{(j)}\log\pi_\theta^{1st}(c\,|\,x)\right]\right]\Big) \qquad (5.20)
$$

なお $\Delta_{q,\hat{f}}(x,a) := q(x,a) - \hat{f}(x,a)$ は、回帰モデル $\hat{f}(x,a)$ の期待報酬関数 $q(x,a)$ に対する推定誤差である。また $\nabla_\theta^{(j)}\log\pi_\theta^{1st}(c\,|\,x)$ は、1 段階目方策の方策スコア関数の j 番目の次元の要素である。

定理 5.5 を見ると、回帰モデル $\hat{f}(x,a)$ の期待報酬関数 $q(x,a)$ に対する推定誤差 $\Delta_{q,\hat{f}}(x,a) := q(x,a) - \hat{f}(x,a)$ が現れていることがわかります。すなわち、POTEC 推定量のバリアンスをより小さくするためには、期待報酬関数それ自体に対する推定誤差 $\Delta_{q,\hat{f}}(x,a)$ が小さくなるように回帰モデル $\hat{f}(x,a)$ を最適化すべきであることがわかります。ここで回帰モデル $\hat{f}(x,a)$ と POTEC 推定量のバイアス・バリアンスの関係性を整理すると、

● **POTEC 推定量のバイアスをより小さく抑える**ためには、**各クラスタ内における相対価値の差 $\Delta_q(x,a,b)$ を正確に推定できる回帰モデルを用いるべき**（定理 5.4）

● **POTEC 推定量のバリアンスをより小さく抑える**ためには、**期待報酬関数 $q(x,a)$ を正確に推定できる回帰モデルを用いるべき**（定理 5.5）

となり、バイアスとバリアンスが回帰モデル $\hat{f}(x,a)$ の異なる側面に基づいて決まることがわかります。この分析結果に基づくと、（OffCEM 推定量の場合と同様に）次の 2 段階の方法で回帰モデル $\hat{f}(x,a)$ を得ることが理想的であることがわかります。

● **1 段階目（バイアス最小化ステップ）**：各クラスタ内における相対価値の差 $\Delta_q(x,a,b)$ を正しく推定できるペアワイズ回帰関数 $\hat{h}(x,a)$ を得る。

$$\min_{\hat{h}} \sum_{(x,a,b,r_a,r_b) \in \mathcal{D}_{pair}} \ell_h \left(r_a - r_b, \hat{h}(x,a) - \hat{h}(x,b) \right) \tag{5.21}$$

なお $\ell_h : \mathbb{R} \times \mathbb{R} \to \mathbb{R}$ は二乗誤差などの損失関数であり、$\mathcal{D}_{pair}$ は式 (5.21) のペアワイズ回帰を行うための前処理が施された次のデータセットである。

$$\mathcal{D}_{pair} := \left\{ (x, a, b, r_a, r_b) \mid \begin{array}{l} (x_a, a, r_a), (x_b, b, r_b) \in \mathcal{D} \\ x = x_a = x_b, c_a = c_b \end{array} \right\}.$$

●**2 段階目 (バリアンス最小化ステップ)**：回帰モデルを $\hat{f}(x,a) = \hat{g}(x,c_a) + \hat{h}(x,a)$ と定義したときに期待報酬関数に対する推定誤差が小さくなるよう、ペアワイズ回帰関数 $\hat{h}(x,a)$ が持つ残差を予測するベースライン関数 $\hat{g}(x,c)$ を得る。

$$\min_{\hat{g}} \sum_{(x,a,r) \in \mathcal{D}} \ell_g \left(r - \hat{h}(x,a), \hat{g}(x,c_a) \right) \tag{5.22}$$

なお $\ell_g : \mathbb{R} \times \mathbb{R} \to \mathbb{R}$ は、二乗誤差などの損失関数である。

1 段階目では、相対価値の差 $\Delta_q(x,a,b)$ に対する推定誤差を最小化する基準でペアワイズ回帰関数 $\hat{h}(x,a)$ を最適化することで、POTEC 推定量のバイアスを最小化します。期待報酬関数 $q(x,a)$ 自体を推定するよりも簡単なはずのペアワイズ回帰問題を解くことで、まずはバイアスを最小化しておくのです（仮に局所正確性を満たすペアワイズモデル $\hat{h}(x,a)$ を得ることができれば、この時点で POTEC 推定量は不偏になります）。そのあとでベースライン関数 $\hat{g}(x,c)$ を $q(x,a) \approx \hat{h}(x,a) + \hat{g}(x,c_a)$ となるように最適化することで、バリアンスを最小化します。定理 5.4 より、行動 a をベースライン関数の入力として用いない限り POTEC 推定量のバイアスは変化しないので、2 段階目のバリアンス最小化ステップでは、POTEC 推定量のバイアスを固定したままバリアンスのみが減少していくというわけです。

　これまでの内容から、ペアワイズ回帰モデルとベースライン関数に基づいて回帰モデル $\hat{f}(x,a) = \hat{h}(x,a) + \hat{g}(x,c_a)$ を事前に得ておき、それを用いた式 (5.17) の POTEC 推定量によるパラメータ更新を繰り返すことで、全体方策の性能 $V(\pi_{\theta,\phi}^{overall})$ が向上するように 1 段階目方策 π_θ^{1st} を得るべきであることがわかりました。また POTEC 推定量は**クラスタ重要度重みしか使っていないため、行動空間 $\mathcal{A}$ について重みを定義する IPS 推定量や DR 推定量よりもバリアンスが小さく、特に行動数が多い状況でより安定した学習が期待できる**こともわかります。しかし、2 段階方策学習

を実装するためにはもう一つ考えなければならないことが残っています。それは、1段階目方策によって有望クラスタを選択したあとに、その有望クラスタ内で最適だと思われる行動を最終的に選択するための2段階目方策 π_ϕ^{2nd} を学習することです。

■ 2段階目方策の学習. ここで一つ気が付くのが、**仮に局所正確性（仮定 5.1）を満たす回帰モデル $\hat{f}(x, a)$ が得られていたら、その回帰モデルに基づいて行動を選択することで、最適な2段階目方策を得ることができるはずである**という事実です。局所正確性を満たす回帰モデルとは、各クラスタ内において行動ペアの相対価値の差 $\Delta_q(x, a, b)$ を正確に推定できるモデルのことです。よって、局所正確性を満たす回帰モデルが最も大きな値を出力する行動は、対応するクラスタ内で最適な（期待報酬が最も大きい）行動のはずです。**局所正確性は、1段階目方策の POTEC 推定量が不偏であるための条件であるだけではなく、2段階目方策が最適であるための条件でもあった**のです。とすると話は単純で、1段階目方策のための方策勾配推定量を得る過程で局所正確性をより良く満たす基準ですでに得ているペアワイズ回帰モデル $\hat{h}(x, a)$ をそのまま使い回すことで、例えば次のようにして2段階目方策を構築してしまえばよいのです。

$$\hat{\pi}_\phi^{2nd}(a \mid x, c) := \begin{cases} 1 & (a = \arg\max_{a': c_{a'}=c} \hat{h}_\phi(x, a')) \\ 0 & (\text{そのほかの行動}) \end{cases} \tag{5.23}$$

c は、1段階目方策によってすでにサンプリングされた有望クラスタです。よってここでは、1段階目方策が特定した有望クラスタ内において、先のバイアス最小化ステップで得ておいたペアワイズ回帰モデル $\hat{h}(x, a)$ の値が最も大きくなる行動を確率1で選ぶように、2段階目方策 $\hat{\pi}^{2nd}$ を定義しています。仮にペアワイズ回帰モデル $\hat{h}(x, a)$ が局所正確性を満たすならば、ここで定義した2段階目方策は有望クラスタ内で最良の行動を選ぶことができるという意味で最適なものになります。元々**式 (5.21) では1段階目方策を学習するための方策勾配に対する POTEC 推定量のバイアスを最小化していたわけですが、これは意図せずより良い2段階目方策を得るための最適化にもなっていた**のです。なお、ペアワイズ回帰モデル $\hat{h}(x, a)$ に基づく2段階目方策の定義の仕方はほかにもありえます。例えば、回帰ベースのアプローチを紹介する際にも説明したように、ソフトマックス関数などを適用することで確率的な2段階目方策を定義してもよいでしょう。

これまでに、勾配ベースの方法に基づき1段階目方策 π_θ^{1st} を学習する方法と回帰ベースの方法に基づいて2段階目方策を学習する方法を導きました。これらをまとめて最終的により良い全体方策 $\pi_{\theta,\phi}^{overall}$ を学習する手順が **POTEC アルゴリズム**であ

Algorithm 1 POTEC による 2 段階方策学習アルゴリズム

入力: ログデータ: $\mathcal{D}$, データ収集方策: π_0, 行動クラスタリング関数: c_a.

出力: 1 段階目方策（勾配ベース）: π_θ^{1st}, 2 段階目方策（回帰ベース）: π_ϕ^{2nd}

1: 式 (5.21) に従い、ペアワイズ回帰モデル $\hat{h}(x,a)$ を得る。これは 2 段階目方策を定義する際と 1 段階目方策を学習するための POTEC 推定量における回帰モデル $\hat{f}(x,a)$ を定義する際に用いる。

2: 式 (5.22) に従い、ベースライン関数 $\hat{g}(x,c)$ を得る。

3: 式 (5.23) などに従い、ペアワイズ回帰モデル $\hat{h}(x,a)$ に基づいて 2 段階目方策 π_ϕ^{2nd} を定義する。

4: 回帰モデルを $\hat{f}(x,a) = \hat{g}(x,c_a) + \hat{h}(x,a)$ と定義したうえで、式 (5.17) の POTEC 推定量に基づく勾配更新を繰り返すことで、1 段階目方策 π_θ^{1st} を得る。

り、アルゴリズム 1 のように整理できます。まずは、バイアス最小化ステップとバリアンス最小化ステップを経ることで、ペアワイズ回帰モデル $\hat{h}(x,a)$ とベースライン関数 $\hat{g}(x,c)$ を得ます。ペアワイズ回帰モデル $\hat{h}(x,a)$ は、1 段階目方策と 2 段階目方策の両方で用いられるため特に重要です。続いて、ペアワイズ回帰モデルに基づき 2 段階目方策 π_ϕ^{2nd} を定義します。最後に、回帰モデル $\hat{f}(x,a) = \hat{g}(x,c_a) + \hat{h}(x,a)$ を定義し、POTEC 推定量に基づき 1 段階目方策を勾配ベースの方法で学習して学習を終えます。1 段階目方策 π_θ^{1st} と 2 段階目方策 π_ϕ^{2nd} を得たら、それらを組み合わせることで、テストデータに含まれる特徴量 x に対して次の推論手順で行動 a を選択します。

● 1 段階目方策に基づき、有望クラスタを特定する: $c \sim \pi_\theta^{1st}(\cdot \mid x)$

● 2 段階目方策に基づき、有望クラスタ内で最適だと思われる行動を特定する: $a \sim \pi_\phi^{2nd}(\cdot \mid x, c)$

　表 5.5 に、回帰ベース、勾配ベース、そしてそれらを融合した 2 段階方策学習の利点と欠点をまとめました。回帰ベースの方法は、期待報酬関数 $q(x,a)$ を回帰問題を解くことで近似し、それに基づき行動選択の意思決定を行います。勾配ベースの方法と比べ学習が安定し、トレーニングデータの数が少なくても一定程度の性能を出すには便利な手法とされますが、すべての行動 $a \in \mathcal{A}$ について期待報酬関数を正確に近似できるという条件を満たすことは多くの場合難しいでしょう。一方で勾配ベースの方法は、期待報酬関数の近似精度に関する仮定は一切置かず、方策勾配に従い方策パラメータを直接的に更新することで学習を行います。期待報酬関数の近似が困難な状況でも IPS 推定量や DR 推定量に基づくことで方策勾配の不偏推定を行うことができ、行動数に対して十分なデータ数を確保できる状況では、良い方策を学習できることが知られています。一方で、行動空間がとても大きい状況では方策勾配の推定に大きなバリアンスが生じてしまい、学習が安定しない問題があります。POTEC による 2 段階方策学習は、回帰ベースと勾配ベースの得意な部分を引き出すために開発された最

表 5.5　オフ方策学習（OPL）に対するアプローチの比較まとめ

	回帰ベース	勾配ベース	2 段階方策学習（POTEC）
アイデア	期待報酬関数を近似	方策勾配に基づきパラメータを学習	勾配ベースと回帰ベースを融合
利点	学習が安定	より少ない仮定で学習	回帰・勾配ベースのいいとこどり
欠点	期待報酬関数の近似が困難	重要度重みにより学習が不安定	実装や理解が比較的難しい

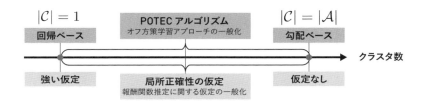

図 5.8　POTEC アルゴリズムと局所正確性は、既存の OPL アプローチ（回帰ベース・勾配ベース）とそれぞれに付随する報酬関数推定に関する仮定の一般化である

新の枠組みであり、有望クラスタを選択するための 1 段階目方策は勾配ベースのアプローチで学習しつつ、有望クラスタ内で最適と思われる行動を特定するための 2 段階目方策は回帰ベースの方法により学習します。こうすることで、1 段階目方策に対する方策勾配推定量が不偏になり 2 段階目方策が最適となるためには、局所正確性というより弱い仮定で十分になるというわけです。

　なお POTEC による 2 段階方策学習や局所正確性の仮定は、回帰ベースや勾配ベースの方策学習およびそれらに紐づく報酬関数推定のための仮定の一般化となっています（図 5.8 を参照）。すなわち、行動クラスタが一つしかない場合（$|\mathcal{C}| = 1$）、1 段階目方策 π_θ^{1st} は何も行わない一方で、2 段階目方策 π_ϕ^{2nd} は行動空間全体から最適な行動を選択する必要があり、これは回帰ベースへの帰着とみなすことができます。さらにこの場合、局所正確性の仮定は $\Delta_q(x, a, b) = \Delta_{\hat{f}}(x, a, b)$ が行動空間内すべての行動ペアについて成り立つことを要求しますが[*3]、これもすべての行動について期待報酬関数を正確に推定しなければならないという回帰ベースの典型的な条件に整合します。一方、クラスタ空間が元の行動空間と等しい場合（$\mathcal{C} = \mathcal{A}$）、1 段階目方策 π_θ^{1st} は元の行動空間から行動を選択する必要があり、これは勾配ベースへの帰着とみなすことができます。この場合、各クラスタには一つの行動しか含まれないので、局所正確性は何も要求しません。これは、方策勾配に対する不偏推定を行うために報酬関数推定に関する条件を必要としない勾配ベースのアプローチと一致します。したがって、**POTEC アルゴリズムと局所正確性は既存のアプローチとそれぞれのアプローチに対応する報酬関数推定に関する仮定の間の全範囲を包含する概念であり、クラスタ数の調整により既存のアプローチの間の領域を自由に行き来できる**のです。

[*3]　行動クラスタが一つしかない場合（$|\mathcal{C}| = 1$）、すべての行動が同じクラスタに属するため。

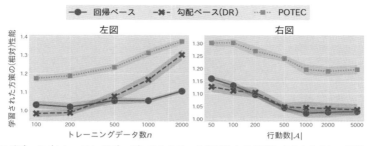

図 5.9 ログデータ（トレーニングデータ）のサイズ n や行動数 $|\mathcal{A}|$ を変化させたときに、回帰ベース・勾配ベース・POTEC でそれぞれ学習された方策の性能に現れる変化（人工データ実験により計測）

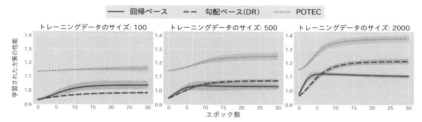

図 5.10 ログデータ（トレーニングデータ）のサイズ n ごとの学習曲線の比較（人工データ実験により計測）

図 5.9 に、回帰ベース、勾配ベース（DR 推定量）、そして 2 段階方策学習（POTEC）のそれぞれで学習された方策 π_θ の性能を比較したシミュレーション結果を示しました。図の縦軸は学習された方策 π_θ のデータ収集方策 π_0 に対する相対性能 $V(\pi_\theta)/V(\pi_0)$ であり、新たに学習された方策がデータ収集方策の性能をどの程度改善するものであるかを表します。まず図 5.9 の左図では、トレーニングデータのサイズ n を徐々に増やしたときに、それぞれの手法で学習された方策 π_θ の性能がどのように変化するか調べています（行動数は $|\mathcal{A}| = 500$ で固定しています）。これを見ると、トレーニングデータの数が少ない困難な状況において、POTEC による 2 段階学習で得た方策が特に良い性能を発揮していることがわかります。また図 5.9 の右図では、行動数 $|\mathcal{A}|$ を徐々に増やした際のそれぞれの手法の性能の変化を示しています。これを見ると、回帰ベースの手法や勾配ベースの手法が行動数が増えるにつれ性能を大きく悪化させてしまっている一方で、2 段階方策学習は行動数が増えたとしても比較的影響を受けずに、データ収集方策に対して常に 20～30％程度の改善をもたらしていることがわかります。最後に図 5.10 に示した学習曲線からも、トレーニングデータのサイズが十分ではない困難な状況においても、2 段階方策学習が安定した性能改善を見せていることが明確に見てとれます。2 段階方策学習の導出は従来の回帰ベースや勾配ベースの手法に比べるとやや難しく見えるかもしれませんが、一度理解しておくと既存の

アプローチのいいとこどりをしているため、データが少なかったり行動数が多い困難な状況でも有効な方策学習を行うことができるようになります。

5.3 オフライン強化学習

本章ではこれまで、環境の状態変化が存在しない単純な設定におけるオフ方策学習を扱ってきました。本節では、より発展的な強化学習の設定におけるオフ方策学習、いわゆる**オフライン強化学習（Offline Reinforcement Learning; OfflineRL）**の基礎的な考え方や手法を簡単に扱います。

まず4章でも扱った強化学習の基本設定をおさらいしておきます。強化学習では、状態ベクトルを $s \in \mathcal{S}$、離散的な行動を $a \in \mathcal{A}$、行動の結果として観測される報酬を $r \in \mathbb{R}$ で表します。また方策 $\pi(a \mid s)$ は、ある状態 s にあるデータ（ユーザや患者の状態）に対して、a という行動（映画や楽曲、治療薬）を選択する確率を表します。それぞれのユーザや患者について、我々はまず未知の初期状態分布 $p(s_1)$ に従う状態変数 s_1 を観測します。次に観測した s_1 に基づき方策 π が推薦アイテムや治療などの行動 a を選択します。そして状態 s と行動 a の両方に依存して、即時報酬 r が未知の確率分布 $p(r \mid s, a)$ に従い観測されます。そしてその後、状態 s と行動 a の両方に依存する形で状態遷移が発生します。すなわち、次の時点 $h+1$ における状態 s_{h+1} が、未知の状態遷移分布 $p(s_{h+1} \mid s_h, a_h)$ に従い観測されます。この意思決定プロセスをユーザや患者ごとに H 回繰り返すことで、報酬の最大化ないしは最小化を目指すのが強化学習における目標でした。また方策 π の性能は、その方策を環境に実装した際に得られる**累積報酬の期待値**で定義されます。

$$V(\pi) := \mathbb{E}_{p_\pi(\tau)} \left[\sum_{h=1}^{H} r_h \right] \tag{5.24}$$

なお $\tau = \{(s_h, a_h, r_h, s_{h+1})\}_{h=1}^{H}$ は状態・行動・報酬・状態遷移の情報を含んだ軌跡であり、方策 π が生成する軌跡の分布は、

$$p_\pi(\tau) = p(s_1) \prod_{h=1}^{H} \pi(a_h \mid s_h) p(r_h \mid s_h, a_h) p(s_{h+1} \mid s_h, a_h)$$

と表されます。オフライン強化学習の設定でデータ収集方策 π_0 により与えられるログデータ $\mathcal{D}$ は、次の形をしています。

$$\mathcal{D} := \{\tau_i\}_{i=1}^n \sim p(\mathcal{D}) = \prod_{i=1}^n p_{\pi_0}(\tau_i) \tag{5.25}$$

各軌跡 τ は、$\tau = \{(s_h, a_h, r_h, s_{h+1})\}_{h=1}^H \sim p_{\pi_0}(\tau)$ という独立同一な抽出に基づく生成過程に従い観測されます。オフライン強化学習でも、データ収集方策 π_0 が生成するログデータ $\mathcal{D}$ のみに基づき、方策 π_θ の性能を最大化するパラメータ θ を得る次の問題を解くことが具体的な目標になります。

$$\theta^* = \arg\max_\theta \; V(\pi_\theta) \left(= \mathbb{E}_{\tau \sim p_{\pi_\theta}(\tau)} \left[\sum_{h=1}^H r_h \right] \right) \tag{5.26}$$

ここではまず、方策 π_θ のパラメータを方策勾配による更新（$\theta_{t+1} \leftarrow \theta_t + \eta \nabla_\theta V(\pi_\theta)$）を繰り返すことで学習する勾配ベースの方法を考えます。強化学習方策を勾配ベースの方法で学習する際に必要な方策勾配 $\nabla_\theta V(\pi_\theta)$ は、次のように表現できます（導出は章末問題としています）。

$$\nabla_\theta V(\pi_\theta) = \mathbb{E}_{p_{\pi_\theta}(\tau)} \left[\left(\sum_{h=1}^H r_h \right) \left(\sum_{h=1}^H \nabla_\theta \log \pi_\theta(a_h \mid s_h) \right) \right] \tag{5.27}$$

仮にこの真の方策勾配に基づいてパラメータ θ を更新できれば、より価値の大きい（累積報酬 $\sum_{h=1}^H r_h$ が大きい）軌跡 τ を高頻度に生成できる方策 π_θ が得られるはずです。しかし、オフライン強化学習の場合も真の方策勾配が未知であるため、データ収集方策 π_0 が生成するログデータ $\mathcal{D}$ のみを用いてこれをうまく推定したうえで、パラメータ更新を行う必要があります。

式 (5.27) に示したオフライン強化学習における方策勾配を推定する際も、出発点として以下の重み付けに基づく推定量を定義できます。

> **定義 5.4.**（オフライン強化学習の設定において）データ収集方策 π_0 によって
> 収集されたログデータ $\mathcal{D}$ が与えられたとき、真の方策勾配 $\nabla_\theta V(\pi_\theta)$ に対す
> る Trajectory-wise Importance Sampling (Traj-IS) 推定量は、次のように
> 定義される。
>
> $$\widehat{\nabla_\theta V}_{\mathrm{TrajIS}}(\pi_\theta; \mathcal{D}) \tag{5.28}$$
>
> $$:= \frac{1}{n} \sum_{i=1}^{n} \frac{p_{\pi_\theta}(\tau_i)}{p_{\pi_0}(\tau_i)} \left(\sum_{h=1}^{H} r_{i,h} \right) \left(\sum_{h=1}^{H} \nabla_\theta \log \pi_\theta(a_{i,h} \mid s_{i,h}) \right)$$
>
> $$= \frac{1}{n} \sum_{i=1}^{n} \left(\prod_{h=1}^{H} \underbrace{\frac{\pi_\theta(a_{i,h} \mid s_{i,h})}{\pi_0(a_{i,h} \mid s_{i,h})}}_{w(s_{i,h}, a_{i,h})} \right) \left(\sum_{h=1}^{H} r_{i,h} \right) \left(\sum_{h=1}^{H} \nabla_\theta \log \pi_\theta(a_{i,h} \mid s_{i,h}) \right)$$
>
> なお $w(s,a) := \pi_\theta(a \mid s) / \pi_0(a \mid s)$ は、学習中の方策 π_θ とデータ収集方策 π_0
> による行動選択確率の比であり、**重要度重み**と呼ばれる。

Traj-IS 推定量は、軌跡 τ 全体を一つの行動とみなしたうえで軌跡の生成分布に関
する重要度重み $p_\pi(\tau_i)/p_{\pi_0}(\tau_i)$ を定義し、IPS 推定量の考え方を適用しています。4
章でも確認したように、方策 π が変化したとしても状態遷移分布 $p(s_{h+1} \mid s_h, a_h)$ は
変化しないため、軌跡の生成分布に関する重要度重みは、時点 $h=1$ から $h=H$ に
選択された行動の組み合わせ $(a_1, a_2, \ldots, a_H)$ がデータ収集方策と評価方策のもとで
観測される確率に関する重要度重み $\prod_{h=1}^{H} w(s_{i,h}, a_{i,h})$ に一致するのでした。オフ方
策評価における Traj-IS 推定量と同様に、ここで定義した方策勾配（式 (5.27)）に対
する Traj-IS 推定量も不偏性を持ちます。

> **定理 5.6.** あるデータ収集方策 π_0 により収集されたログデータ $\mathcal{D}$ を用いると
> き、式 (5.28) で定義される Traj-IS 推定量は、強化学習における真の方策勾
> 配 $\nabla_\theta V(\pi_\theta)$ に対する不偏推定量である。すなわち、
>
> $$\mathbb{E}_{p(\mathcal{D})}[\widehat{\nabla_\theta V}_{\mathrm{TrajIS}}(\pi_\theta; \mathcal{D})] = \nabla_\theta V(\pi_\theta) \quad (\implies \mathrm{Bias}[\widehat{\nabla_\theta V}_{\mathrm{TrajIS}}(\pi_\theta; \mathcal{D})] = 0)$$

しかし 4 章ですでに扱ったように、Traj-IS 推定量には重要度重みの総積
（$\prod_{h=1}^{H} w(s_{i,h}, a_{i,h})$）が用いられていることから、巨大なバリアンスを生んでし
まうという重大な懸念があります。よって、不偏性をできる限り保ちながらも方策勾
配推定におけるバリアンスを改善することが、勾配ベースに基づいたオフライン強化
学習でも重要になってきます。

Traj-IS 推定量のバリアンスを軽減するためのシンプルなテクニックに、**Step-wise**

Importance Sampling（Step-IS）推定量がありました。方策勾配推定における Step-IS 推定量は、ある時点 h に観測される報酬 r_h がそれ以前に選択された行動 $a_1, a_2, \ldots, a_h$ にしか依存しないことを利用して、次のように定義されます。

定義 5.5.（オフライン強化学習の設定において）データ収集方策 π_0 によって収集されたログデータ $\mathcal{D}$ が与えられたとき、真の方策勾配 $\nabla_\theta V(\pi_\theta)$ に対する Step-wise Importance Sampling（Step-IS）推定量は、次のように定義される。

$$
\widehat{\nabla_\theta V}_{\mathrm{StepIS}}(\pi_\theta; \mathcal{D}) \tag{5.29}
$$

$$
:= \frac{1}{n} \sum_{i=1}^{n} \sum_{h=1}^{H} \left(\prod_{h'=1}^{h} \frac{\pi_\theta(a_{i,h'} \mid s_{i,h'})}{\pi_0(a_{i,h'} \mid s_{i,h'})} \right) r_{i,h} \sum_{h'=1}^{h} \nabla_\theta \log \pi_\theta(a_{i,h'} \mid s_{i,h'})
$$

なお $w(s,a) := \pi_\theta(a \mid s) / \pi_0(a \mid s)$ は、学習中の方策 π_θ とデータ収集方策 π_0 による行動選択確率の比であり、**重要度重み**と呼ばれる。

Traj-IS 推定量と比べて Step-IS 推定量では、高々時点 $h' = 1$ から $h' = h$ までの重みの積 $\prod_{h'=1}^{h} w(s_{h'}, a_{h'})$ しか用いていません。これにより掛け算される重みの数が減少するため、多くの場合 Step-IS 推定量の方が小さなバリアンスを持つのです。また Step-IS 推定量も、真の方策勾配 $\nabla_\theta V(\pi_\theta)$ に対する不偏性を持ちます。

定理 5.7. あるデータ収集方策 π_0 により収集されたログデータ $\mathcal{D}$ を用いるとき、式 (5.29) で定義される Step-IS 推定量は、強化学習における真の方策勾配 $\nabla_\theta V(\pi_\theta)$ に対する不偏推定量である。すなわち、

$$
\mathbb{E}_{p(\mathcal{D})}[\widehat{\nabla_\theta V}_{\mathrm{StepIS}}(\pi_\theta; \mathcal{D})] = \nabla_\theta V(\pi_\theta) \quad (\implies \mathrm{Bias}[\widehat{\nabla_\theta V}_{\mathrm{StepIS}}(\pi_\theta; \mathcal{D})] = 0)
$$

Step-IS 推定量は不偏性を満たし、Traj-IS 推定量と比べ小さいバリアンスを持つことから、多くの場合より安定した方策学習を行うことができます（Kallus20）。一方で、Step-IS 推定量を用いたとしても最終時点 H に観測された報酬 r_H を扱う際には Traj-IS 推定量と同様の重み $\prod_{h'=1}^{H} w(s_{h'}, a_{h'})$ を用いる必要があり、これが原因で巨大なバリアンスの発生が懸念されます。よって、バリアンスのさらなる減少を目指した方策勾配推定量がいくつか開発されています。例えば (Kallus20) や (Xu21) は、DR 推定量と同様の考えを応用し、Q 関数の推定モデルに基づいたより望ましいバリアンスを持つ推定量を提案しています。また、学習中の方策 π_θ がデータ収集方策 π_0 から乖離しすぎないよう制限する正則化を方策勾配に加えることにより、重要度重みが巨大になりすぎない範囲で方策学習を行うことで、安定性を増す方法も多く

存在します（Kumar20b）。方策勾配に正則化を加えることで安定化を図るテクニックについては、次節でより詳しく解説します。

またオフライン強化学習に対する勾配ベース以外のアプローチとして、**Q 学習（Q-learning）ベース**のアプローチも存在します（前節で解説したより単純な設定における回帰ベースのアプローチに対応します）。強化学習では元来、以下の Q 関数に基づき方策学習を行う手法が多数存在します。

$$Q_h^\pi(s, a) := \mathbb{E}_{p_\pi(\tau_{h:H}|s_h=s, a_h=a)} \left[\sum_{h'=h}^{H} r_{h'} \right] \tag{5.30}$$

すなわち Q 関数とは、ある時点 h における状態 s で行動 a をとり、その後方策 π に従って行動選択を行う際に得られる累積報酬の期待値を表します。また各時点 h における最適方策 π_h^* は、最適 Q 関数 $Q_h^*(s, a) := \max_\pi Q_h^\pi(s, a)$ を最大化する行動を確率 1 で選択する方策

$$\pi_h^*(a \,|\, s) = \begin{cases} 1 & (a = \arg\max_{a' \in \mathcal{A}} Q_h^*(s, a')) \\ 0 & (そのほかの行動) \end{cases} \tag{5.31}$$

として定義することができます。なお最適な方策を導く最適 Q 関数 $Q_h^*(s, a)$ は、次のベルマン最適方程式と呼ばれる等式を満たすことが知られています。

$$Q_h^*(s, a) = q_h(s, a) + \mathbb{E}_{p(s_{h+1}|s_h=s, a_h=a)} \left[\max_{a' \in \mathcal{A}} Q_{h+1}^*(s_{h+1}, a') \right] \tag{5.32}$$

ここで、$q_h(s, a) := \mathbb{E}[r_h \,|\, s_h = s, a_h = a]$ は、時点 h における期待即時報酬です。したがって（オフライン）強化学習における最適方策を求めるには、式 (5.32) を満たす Q 関数を見つけ出し、それに基づいて方策を定義すればよいのです。式 (5.32) を満たす Q 関数を見つけるためには、ニューラルネットワークなどでパラメータ化した推定モデル $\hat{Q}_h(s, a)$ を用意し、それを次のように最適化する方法が標準的です。

1. $\hat{Q}_{H+1}(s, a) = 0, \; \forall(s, a)$
2. For $h = H, H-1, \ldots, 1$

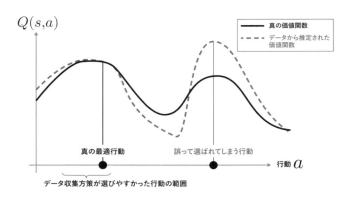

図 5.11   行動の価値の過大評価が誤った意思決定につながるメカニズム

$$\hat{Q}_h = \underset{\hat{Q} \in \mathcal{Q}}{\arg\min} \left\{ \sum_{(s_h, a_h, r_h, s_{h+1}) \in \mathcal{D}} \left(r_h + \max_{a' \in \mathcal{A}} \hat{Q}_{h+1}(s_{h+1}, a') - \hat{Q}(s_h, a_h) \right)^2 \right\}$$

$$(5.33)$$

ここで用いている損失関数[*4]を小さくする推定モデル $\hat{Q}_h(s, a)$ は、

$$r_h + \max_{a' \in \mathcal{A}} \hat{Q}_{h+1}(s_{h+1}, a') - \hat{Q}_h(s_h, a_h) \approx 0$$
$$\implies \hat{Q}_h(s_h, a_h) \approx r_h + \max_{a' \in \mathcal{A}} \hat{Q}_{h+1}(s_{h+1}, a')$$

より、近似的に式 (5.32) を満たすはずです。よって式 (5.33) から得る推定モデルに基づいて、（例えば）次のように時点 h における方策 π_h を定義することで最適方策に近い方策を学習するのが一般的な Q 学習の手順になります。

$$\pi_h(a \mid s) = \begin{cases} 1 & (a = \arg\max_{a' \in \mathcal{A}} \hat{Q}_h(s, a')) \\ 0 & (\text{そのほかの行動}) \end{cases}$$

推定モデル $\hat{Q}_h(s, a)$ にソフトマックス関数を適用することなどにより、確率的な方策を実装してもよいでしょう。この標準的な Q 学習の手順に従い新たな方策を得るこ

---

*4　この損失関数は Temporal Difference（TD）誤差と呼ばれます。

とも、オフライン強化学習の一つの手法になりえます。しかし（Q 関数の学習に望ましいデータを新たに探索・収集できる通常の強化学習とは異なり）オフライン強化学習では、データ収集方策 π_0 が集めたログデータ $\mathcal{D}$ のみに基づき、式 (5.33) の最適化問題を解かなくてはなりません。これにより、ログデータ $\mathcal{D}$ 上であまり観測されていない（データ収集方策 π_0 による選択確率が小さかった）行動[*5]の Q 関数をうまく学習できず、方策学習に悪影響を及ぼす問題が指摘されています（Kumar20a）。より具体的には、**学習された Q 関数の推定モデル $\hat{Q}(s, a)$ に基づいて方策を定義する際に、真の Q 関数のもとで最適な行動というよりも、Q 関数の値に大幅な過大評価が起こっていてあたかも最適に見えるだけの行動が選択されてしまう問題**が広く知られています（図 5.11 を参照）。特に式 (5.33) 中の $\max_{a' \in \mathcal{A}} \hat{Q}_{h+1}(s_{h+1}, a')$ の部分においては、価値の過大評価が起こっている行動が毎回の繰り返しごとに参照される可能性があるため、推定モデル $\hat{Q}(s, a)$ の最適化が進むにつれ過大評価の問題がさらに深刻化してしまうおそれがあります。

この問題に対処するため、オフライン強化学習に特化した Q 学習の手法が多く提案されています（Kumar20a, Kostrikov21, Kostrikov22）。中でも初期に提案された手法が、**Conservative Q-Learning**（**CQL**）（Kumar20a）です。CQL の基本的な考え方は、**データ収集方策 π_0 による選択確率が小さい行動の価値については保守的（conservative）になることで、Q 関数の過大評価を回避しよう**というものです（図 5.12 を参照）。行動の価値の過大評価を避けた保守的な Q 関数を学習するために、CQL では式 (5.33) に示した標準的な Q 関数の学習則に対して正則化項を加えた次の規則により、推定モデル $\hat{Q}(s, a)$ の最適化を行います。

1. $\hat{Q}_{H+1}^{\mathrm{CQL}}(s, a) = 0, \ \forall(s, a)$
2. For $h = H, H - 1, \ldots, 1$

$$
\hat{Q}_h^{\mathrm{CQL}} = \underset{\hat{Q} \in \mathcal{Q}}{\arg\min} \left\{ \sum_{(s_h, a_h, r_h, s_{h+1}) \in \mathcal{D}} \left(y_h - \hat{Q}(s_h, a_h) \right)^2 \right.
$$
$$
\left. + \beta \sum_{(s_h, a_h) \in \mathcal{D}} \left(\max_{a'} \hat{Q}(s_h, a') - \hat{Q}(s_h, a_h) \right) \right\} \quad (5.34)
$$

ここで $y_h = r_h + \max_{a' \in \mathcal{A}} \hat{Q}_{h+1}^{\mathrm{CQL}}(s_{h+1}, a')$ です。また $\beta \geq 0$ は、Q 関数の推定に

[*5] このような行動のことをオフライン強化学習の文脈では分布外行動（out-of-distribution action; OoD action）と呼ぶことがあります。

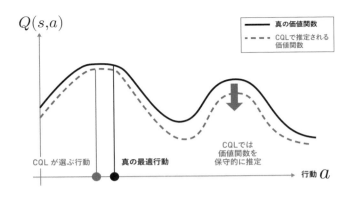

図 5.12　CQL による価値関数の保守的な推定のイメージ

おいて保守的になる度合いを調整するハイパーパラメータであり、大きな値を設定するほど正則化が強くなるため過大評価が起こりにくくなります。なお $\beta = 0$ のとき、式 (5.34) は式 (5.33) に一致します。すなわち CQL における Q 関数の学習則は、式 (5.33) に示した標準的な強化学習における Q 関数の学習則に対して、過大評価の度合いを評価するための正則化項（第二項）を新たに加えることで定義されていることがわかります。新たに加えられた正則化項は、推定モデル $\hat{Q}(s, a)$ の最大値 $\max_{a'} \hat{Q}(s_h, a')$ とログデータ $\mathcal{D}$ 中に観測されている行動 a_h の価値の推定値 $\hat{Q}(s_h, a_h)$ の差分を計算することで定義されています。ログデータ中に観測されていない（データ収集方策が選択しなかった）行動について仮に大幅な過大評価が起こっていたとしたら、$\max_{a'} \hat{Q}(s_h, a')$ が $\hat{Q}(s_h, a_h)$ と比べて過剰に大きな値をとってしまいますから、この正則化項 $\max_{a'} \hat{Q}(s_h, a') - \hat{Q}(s_h, a_h)$ は、ログデータ $\mathcal{D}$ として観測されていない行動について Q 関数の推定モデル $\hat{Q}(s, a)$ で起こってしまっている過大評価の度合いを定量化しているといえます。つまり CQL における Q 関数の学習則（式 (5.34)）は、過大評価の度合いが大きくない推定モデル $\hat{Q}(s, a)$ の中で従来の損失関数を最小にする推定モデルを得ようとしているのです。(Kumar20a) では、この新たな正則化を加味した学習則に基づき Q 関数の推定モデルを最適化することでより安定した方策学習を行えることを実証しています。そのほか (Kostrikov21) や (Kostrikov22) では、CQL をさらに改善した Q 学習のアプローチによるオフライン強化学習手法が提案されています。また、(Fujimoto21) では模倣学習をベースにした手法が、(Chen21) などでは Transformer を応用した手法が、(Wang23, Ajay23) などでは拡散モデルを応用した手法が提案されるなど、オフライン強化学習の研究は本書執筆現在も急速な進展を見せています。

5.4 オフ方策学習にまつわるそのほかのトピック

ここからは、詳細に扱うほどではないが知っておくと便利なオフ方策学習にまつわるそのほかの研究トピックや実践的なテクニックを簡単に紹介します。

5.4.1 勾配ベースの学習を安定化させるための正則化

まずは重要度重みに基づく勾配ベースの学習をより安定させるために、**方策勾配による学習の際に重要度重みがあまり大きくならないよう正則化を課すことで学習を安定させるテクニック**を紹介します。おさらいとして勾配ベースの方策学習では、次の通りに方策勾配に基づくパラメータ更新を行います。

$$\theta_{t+1} \longleftarrow \theta_t + \eta \nabla_\theta V(\pi_\theta)$$

しかし真の方策勾配 $\nabla_\theta V(\pi_\theta)$ が未知であるため、実際はデータ収集方策 π_0 が収集したログデータ $\mathcal{D}$ を用いた推定量に基づき、パラメータ更新を行うのでした。

$$\widehat{\nabla_\theta V}_{\mathrm{IPS}}(\pi_\theta; \mathcal{D}) = \frac{1}{n} \sum_{i=1}^{n} \frac{\pi_\theta(a_i \mid x_i)}{\pi_0(a_i \mid x_i)} r_i \nabla_\theta \log \pi_\theta(a_i \mid x_i)$$

例えばこの IPS 推定量は不偏性を持つ一方で、データが少なかったり行動空間が大きい状況などでは、バリアンスが大きくなってしまい学習が安定しない問題がありました。この問題を解消する簡易な方法の一つは、**重要度重みがあまり大きくならない範囲に限定して方策学習を行う**というものです。このアイデアを実現する方法はいくつか存在します。中でも直感的な方法に、方策学習の目的関数に次の正則化を加える方法があります。

$$\max_\theta V(\pi_\theta) - \lambda \mathbb{E}_{p(x)} \left[\mathrm{KL}[\pi_0(a \mid x) || \pi_\theta(a \mid x)] \right] \tag{5.35}$$

$$= \max_\theta V(\pi_\theta) + \lambda \mathbb{E}_{p(x)\pi_0(a|x)} \left[\log \pi_\theta(a \mid x) \right] \tag{5.36}$$

ここで

$$\mathrm{KL}[\pi_0(a\,|\,x)||\pi_\theta(a\,|\,x)] := \sum_{a\in\mathcal{A}} \pi_0(a|x) \log \frac{\pi_0(a|x)}{\pi_\theta(a|x)} = -\mathbb{E}_{\pi_0(a|x)}[\log w(x,a)]$$

は、データ収集方策 π_0 と学習中の方策 π_θ の間のカルバック・ライブラー（KL）ダイバージェンス（分布間の距離を測る指標の一つ）であり、これらの方策が大きく異なるほど大きな値をとります。式 (5.36) は、KL ダイバージェンスを変形した際に現れる π_θ に非依存の定数項（$-\lambda\mathbb{E}_{p(x)\pi_0(a|x)}[\pi_0(a\,|\,x)]$）を無視して整理した場合の目的関数です。式 (5.36) の第二項である $\lambda\mathbb{E}_{p(x)\pi_0(a|x)}[\pi_\theta(a\,|\,x)]$ は、新たな方策 $\pi_\theta(a\,|\,x)$ がデータ収集方策 $\pi_0(a\,|\,x)$ と似た行動を選択しやすいほど大きな値をとります。よってこのような正則化を加えることにより、重要度重み $w(x,a)$ があまり大きくならないデータ収集方策 π_0 の近傍において期待報酬 $V(\pi_\theta)$ を最大化するような方策を学習できるのです。なお $\lambda \geq 0$ は、正則化の強さを調整するハイパーパラメータです。λ に大きな値を設定するほど、学習中の方策 π_θ がデータ収集方策 π_0 から離れすぎないような強い制御が働きます。

　KL ダイバージェンスによる正則化を含む目的関数（式 (5.36)）の方策勾配やそれに対する IPS 推定量は、それぞれ次のように計算され（導出は章末問題としています）、式 (5.12) の IPS 推定量に対する簡易な修正で実装可能なことがわかります。

$$\nabla_\theta\big(V(\pi_\theta) + \lambda\mathbb{E}_{p(x)\pi_0(a|x)}[\log \pi_\theta(a\,|\,x)]\,\big)$$
$$= \mathbb{E}_{p(x)\pi_0(a|x)}[(w(x,a)q(x,a) + \lambda)\,\nabla_\theta \log \pi_\theta(a\,|\,x)] \tag{5.37}$$
$$\tag{5.38}$$

$$\widehat{\nabla_\theta V}_{\mathrm{IPS+Reg}}(\pi_\theta;\mathcal{D}) := \frac{1}{n}\sum_{i=1}^{n}\left\{\left(\frac{\pi_\theta(a_i\,|\,x_i)}{\pi_0(a_i\,|\,x_i)}r_i + \lambda\right)\nabla_\theta \log \pi_\theta(a_i\,|\,x_i)\right\} \tag{5.39}$$

　また、重要度重みの使用自体を回避するために生まれたアイデアに **Local Policy Improvement (LPI)** があります。これは、$c \geq \log c + 1$ という不等式を活用して、方策 π_θ の性能下界を最大化しようとする考え方です (Ma19, Liang22)。

$$V(\pi_\theta) = \mathbb{E}_{p(x)\pi_\theta(a|x)}[q(x,a)]$$
$$= \mathbb{E}_{p(x)\pi_0(a|x)}[w(x,a)q(x,a)]$$
$$\geq \mathbb{E}_{p(x)\pi_0(a|x)}[(\log w(x,a) + 1)q(x,a)] \quad \because w(x,a) \geq \log w(x,a) + 1$$
$$= \mathbb{E}_{p(x)\pi_0(a|x)}[q(x,a)\log \pi_\theta(a\,|\,x)] - \mathbb{E}_{p(x)\pi_0}[q(x,a)(\log \pi_0(a\,|\,x) - 1)]$$
$$= \mathbb{E}_{p(x)\pi_0(a|x)}[q(x,a)\log \pi_\theta(a\,|\,x)] + \mathsf{const.} \tag{5.40}$$

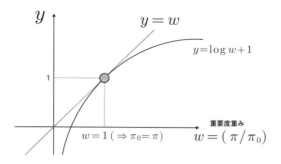

図 5.13 LPI で用いられている重要度重みの下界のイメージ

ここで const. $= -\mathbb{E}_{p(x)\pi_0(a|x)}[q(x,a)(\log \pi_0(a \,|\, x) - 1)]$ は、方策パラメータ θ に非依存の定数項です。式 (5.40) に基づくと、次の最適化問題を解くことは、方策 π_θ の性能下界を最大化していることを意味します。

$$\max_\theta \ \mathbb{E}_{p(x)\pi_0(a|x)}[q(x,a)\log \pi_\theta(a \,|\, x)] \tag{5.41}$$

また式 (5.41) を解くための方策パラメータ θ の更新式は、次の通りに与えられます。

$$\theta_{t+1} \longleftarrow \theta_t + \eta\mathbb{E}_{p(x)\pi_0(a|x)}[q(x,a)\nabla_\theta \log \pi_\theta(a \,|\, x)]$$

式 (5.41) を最大化するための方策勾配 $\mathbb{E}_{p(x)\pi_0(a|x)}[q(x,a)\nabla_\theta \log \pi_\theta(a \,|\, x)]$ であれば、（この方策勾配がデータ収集方策 π_0 に関する期待値で表されていることを踏まえると）次の推定量により、重要度重みを用いずとも不偏推定できるはずです。

$$\widehat{\nabla_\theta V}_{\mathrm{LPI}}(\pi_\theta; \mathcal{D}) := \frac{1}{n}\sum_{i=1}^{n} r_i \nabla_\theta \log \pi_\theta(a_i \,|\, x_i) \tag{5.42}$$

式 (5.42) の方策勾配推定量は、方策 π_θ の性能下界を最大化するための方策勾配に対して不偏（$\mathbb{E}_{p(\mathcal{D})}[\widehat{\nabla_\theta V}_{\mathrm{LPI}}(\pi_\theta; \mathcal{D})] = \mathbb{E}_{p(x)\pi_0(a|x)}[q(x,a)\nabla_\theta \log \pi_\theta(a \,|\, x)]$）であり、また重要度重みが登場しないため、IPS 推定量で問題だったバリアンスの問題を持ちません。ただしここで注意が必要なのは、式 (5.42) の LPI 方策勾配推定量は式 (5.40)

で表される方策 π_θ の性能下界を最大化するものの、**方策の性能下界を最大化することが方策の性能改善に直結するとは限らない**ということです。図 5.13 に示したように、ここで用いている近似式 $w(x,a) \geq \log w(x,a) + 1$ は、重要度重み $w(x,a)$ が 1 から離れた値をとるほど緩いものになってしまいます（$w(x,a)$ と $\log w(x,a) + 1$ がかけ離れ、良い近似ではなくなってしまう）。したがって、**式 (5.41) の問題を解くことを通じて方策 π_θ の性能を改善するためには、性能下界を得るために用いた近似式 $w(x,a) \geq \log w(x,a) + 1$ の精度が良い範囲に絞って方策学習を行うことが重要**です。具体的には、$w(x,a) \approx 1 \implies \pi_\theta(a \mid x) \approx \pi_0(a \mid x)$ が成り立つ範囲においては、式 (5.41) の最適化問題が本来解きたい問題（$\max_\theta V(\pi_\theta)$）をより良く近似しているといえます。したがって (Ma19) や (Liang22) では、式 (5.41) の最適化問題が方策 π_θ の真の性能を最大化する問題の良い近似であることを保証するために、先にも登場した KL ダイバージェンスに基づく正則化を課すことを提案しています。

$$\widehat{\nabla_\theta V}_{\mathrm{LPI+Reg}}(\pi_\theta; \mathcal{D}) := \frac{1}{n} \sum_{i=1}^{n} \{(r_i + \lambda) \nabla_\theta \log \pi_\theta(a_i \mid x_i)\} \tag{5.43}$$

ここでも $\lambda \geq 0$ は正則化の強さを調整するハイパーパラメータであり、大きな値を設定するほどデータ収集方策 π_0 の近傍で新たな方策を学習しようとします。こうすることで、$\pi_\theta(a \mid x) \approx \pi_0(a \mid x) \implies w(x,a) \approx 1$ が成り立つ範囲に絞ったうえで方策 π_θ の性能下界を最大化でき、重要度重みを使わずとも真の性能 $V(\pi_\theta)$ を改善できる可能性が高まります。一方で、下界が緩くなりすぎないようデータ収集方策 π_0 の近傍で方策学習を行う必要があるため、データ収集方策 π_0 に対する大幅な改善をもたらすことは難しくなります。しかし方策学習の現場では、大きな失敗をしにくい学習手順でデータ収集方策 π_0 を微少でも改善する方策が見つかることには大きな意味があり、またそれを何度も繰り返していくことで着実な改善が見込めることから、ここで紹介した LPI は実践上有用とされているのです。

5.4.2　ランキングにおけるオフ方策学習

　本章ではこれまで、（各特徴量 x ごとに）ある一つの行動を選択する方策 $\pi(a \mid x)$ を学習する問題を扱ってきました。しかし 2 章で扱ったように、推薦システムや検索システムなどのランキング的な構造を持つ問題では、ただ一つの行動を選択するのではなく、**複数の行動（アイテム）をうまく順位付けし並べ替えるためのランキング方策**をログデータに基づき学習する必要があります。

　2 章のおさらいになりますが、ランキングの問題では、ユーザ情報などの特徴量ベクトルを $x \in \mathcal{X}$、商品やニュース記事など一つ一つのアイテムを $a \in \mathcal{A}$、ま

たアイテム集合 $\mathcal{A}$ に属するアイテムを並べ替えることで構成されるランキングを $\boldsymbol{a} := (a_1, a_2, \ldots, a_{|\mathcal{A}|}) \in \Pi(\mathcal{A})$ というベクトルを用いて表します。ここで $\Pi(\mathcal{A})$ は、行動集合 $\mathcal{A}$ に含まれるアイテムを並べ替えることで構成されるランキングすべての集合を指します。また $\boldsymbol{a}(k)$ を用いてランキング $\boldsymbol{a}$ における k 番目のポジションに提示されるアイテムを、$\boldsymbol{r} := (r_1, r_2, \ldots, r_{|\mathcal{A}|}) \in \mathbb{R}^{|\mathcal{A}|}$ というベクトルを用いてあるランキング $\boldsymbol{a}$ を提示した結果として観測される報酬の組を表します。ランキング方策 $\pi : \mathcal{X} \to \Delta(\Pi(\mathcal{A}))$ は、ランキング集合 $\Pi(\mathcal{A})$ 上の条件付き確率分布であり、$\pi(\boldsymbol{a}\,|\,x)$ はある特徴量ベクトル x で表されるデータ（ユーザ）に対して、$\boldsymbol{a}$ という特定のランキングを選択する確率になります。ランキング方策 π の性能は、各ポジションで観測される報酬の重み付け和の期待値で定義されることが通例です。

$$V(\pi) := \mathbb{E}_{p(x)\pi(\boldsymbol{a}|x)p(\boldsymbol{r}|x,\boldsymbol{a})} \left[\sum_{k=1}^{K} \alpha_k \boldsymbol{r}(k) \right] = \mathbb{E}_{p(x)\pi(\boldsymbol{a}|x)} \left[\sum_{k=1}^{K} \alpha_k q_k(x, \boldsymbol{a}) \right] \quad (5.44)$$

ここで $q_k(x, \boldsymbol{a}) := \mathbb{E}[\boldsymbol{r}(k)\,|\,x, \boldsymbol{a}]$ は、特徴量 x とランキング $\boldsymbol{a}$ で条件付けたときに k 番目のポジションで発生する報酬 $\boldsymbol{r}(k)$ の期待値（ポジションレベルでの期待報酬関数）であり、α_k は分析者によって設定される k 番目のポジションの重要度です。

ランキングにおけるオフ方策学習に用いることができるログデータ $\mathcal{D}$ は、次の独立同一分布からの抽出により与えられます。

$$\mathcal{D} := \{(x_i, \boldsymbol{a}_i, \boldsymbol{r}_i)\}_{i=1}^{n} \sim p(\mathcal{D}) = \prod_{i=1}^{n} p(x_i) \underbrace{\pi_0(\boldsymbol{a}_i\,|\,x_i)}_{\text{データ収集方策}} p(\boldsymbol{r}_i\,|\,x_i, \boldsymbol{a}_i) \quad (5.45)$$

ランキングの場合も、**データ収集方策 π_0 が生成するログデータ $\mathcal{D}$ に基づき方策 π_θ の性能を最大化するパラメータ θ を得る問題を解くことが目標**です。

$$\theta^* = \arg\max_{\theta} V(\pi_\theta) \left(= \mathbb{E}_{p(x)\pi_\theta(\boldsymbol{a}|x)} \left[\sum_{k=1}^{K} \alpha_k q_k(x, \boldsymbol{a}) \right] \right) \quad (5.46)$$

なおランキング方策（ランキング集合 $\Pi(\mathcal{A})$ 上の条件付き確率分布）をパラメータ化する際は、ランキング内において同一アイテムの重複を生まないよう工夫が必要になります。そのためによく用いられるのが、**プラケット・ルースモデル**（**Plackett-Luce Model; PL-Model**）と呼ばれるランキングに特化した方策のパラメータ化です (Singh19)。PL モデルではまず、特徴量 x ごとに個別のアイテム $a \in \mathcal{A}$ にスコア

を割り当てる関数 $f_\theta : \mathcal{X} \times \mathcal{A} \to \mathbb{R}$ を線形モデルやニューラルネットワークを用いて用意しておきます。そして θ でパラメータ化されたスコア関数 f_θ に基づき、アルゴリズム 2 に示す過程によりランキング $\boldsymbol{a}$ を確率的にサンプリングすることを考えます。

Algorithm 2 PL モデルに基づくランキングの確率的サンプリング

入力: スコア関数: $f_\theta : \mathcal{X} \times \mathcal{A} \to \mathbb{R}$, 特徴量: x

出力: ランキング $\boldsymbol{a} = (a_1, a_2, \ldots, a_{|\mathcal{A}|}) \in \Pi(\mathcal{A})$

1: $\mathcal{A}_1 = \mathcal{A}$

2: **for** $k = 1, 2, \ldots, K$ **do**

3: 　　$a_k \sim \dfrac{\exp(f_\theta(x, a_k))}{\sum_{a' \in \mathcal{A}_k} \exp(f_\theta(x, a'))}$ （k 番目のポジションに提示するアイテムを選択）

4: 　　$\mathcal{A}_{k+1} \leftarrow \mathcal{A}_k \backslash \{a_k\}$ （選択されたアイテム a_k を行動集合から除外）

5: **end for**

　アルゴリズム 2 では、ソフトマックス関数で定義される分布に基づき上位のポジションから順にアイテムをサンプリングしていくものの、**同一アイテムが同じランキング中に 2 回以上選ばれないように、一度選ばれたアイテムは逐次アイテム集合から取り除いたうえで次のポジションのサンプリングに移行します**。よって、あるポジション k に提示するアイテムをサンプリングする際にあるアイテム a を選択する確率は、その時点で残っているアイテムの集合 $\mathcal{A}_k$ に対してソフトマックス関数を適用することで $\frac{\exp(f_\theta(x,a))}{\sum_{a' \in \mathcal{A}_k} \exp(f_\theta(x,a'))}$ で表されます（$\mathcal{A}_k$ はポジション k までサンプリングされずに残っているアイテムの集合）。PL モデルに基づいてランキング $\boldsymbol{a}$ を生成するとき、それは次のランキング方策を適用していることを意味します。

$$\pi_\theta(\boldsymbol{a} \,|\, x) = \prod_{k=1}^{K} \frac{\exp(f_\theta(x, \boldsymbol{a}(k)))}{\sum_{a' \in \mathcal{A}_k} \exp(f_\theta(x, a'))} = \prod_{k=1}^{K} \frac{\exp(f_\theta(x, \boldsymbol{a}(k)))}{\sum_{l=k}^{K} \exp(f_\theta(x, \boldsymbol{a}(l)))} \tag{5.47}$$

PL モデルのもとで行動 $a \in \mathcal{A}_k$ がポジション k でサンプリングされる確率が $\frac{\exp(f_\theta(x,a))}{\sum_{a' \in \mathcal{A}_k} \exp(f_\theta(x,a'))}$ であることを踏まえると、あるランキング $\boldsymbol{a}$ がサンプリングされる確率は、それを $k = 1, 2, \ldots, K$ まで掛け合わせた値になるというわけです。なお推薦・検索システムを扱う現場で実際にアルゴリズム 2 の手順に従ってランキングを確率的に生成するのは（ソフトマックス関数を何度も計算する必要があるため）計算量の問題で難しいですが、**ガンベルソフトマックストリック（Gumbel-Softmax trick）と呼ばれるテクニックを用いると、PL モデルに基づいた確率的なランキング方策をより高速に実装できる**ことが知られています（Gumbel54）。ガンベルソフトマックストリックでは、各アイテムのスコア $f_\theta(x, a)$ に対してガンベル分布に従うノイズを加えた値が大きい順にアイテムを並べ替えてランキングを生成します。

$$\boldsymbol{a} = \mathrm{argsort}_{a \in \mathcal{A}} \{f_\theta(x, a) + \epsilon_a\}, \quad \epsilon_a \sim \mathrm{Gumbel}(0, 1) \tag{5.48}$$

$\mathrm{Gumbel}(0, 1)$ は、標準ガンベル分布です。実はガンベルソフトマックストリックでランキングを生成することは、式 (5.47) のランキング方策からランキングを確率的に生成することと同等であることが知られています。ガンベルソフトマックストリックに従うと、ソフトマックス関数を適用することなくスコア関数に基づいたランキングを確率的に生成できるため、計算効率の意味で非常に嬉しいわけです。

何はともあれ、ランキングのオフ方策学習で行いたいのは、（例えば）PL モデルに基づいてパラメータ化したランキング方策 π_θ のパラメータ θ を、方策の真の性能 $V(\pi_\theta)$ が良くなるように学習することです。まずは、方策勾配に基づいてパラメータ更新（$\theta_{t+1} \leftarrow \theta_t + \eta \nabla_\theta V(\pi_\theta)$）を行う勾配ベースのアプローチを扱うことにします。ランキング方策を勾配ベースの方法で学習する際に必要な方策勾配 $\nabla_\theta V(\pi_\theta)$ は、すでに扱った標準的な設定における方策勾配を得るための計算手順を参考にすると、次のように表現できることがわかります（導出は章末問題にしています）。

$$\nabla_\theta V(\pi_\theta) = \mathbb{E}_{p(x)\pi_\theta(\boldsymbol{a}|x)} \left[\left(\sum_{k=1}^{K} \alpha_k q_k(x, \boldsymbol{a}) \right) \nabla_\theta \log \pi_\theta(\boldsymbol{a} \,|\, x) \right] \tag{5.49}$$

仮にこの真の方策勾配に基づいてパラメータ θ を更新できれば、より価値の大きい（$\sum_{k=1}^{K} \alpha_k q_k(x, \boldsymbol{a})$ の値が大きい）ランキング $\boldsymbol{a}$ を高頻度に生成できるランキング方策 π_θ が得られるはずです。しかし、ランキング方策の場合もこの真の方策勾配が未知であるため、データ収集方策 π_0 が生成するログデータ $\mathcal{D}$ を用いてこれをうまく推定したうえで、パラメータ更新を実装する必要があります。

ランキング方策の勾配推定においても、まず最初に考えつく方策勾配推定量は、以下の IPS 推定量でしょう。

$$\widehat{\nabla_\theta V}_{\mathrm{IPS}}(\pi_\theta; \mathcal{D}) \coloneqq \frac{1}{n} \sum_{i=1}^{n} \left\{ \frac{\pi_\theta(\boldsymbol{a}_i \,|\, x_i)}{\pi_0(\boldsymbol{a}_i \,|\, x_i)} \left(\sum_{k=1}^{K} \alpha_k r_i(k) \right) \nabla_\theta \log \pi_\theta(\boldsymbol{a}_i \,|\, x_i) \right\} \tag{5.50}$$

ここで $\pi_\theta(\boldsymbol{a} \,|\, x)/\pi_0(\boldsymbol{a} \,|\, x)$ は、ランキングレベルの重要度重みです。このようにランキング全体に関する分布を用いて重要度重みを定義することで、ユーザ行動や期待報酬関数の仮定を置かずとも不偏性を満たすことができます。しかし、ランキングの場合は行動空間（ユニークなランキングの数）が指数的に大きくなってしまうことから、

ランキングレベルの重要度重みは巨大なバリアンスの発生源になります。したがって
2 章で学んだように、ユーザ行動（もしくは期待報酬関数の構造）に適切な仮定を置
くことでバリアンスの問題に対処することが求められます。例えば、ユーザが上位の
ポジションから順々にアイテムを閲覧・検討していくという仮定に基づくカスケード
モデルでは、ある k 番目のポジションにおける期待報酬を表すのに上位 k 番目までの
情報さえあれば十分なため $q(x, \boldsymbol{a}) = q(x, \boldsymbol{a}(1:k))$ が成り立ちます。このことを用い
ると、次の RIPS 推定量を定義できるようになります。

$$
\widehat{\nabla_\theta V}_{\mathrm{RIPS}}(\pi_\theta; \mathcal{D})
$$
$$
:= \frac{1}{n} \sum_{i=1}^{n} \left\{ \sum_{k=1}^{K} \frac{\pi_\theta(\boldsymbol{a}_i(1:k) \mid x_i)}{\pi_0(\boldsymbol{a}_i(1:k) \mid x_i)} \nabla_\theta \log \pi_\theta(\boldsymbol{a}_i(1:k) \mid x_i) \left(\sum_{k'=k}^{K} \alpha_{k'} \boldsymbol{r}_i(k') \right) \right\}
$$
$$
\tag{5.51}
$$

ここで定義したランキング方策の方策勾配に対する RIPS 推定量では、各ポジショ
ン k についてトップ k に関する重要度重み $\pi_\theta(\boldsymbol{a}(1:k) \mid x)/\pi_0(\boldsymbol{a}(1:k) \mid x)$ を用い
て、k 番目のポジションに提示された行動 $\boldsymbol{a}(k)$ が影響を与えるより下位のポジショ
ンで発生する報酬 $\sum_{k'=k}^{K} \alpha_k \boldsymbol{r}_i(k)$ を重み付けています。このようにカスケードモデ
ルの性質を活かすことで、RIPS 推定量はカスケードモデルが正しいとき不偏性を持
ちます（$\mathbb{E}_{p(\mathcal{D})}[\widehat{\nabla_\theta V}_{\mathrm{RIPS}}(\pi_\theta; \mathcal{D})] = \nabla_\theta V(\pi_\theta)$）。またトップ k に関する重要度重み
を用いていることから、ランキングレベルでの重要度重みを用いている IPS 推定量
（式 (5.50)）よりも、多くの場合より小さいバリアンスを持ちます。しかしランキン
グの設定では RIPS 推定量を用いたとしても未だ大きなバリアンスに苦しむ可能性が
あるため、前節で扱った KL ダイバージェンスによる正則化などを活用することで、
方策勾配推定のさらなる安定化を行うことが求められます。またランキングの設定に
おいて問題になりえる方策勾配推定の計算効率を改善するための研究もいくつか存在
し、著名な国際会議で Best Paper Award を受賞する論文もあるなど注目されてい
ます（Oosterhuis22）。

　なおカスケードモデルのもとでランキングにおけるオフ方策学習は、（時点 h とポ
ジション k を対応させると）定式化上、オフライン強化学習と類似の構造をしている
ことがわかります（図 5.14 を参照）。すなわち、各ユーザの特徴量 x を状態として観
測し、次にランキング方策 π_θ が各ポジションに提示するアイテム $\boldsymbol{a}(k)$ を決定し、対
応する報酬 $\boldsymbol{r}(k)$ を観測します。ポジション k におけるアイテムを閲覧したあとに、
（考えたければ）$x_{k+1} \sim p(\cdot \mid x_k, a_k)$ として特徴量（状態）遷移を考え、次のポジショ
ン $k+1$ における行動選択や報酬観測へ移行します。これはまさしく、各ユーザとラ
ンキングの間の関係性が（カスケードモデルのもとで）強化学習で考えたデータ生成

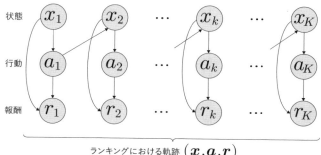

図 5.14 ランキングにおけるデータ生成過程は強化学習におけるデータ生成過程に類似の構造を持つ

過程と同じ振る舞いをしていることを意味します。よってランキングのオフ方策学習を行う際も、対応する期待将来累積報酬（Q 関数）を定義でき、仮にこの Q 関数をうまく推定できるならば、各ポジション k において Q 関数を最大化する行動を選択することで最適な方策を学習できるはずです。

$$Q_k^{\pi}(x, a) = \mathbb{E}_{\pi(\boldsymbol{a}(k+1:K)|x)p(\boldsymbol{r}(k+1:K)|x,\boldsymbol{a}(k+1:K))} \left[\sum_{k'=k}^{K} \alpha_k \boldsymbol{r}(k) \mid x, \boldsymbol{a}(k) = a \right]$$
(5.52)

ただしランキングにおいてもログデータ $\mathcal{D}$ のみから Q 関数を推定しなければならないため、式 (5.34) に基づいた CQL など、過大評価による悪影響を考慮した方法で Q 関数を推定するのが適切だと考えられます。具体的にランキングのオフ方策学習における CQL では、Q 関数に対する推定モデル $\hat{Q}_k(x, a)$ を式 (5.53) に従って学習し、得られたモデルの出力を最大にする行動を各ポジションで選択する $(\boldsymbol{a}(k) = \arg\max_{a \in \mathcal{A}} \hat{Q}_k(x, a))$ ことで、新たなランキング方策を学習します。

1. $\hat{Q}_{K+1}^{\mathrm{CQL}}(x, a) = 0, \ \forall(s, a)$
2. For $k = K, K-1, \dots, 1$

$$\hat{Q}_k^{\mathrm{CQL}} = \underset{\hat{Q} \in \mathcal{Q}}{\arg\min} \left\{ \sum_{(x, \boldsymbol{a}, \boldsymbol{r}) \in \mathcal{D}} \left(y_k - \hat{Q}(x, \boldsymbol{a}(k)) \right)^2 \right.$$
$$\left. + \beta \sum_{(x, \boldsymbol{a}) \in \mathcal{D}} \left(\max_{a'} \hat{Q}(x, a') - \hat{Q}(x, \boldsymbol{a}(k)) \right) \right\}$$
(5.53)

ここで $y_k = r(k) + \max_{a' \in \mathcal{A}} \hat{Q}_{k+1}^{\mathrm{CQL}}(x, a')$ です。このように、ランキング方策の学習をオフライン強化学習のように定式化することで、CQL に留まらずオフライン強化学習で提案されているそのほかのアルゴリズムも活用できるようになります。先に紹介した勾配ベースの方法と比較してどちらがより有効であるかは個別の問題に依存しますが、IPS 推定量や RIPS 推定量、またそれらに正則化を課した勾配推定量を駆使した勾配ベースの方法が機能しないのであれば、オフライン強化学習の手法を活用したランキングのオフ方策学習を試してみるのも一つの手かもしれません。

5.4.3　そのほかのトピック

本節で扱ったトピックのほかにも、トレーニングデータを収集した際の特徴量分布 $p_{tr}(x)$ や報酬分布 $p_{tr}(r \mid x, a)$ とテスト環境における特徴量分布 $p_{te}(x)$ や報酬分布 $p_{te}(r \mid x, a)$ が異なる状況[*6]に対応するための分布変化に頑健な方策学習（Si20, Hong21, Kallus22, Mu22, Yang23）や報酬の期待値とバリアンスの重み付け和（$\mathbb{E}_{p(x)\pi_\theta(a\mid x)p(r\mid x,a)}[r] + \lambda \mathbb{V}_{p(x)\pi_\theta(a\mid x)p(r\mid x,a)}[r]$）などより柔軟な方策の性能の定義に基づいたオフ方策学習（Urpi21）、共通サポートの仮定（仮定 1.1）が満たされない状況におけるオフ方策学習（Sachdeva20）、データ収集方策 π_0 の性能は最低限上回るべきであるなど安全性に関する制約を加味した方策学習（Chandak22, Xu22）、ベイズ学習理論に基づいたオフ方策学習（London19）、巨大行動空間においても高速な推論を可能にするテクニック（Sakhi22）、状態遷移確率 $p(s_{h+1} \mid s_h, a_h)$ を推定することを通じたモデルベースのオフライン強化学習（Kidambi20, Yu20, Yu21）などが最近の主要な研究トピックに挙げられるでしょう。特にオフライン強化学習については本章でカバーしきれていない話題が大量に存在するので、関連領域で研究を行ったり現場でオフライン強化学習を用いる機会があるならば、さらなるサーベイが必要になるでしょう。その際は、NeurIPS2020 で行われたオフライン強化学習に関するチュートリアル[*7]や awesome-offline-rl[*8]などの論文リストを活用することで、適宜知識を補強するとよいでしょう。本章で最低限の基礎を身につけていれば、新たな知識でもより素早く理解できるようになっているはずです。

[*6]　例えば季節性によってクリック確率や購買確率、視聴確率などが変化する状況は、報酬分布 $p(r \mid x, a)$ が刻一刻と変化している状況に対応します。

[*7]　https://sites.google.com/view/offlinerltutorial-neurips2020/home

[*8]　https://github.com/hanjuku-kaso/awesome-offline-rl

参考文献

[**Ajay23**] Anurag Ajay, Yilun Du, Abhi Gupta, Joshua Tenenbaum, Tommi Jaakkola, and Pulkit Agrawal. 2023. Is Conditional Generative Modeling all you need for Decision-Making? In International Conference on Learning Representations.

[**Chandak22**] Yash Chandak, Scott Jordan, Georgios Theocharous, Martha White, and Philip Thomas. 2022. Towards Safe Policy Improvement for Non-Stationary MDPs. In Proceedings of the 34th Conference on Neural Information Processing Systems.

[**Chen21**] Lili Chen, Kevin Lu, Aravind Rajeswaran, Kimin Lee, Aditya Grover, Michael Laskin, Pieter Abbeel, Aravind Srinivas, and Igor Mordatch. 2021. Decision Transformer: Reinforcement Learning via Sequence Modeling. In Proceedings of the 35th Conference on Neural Information Processing Systems.

[**Fujimoto19**] Scott Fujimoto, David Meger, and Doina Precup. 2019. Off-Policy Deep Reinforcement Learning without Exploration. In Proceedings of the 36 th International Conference on Machine Learning.

[**Fujimoto21**] Scott Fujimoto and Shixiang Shane Gu. 2021. A Minimalist Approach to Offline Reinforcement Learning. In Proceedings of the 35th Conference on Neural Information Processing Systems.

[**Gumbel54**] Emil Julius Gumbel. 1954. Statistical theory of extreme values and some practical applications: a series of lectures. Vol. 33. US Government Printing Office.

[**Hong21**] Joey Hong, Branislav Kveton, Manzil Zaheer, Yinlam Chow, and Amr Ahmed. 2021. Non-Stationary Off-Policy Optimization. In Proceedings of the 24th International Conference on Artificial Intelligence and Statistics.

[**Kallus20**] Nathan Kallus and Masatoshi Uehara. 2020. Statistically Efficient Off-Policy Policy Gradients. In Proceedings of the 37th International Conference on Machine Learning.

[**Kallus22**] Nathan Kallus, Xiaojie Mao, Kaiwen Wang, and Zhengyuan Zhou. 2022. Doubly Robust Distributionally Robust Off-Policy Evaluation and Learning. In Proceedings of the 39th International Conference on Machine Learning.

[**Kidambi20**] Rahul Kidambi, Aravind Rajeswaran, Praneeth Netrapalli, and Thorsten Joachims. 2020. MOReL : Model-Based Offline Reinforcement Learning. In Proceedings of the 34th Conference on Neural Information Processing Systems.

[**Kostrikov22**] Ilya Kostrikov, Ashvin Nair, and Sergey Levine. 2022. Offline Reinforcement Learning with Implicit Q-Learning. In International Conference on Learning Representations.

[**Kumar20a**] Aviral Kumar, Aurick Zhou, George Tucker, and Sergey Levine. 2020. Conservative Q-Learning for Offline Reinforcement Learning. In Proceedings of the 34th Conference on Neural Information Processing Systems.

[**Kumar20b**] Aviral Kumar, Justin Fu, George Tucker, and Sergey Levine. 2020. Stabilizing Off-Policy Q-Learning via Bootstrapping Error Reduction. In Proceedings of the 34th Conference on Neural Information Processing Systems.

[**Kostrikov21**] Ilya Kostrikov, Jonathan Tompson, Rob Fergus, and Ofir Nachum. 2021. Offline Reinforcement Learning with Fisher Divergence Critic Regularization. In Proceedings of the 38th International Conference on Machine Learning.

[**Liang22**] Dawen Liang and Nikos Vlassis. 2022. Local Policy Improvement for Recommender Systems. arXiv:2212.11431.

[**London19**] Ben London and Ted Sandler. 2018. Bayesian Counterfactual Risk Minimization. In Proceedings of the 36th International Conference on Machine Learning.

[**Lopes21**] Romain Lopez, Inderjit S. Dhillon, and Michael I. Jordan. 2021. Learning from eXtreme Bandit Feedback. In Proceedings of the AAAI Conference on Artificial Intelligence.

[**Ma19**] Yifei Ma, Yu-Xiang Wang, and Balakrishnan (Murali)Narayanaswamy. 2019. Imitation-Regularized Offline Learning. In Proceedings of the 22nd International Conference on Artificial Intelligence and Statistics.

[**Mu22**] Tong Mu, Yash Chandak, Tatsunori B. Hashimoto, and Emma Brunskill. 2022. Factored DRO: Factored Distributionally Robust Policies for Contextual Bandits. In Proceedings of the 36th Conference on Neural Information Processing Systems.

[**Oosterhuis22**] Harrie Oosterhuis. 2022. Computationally Efficient Optimization of Plackett-Luce Ranking Models for Relevance and Fairness. In Proceedings of the 44th International ACM SIGIR Conference on Research and Development in Information Retrieval.

[**Sachdeva20**] Noveen Sachdeva, Yi Su, and Thorsten Joachims. 2020. Off-policy Bandits with Deficient Support. In Proceedings of the 26th ACM SIGKDD Conference on Knowledge Discovery and Data Mining.

[**Saito23a**] Yuta Saito, Qingyang Ren, and Thorsten Joachims. 2023. Off-Policy Evaluation for Large Action Spaces via Conjunct Effect Modeling. In Proceedings of the 40th International Conference on Machine Learning, Vol. 162. PMLR, pp. 19089--19122.

[**Saito24**] Yuta Saito, Jihan Yao, and Thorsten Joachims. 2024. Off-Policy Learning for Large Action Spaces via Unifying Regressoin and Policy-based Approaches. arXiv preprint arXiv:2402.06151.

[**Sakhi22**] Otmane Sakhi, David Rohde, and Alexandre Gilotte. 2022. Fast Offline Policy Optimization for Large Scale Recommendation. In Proceedings of the AAAI Conference on Artificial Intelligence.

[**Si20**] Nian Si, Fan Zhang, Zhengyuan Zhou, Jose Blanchet. 2020. Distributionally Robust Policy Evaluation and Learning in Offline Contextual Bandits. In Proceedings of the 37th International Conference on Machine Learning.

[**Singh19**] Ashudeep Singh and Thorsten Joachims. 2019. Policy Learning for Fairness in Ranking.

In Advances in Neural Information Processing Systems (NeurIPS).

[**Urpi21**] Núria Armengol Urpí, Sebastian Curi, and Andreas Krause. 2021. Risk-Averse Offline Reinforcement Learning. In International Conference on Learning Representations.

[**Wang23**] Zhendong Wang, Jonathan J Hunt, and Mingyuan Zhou. 2023. Diffusion Policies as an Expressive Policy Class for Offline Reinforcement Learning. In International Conference on Learning Representations.

[**Xu21**] Tengyu Xu, Zhuoran Yang, Zhaoran Wang, abd Yingbin Liang. 2021. Doubly Robust Off-Policy Actor-Critic: Convergence and Optimality. In Proceedings of the 38th International Conference on Machine Learning.

[**Xu22**] Haoran Xu, Xianyuan Zhan, and Xiangyu Zhu. 2022. Constraints Penalized Q-learning for Safe Offline Reinforcement Learning. In Proceedings of the AAAI Conference on Artificial Intelligence.

[**Yang23**] Zhouhao Yang, Yihong Guo, Pan Xu, Anqi Liu, and Animashree Anandkumar. 2023. Distributionally Robust Policy Gradient for Offline Contextual Bandits. In Proceedings of the 26th International Conference on Artificial Intelligence and Statistics.

[**Yu20**] Tianhe Yu, Garrett Thomas, Lantao Yu, Stefano Ermon, James Zou, Sergey Levine, Chelsea Finn, and Tengyu Ma. 2020. MOPO: Model-based Offline Policy Optimization. In Proceedings of the 34th Conference on Neural Information Processing Systems.

[**Yu21**] Tianhe Yu, Aviral Kumar, Rafael Rafailov, Aravind Rajeswaran, Sergey Levine, and Chelsea Finn. 2021. COMBO: Conservative Offline Model-Based Policy Optimization. In Proceedings of the 35th Conference on Neural Information Processing Systems.

章末問題

5.1 （初級）式 (5.4) で示される方策 π^* が、性能 $V(\pi)$ を最大化する最適方策であることを示せ。

5.2 （初級）式 (5.42) の推定量 $\widehat{\nabla_\theta V}_{\mathrm{LPI}}(\pi_\theta; \mathcal{D}) := \frac{1}{n} \sum_{i=1}^{n} r_i \nabla_\theta \log \pi_\theta(a_i \mid x_i)$ が、方策 π_θ の真の性能下界を最大化する問題（式 (5.41)）を解くための方策勾配 $\mathbb{E}_{p(x)\pi_0(a|x)}[q(x,a)\nabla_\theta \log \pi_\theta(a|x)]$ に対して不偏であることを示せ。

5.3 （初級）2 段階方策学習の枠組みにおいて、1 段階目方策により有望クラスタを $c \sim \pi_\theta^{1st}(\cdot \mid x)$ として選択し、選択されたクラスタ内の行動を 2 段階目方策により $a \sim \pi_\theta^{1st}(\cdot \mid x, c)$ と選択するとき、結局のところ $\pi_{\theta,\phi}^{overall}(a \mid x) = \sum_{c \in \mathcal{C}} \pi_\theta^{1st}(c \mid x) \pi_\phi^{2nd}(a \mid x, c)$ で定義される全体方策から行動を $a \sim \pi_{\theta,\phi}^{overall}(\cdot \mid x)$ と選択していることと同義であることを説明せよ。

5.4 （中級）従来のオフ方策学習では、以下の目的関数の最大化を考えている。

$$V(\pi_\theta) = \mathbb{E}_{p(x)\pi_\theta(a|x)p(r|x,a)}[r]$$

この従来の目的関数を最大化することで得られる方策と、以下の二つの新たな目的関数を最大化することで得られる方策の挙動の違いを議論せよ。

1. $V_{new1}(\pi_\theta) = \mathbb{E}_{p(x)\pi_\theta(a|x)p(r|x,a)}[r] - \mathbb{V}_{p(x)\pi_\theta(a|x)p(r|x,a)}[r]$

2. $V_{new2}(\pi_\theta) = \mathbb{E}_{p(x)\pi_\theta(a|x)p(r|x,a)}[r] - \mathbb{V}_{p(x)}[\mathbb{E}_{\pi_\theta(a|x)p(r|x,a)}[r]]$

5.5 （中級）KL ダイバージェンスによる正則化を加えた目的関数の方策勾配が

$$\nabla_\theta(V(\pi_\theta) + \lambda \mathbb{E}_{p(x)\pi_0(a|x)}[\log \pi_\theta(a \mid x)])$$
$$= \mathbb{E}_{p(x)\pi_0(a|x)}[(w(x,a)q(x,a) + \lambda)\nabla_\theta \log \pi_\theta(a \mid x)]$$

であることを示せ。また

$$\widehat{\nabla_\theta V}_{\mathrm{IPS+Reg}}(\pi_\theta; \mathcal{D}) = \frac{1}{n} \sum_{i=1}^{n} \left\{ \left(\frac{\pi_\theta(a_i \mid x_i)}{\pi_0(a_i \mid x_i)} r_i + \lambda \right) \nabla_\theta \log \pi_\theta(a_i \mid x_i) \right\}$$

がその不偏推定量であることを示せ。

5.6 （中級）強化学習における方策勾配に対する Traj-IS 推定量（式 (5.28)）と Step-IS 推定量（式 (5.29)）が、それぞれオフライン強化学習における真の方策勾配（式 (5.27)）に対して不偏であることを示せ。

5.7 （中級）式 (5.49) のランキングにおける方策勾配を導出せよ。

5.8 （中級）ランキング方策の方策勾配に対する IPS 推定量（式 (5.50)）が、真の方策勾配（式 (5.49)）に対して不偏であることを示せ。

5.9 （中級）ランキング方策の方策勾配に対する RIPS 推定量（式 (5.51)）が、カスケードモデルのもとで、真の方策勾配（式 (5.49)）に対して不偏であることを示せ。

5.10 （上級）2 段階方策学習（POTEC）の枠組みにおける 1 段階目方策の勾配ベースの学習において、POTEC 推定量から回帰モデル $\hat{f}(x,a)$ を排除したクラスタ重要度重みのみに基づく以下の推定量が、1 段階目方策に関する真の方策勾配 $\nabla_\theta V(\pi_{\theta,\phi}^{overall}) = \mathbb{E}_{p(x)\pi_\theta^{1st}(c|x)}\left[q^{\pi_\phi^{2nd}}(x,c)\nabla_\theta \log \pi_\theta^{1st}(c\,|\,x)\right]$ に対して持つバイアスを算出せよ。

$$\widehat{\nabla_\theta V}(\pi;\mathcal{D}) := \frac{1}{n}\sum_{i=1}^n \frac{\pi_\theta^{1st}(c_{a_i}\,|\,x_i)}{\pi_0(c_{a_i}\,|\,x_i)} r_i \nabla_\theta \log \pi_\theta^{1st}(c_{a_i}\,|\,x_i)$$

5.11 （上級）真の性能 $V(\pi)$ を最大にする最適方策 $\pi^* = \arg\max_{\pi\in\Pi} V(\pi)$ と方策の性能に対するある推定量 $\hat{V}(\pi;\mathcal{D})$ を最大化する学習によって得られる方策 $\hat{\pi} = \arg\max_{\pi\in\Pi} \hat{V}(\pi;\mathcal{D})$ について、それらの真の性能の差

$$V(\pi^*) - V(\hat{\pi})$$

を上から評価せよ。またその結果に基づいて、オフ方策学習における推定量 $\hat{V}(\pi;\mathcal{D})$ の正確さと正則化の重要性を議論せよ。なおこの問題においては、仮説集合は有限（$|\Pi| < \infty$）としてよい。

5.12 （上級）3 章で扱ったデータ生成過程に基づき、行動特徴量を含んだ次のログデータが観測されている状況を考える。

$$\mathcal{D} = \{(x_i, a_i, e_i, r_i)\}_{i=1}^{n} \sim \prod_{i=1}^{n} p(x_i)\pi_0(a_i \,|\, x_i) \underbrace{p(e_i \,|\, x_i, a_i)}_{\text{行動特徴量の分布}} p(r_i \,|\, x_i, a_i, e_i)$$

ここで導入した行動特徴量を含むログデータを有効活用できる勾配ベースの方策学習手法を新たに開発せよ。またその手順が従来の勾配ベースのオフ方策学習よりも望ましい性質を持つことを（必要に応じて証明を用いて）説明せよ。

第6章：オフ方策評価・学習の現場活用

　本書ではこれまで、オフ方策評価とオフ方策学習の考え方や基礎・発展手法を多く学んできました。ここで特に企業で働く方々は、本書で学んだ技術のいくつかを早速実践で使ってみたいと思っているかもしれません。しかし残念なことに、本書や論文などで学ぶことができる手法をそっくりそのまま適用できる応用場面は多くありません。実践において我々に求められるのは、具体的な手法を単に暗記したり検討なく使い回すことではなく、それらの上位概念を理解して状況に応じて適切に修正や融合、ときには手法を自作する姿勢です。さもなくば、（本書や論文はみなさんが取り組んでいる個別の課題に向けて書かれているわけではありませんから当たり前ですが）オフ方策評価やオフ方策学習のポテンシャルを十分に引き出せず、それらが役立たずであるという烙印を時期尚早に押してしまってプロジェクトを頓挫させてしまうかもしれません。そのような事態を避けオフ方策評価やオフ方策学習の有用な応用を達成すべく、本章では二つのケース問題を解くことを通じて、問題の定式化や手法の導出がどのように進んで行くべきであるのかその流れや心得を学びます。

　本章では、著者の経験をもとに作成したオフ方策評価やオフ方策学習について実務でよく出現する課題に関するケース問題に取り組みます。具体的に本章では、

- （ケース１）方策の長期性能に関するオフライン評価
- （ケース２）プラットフォーム全体で観測される報酬を最適化する方策学習

という実践上重要な一方で関連論文が存在しない困難な状況において、これまでに本書で学んだ知識や手順を活用したり拡張したりしながら適切な推定量や学習アルゴリズムを一から導出する流れを経験していきます。

　なお本章に登場する定式化や手法は、既存の手法をそのまま適用するだけで済む問題を解いてもあまり意味がないことから、論文などでも発表されていない新規性のあるものになっています。よって、これまでの章と比べて骨太で所々難しく感じる部分もあるかもしれませんが、知識を学ぶというよりも思考力を養うつもりでじっくり味わいながら読み進めていただくのがよいでしょう。また、本章の内容はいい感じに論文としてまとめていただだけたら学会発表まで漕ぎ着けられる内容になっているので、興味がある方がいたらぜひチャレンジしてみてください。

6.1 方策の長期性能に関するオフライン評価

まず本章で最初に扱う実践的なトピックは「方策の長期性能に関するオフライン評価」です。このトピックに関して、以下のケースを導入します。

概要： みなさんは、ある E コマースサービスにおけるクーポン配布施策の最適化を担当するデータサイエンティストです。このサービスにおける重要な KPI は 1 年間の総利益であり、みなさん自身の各年度の人事評価においても、年度末に計測される総利益の改善率が加味されます。

さてみなさんは複数あるクーポン配布施策の中でも、月一回それぞれのユーザに適したクーポンを配布することで購買意欲を刺激し利益改善につなげる施策を担当しています。現在は 2024 年 3 月であり、現状は同施策の前の担当者が約 1 年前に開発した方策（旧方策と呼びます）により、毎月のクーポン配布が行われています。ここでみなさんの主な関心事は、旧方策に対して大きな改善をもたらすべく開発した 2024 年 4 月から運用予定の新たなクーポン配布施策の事前評価を行うことです。

詳細：

- クーポン配布の対象となるユーザは 1000 人
- 配布できるクーポンの種類は全部で 4 種類
- 主たる目的変数・報酬として、各ユーザから得た月別の利益（定価からクーポンによる割引額を引いたもの、すなわちユーザが実際に支払った金額）が計測される
- 新旧方策は以下の通り
  - 旧方策：各ユーザごとに（確率 1 で）同じ種類のクーポンを配布し続ける決定的方策。
  - 新方策：毎月それまでに配布したクーポンの種類を考慮したうえで、新たに配布するクーポンを決定する動的な確率的方策。
- 旧方策が 2023 年度（2023 年 4 月から 2024 年 3 月）に収集したログデータを用いることができる。しかし、前担当者は将来行われるオフライン評価のことを考慮しておらず、旧方策は確率的ではない。
- 2024 年 4 月の 1 ヶ月間のみ、新旧方策のオンライン実験を行い、各種方策によるデータ収集を行うことが許可されている。

目標： 2024 年度の 12 ヶ月間に最も大きな利益改善をもたらす方策を正確に特定できる評価方法を作ること。

図 6.1 に、このケースの状況イメージを示しました。2023 年 4 月から 2024 年 3

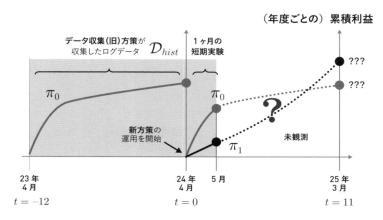

図 6.1 ケース 1 の状況イメージ

ある月に観測されるログデータの内訳

ユーザ id	配布されたクーポンの id	観測された利益（円）
1	2	0
2	4	5,000
3	3	20,000
…	…	…
1000	1	0

・ユーザ特徴量は別テーブルに格納されており、id で紐付け可能
・配布されたクーポンは、旧方策か新方策により生成

図 6.2 ケース 1 で用いることができるログデータのイメージ

月にかけて旧方策が運用されており、ログデータを生成しています。また 2024 年 4
月に新方策が導入され、その後 1 ヶ月間にわたって短期実験が行われている様子がわ
かります。以降 2025 年 3 月までにより大きな累積利益を上げることができる方策
を、観測可能なデータのみから特定することが我々の仕事です。図 6.2 に、このケー
スで用いることができる各月ごとのログデータのイメージを示しました。これを見る
と、対象ユーザそれぞれについて方策が選択したクーポン（行動）とその結果として
ユーザから得た利益（報酬）が記録されていることがわかります。

　本ケースにおける目標は、新旧方策の長期性能（1 年間の累積利益）を正確に推定・
比較できる推定量を新たに開発することです。本書ですでに学んだオフ方策評価の技

術を応用したいところですが、状況をよく確認してみると、本書では扱っていない困難がいくつか存在していることもわかります。

- 2024 年度の 1 年間に得られる利益（いわゆる長期性能）について方策を評価したい一方で、ほんの 1 ヶ月間の短期実験を行うことしか許されていない。

- 前担当者が決定的な方策を実装してしまった（もしくはせざるを得なかった）ために、IPS 推定量や DR 推定量が不偏性を満たすために必要な共通サポートの仮定が満たされないことが想定される。

- 各月に選択できる行動は高々 4 種類だが、それを 12 回続けて行った結果として 1 年間の利益が決まるため、その組み合わせを考えると行動空間が $4^{12} \fallingdotseq 1,700$ 万と膨大である。

著者の経験上、これらの課題は実務でオフ方策評価を実装しようとする際によく出現するものです。その一方で、何か一つの論文を参照したところで解決策が見つかるほど単純な課題ではなく、知識をうまく応用することで独自に推定量を設計すべき状況といえます。本節では、このケースに特化した推定量を一から構築する手順・思考回路の"一例"を紹介していきます。よって、**これからオフ方策評価や学習の技術を実務で駆使していきたいという方は、この先を読み進める前に、自力で方針を立てて定式化や推定量の設計を行ってみることを強くおすすめします。**

6.1.1　問題の定式化：データ生成過程と推定目標の定義

まず先に導入したケース問題を定式化し、データ生成過程と推定目標を明確に定義するところからはじめましょう。例えば 1 章で扱った標準的なオフ方策評価では、$(x, a, r) \sim p(x)\pi_0(a|x)p(r|x, a)$ という過程に従い生成されるログデータ $\mathcal{D} = \{(x_i, a_i, r_i)\}_{i=1}^n$ に基づき、新たな方策の性能 $V(\pi) = \mathbb{E}_{p(x)\pi(a|x)p(r|x,a)}[r]$ を統計的に推定する問題を考えました。このように、**どのような生成過程に従うデータを用いて何を推定したいのか**という点が明確化されていなければ、それに応じた推定量を定義したり、その性質を議論することはできません。著者がこれまでに関わってきた現場では、データ生成過程や推定目標が意識されず、とりあえず IPS 推定量っぽいものを使っておこうといった対応がなされていることが少なからずありました[*1]。しかし、活用できるデータや推定目標は現場ごとに異なるわけですから、それを確認せ

[*1]　具体的には「今使用されているその IPS 推定量は、何を推定しようという意図のもとで定義されたものですか？」という質問をしたときに、推定目標を書き下せないことが多くあります。推定量とは何らかの未知の推定目標をデータから推測するためのものですから、本来は推定目標やデータ生成過程が明確に定義されたあとで初めて推定量の話が出てくるはずなのです。

ずに先に進んでしまうと、一見簡単に見える IPS 推定量でさえ気付かぬうちに誤った使い方をしてしまうのです。個々の状況に応じて丁寧に問題を定式化できるかどうかが、その後の方策評価・学習の方向性を決定付ける最も重要なステップであり、データサイエンティストの実力を分ける一つの大きなポイントでもあるのです。

　問題を丁寧に定式化することの重要性を強調したところで、クーポン配布問題の具体的な定式化を行っていくことにしましょう。まず $u \in \mathcal{U} = \{1, 2, \ldots, 1000\}$ で全 1000 人のユーザを表し、それぞれのユーザに付随する特徴量を x_u で表します。また 4 種類存在する行動を $a \in \mathcal{A} = \{1, 2, 3, 4\}$ で表し、方策を条件付きの行動選択分布 $\pi(a \mid x)$ として導入します。本節では特に、旧方策と新方策をそれぞれ π_0, π_1 と表すことにします。また本ケースでは時間軸も関係してくるため、それを表すために時点 t という記号を導入することにしましょう*²。年度が始まる 2024 年 4 月を起点として $t = 0$ で表すこととし、同年 5 月、6 月、... 2025 年 3 月をそれぞれ $t = 1, 2, \ldots, 11$ で表します。また逆に起点以前の 2024 年 3 月、2 月、... 2023 年 4 月をそれぞれ $t = -1, -2, \ldots, -12$ で表します。最後に、ユーザ u からある月 t に得られる利益を $r_{u,t}$ で表すことにします。次にこの報酬がどのような分布に従い観測されるか想定を立てるのですが、これがまさにこの後の方向性を決めるステップであり、またそれぞれの分析者の独自性が現れるポイントでもあります。ここでは、ある月 t におけるユーザ u の購買行動は、その月に配布したクーポン $a_{u,t}$ のみならず、それ以前に配布していたクーポンを含めた組み合わせ $a_{u,t-h:t} = (a_{u,t-h}, a_{u,t-h+1}, \ldots, a_{u,t})$ に依存するという想定を置くことにします。例えば $t = 0$ で $h = 3$ であれば、あるユーザ u から 2024 年 4 月に得られる利益は、そのユーザに同月に配布したクーポンのみならず 2024 年 1〜3 月に配布していたクーポンからも影響を受けるという想定を置くことになります。これにより、数ヶ月間連続でクーポンが配布されたらそれ以上は購買意欲が刺激されない状況（飽和効果）や以前配布されたクーポンを数ヶ月間使わずに保存しておいてあとで使う状況（遅れ効果）などを考慮できるようになります。

　これで定式化に必要な記号を導入できたので、推定目標である方策の性能とその推定に活用できるログデータを問題の特性や事情に合わせて定義します。そのために、まずは方策 π_w を時点 t から t' まで運用したときに発生する期待累積利益を以下のように定義しておきます。

---

*2　例えばここで「ユーザ特徴量が時点によって変化する場合 $x_{u,t}$ のような表記を用いるべきではないか？」「特徴量の時間変化を考慮する場合、定式化や手法にどのような変化が見込まれるか」「結局のところこれは考慮すべき重要な点なのか、実務上は無視してもよいほど細かい点なのか」など常に思考ながら読むことが重要です。こういった考慮は挙げると切りがないため著者の考えはあえて述べません。読者自身が疑問を持ち、思考・議論できることが理想なのです。本書の内容は思考のきっかけを提供しているにすぎません。

$$V_{t:t'}(\pi_w) := \sum_{u \in \mathcal{U}} \mathbb{E}_{\pi_w(a_{u,t:t'}|x_u) p(r_{u,t:t'}|x_u, a_{u,t-h:t'})} \left[\sum_{k=t}^{t'} r_{u,k} \right]$$

$$= \sum_{u \in \mathcal{U}} \sum_{k=t}^{t'} \mathbb{E}_{\pi_w(a_{u,k-h:k}|x_u)} \left[q_k(x_u, a_{u,k-h:k}) \right] \tag{6.1}$$

ここで $w \in \{0, 1\}$ であり、また $q_t(x_u, a_{u,t-h:t}) := \mathbb{E}[r_{u,t} \,|\, x_u, a_{u,t-h:t}]$ は、ユーザ u から月 t に得られる期待利益を表します。先に定式化した通り、この期待報酬関数はユーザ特徴量 x_u と $t - h$ から t にこのユーザに配布したクーポンの組み合わせ $a_{u,t-h:t}$ に依存していることがわかります。我々の主な興味は、ある方策を導入したときに 2024 年度の 1 年間に得られる累積利益であり、これは式 (6.1) を用いると $V_{0:11}(\pi_w)$ として表せるはずです。

次に、方策の長期性能 $V_{0:11}(\pi_w)$ を推定するために我々が活用できるログデータを記述します。今回扱っているケース問題では、旧方策 π_0 が 2023 年度に収集したログデータと 2024 年 4 月に行う新旧方策の短期オンライン実験で収集するログデータが存在するのでした。まずは旧方策が 2023 年度中のある月 t に収集したログデータを、これまでに導入済みの記号を用いて次のように表すことにします。

$$\mathcal{D}_{hist}^{(t)} = \{(x_u, a_{u,t}, r_{u,t})\}_{u \in \mathcal{U}} \sim \prod_{u \in \mathcal{U}} p(r_{u,t} \,|\, x_u, a_{u,t-h:t}), \tag{6.2}$$

これにより、旧方策が 2023 年度中に集めた全データは $\mathcal{D}_{hist} = \{\mathcal{D}_{hist}^{(t)}\}_{t=-12}^{-1}$ と表せます。なお、式 (6.2) で記述した旧方策 π_0 が過去に収集したログデータとその生成過程は、5 章までに扱ってきた標準的な定式化とのいくつかの重要な相違を含みます。まずは現在取り組んでいる問題の特性上、ユーザ集合やそれぞれのユーザに付随する特徴量が固定されていることから u や x_u は確率変数ではなく、これらに関する分布はデータ生成過程に現れません。また本ケースに特有の事情として旧方策 π_0 が決定的であることから、この問題におけるランダムネスは報酬分布 $p(r_{u,t} \,|\, x_u, a_{u,t-h:t})$ にのみ存在します。同様に旧方策 π_0 が決定的な方策であることから、行動は単に方策の決定的な出力 $a_{u,t} = \pi_0(x_u)$ として書くことができます。

旧方策 π_0 が過去に収集したログデータは $\mathcal{D}_{hist}$ として導入できましたが、オンライン実験を 1 ヶ月間行うことで収集する短期実験データはどのように記述できるでしょうか。ここでは 1 ヶ月間のオンライン実験で収集されるデータを記述するために、$w_u \in \{0, 1\}$ という実験中にユーザ u に割り当てられる方策を示す確率変数を導入します。また、オンライン実験における各方策の割り当て確率を $p(w_u)$ で表します。例えば、新旧二つの方策を等確率で割り当てるようオンライン実験を設計する場

合は $p(w_u = w) = 0.5, \forall (u, w)$ となります。方策割り当てを表す確率変数 w_u を用いると、2024 年 4 月（$t = 0$）にオンライン実験を行うことで得られるデータは、

$$\mathcal{D}_{exp} = \{(x_u, w_u, a_{u,0}, r_{u,0})\}_{u \in \mathcal{U}} \sim \prod_{u \in \mathcal{U}} p(w_u) \pi_{w_u}(a_{u,0} \,|\, x_u) p(r_{u,0} \,|\, x_u, a_{u,-h:0}), \tag{6.3}$$

と書けます。式 (6.2) と同様に x_u が確率変数ではないため、それに関する分布がデータ生成過程に現れていません。しかし方策の割り当ては確率的ですから、それを表す分布 $p(w_u)$ が新たにデータ生成過程に出現しており、各ユーザに実際に割り当てられた方策を表す確率変数 w_u がログデータ中に観測されています。さらに、オンライン実験中にユーザ u に配布されるクーポン $a_{u,0}$ はそのユーザに割り当てられた方策 π_{w_u} によって決まり、オンライン実験中の方策は確率的である可能性があるので方策 π_{w_u} がデータ生成過程に出現しています。なおオンライン実験を行うことができるのは 2024 年 4 月の間だけですから、$\mathcal{D}_{exp}$ 中に観測される報酬は $r_{u,0}$ のみであり、$t \geq 1$ に対応する報酬は観測されないことには注意が必要です。

6.1.2 基本推定量の検討

前節では、クーポン配布方策の長期性能を推定する問題を定式化しました。ここから具体的に、我々に与えられたデータ $\mathcal{D}_{hist}, \mathcal{D}_{exp}$ を駆使して方策の長期性能 $V_{0:11}(\pi_w)$ を正確に推定できる推定量を作っていきます。まずはその最初のステップとして、これまでに本書で学んできた基本的な推定量の考え方をそのまま本ケースに適用できないか検討することにします。もし基本推定量を適用できそうであればそれをそのまま運用すればよいですし、そうでなくても基本推定量の課題を特定できれば、より適切な推定量を導出する際の指針を立てることができます。

まず本ケースのような状況においてよく用いられる方法は、短期実験の結果に基づき方策評価を行ってしまうというものです。具体的に本ケースにおいては、2024 年 4 月に収集される短期実験データ $\mathcal{D}_{exp}$（式 (6.3)）を用いることで、新旧方策の冒頭 1 ヶ月の性能であれば正確に評価できるはずです。オンライン実験では新方策を実装した結果として発生する利益を直接観測できるため、重要度重みなどのトリックを持ち出す必要はなく、1 章で登場した AVG 推定量で事足りるでしょう。

$$\hat{V}_{\text{AVG}}(\pi_w; \mathcal{D}_{exp}) := \sum_{u \in \mathcal{U}} \frac{\mathbb{I}\{w_u = w\}}{p(w_u)} r_{u,0} \tag{6.4}$$

ここでは、方策 $\pi_w\,(w \in \{0, 1\})$ の冒頭 1 ヶ月の性能を推定するための短期実験データ $\mathcal{D}_{exp}$ に基づく AVG 推定量を定義しました。例えば新旧方策を等確率で割り当てる実験を行った場合、$p(w_u)$ は単なる定数（$p(w_u) = 0.5$）のはずですから、式 (6.4) は結局 $\hat{V}_{\mathrm{AVG}}(\pi_w; \mathcal{D}_{exp}) := 2 \sum_{u \in \mathcal{U}} \mathbb{I}\{w_u = w\} r_{u,0}$ となり、$w_u = w$ であるデータについて観測された報酬を単純に合計しているだけであることがわかります。

　1 章で行った分析では、オンライン実験により収集されたデータに基づいた AVG 推定量は不偏性を持っていました（定理 (1.1)）。実際、ここで定義した AVG 推定量は方策の冒頭 1 ヶ月間の短期性能に対しては不偏性を持ちます。しかし、本ケースで興味がある方策の長期性能 $V_{0:11}(\pi_w)$ に対しては、大きなバイアスを生んでしまう可能性があります。それは、ここで用いている実験データ $\mathcal{D}_{exp}$ が 1 ヶ月という限定された期間で収集されたものであり、各ユーザについて $t = 0$ に対応する報酬 $r_{u,0}$ しか用いることができないからです。したがって、式 (6.4) の AVG 推定量に基づいてしまうと、短期的には良い性能を発揮しているように見える一方で長期的にはあまり効果的ではない方策を誤って選択してしまうおそれがあるのです（まさに図 6.1 のような状況）。

　短期実験データ $\mathcal{D}_{exp}$ を用いた AVG 推定量により方策の冒頭 1 ヶ月の性能は不偏推定できそうですが、2024 年 5 月 〜 2025 年 3 月（$t = 1 \sim t = 11$）における挙動はまったく考慮できません。よって旧方策が 2023 年度中に集めたデータ $\mathcal{D}_{hist}$ とオフ方策評価の知識を用いて、各方策の 2024 年 5 月 〜 2025 年 3 月における挙動を推定することを考えます。ここでは、最も基本となる IPS 推定量と DR 推定量を定義してみましょう。問題設定が変化しているため 1 章で紹介した具体的定義をそのまま持ち出すことはできませんが、推定量の成り立ちやねらいなどの背景を正しく理解していれば、本ケースにおけるこれらの推定量を次のように定義できるはずです。

$$\hat{V}_{\mathrm{IPS}}(\pi_w; \mathcal{D}_{hist}, h) := \sum_{u \in \mathcal{U}} \sum_{t=-11}^{-1} \frac{\pi_w(a_{u,t-h:t} \mid x_u)}{\pi_0(a_{u,t-h:t} \mid x_u)} r_{u,t} \tag{6.5}$$

$$\hat{V}_{\mathrm{DR}}(\pi_w; \mathcal{D}_{hist}, h)$$
$$:= \sum_{u \in \mathcal{U}} \sum_{t=-11}^{-1} \left\{ \frac{\pi_w(a_{u,t-h:t} \mid x_u)}{\pi_0(a_{u,t-h:t} \mid x_u)} (r_{u,t} - \hat{q}_t(x_u, a_{u,t-h:t})) + \hat{q}(x_u, \pi_w) \right\} \tag{6.6}$$

ここで $\hat{q}_t(x_u, a_{u,t-h:t})$ は $q_t(x_u, a_{u,t-h:t})$ に対する推定モデルであり、各期における報酬の回帰問題を解くことで事前に得ておきます。また、$\hat{q}(x_u, \pi_w) := \mathbb{E}_{\pi_w(a_{u,t-h:t} \mid x_u)}[\hat{q}_t(x_u, a_{u,t-h:t})]$ という表記を用いています。

　式 (6.5) と式 (6.6) では、1 章で紹介した IPS 推定量と DR 推定量をクーポン配布方策の長期性能推定の問題に拡張しています。それぞれの推定量の背景を理解していれ

ばこの拡張はとても自然なものなはずです（仮にここで導入した IPS 推定量と DR 推定量の定義が腹落ちしない場合は、これらの推定量の背景の理解が固まっていないのかもしれません）。式 (6.1) では、方策 π_w の長期性能が期待報酬関数 $q_t(x_u, a_{u,t-h:t})$ の条件付き分布 $\pi_w(a_{u,t-h:t} \mid x_u)$ に関する期待値で定義されており、また我々が活用できるログデータ $\mathcal{D}_{hist}$ が旧方策 π_0 によって生成されていることを踏まえると、$\frac{\pi_w(a_{u,t-h:t} \mid x_u)}{\pi_0(a_{u,t-h:t} \mid x_u)}$ という重要度重みの定義が適切であることがわかります。単に IPS 推定量と DR 推定量を適用するといっても、我々が事前に導入した方策の性能の定義や報酬分布のモデル化に応じて（当たり前ですが）推定量の適切な定義は変化します。今回は、ある月 t に観測される利益 $r_{u,t}$ が $t-h$ から t 月までのクーポン選択の影響を受けるという独自の想定を置いていました。この想定があるために、式 (6.5) や式 (6.6) には h というパラメータが自然に出現します。もちろん問題や状況に応じてこの h という変数を無視することや別の新たな要素を考慮した定式化を考えることもでき、そうすると推定量の定義や精度にも自然と変化が生じます。これがまさしく、推定量や手法の活用を考える前に問題の定式化を丁寧に行うべき理由であり、また IPS 推定量などの一見簡単に見える手法もあなどってはいけない理由なのです。

　ここからは、式 (6.5) と式 (6.6) で定義した本ケースのための基本推定量の解釈や分析を行います。まず注目に値するのが、推定量の定義に現れる総和が過去の時点について計算されていること（$\sum_{t=-11}^{-1}$）です。ここでの我々の興味は、（短期実験だけでは推定できない）各方策が 2024 年 5 月 ～ 2025 年 3 月に生む将来の期待利益を推定することなわけですが、現在（2024 年 4 月）において、2024 年 5 月以降のデータは観測されていません。したがってこれらの推定量は、旧方策が導入されていた 2023 年 5 月から 2024 年 3 月（$t = -11, -10, \ldots, -1$）までの同じ長さの期間のデータを用いて新方策の挙動をシミュレーションすることで、方策の将来性能を評価しようとしているのです（図 6.3 を参照）。

　これまでに本書で学んできた知識に基づくと、これらの推定量は対応する共通サポートなどの仮定が成り立っていれば不偏、すなわち

$$\mathbb{E}_{p(\mathcal{D}_{hist})}\left[\hat{V}_{\mathrm{IPS}}(\pi_w; \mathcal{D}_{hist})\right] = \mathbb{E}_{p(\mathcal{D}_{hist})}\left[\hat{V}_{\mathrm{DR}}(\pi_w; \mathcal{D}_{hist})\right] = V_{1:11}(\pi_w) \qquad (6.7)$$

であることが予想されます（この不偏性の確認は章末問題としています）。

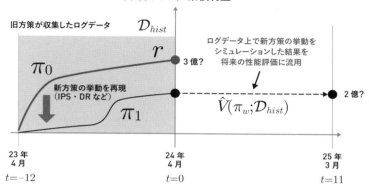

図 6.3 IPS 推定量や DR 推定量がログデータ $\mathcal{D}_{hist}$ に基づいて新方策の性能を推定するときのイメージ。これらの推定量はログデータが収集された期間における新方策の挙動をシミュレーションして累積報酬を推定したうえで、それを将来性能の推定に流用している。

仮定 6.1. すべての $x \in \mathcal{X}$、$a \in \mathcal{A}$ および $t \in \{-11, -10, \ldots, -1\}$ について

$$\pi_w(a_{u,t-h:t} \,|\, x_u) > 0 \implies \pi_0(a_{u,t-h:t} \,|\, x_u) > 0 \tag{6.8}$$

を満たすとき、旧方策 π_0 は方策 π_w に対して**共通サポート**を持つという。

　しかし、今回の問題には旧方策 π_0 が決定的な（各ユーザについてあるクーポンを確率 1 で選択する）方策であるという制約があり、そのためこの共通サポートの仮定は満たされず、式 (6.7) の不偏性も残念ながら成り立たないと考えられます。また先に確認したように今回のケースで考慮すべきクーポンの組み合わせの総数は（h の設定に応じて）非常に大きくなる可能性があり、ここではその大規模行動空間に対して重要度重みを適用していますから、結果として推定量のバリアンスも非常に大きくなってしまう可能性があります。以上の検討から、本ケースにおける長期性能評価の問題においては、IPS 推定量や DR 推定量はバイアスとバリアンスの両面で問題を抱えていることがわかります。バリアンスの問題に対しては、例えば SNIPS 推定量を用いるなど、これまで学んできた知識の活用により一定の改善が見込めるかもしれません。一方で**バイアスの問題は深刻であり、旧方策 π_0 が決定的である以上多くの行動に関する情報がログデータ $\mathcal{D}_{hist}$ にまったく含まれないわけですから、これまで学んできた推定量をそのまま適用するだけでは解決できない厄介さがあります。**

6.1.3 独自の推定量の構築と分析

前節では、これまでに本書で学んできた知識を応用して短期実験データ $\mathcal{D}_{exp}$ を用いた AVG 推定量および蓄積データ $\mathcal{D}_{hist}$ に基づいた IPS 推定量や DR 推定量を導入・分析しました。しかし、短期実験データ $\mathcal{D}_{exp}$ には $t = 0$ における利益しか観測されていないため、それをそのまま用いたところで方策の長期性能は推定できません。短期実験データでは推定できない時点 $t = 1$ から $t = 11$ における方策の性能を推定すべく IPS 推定量や DR 推定量を定義することもできましたが、バリアンスの問題や蓄積データ $\mathcal{D}_{hist}$ を収集した旧方策が決定的な方策であることによるバイアスの問題がありました。したがって、蓄積データ $\mathcal{D}_{hist}$ と短期実験データ $\mathcal{D}_{exp}$ を補完的にうまく融合することで、新方策の長期性能評価をどうにか可能にする必要がありそうです。しかし、（少なくとも本書執筆時点においては）そのような推定量は提案されていないため、これまでに学んできた知識をうまく応用・修正しながら、推定量を自ら設計していく姿勢が求められます。特に今回扱っているケースでは、より適切な推定量を設計できるか否かが長期的な意味で最適な方策を選択できるか短期性能に基づく方策選択という妥協案に落ち着くかの分かれ道となります。なお、これから著者の考える本ケースに対する一つの解決策を提示しますが、それも単なる一案にすぎず、より良い定式化や推定量が存在するかもしれないことや問題が変われば適切な推定量も変化することには十分注意してください。

それではここから今回のケースに特化した新たな推定量を作っていきます。ここでは、今回扱っている問題がこれまでにすでに扱ったある問題と定式化上よく似た構造を持っていることを利用します。具体的には、ある 1 年間 $t \sim t + 11$ に観測される報酬 $r_{u,t:t+11}$ の同時分布に関する次の分解を考えます。

$$
\begin{aligned}
&p(r_{u,t:t+11} \mid x_u, a_{u,t-h:t+11}) \\
&= p(r_{u,t} \mid x_u, a_{u,t-h:t}) p(r_{u,t+1:t+11} \mid x_u, a_{u,t-h+1:t+11}, r_{u,t})
\end{aligned} \tag{6.9}
$$

式 (6.9) では、条件付き確率の性質を用いて、同時分布 $p(r_{u,t:t+11} \mid x_u, a_{u,t-h:t+11})$ を $r_{u,t}$ の分布と $r_{u,t+1:t+11}$ の同時分布に分解しています（$r_{u,t+1:t+11}$ の分布が $r_{u,t}$ で条件付けられていることに注意してください）。ここで用いている記号が異なるため気づきにくいかもしれませんが、**式 (6.9) の分解は、3 章で学んだ行動特徴量を活用したオフ方策評価で扱ったデータ生成過程に構造上酷似しています。**3 章では、行動特徴量 e と報酬 r が $p(e \mid x, a) p(r \mid x, a, e)$ という同時分布から生成される定式化を採用していましたが、e を $r_{u,t}$ に、r を $r_{u,t+1:t+11}$ に対応させると、式 (6.9) の報酬生成過程が 3 章の内容と深い関連があることに気が付きます。この類似をうまく

利用すると、3 章で登場したアイデアを今回のケースに活かすことができるはずなのです。具体的には、式 (3.13) で導入した統合効果モデルを参考に、ある $t+k$ 期（$1 \le k \le 11$）における期待報酬関数について次の分解を考えます。

$$q_{t+k}(x_u, a_{t+k-h:t+k}, r_{u,t}) = g(x_u, r_{u,t}) + h(x_u, a_{t+k-h:t+k}, r_{u,t}) \tag{6.10}$$

なお $q_{t+k}(x_u, a_{t+k-h:t+k}, r_{u,t}) := \mathbb{E}[r_{u,t+k} \mid x_u, a_{t+k-h:t+k}, r_{u,t}]$ という表記を用いています。式 (6.10) では、ユーザ u の $t+k$ 期における期待報酬を、t 期に観測される（短期）報酬 $r_{u,t}$ によって説明される項 $g(x_u, r_{u,t})$ と行動 $a_{t+k-h:t+k}$ にも依存する残差項 $h(x_u, a_{t+k-h:t+k}, r_{u,t})$ に分解しています。ここで統合効果モデルに基づいて OffCEM 推定量（式 (3.14)）を導いたのと同様にして、式 (6.10) における g 関数を重要度重みにより推定し、残りの h 関数を回帰モデルで推定することで新たな推定量を定義してみることにしましょう。

$$\hat{V}_{\mathrm{New}}(\pi_w; \mathcal{D}_{hist}) \tag{6.11}$$
$$:= \sum_{u \in \mathcal{U}} \sum_{t=-11}^{-1} \left\{ \frac{\pi_w(r_{u,-12} \mid x_u)}{\pi_0(r_{u,-12} \mid x_u)} (r_{u,t} - \hat{h}_t(x_u, a_{u,t-h:t}, r_{u,-12})) + \hat{h}_t(x_u, \pi_w) \right\}$$
$$= \sum_{u \in \mathcal{U}} \sum_{t=-11}^{-1} \left\{ w(x_u, r_{u,-12})(r_{u,t} - \hat{h}_t(x_u, a_{u,t-h:t}, r_{u,-12})) + \hat{h}_t(x_u, \pi_w) \right\}$$

ここで $\pi(r_{u,t} \mid x_u) := \sum_{a_{u,t-h:t}} \pi(a_{u,t-h:t} \mid x_u) p(r_{u,t} \mid x_u, a_{u,t-h:t})$ は、方策 π が与えられたときの（短期）報酬 $r_{u,t}$ の周辺分布であり、これは 3 章で登場した行動特徴量 e に関する周辺分布 $\pi(e \mid x)$ に対応する概念です。また $w(x, r) := \pi_w(r \mid x)/\pi_0(r \mid x)$ により、報酬の周辺分布に関する重要度重みを表しています。最後に $\hat{h}_t(x_u, a_{u,t-h:t}, r_{u,-12})$ は式 (6.10) の分解における残差項に対応する回帰モデルであり、事前に $\hat{h}_t = \arg\min_{h'_t \in \mathcal{H}} \sum_{u \in \mathcal{U}} (r_{u,t} - h'_t(x_u, a_{u,t-h:t}, r_{u,-12}))^2$ などの回帰問題を解くことで得ておきます。

　あらためて式 (6.11) で導入した新推定量の中身を確認すると、蓄積データ $\mathcal{D}_{hist}$ 中の初月（2023 年 4 月）に観測される報酬 $r_{u,-12}$ の周辺分布に基づいて構成される重要度重み $w(x_u, r_{u,-12})$ により報酬関数の分解における g 関数を推定しており、回帰モデル $\hat{h}_t(x_u, a_{u,t-h:t}, r_{u,t})$ に基づき残りの h 関数を推定しています。記号こそ異なるものの、OffCEM 推定量と同様の問題構造を利用しているため、ここで導入した新たな推定量は OffCEM 推定量と同様の性質を持つはずです。具体的には、

●報酬の周辺分布に関する共通サポート：

$$\pi_w(r_{u,-12} \mid x_u) > 0 \implies \pi_0(r_{u,-12} \mid x_u) > 0, \, \forall(x_u, r_{u,-12})$$

●局所正確性：

$$q_t(x_u, a_{t-h:t}, r_{u,-12}) - q_t(x_u, a'_{t-h:t}, r_{u,-12})$$
$$= \hat{h}_t(x_u, a_{t-h:t}, r_{u,-12}) - \hat{h}_t(u, a'_{t-h:t}, r_{u,-12}),$$
$$\forall(u, t, a_{t-h:t}, a'_{t-h:t}, r_{u,-12})$$

が成り立てば、式 (6.11) の新推定量は方策 π_w の 2024 年 5 月 〜 2025 年 3 月の性能に対して不偏性を持ちます（確認は章末問題としています）。短期実験データ $\mathcal{D}_{exp}$ を用いた式 (6.4) の AVG 推定量により方策 π_w の 2024 年 4 月の性能は推定できますから、これらを組み合わせれば方策の 2024 年度の 1 年間の性能が推定できるわけです[*3]。ここで特に注目に値するのが、式 (6.11) の新推定量は、**報酬の周辺分布に関する共通サポートのもとで不偏になりえる**ということです。これは IPS 推定量や DR 推定量が必要としていた共通サポートの仮定（仮定 6.1）と比べると大きな進歩といえます。IPS 推定量や DR 推定量が必要としていた共通サポートの仮定は、旧方策 π_0 が決定的である今回のケースでは満たされる希望がなく、これらの推定量は大きなバイアスを持ちます。一方で、新推定量が必要とする報酬の周辺分布に関する共通サポートは、仮に旧方策 π_0 が決定的であったとしても、報酬分布 $p(r_{u,t} \mid x_u, a_{t-h:t})$ さえ確率的であれば満たされる可能性が大いに出てきます。例えば、報酬分布 $p(r_{u,t} \mid x_u, a_{t-h:t})$ が正規分布ならば、旧方策 π_0 が決定的であったとしても報酬の周辺分布に関する共通サポートは必ず満たされます。もちろん、新推定量のバイアスがゼロになるためには局所正確性の仮定も同時に成り立っている必要がありますが、共通サポートの仮定が満たされない時点でバイアスを発生してしまう IPS 推定量や DR 推定量と比較すると大きな進歩といえます。よって、**報酬の周辺分布に関する共通サポートや局所正確性の仮定が完璧に満たされるわけではなかったとしても、新推定量が IPS 推定量などと比較してかなり小さなバイアスしか生まないこと**が期待されます。

　また、IPS 推定量や DR 推定量が h 個の重みの積を用いており大きなバリアンスが発生してしまう懸念がある一方で、新推定量は（一次元の）報酬の周辺分布に関する重要度重みを活用しています。これは 3 章の MIPS 推定量や OffCEM 推定量が用いていた周辺重要度重み $w(x, e)$ と定式化上同様の概念であり、理論的にも IPS 推定量などが用いる重要度重みに対するバリアンス減少効果を示すことができます（章末問

[*3]　この新推定量を実行する頃には、2024 年 4 月の短期実験は終わっていますから、2024 年 5 月 〜 2025 年 3 月の 11 ヶ月間の性能推定値に基づき方策選択を実行する判断もありえるでしょう。

題としています)。よって、旧方策 π_0 が決定的かつ方策の長期性能に興味がある今回のケースにおいては、式 (6.11) の新推定量はバイアス・バリアンスの両面において大きなメリットを持つのです。

なおここで定義した新推定量を実際に用いるためには、報酬の周辺分布に関する重要度重み $w(x, r)$ をログデータから事前に推定しておく必要があります。なぜなら、この重要度重みは未知の報酬分布 $p(r_{u,t} \mid x_u, a_{t-h:t})$ を用いて定義されているため、愚直には計算できないからです。よってここでは、短期実験データ $\mathcal{D}_{exp}$ をうまく活用することで、報酬の周辺分布に関する重要度重み $w(x_u, r_u)$ を推定することを考えます。そのために、確率変数の組 (x, w, r) に関して次の変換を施します。

$$
\begin{aligned}
\frac{p(w=1 \mid x, r)}{p(w=0 \mid x, r)} &= \frac{p(x, r \mid w=1)p(w=1)}{p(x,r)} \frac{p(x,r)}{p(x, r \mid w=0)p(w=0)} \\
&= \frac{p(x, r \mid w=1)}{p(x, r \mid w=0)} \frac{p(w=1)}{p(w=0)} \\
&= \frac{p(r \mid x, w=1)p(x \mid w=1)}{p(r \mid x, w=0)p(x \mid w=0)} \frac{p(w=1)}{p(w=0)} \\
&= \frac{\pi_1(r \mid x)}{\pi_0(r \mid x)} \frac{p(w=1)}{p(w=0)}
\end{aligned}
\tag{6.12}
$$

ここでは、短期実験において新方策が割り当てられた群 ($w = 1$) と旧方策が割り当てられた群 ($w = 0$) の間に特徴量 x の分布の違いが生まれないことから、$p(x \mid w=1) = p(x \mid w=0)$ であることを用いています。なお $p(w=1)/p(w=0)$ は、短期実験における新方策と旧方策の割り当て確率の比であり、短期実験を計画するのが我々自身であることを加味すると既知の値です(仮に $p(w=1) = p(w=0) = 1/2$ である場合、この比は消滅します)。式 (6.12) によると

$$
w(x, r) = \frac{p(w=1 \mid x, r)}{p(w=0 \mid x, r)} \frac{p(w=0)}{p(w=1)}
\tag{6.13}
$$

であることから、次の手順により報酬の周辺分布に関する重要度重み $w(x_u, r_u)$ を推定できることがわかります。

1. 短期実験データ $\mathcal{D}_{exp}$ において、特徴量 x_u と短期報酬 r_u を入力として、方策の割り当て w を当てる分類問題を解く。

2. 分類問題を解くことで推定された条件付き確率 $\hat{p}(w \mid x_u, r_u)$ に基づいて

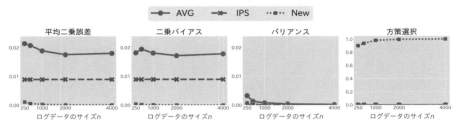

図 6.4 基本推定量（AVG・IPS）と新推定量（New）の実験比較（人工データ実験により計測）

式 (6.13) を適用することで、$\hat{w}(x_u, r_u) = \frac{\hat{p}(w=1 \mid x_u, r_u)}{\hat{p}(w=0 \mid x_u, r_u)} \frac{p(w=0)}{p(w=1)}$ として報酬分布に関する重要度重みを推定する。

ここで紹介した報酬分布に関する重要度重み $w(x, r)$ を推定するための手順は、ユーザ特徴量 x_u と短期報酬 $r_{u,t}$ さえ観測されていればよいため、$t = 0$ に対応する短期実験データ $\mathcal{D}_{exp}$ に基づき実行できることがわかります。

短期実験データ $\mathcal{D}_{exp}$ を用いて推定した重要度重みを $\hat{w}(x, r; \mathcal{D}_{exp})$ と表記すると、我々が実際に実装することとなる新推定量は、

$$\hat{V}(\pi_w; \mathcal{D}_{hist}, \mathcal{D}_{exp})$$
$$:= \sum_{u \in \mathcal{U}} \sum_{t=-11}^{-1} \left\{ \hat{w}(x_u, r_{u,-12}; \mathcal{D}_{exp})(r_{u,t} - \hat{h}_t(x_u, a_{u,t-h:t}, r_{u,-12})) + \hat{h}_t(x_u, \pi_w) \right\}$$

と定義されます。式 (6.11) で真の重み $w(x_u, r_{u,-12})$ とされていた部分が、短期実験データ $\mathcal{D}_{exp}$ を用いて推定した重み $\hat{w}(x_u, r_{u,-12}; \mathcal{D}_{exp})$ に入れ替わっています。すなわち新推定量は、蓄積データ $\mathcal{D}_{hist}$ をベースにしつつも、短期実験データ $\mathcal{D}_{exp}$ を式 (6.9) における g 関数の推定のためにフル活用しているのです。これにて、蓄積データ $\mathcal{D}_{hist}$ のみを用いるため共通サポートの仮定を満たせないことによるバイアスの問題に苦しむ IPS・DR 推定量や短期実験データ $\mathcal{D}_{exp}$ のみを用いるため方策の長期性能を推定できない AVG 推定量よりも望ましい新推定量を開発できました。

図 6.4 に、本ケースに基づいて作成した人工データ上で基本推定量と新推定量の有効性を比較した実験結果を示しました。具体的には、各推定量が新方策の性能を推定する際の平均二乗誤差・二乗バイアス・バリアンスという方策評価に関する指標に加えて、新方策と旧方策のうちより良い方策（今回の人工データ上では新方策）を正しく選択できた割合を方策選択の正確さとして計測しました。まず平均二乗誤差・二乗バイアス・バリアンスを見ると、短期実験データ $\mathcal{D}_{exp}$ のみを用いた手法（AVG）と蓄積データ $\mathcal{D}_{hist}$ のみを用いた手法（IPS）が、ともにバイアスの問題により大きな

平均二乗誤差を生んでしまっていることがわかります。短期実験データ $\mathcal{D}_{exp}$ のみを用いる場合は方策の冒頭 1 か月の短期的な挙動と 12 か月間の長期的な挙動が異なることに起因するバイアスが生じ、蓄積データ $\mathcal{D}_{hist}$ のみを用いる場合は、共通サポートの仮定が満たされないことに起因するバイアスが生まれています。一方で、本ケースのために新たに開発した推定量（New）は短期報酬に存在するランダムネスをうまく活用することで旧方策が決定的である問題を大きく改善しており、バイアスを非常に小さく抑えていることから平均二乗誤差の意味でも最も正確な評価を実現しています。また方策選択の正確さを見ると、新推定量が $n \geq 1000$ の場合はほぼ 100% の確率で新方策と旧方策のうちより良い方策（新方策）を特定できている一方で、基本推定量は逆にデータ数によらずほぼ 100% の確率で、本来は新方策の方が良い長期性能を発揮できるにもかかわらず旧方策の方が良いだろうとの誤った方策選択を下してしまっていることがわかります。本ケースのように一見困難な条件が重なっている状況においても、本書や論文などで学んだ知識や上位概念をうまく応用できれば、実務的に有用な新たな推定量を一から設計できることがわかりました。

6.2 プラットフォーム全体で観測される報酬を最適化する方策学習

　本章で次に扱うトピックは「プラットフォーム全体で観測される報酬を最適化する方策学習」です。このトピックに関して以下のケースを導入します。

② 推薦されたコンテンツを
　気に入ったら視聴

① 週に 1 回メール配信で
　新着コンテンツを推薦

ユーザ

図 6.5　ケース 2 の状況イメージ

概要：みなさんは、あるコンテンツ配信プラットフォームにおけるメール配信による新着コンテンツ推薦を担当するデータサイエンティストです。このサービスにおける重要な KPI としては、推薦対象となる動画コンテンツの総視聴時間が設定されています。

みなさんが担当しているメール配信施策は、各ユーザに個別化された新着コンテンツを毎週一つ推薦するものであり、前週に観測されたデータを用いて毎週モデルが更新されます。ここでみなさんの主な関心事は、前週に観測されたログデータを用いて翌週デプロイする推薦モデルを学習するためのアルゴリズムを考案することです。

詳細：

- 施策の対象となるユーザは 1,000 人
- 推薦対象の新着コンテンツ数（行動数）は 10 個
- 将来の方策学習を見越して確率的なデータ収集方策を実装済み
- 主たる目的変数・報酬として各コンテンツの視聴時間が計測される

目標：前週に観測されたログデータを用いて、翌週に観測される全新着コンテンツの合計視聴時間を最大化する方策を学習すること。

　図 6.5 に、このケースの状況イメージを示しました。今回我々が担当するのはプラットフォームが毎週各ユーザにメールで配信しているおすすめ動画を選定する問題です。そして具体的な目標は、図 6.6 に示されるログデータに基づいて、翌週のコン

ある週に観測されるログデータの内訳

ユーザ id	おすすめされた 新着コンテンツの id	観測された コンテンツ視聴時間（分）
1	4	0
2	8	80
3	7	5
…	…	…
1000	1	30

・ユーザ特徴量は別テーブルに格納されており、id で紐付け可能
・おすすめコンテンツは、データ収集方策 (前週の方策) により生成

図 6.6　ケース 2 で用いることができるログデータのイメージ

テンツ総視聴時間を最大化する方策を学習することのようです。ケースの要件を確認してみると、データ収集方策は確率的であり推薦対象の新着コンテンツ数（行動数）も 10 個しか存在しないなど、前節とは異なり大きな困難は存在していないように見えます。ここでも相変わらず、みなさん自身で問題を一度定式化し、本ケースに対して適切な手法を選択、修正、または自作してみたうえでこの先を読み進めていただくとよいでしょう。

6.2.1　問題の定式化：データ生成過程と目的関数の定義

まずは先に導入したコンテンツ推薦の問題を丁寧に定式化し、データ生成過程と目的関数を明確に定義するところから始めます。$u \in \mathcal{U} = \{1, 2, \ldots, 1000\}$ で全 1000 人のユーザを表し、それぞれのユーザに付随する特徴量を x_u で表します。また 10 種類存在する行動を $a \in \mathcal{A} = \{1, 2, \ldots, 10\}$ で表し、コンテンツ推薦方策を条件付きの行動選択分布 $\pi(a \mid x)$ として導入しておきます。最後に特徴量 x を持つユーザにコンテンツ a を推薦した際に発生する報酬（視聴時間）を r とし、報酬が従う条件付き分布を $p(r \mid x, a)$ とします。

これで必要な記号を導入できたはずなので、次に本ケースにおける目的関数となるコンテンツ推薦方策の性能を定義します。本ケースの目標はある方策を導入したときに得られるコンテンツ総視聴時間の最大化ですから、先に導入した記号を用いると、

$$V(\pi) := \sum_{u \in \mathcal{U}} \mathbb{E}_{\pi(a \mid x_u) p(r \mid x_u, a)} [r] = \sum_{u \in \mathcal{U}} \mathbb{E}_{\pi(a \mid x_u)} [q(x_u, a)] \tag{6.14}$$

として方策の性能を定義できそうです。なお $q(x_u, a) \coloneqq \mathbb{E}[r \mid x_u, a]$ であり、これはユーザ u にコンテンツ a を推薦したときに発生する期待視聴時間を表します。

次に、式 (6.14) で定義した方策の性能を最適化するために我々が活用できるデータを記述します。

$$\mathcal{D} = \{(x_u, a_u, r_u)\}_{u \in \mathcal{U}} \sim \prod_{u \in \mathcal{U}} \pi_0(a_u \mid x_u) p(r_u \mid x_u, a_u), \tag{6.15}$$

すなわち、本ケースで用いることができるログデータ $\mathcal{D}$ には、対象ユーザ $u \in \mathcal{U}$ について、その特徴量 x_u やデータ収集方策が推薦したコンテンツ $a_u \sim \pi_0(a \mid x_u)$ およびその結果として観測されたコンテンツ視聴時間 $r_u \sim p(r \mid x_u, a_u)$ が含まれます。

6.2.2 基本手法の検討

前節では、コンテンツ推薦方策の学習問題を定式化しました。ここから具体的に、我々に与えられたログデータ $\mathcal{D}$ を用いて新たな方策を学習するための手順を構築していきます。まずはその最初のステップとして、5 章で学んだ基本的な方策学習手法を本ケースにそのまま適用できないか検討することにします。

5 章ではオフ方策学習に対する基礎的なアプローチとして回帰ベースと勾配ベースのアプローチを学びました。回帰ベースのアプローチでは、報酬 r を予測する回帰問題を解くことで期待報酬関数 $q(x, a)$ に対する推定モデル $\hat{q}(x, a)$ を得ておき、その推定モデルに基づいて

$$\hat{\pi}_{\mathrm{regbased}}(a \mid x; \hat{q}) = \begin{cases} 1 & (a = \arg\max_{a' \in \mathcal{A}} \hat{q}(x, a')) \\ 0 & （そのほかの行動） \end{cases}$$

などとして、新たな方策 $\hat{\pi}_{\mathrm{regbased}}$ を得ます（ソフトマックス関数などを用いて確率的な方策を定義することもできます）。この回帰ベースの方策学習は、本ケースにも問題なく適用できるはずです。

また勾配ベースのアプローチでは、方策 π_θ の性能が良くなるよう方策勾配 $\nabla_\theta V(\pi_\theta)$ に基づいてパラメータ θ を学習します。

$$\theta_{t+1} \longleftarrow \theta_t + \eta \nabla_\theta V(\pi_\theta)$$

式 (5.10) で導いたように $\nabla_\theta V(\pi_\theta) = \sum_{u \in \mathcal{U}} \mathbb{E}_{\pi_\theta(a \mid x_u)}[q(x_u, a) \nabla_\theta \log \pi_\theta(a \mid x_u)]$ で

あり、勾配ベースのアプローチが期待報酬関数 $q(x, a)$ の値が大きい行動 a の選択確率を大きくするように方策パラメータ θ を更新する戦略をとっていることがわかります。しかし、真の方策勾配 $\nabla_\theta V(\pi_\theta)$ には未知の期待報酬関数 $q(x_u, a)$ が含まれているため、データ収集方策 π_0 が与えるログデータ $\mathcal{D}$ を用いて推定された勾配に基づいてパラメータ更新を実装する必要があるのでした。ログデータを用いて方策勾配を推定する際には、例えば以下の IPS 推定量を応用できます。

$$\widehat{\nabla_\theta V}_{\mathrm{IPS}}(\pi_\theta; \mathcal{D}) = \sum_{u \in \mathcal{U}} \frac{\pi_\theta(a_u \mid x_u)}{\pi_0(a_u \mid x_u)} r_u \nabla_\theta \log \pi_\theta(a_u \mid x_u) \tag{6.16}$$

方策勾配に対する IPS 推定量は、共通サポートの仮定のもとで不偏性を持つのでした。こうして推定された勾配に基づき $\theta_{t+1} \longleftarrow \theta_t + \eta \widehat{\nabla_\theta V}(\pi_\theta; \mathcal{D})$ という実行可能なパラメータ更新を繰り返すことで新たな方策を学習する勾配ベースのアプローチも、本ケースに問題なく適用できるでしょう。

6.2.3 独自の学習手法の構築と分析

前節でおさらいしたように本ケースでは、5 章で学んだ回帰ベースや勾配ベースによる方策学習が容易に応用可能に見えます。このように学んだ知識が綺麗に応用できそうだとそのまま意気揚々と先に進んでしまいたくなりますが、問題の構造に注意を向けなければ、知らぬ間に落とし穴にハマってしまうこともあります。実は本ケースもその一例であり、先に確認した回帰ベースや勾配ベースによる方策学習を実装してしまうと、目標を達成できないどころか、有害な方策を導入してしまう可能性があります。それは、**これらの基本的な定式化および手法が、メール配信経由で発生する視聴時間しか考慮していないため**です。すなわち、検索やほかの推薦枠などメール配信を経由せずにコンテンツに辿り着き、その結果として発生するはずである視聴時間を考慮できていないのです（図 6.7 を参照）。我々が本来最適化したいのはプラットフォーム全体で発生する新着コンテンツの総視聴時間だったはずであり、メール配信経由で発生する視聴時間はその構成要素の一部にすぎません。推薦したときに大きな報酬が発生するコンテンツを頻繁に推薦する方策を学習するだけでは、プラットフォーム全体で発生する総視聴時間を最大化できるとは限らないのです。このことは、次の数値例を用いると簡単に理解できます。

● ある 1 人のユーザのみが存在する

● ユーザに対してコンテンツ 1 〜 コンテンツ 3 のうちどれを推薦すべきか決める

● （推薦されなかったコンテンツも含めた）プラットフォーム全体で発生する総視

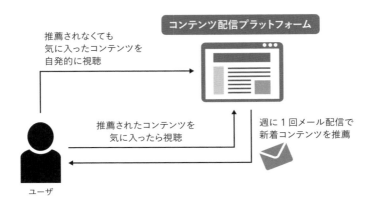

図 6.7　メール配信を経由しないコンテンツ視聴行動を考慮に入れた場合のケース 2 の状況イメージ。式 (6.14) の目的関数では、メール配信でおすすめされなくても気に入ったコンテンツをユーザ自ら視聴する経路を無視してしまっていた。

表 6.1　コンテンツ 1 〜 コンテンツ 3 をメール配信で推薦したときと推薦しなかったときのそれぞれで発生する視聴時間（分）

	推薦したとき	推薦しなかったとき	推薦による期待視聴時間の増加量
コンテンツ 1	100	100	0
コンテンツ 2	50	45	5
コンテンツ 3	10	0	10

聴時間の最大化を目指す

　また、それぞれのコンテンツをメール配信で推薦したときと推薦しなかったときに発生する視聴時間を表 6.1 に示します。この表に従ってそれぞれのコンテンツを推薦したときのメール配信経由で発生する視聴時間とプラットフォーム全体で発生する総視聴時間を計算し、どのような結果が得られるか見てみることにしましょう。

●コンテンツ 1 を推薦する場合

メール配信経由で発生する視聴時間

　　= コンテンツ 1 を推薦したときの期待視聴時間 = 100

プラットフォーム全体で発生する期待視聴時間

　　= コンテンツ 1 を推薦したときの期待視聴時間

　　　+ コンテンツ 2 を推薦しなかったときの期待視聴時間

表 6.2 それぞれのコンテンツを推薦したときにメール配信経由とプラットフォーム全体で発生する視聴時間（分）の比較

	メール配信経由で発生する視聴時間	プラットフォーム全体で発生する総視聴時間
コンテンツ 1	100（最大）	145
コンテンツ 2	50	150
コンテンツ 3	10	155（最大）

$\qquad +$ コンテンツ 3 を<u>推薦しなかったとき</u>の期待視聴時間

$$= 100 + 45 + 0 = 145$$

●コンテンツ 2 を推薦する場合

メール配信経由で発生する視聴時間

$\qquad =$ コンテンツ 2 を<u>推薦したとき</u>の期待視聴時間 $= 50$

プラットフォーム全体で発生する期待視聴時間

$\qquad =$ コンテンツ 1 を<u>推薦しなかったとき</u>の期待視聴時間

$\qquad +$ コンテンツ 2 を<u>推薦したとき</u>の期待視聴時間

$\qquad +$ コンテンツ 3 を<u>推薦しなかったとき</u>の期待視聴時間

$$= 100 + 50 + 0 = 150$$

●コンテンツ 3 を推薦する場合

メール配信経由で発生する視聴時間

$\qquad =$ コンテンツ 3 を<u>推薦したとき</u>の期待視聴時間 $= 10$

プラットフォーム全体で発生する期待視聴時間

$\qquad =$ コンテンツ 1 を<u>推薦しなかったとき</u>の期待視聴時間

$\qquad +$ コンテンツ 2 を<u>推薦しなかったとき</u>の期待視聴時間

$\qquad +$ コンテンツ 3 を<u>推薦したとき</u>の期待視聴時間

$$= 100 + 45 + 10 = 155$$

ここで得られた結果を表 6.2 にまとめました。これを見ると、**メール配信経由で発生する視聴時間を最大化するための推薦とプラットフォーム全体で発生する視聴時間を最大化するための推薦が大きく異なる**ことがわかります。まずメール配信経由で発

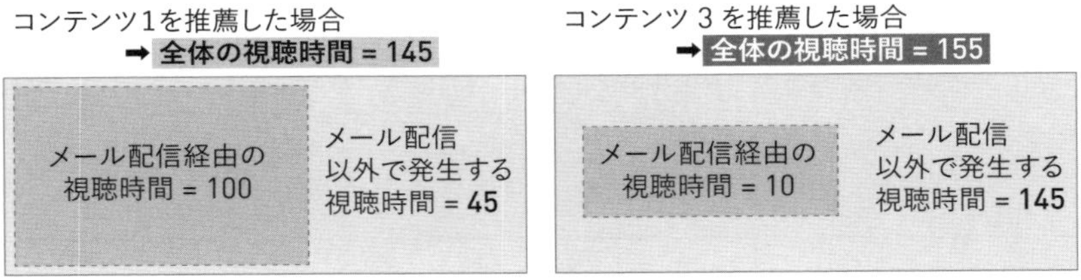

コンテンツ1を推薦した場合
➡ **全体の視聴時間 = 145**

メール配信経由の 視聴時間 = 100	メール配信 以外で発生する 視聴時間 = 45

コンテンツ 3 を推薦した場合
➡ **全体の視聴時間 = 155**

メール配信経由の 視聴時間 = 10	メール配信 以外で発生する 視聴時間 = 145

図 6.8　メール配信したときに観測される視聴時間が短いコンテンツをあえて推薦することで、プラットフォーム全体で発生する視聴時間が最大化される例（表 6.1 および表 6.2 の数値例と対応）

生する視聴時間が最大化されるのは、コンテンツ 1 を推薦する場合です。これは単純に、推薦したときの期待視聴時間が最大のコンテンツを推薦している場合に当たります。一方でコンテンツ 1 を推薦すると、プラットフォーム全体で発生する総視聴時間は最小になってしまいます。これは、**コンテンツ 1 の期待視聴時間はたしかに大きいものの、仮に推薦しなくても期待視聴時間が変わらないことから、コンテンツ 1 を推薦することは推薦枠の無駄遣いになってしまう**ためです。次にコンテンツ 3 を推薦する場合、メール配信経由で発生する視聴時間は最小になっています。一方でコンテンツ 3 を推薦すると、プラットフォーム全体で発生する総視聴時間は最大になることがわかります。なぜならば、コンテンツ 3 は推薦することによる期待視聴時間の増加量が最も大きいからです。コンテンツ 3 はほかのコンテンツと比較すると期待視聴時間は小さいので一見推薦しない方がよいように思えるかもしれませんが、プラットフォーム全体で発生する総視聴時間に興味があるならば、推薦することに最も意味があるコンテンツだったのです。この数値例を用いた考察を踏まえると、メール配信経由で発生する報酬しか考慮していない目的関数（式 (6.14)）を最適化することにどれだけ意味があるのか懐疑的にならざるを得ません。すなわち、メール配信経由で観測される視聴時間が増えたところで、結局のところはコンテンツが視聴される経路の構成が変わっているだけであり、単にほかの経路で発生するはずだった視聴時間を奪っているだけのように思えるからです（図 6.8 を参照）。

　ここで確認した通り、メール配信経由の視聴時間を最大化したい場合とプラットフォーム全体で発生する総視聴時間を最大化したい場合では、異なる定式化を採用する必要があります。プラットフォーム全体で発生する期待視聴時間を最大化したいのであれば推薦することによる期待視聴時間の増加量が大きいコンテンツを推薦すべきであることがわかったわけですから、それを含意した定式化に基づかなくてはならないのです。推薦による期待視聴時間の増加量を表現するためには、各コンテンツについて、それを推薦した場合と推薦しなかった場合に発生する報酬を区別して記述する必要があります。ということで、ここではあるコンテンツ a が推薦されたときに発生

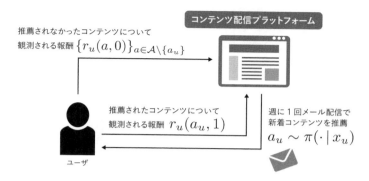

図 6.9 ある新着コンテンツ $a_u \sim \pi(\cdot \,|\, x_u)$ を推薦したとき、そのコンテンツに関しては $r(a_u, 1)$ が報酬として観測され、推薦されなかったコンテンツ $a \in \mathcal{A} \backslash \{a_u\}$ に関しては $r(a, 0)$ が報酬として観測される。

する報酬を $r(a, 1)$ で、推薦されなかったときに発生する報酬を $r(a, 0)$ で表すことにします（これは 0.4 章で紹介した潜在的目的変数と同じ表記法です、この表記のイメージは図 6.9 を参照）。これら 2 種類の報酬は、それぞれ $p(r(a, 1) \,|\, x)$, $p(r(a, 0) \,|\, x)$ という未知の条件付き分布に従うとし、またそれぞれに対応する期待報酬関数を

$$q_1(x, a) := \mathbb{E}[r(a, 1) \,|\, x_u], \quad q_0(x, a) := \mathbb{E}[r(a, 0) \,|\, x_u]$$

で定義することにします。ここで新たに定義した記号を用いると、ある方策 π を導入したときにプラットフォーム全体で発生する期待視聴時間を、より適切な目的関数として次のように定義できます。

$$V(\pi) := \sum_{u \in \mathcal{U}} \sum_{a \in \mathcal{A}} \{\pi(a \,|\, x_u) q_1(x_u, a) + (1 - \pi(a \,|\, x_u)) q_0(x_u, a)\} \tag{6.17}$$

ここでは 2 種類の期待報酬関数 $q_1(x, a), q_0(x, a)$ を用いて、ある方策 π を導入したときにプラットフォーム全体で発生する期待総視聴時間を目的関数として定義しました。$\pi(a \,|\, x_u)$ があるユーザ u に対しコンテンツ a を推薦する確率であることを踏まえると、メール配信経由で観測されるコンテンツ a の期待視聴時間は $\pi(a \,|\, x_u) q_1(x_u, a)$ となるはずです。一方で、コンテンツ a が推薦されない確率は $1 - \pi(a \,|\, x_u)$ のはずですから、メール配信以外の経路で観測されるコンテンツ a の期待視聴時間は $(1 - \pi(a \,|\, x_u)) q_0(x_u, a)$ となるはずです。総合すると、方策 π のもとで

あるコンテンツ a についてあらゆる経路を考慮したうえで発生する期待総視聴時間は $\pi(a\,|\,x_u)q_1(x_u,a)+(1-\pi(a\,|\,x_u))q_0(x_u,a)$ となり、これを全コンテンツについて足し合わせると、式 (6.17) の目的関数を得ます。また、式 (6.17) を変形すると

$$
\begin{aligned}
V(\pi) &= \sum_{u\in\mathcal{U}}\sum_{a\in\mathcal{A}}\{\pi(a\,|\,x_u)q_1(x_u,a)+(1-\pi(a\,|\,x_u))q_0(x_u,a)\} \\
&= \sum_{u\in\mathcal{U}}\sum_{a\in\mathcal{A}}\{\pi(a\,|\,x_u)\left(q_1(x_u,a)-q_0(x_u,a)\right)+q_0(x_u,a)\} \\
&= \sum_{u\in\mathcal{U}}\left\{\mathbb{E}_{\pi(a\,|\,x_u)}\left[q_1(x_u,a)-q_0(x_u,a)\right]+\sum_{a\in\mathcal{A}}q_0(x_u,a)\right\}
\end{aligned}
$$

となります。ここで $\sum_{a\in\mathcal{A}}q_0(x,a)$ は、メール配信による推薦をまったく行わなかった場合に得られる総視聴時間であり、いわば方策性能のベースラインとなる値です。このベースラインは方策 π に依存しないため、本ケースにおいて我々が解くべき最適化問題は、結局のところ

$$
\max_{\theta}\sum_{u\in\mathcal{U}}\mathbb{E}_{\pi_\theta(a\,|\,x_u)}\left[q_1(x,a)-q_0(x,a)\right] \tag{6.18}
$$

となります。式 (6.18) を見ると、**プラットフォーム全体で観測されるコンテンツ総視聴時間を最大化するには、推薦することによる期待視聴時間の増加量** $q_1(x,a)-q_0(x,a)$ **が大きい行動を高確率で推薦できる方策を学習すべき**であることがわかります。そしてここで得られた方策学習の方針は、表 6.1 や表 6.2 で扱った例から得られた示唆と完全に整合しています。

　方策学習における目的関数を本ケースの目標に合わせて修正できたところで、学習に活用できるログデータも見直すことにしましょう。というのも、先に定義していた標準的なログデータ $\mathcal{D}=\{(x_u,a_u,r_u)\}_{u\in\mathcal{U}}$ には、例のごとくメール配信経由で発生する報酬しか記述されておらず、これに基づいていては式 (6.18) の方策学習問題を扱うのが到底不可能だからです。

　というわけで、メール配信経由で発生する報酬 $r(a,1)$ に加えてメール配信を経由せずに発生する報酬 $r(a,0)$ も考慮したうえで、ログデータおよびその生成過程をあらためて定義することにします。

$$
\mathcal{D}=\{(x_u,a_u,r_u(a_u,1),\{r_u(a,0)\}_{a\in\mathcal{A}\backslash\{a_u\}})\}_{u\in\mathcal{U}}
$$

$$\sim \prod_{u \in \mathcal{U}} \pi_0(a_u \,|\, x_u) p(r_u(a_u, 1) \,|\, x_u) \prod_{a \in \mathcal{A} \setminus \{a_u\}} p(r_u(a, 0) \,|\, x_u), \tag{6.19}$$

ここで新たに導入したログデータには、2 種類の報酬が含まれていることがわかります。ユーザ u に対して実際に推薦されたコンテンツ $a_u \sim \pi_0(a\,|\,x_u)$ については、推薦された場合の報酬 $r_u(a_u, 1) \sim p(r(a_u, 1)\,|\,x_u)$ が観測されており、それ以外すべてのコンテンツ $a \in \mathcal{A} \setminus \{a_u\}$ については、推薦されなかった場合の報酬 $r_u(a, 0) \sim p(r(a, 0)\,|\,x_u)$ が観測されています。

よって我々が考えるべきより適切な問題は、式 (6.19) で定義されるログデータ $\mathcal{D}$ を用いて、式 (6.18) で定義される方策学習を行うための手順を導くことです。ここでは単純な方法として、勾配ベースと IPS 推定量の拡張に基づく方法を導出します（回帰ベースや DR 推定量に基づいた方法で式 (6.18) にアプローチすることももちろん可能であり、それらは章末問題としています）。勾配ベースのアプローチでは、方策 π_θ の性能が良くなるよう勾配 $\nabla_\theta V(\pi_\theta)$ に基づいてパラメータ θ を学習することを目指します（$\theta_{t+1} \longleftarrow \theta_t + \eta \nabla_\theta V(\pi_\theta)$）。5 章で扱った標準的な設定と比べて、ここでは方策の性能の定義 $V(\pi)$ が変化しているため、真の方策勾配 $\nabla_\theta V(\pi_\theta)$ もそれに応じて変化しているはずです。それを具体的に計算して確認すると

$$
\begin{aligned}
\nabla_\theta V(\pi_\theta) &= \nabla_\theta \sum_{u \in \mathcal{U}} \mathbb{E}_{\pi_\theta(a|x_u)}[q_1(x_u, a) - q_0(x_u, a)] \\
&= \sum_{u \in \mathcal{U}} \sum_{a \in \mathcal{A}} \{q_1(x_u, a) - q_0(x_u, a)\} \nabla_\theta \pi_\theta(a\,|\,x_u) \\
&= \sum_{u \in \mathcal{U}} \sum_{a \in \mathcal{A}} \{q_1(x_u, a) - q_0(x_u, a)\} \pi_\theta(a\,|\,x_u) \nabla_\theta \log \pi_\theta(a\,|\,x_u) \\
&= \sum_{u \in \mathcal{U}} \mathbb{E}_{\pi_\theta(a|x_u)}[\{q_1(x_u, a) - q_0(x_u, a)\} \nabla_\theta \log \pi_\theta(a\,|\,x_u)]
\end{aligned} \tag{6.20}
$$

となります。この計算により、式 (6.20) で表される真の方策勾配に基づいて方策パラメータ θ を更新できれば、プラットフォーム全体で発生する総視聴時間を最大化できることがわかりました。しかしここでも、$q_1(x_u, a)$ や $q_0(x_u, a)$ が未知の関数であるため真の方策勾配をそのまま用いることはできず、式 (6.19) のログデータ $\mathcal{D}$ を用いて勾配を推定してあげる必要があります。

ここで式 (6.20) の方策勾配を推定したいわけですが、これには二つの期待報酬関数の差分 $q_1(x_u, a) - q_0(x_u, a)$ が含まれており、これまでと同様の推定量を単に適用するだけでは対応できなさそうです。よってここでは、適当に推定量の候補を定義してみたうえでその期待値を計算し、その結果と推定目標である式 (6.20) の方策勾配

の形を比較することで、適切な推定量を導出することにします。まずは式 (6.20) の方策勾配の形を見て、それに対する推定量の候補として次の推定量を定義してみます。

$$\widehat{\nabla_\theta V}_{\mathrm{Candidate}}(\pi_\theta; \mathcal{D}) \tag{6.21}$$

$$:= \sum_{u \in \mathcal{U}} \left\{ \frac{\pi_\theta(a_u \mid x_u)}{\pi_0(a_u \mid x_u)} r_u(a_u, 1) - \sum_{a \in \mathcal{A} \setminus \{a_u\}} r_u(a, 0) \right\} \nabla_\theta \log \pi_\theta(a_u \mid x_u)$$

ここでは、ユーザ u に推薦されたコンテンツ a_u について観測された報酬 $r_u(a_u, 1)$ を重要度重みを適用しつつ加算して、そこから推薦されなかったコンテンツについて観測された報酬 $\{r_u(a, 0)\}_{a \in \mathcal{A} \setminus \{a_u\}}$ を差し引くことで、式 (6.20) の方策勾配を推定しようとしています。式 (6.21) で定義した推定量は、あくまで式 (6.20) の方策勾配の形を見たうえで当てずっぽうで定義された推定量なので、それが不偏性を満たすか否かはこの時点ではわかりません。よって、式 (6.21) の推定量の期待値を計算することで、その不偏性を判定することにします。仮にその期待値が式 (6.20) の方策勾配に一致するならば不偏性を満たすことがわかりますし、一致しないならば、その結果に基づいた逆算により適切な推定量を定義できるはずです（以下では簡略化のために、$s_\theta(x, a) := \nabla_\theta \log \pi_\theta(a \mid x)$ という表記を用います）。

$$\mathbb{E}_{\mathcal{D}} \left[\widehat{\nabla_\theta V}_{\mathrm{Candidate}}(\pi_\theta; \mathcal{D}) \right]$$

$$= \mathbb{E}_{\mathcal{D}} \left[\sum_{u \in \mathcal{U}} \left\{ \frac{\pi_\theta(a_u \mid x_u)}{\pi_0(a_u \mid x_u)} r_u(a_u, 1) - \sum_{a \in \mathcal{A} \setminus \{a_u\}} r_u(a, 0) \right\} s_\theta(x_u, a_u) \right]$$

$$= \sum_{u \in \mathcal{U}} \mathbb{E}_{\pi_0(a \mid x_u) p(r(a,1), \{r(a',0)\}_{a' \in \mathcal{A} \setminus \{a\}} \mid x_u)} \left[\left\{ \frac{\pi_\theta(a \mid x_u)}{\pi_0(a \mid x_u)} r(a, 1) \right. \right.$$

$$\left. \left. - \sum_{a' \in \mathcal{A} \setminus \{a\}} r(a', 0) \right\} s_\theta(x_u, a) \right]$$

$$= \sum_{u \in \mathcal{U}} \mathbb{E}_{\pi_0(a \mid x_u)} \left[\left\{ \frac{\pi_\theta(a \mid x_u)}{\pi_0(a \mid x_u)} q_1(x_u, a) - \sum_{a' \in \mathcal{A}} \mathbb{I}\{a \neq a'\} q_0(x_u, a') \right\} s_\theta(x_u, a) \right]$$

$$= \sum_{u \in \mathcal{U}} \left[\left\{ \sum_{a \in \mathcal{A}} \pi_0(a \mid x_u) \frac{\pi_\theta(a \mid x_u)}{\pi_0(a \mid x_u)} q_1(x_u, a) \right. \right.$$

$$\left. \left. - \sum_{a \in \mathcal{A}} \pi_0(a \mid x_u) \sum_{a' \in \mathcal{A}} \mathbb{I}\{a \neq a'\} q_0(x_u, a') \right\} s_\theta(x_u, a) \right]$$

$$
= \sum_{u \in \mathcal{U}} \left[\left\{ \sum_{a \in \mathcal{A}} \pi_\theta(a \,|\, x_u) q_1(x_u, a) \right. \right.
$$

$$
\left. \left. - \sum_{a' \in \mathcal{A}} q_0(x_u, a') \sum_{a \in \mathcal{A}} \pi_0(a \,|\, x_u) \mathbb{I}\{a \neq a'\} \right\} s_\theta(x_u, a) \right]
$$

$$
= \sum_{u \in \mathcal{U}} \left[\left\{ \sum_{a \in \mathcal{A}} \pi_\theta(a \,|\, x_u) q_1(x_u, a) - \sum_{a \in \mathcal{A}} q_0(x_u, a)(1 - \pi_0(a \,|\, x_u)) \right\} s_\theta(x_u, a) \right]
$$

$$
= \sum_{u \in \mathcal{U}} \mathbb{E}_{\pi_\theta(a \,|\, x_u)} \left[\left\{ q_1(x_u, a) - \frac{1 - \pi_0(a \,|\, x_u)}{\pi_\theta(a \,|\, x_u)} q_0(x_u, a) \right\} s_\theta(x_u, a) \right] \tag{6.22}
$$

ここで行った期待値計算における鍵は、$\sum_{a' \in \mathcal{A}\backslash\{a\}} 1 = \sum_{a' \in \mathcal{A}} \mathbb{I}\{a \neq a'\}$ および $\sum_{a \in \mathcal{A}} \pi_0(a \,|\, x_u) \mathbb{I}\{a \neq a'\} = 1 - \pi_0(a' \,|\, x_u)$ の変形でしょう。式 (6.22) と推定目標である式 (6.20) の方策勾配を比較すると、式 (6.22) では $q_0(x_u, a)$ に無駄な重み $\frac{1 - \pi_0(a \,|\, x_u)}{\pi_\theta(a \,|\, x_u)}$ が掛け算されてしまっていることがわかります。よってこの無駄な重みがあとでうまく消滅するように推定量を修正できれば、式 (6.20) の新たな方策勾配に対する不偏推定量を定義できそうです。無駄な重み $\frac{1 - \pi_0(a \,|\, x_u)}{\pi_\theta(a \,|\, x_u)}$ があとで消滅するためには、その逆数 $\frac{\pi_\theta(a \,|\, x_u)}{1 - \pi_0(a \,|\, x_u)}$ によって $r_u(a, 0)$ をあらかじめ重み付けてあげればよいはずですから、次の推定量を新たな推定量として定義できるはずです。

$$
\widehat{\nabla_\theta V}_{\text{NewIPS}}(\pi_\theta; \mathcal{D}) \tag{6.23}
$$

$$
:= \sum_{u \in \mathcal{U}} \left\{ \frac{\pi_\theta(a_u \,|\, x_u)}{\pi_0(a_u \,|\, x_u)} r_u(a_u, 1) - \sum_{a \in \mathcal{A}\backslash\{a_u\}} \frac{\pi_\theta(a \,|\, x_u)}{1 - \pi_0(a \,|\, x_u)} r_u(a, 0) \right\} \nabla_\theta \log \pi_\theta(a_u \,|\, x_u)
$$

ここで定義した本ケースに特化した IPS 推定量は、実際に推薦されたコンテンツ a_u について観測される報酬 $r_u(a_u, 1)$ と推薦されなかったコンテンツについて観測される報酬 $r_u(a, 0)$ というログデータに観測される情報のみから実装可能なことがわかります。また先に行った期待値計算の結果を参考に、推薦されなかったコンテンツについて観測される報酬 $r_u(a, 0)$ に $\frac{\pi_\theta(a \,|\, x_u)}{1 - \pi_0(a \,|\, x_u)}$ という重みがあらかじめ適用されています。この追加的な重みによって、この新たな IPS 推定量が式 (6.20) の真の方策勾配に対して不偏性を持つようになります。

$$
\mathbb{E}_{\mathcal{D}} \left[\widehat{\nabla_\theta V}_{\text{NewIPS}}(\pi_\theta; \mathcal{D}) \right]
$$

$$
= \sum_{u \in \mathcal{U}} \mathbb{E}_{\pi_0(a|x_u)p(r(a,1),\{r(a',0)\}_{a' \in \mathcal{A} \setminus \{a\}}|x_u)} \left[\left\{ \frac{\pi_\theta(a \,|\, x_u)}{\pi_0(a \,|\, x_u)} r(a,1) \right. \right.
$$
$$
\left. \left. - \sum_{a' \in \mathcal{A} \setminus \{a\}} \frac{\pi_\theta(a' \,|\, x_u)}{1 - \pi_0(a' \,|\, x_u)} r(a',0) \right\} s_\theta(x_u, a) \right]
$$

$$
= \sum_{u \in \mathcal{U}} \left[\left\{ \sum_{a \in \mathcal{A}} \cancel{\pi_0(a \,|\, x_u)} \frac{\pi_\theta(a \,|\, x_u)}{\cancel{\pi_0(a \,|\, x_u)}} q_1(x_u, a) \right. \right.
$$
$$
\left. \left. - \sum_{a \in \mathcal{A}} \pi_0(a \,|\, x_u) \sum_{a' \in \mathcal{A}} \mathbb{I}\{a \neq a'\} \frac{\pi_\theta(a' \,|\, x_u)}{1 - \pi_0(a' \,|\, x_u)} q_0(x_u, a') \right\} s_\theta(x_u, a) \right]
$$

$$
= \sum_{u \in \mathcal{U}} \left[\left\{ \sum_{a \in \mathcal{A}} \pi_\theta(a \,|\, x_u) q_1(x_u, a) \right. \right.
$$
$$
\left. \left. - \sum_{a' \in \mathcal{A}} \frac{\pi_\theta(a' \,|\, x_u)}{\cancel{1 - \pi_0(a' \,|\, x_u)}} q_0(x_u, a') \cancel{\sum_{a \in \mathcal{A}} \pi_0(a \,|\, x_u) \mathbb{I}\{a \neq a'\}} \right\} s_\theta(x_u, a) \right]
$$

$$
= \sum_{u \in \mathcal{U}} \left[\left\{ \sum_{a \in \mathcal{A}} \pi_\theta(a \,|\, x_u) q_1(x_u, a) - \sum_{a \in \mathcal{A}} \pi_\theta(a \,|\, x_u) q_0(x_u, a) \right\} s_\theta(x_u, a) \right]
$$

$$
= \sum_{u \in \mathcal{U}} \mathbb{E}_{\pi_\theta(a \,|\, x_u)} \left[\{ q_1(x_u, a) - q_0(x_u, a) \} s_\theta(x_u, a) \right]
$$

$$
= \nabla_\theta V(\pi_\theta) \quad \because \text{式 (6.20)}
$$

よって、式 (6.23) で定義した新たな IPS 推定量の期待値が式 (6.20) の真の方策勾配に一致することがわかりました。これにて、ログデータ $\mathcal{D}$ のみを用いて式 (6.20) の方策勾配を推定しつつ、式 (6.18) で定義される我々独自の方策学習問題を解く手順を得たことになります。**本ケースにおいて特に重要だったのは、標準的な方策学習の定式化・目的関数にとらわれずに、表 6.1・表 6.2 の数値例を通して問題構造を丁寧に把握し、より適切な目的関数（式 (6.18)）を導き出した部分**です。当たり前ですが、それぞれの問題において解くべき適切な目的関数は異なるはずですから、具体を正解として暗記してそれを検討や思考なく使い回すのではなく、問題を自ら柔軟に定式化できることが重要であることがわかったはずです。また、新たな定式化に基づくと、式 (6.23) のような新たな手法が自然に導かれることも体験しました。実際この推定量は本節で扱ったケースのためだけに開発されたものであり、本書執筆時点において同様の手法を提案している論文は存在しません。考えてみると、それぞれの論文はある特定の会社や応用のために手法を作っているわけではありませんから、各応用に個別の課題に丁寧に取り組むと、結果として学術的にも新規性のある手法が構築さ

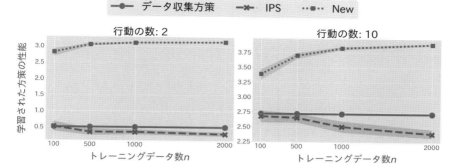

図 6.10 プラットフォーム全体で発生する期待総視聴時間に基づく従来手法（IPS）と新手法（New）の実験比較（人工データ実験により計測）

れることはとても自然なことなのです。

　図 6.10 に、本ケースに基づいて作成した人工データを用いて、メール配信経由で発生する報酬のみを最大化する従来手法（IPS）とプラットフォーム全体で発生する報酬を最大化する新手法（New）の有効性を比較した実験結果を示しました。具体的には、トレーニングデータのサイズ n を変えたときに、それぞれの手法で学習される新たな方策のもとで得られるプラットフォーム全体で発生する総報酬の期待値（式 (6.17)）を、それぞれの手法の性能として計測しました（行動数が 2 と 10 の場合について実験を行っています）。またデータ収集方策の性能を、方策学習を行うならば必ず上回っていなければならないベースラインとして示しています。図を見ると、**本ケースのために新たに開発した新手法（New）がデータ収集方策と比較してプラットフォーム全体で発生する期待報酬に大きな改善をもたらすことに成功している一方で、従来手法（IPS）はデータ収集方策の性能を下回ってしまっていたり、データ数が増加するにつれ性能が悪化してしまっている**傾向が見てとれます。

　また図 6.11 と図 6.12 には、それぞれプラットフォーム全体の総報酬で定義される方策の性能（式 (6.17)）とメール配信経由の報酬で定義される方策の性能（式 (6.14)）に関する方策の学習曲線を示しました。まず図 6.11 を見ると、新手法がパラメータ更新を重ねるごとにプラットフォーム全体で発生する総報酬を改善している一方で、従来手法は学習が進まないどころか目的関数を改悪してしまっていることが見てとれます。しかし図 6.12 を見ると、従来手法はメール配信経由で発生する報酬については大きな改善をもたらしているため、実装が誤っているわけではなさそうです。これは非常に厄介な結果であり、仮にメール配信経由で発生する総報酬の最適化を疑いもせず目指していたとしたら、手法の性能を図 6.12 の学習曲線で評価することになりますから、プラットフォーム全体で発生する総報酬をむしろ改悪しているにもかかわらず、従来手法がとてもうまくいっているように見えてしまうのです。このように最

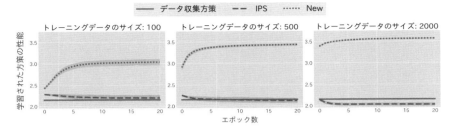

図 6.11　<u>プラットフォーム全体</u>で発生する期待総視聴時間で定義される方策の性能（式 (6.17)）についての学習曲線の比較（人工データ実験により計測）

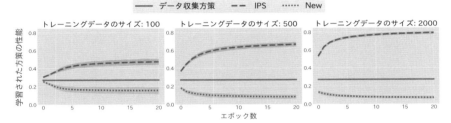

図 6.12　<u>メール配信経由</u>で発生する期待視聴時間で定義される方策の性能（式 (6.14)）についての学習曲線の比較（人工データ実験により計測）

適化する対象・定式化をそもそも誤ってしまっていたら、その後の最適化をどこまで磨き上げたとしても望ましい結果を導くことができないどころか積極的な悪影響を生んでしまう可能性すらあるのです。本ケースから、**"いかにして最適化を行うか"について追求する前に"何を最適化すべきか"という点に細心の注意を払うべきである**ことが身に染みてわかりました。

6.3　本章のまとめ

　本章では、クーポン配布とコンテンツ推薦という二つの実践的なケース問題に対し、これまで学んできた知識を単に総動員するだけではなく、それぞれのケースに固有の問題構造を把握・検討することで適切な手法を一から開発する流れを体験しました。一つ一つの現場や問題設定は固有の課題や事情を抱えているはずですから、それぞれに特化した手法が生まれるのがむしろ自然であることを理解しました。よって誤解を恐れずいうならば、本章でそれぞれのケースのために開発した手法は正解のようなものでは決してなく、ほかの問題設定においては有害な手法にすらなりえます。本章で登場した具体的な手法を正解と捉えて単に転用するのではなく、適切な定式化や手法は問題の数だけ存在することを理解して、それらの丁寧な設計に取り組む人が一

人でも増えることを願って本章を終えることにします。

章末問題

6.1 （中級）式 (6.5) と式 (6.6) で定義した IPS 推定量や DR 推定量が 2024 年 5 月 〜2025 年 3 月における方策の長期性能に対して、不偏性を持つこと

$$\mathbb{E}_{p(\mathcal{D}_{hist})}[\hat{V}_{\mathrm{IPS}}(\pi_w; \mathcal{D}_{hist})] = \mathbb{E}_{p(\mathcal{D}_{hist})}[\hat{V}_{\mathrm{DR}}(\pi_w; \mathcal{D}_{hist})] = V_{1:11}(\pi_w)$$

を示せ。なお不偏性を示すために共通サポートの仮定（仮定 6.1）以外にも必要な仮定があれば、それも示せ。

6.2 （中級）式 (6.11) で定義した新推定量が、2024 年 5 月〜2025 年 3 月における方策の長期性能に対して不偏性を持つこと

$$\mathbb{E}_{p(\mathcal{D}_{hist})}[\hat{V}_{\mathrm{New}}(\pi_w; \mathcal{D}_{hist})] = V_{1:11}(\pi_w)$$

を示せ。なお不偏性を示すために報酬の周辺分布に関する共通サポートおよび局所正確性以外にも必要な仮定があれば、それも示せ。

6.3 （上級）式 (6.11) で定義した新推定量が用いる報酬の周辺分布に関する重要度重み $w(x, r)$ が、IPS 推定量や DR 推定量が用いる重要度重みよりも小さいバリアンスを持つこと、すなわち以下を示せ。

$$\mathbb{V}_{\pi_0(a_{u,0}|x_u)p(r_{u,0}|a_{u,0},x_u)}[w(x, r_{u,0})] \leq \mathbb{V}_{\pi_0(a_{u,0}|x_u)}[w(x_u, a_{u,0})], \ \forall u$$

6.4 （中級）方策の真の性能が以下のように定義されていた場合

$$V(\pi_w) = \sum_{u \in \mathcal{U}} \sum_{t=0}^{11} \mathbb{E}_{\pi_w(a_{u,t} \mid x_u)} [q_t(x_u, a_{u,0:t})]$$

すなわち、ある時点 t における報酬がそれ以前のすべての行動選択 $a_{u,0:t}$ に依存するという想定を置く場合、式 (6.5) で定義した IPS 推定量のバイアスを算出せよ。またハイパーパラメータ h が、IPS 推定量のバイアスとバリアンスのトレードオフに及ぼす影響を議論せよ。

6.5 （中級）短期実験データのみを用いて定義される式 (6.4) の AVG 推定量の $V_{0:11}(\pi_w)$ に対するバイアスを算出せよ。

6.6 （上級）6.1 節で紹介されたケース 1 に対する解法（定式化と新推定量）の弱点を指摘し、それに対する改善案を提案せよ。

6.7 （中級）式 (6.16) で定義される標準的な方策勾配に対する IPS 推定量を、式 (6.20)

で定義した新たな方策勾配に対する推定量として用いた場合に発生するバイアスを算出せよ。またその結果に基づき、バイアスが大きくなってしまう状況を議論せよ。

6.8 （中級）式 (6.20) で定義した真の方策勾配に対する DR 推定量を導出せよ。またその DR 推定量が不偏性を持つための条件を導き、その条件のもとでの不偏性を確かめよ。

6.9 （上級）式 (6.23) で定義した新たな IPS 推定量のバリアンスを算出せよ。また問題 6.8 で定義した DR 推定量のバリアンスを算出し、IPS 推定量のバリアンスと比較せよ。

6.10 （上級）6.2 節では毎週追加される新着コンテンツをメール配信で推薦するケースを扱ったが、本来そのような問題では、週ごとに扱うコンテンツが異なるため行動空間 $\mathcal{A}$ が週ごとに変化してしまい本書で扱った固定された行動空間 $\mathcal{A}$ を暗に仮定している定式化は適用できない。この問題を解決すべく、行動特徴量 e_a を取り入れた定式化に拡張し、そのもとで適切な方策学習のための手法を導出せよ。

6.11（上級）6.2 節では新着コンテンツの中からたった一つのコンテンツをメール配信で推薦する施策を扱ったが、通常メール配信方策では、新着コンテンツのうち複数のコンテンツを推薦することが多いだろう。そこで、毎週追加される新着コンテンツが 100 個であり、その中から各ユーザごとに 10 個のコンテンツを選択してメール配信で推薦する問題を考えたい場合に適切な定式化へと拡張し、それに基づいた方策学習のための新たな手法を導出せよ。

6.12 （上級）（問題 6.10 や問題 6.11 で取り上げた弱点以外に）6.2 節で紹介されたケースに対する解法（定式化と新手法）の弱点を指摘し、それに対する改善案を提案せよ。

あとがき

　本書は、反実仮想機械学習という今まさに急速に研究が進められている新興分野を体系的にまとめることに（著者が知る限り）世界で初めて挑戦した一冊となりました。1〜5章では反実仮想機械学習の基礎を成す概念や定式化、推定技術、分析法について学び、6章では特に当該分野の実務応用を考えている方向けに、本書で学んだ知識を二つのケース問題に応用する経験を積みました。

　「はじめに」でも述べたように、本書はこれから関連分野で研究したり論文を書くことを考えている学生・研究者の方々や、関連技術を現場の課題に応用することを考えている実務家の方々の両方に手に取っていただける内容になっているはずです。学生・研究者の方々は特に1〜5章の内容を正確に理解するところが出発点になるでしょう。その後、演習問題を解いたり、自ら新たな問題設定を考えたり推定量を設計・分析したりするなかで、徐々に研究アイデアが生まれてくるのだと思います。また著者の場合は、書籍を読んだり大学のなかで議論するよりも、勉強会や共同研究を通じて実務に取り組まれている方々の現場課題や本音を聞いているときの方が解くことにより意味がある問題設定・より面白い研究アイデアが浮かぶことが多いと感じます。特に学生の方は、基礎を固めることに加えて積極的に社会人の方と交流や議論の場を持つことで、論文で考えられている問題設定と現場課題のギャップに気がつくこともあるのだろうと思います。大学にこもって研究をすることも楽しいですが、注意しないと視野が狭くなってしまい、学会に通すためだけの論文や手法の非常に細かい点に（狭いコミュニティの内部だけで改善だと思い込んでいる）改善を施して満足に浸ってしまうことがあります。そのような研究だけではなくて、現場に実在する一方でまだ誰も解いていない新たな問題を掘り起こし、それを多くの人が簡単に理解・活用できる簡潔な方法で解決することに挑戦する若者が増えることを期待しています。

　エンジニアやデータサイエンティストの方々が本書の内容を現場で活かすうえでも、1〜5章の基礎を繰り返し頭に染み込ませることは重要でしょう。しかし、その内容を正解として受け取り、それらを検討なく使い回すことを考えていては、未知の状況に立ち向かうための応用力が身に付くことはありません。6章でも経験した通り、具体的な定式化や手法を使い回して済む場面はほとんど存在せず、目の前に現れた問題を自ら定式化したり、その問題を解くうえでのポイントを明らかにできることが重要なのです。本書や各学術論文は、みなさんが取り組んでいる固有の問題に対する解を考えているわけではありませんから、それらに書かれている一般的な手法をそのまま応用できることはまずないのです。例えば、本書で登場したIPS推定量やDR推定量などの適切な定義も、みなさんが取り組まれている個別の問題の構造や事情など

に応じて必ずと言ってよいほど変化します。よって特に反実仮想機械学習の応用においては、あくまでみなさん自身が、基礎概念や定式化・手法を理解したうえで、それらを修正したり組み合わせたりしながら各自が解いている問題に特有の手順を作り上げなければならないのです。外部に正解を求めるのではなく、自ら思考する鍛錬を積み重ねてこそ、反実仮想機械学習の分野がこれまで築いてきた考え方が真価を発揮します。もしかしたら普通の機械学習よりもなんだか複雑で難しいように思えるかもしれないですが、むしろこれまでの機械学習の分野や文献が問題設定やデータ生成の構造にあまり気を払ってこなかったのだと考えるのが適切でしょう。また成熟してくれば、自分が取り組んでいる問題を定式化しそのためだけの手法を自らの手で導くことを楽しめるようになってくるでしょうし、機械学習のモデルの泥臭い最適化と比べてスマートに成果が出る様は非常に痛快なはずです。

謝辞

本書の執筆は、多くの方々のご協力によって成り立ちました。

まず、全編を通じて加筆・修正に合わせて何度もレビューしていただいた岸本さん、栗本さん、清水さん、高山さん、田中さん、野村さん、松浦さんに感謝の意を表したいと思います。みなさんの豊富なアイデアや鋭いご指摘のおかげで、見るも無惨だった初稿と比べ、本書の質が飛躍的に向上したことは言うまでもありません。

技術評論社の高屋さんには、前著から引き続き、執筆期間全体にわたり丁寧なアドバイスとサポートをしていただきました。これまで高屋さんにサポートしていただいた二冊の執筆経験を通じて、自分の頭の中にあるアイデアや定式化を書き起こし、人に伝える方法や構成を考えることの面白さやコツを学べていると感じています。また少し休んだあとに、三冊目の執筆にも取り組み始めたいなと勝手に企んでいるところです。

また、普段共同研究などでお世話になっている方々や、これまでに勉強会などでお会いした多くの方々にも感謝を申し上げたいです。企業さんとのお仕事や勉強会への参加を通じて、大学にいるだけでは得られない多くの興味深い課題に気づいたり、実務感覚を養えたと感じています。例えば、本書の第6章におけるケース問題のアイデアも、これらの経験がなければ思いつかなかったでしょう。今後も共同研究や勉強会での発信を通じて、研究成果の還元を続けたり、いただいたフィードバックをさらに研究アイデアに活かしていきたいと思いますし、願わくば将来のさらなる執筆に向けたアイデアを醸成していきたいと思っているところです。

索引

み

ら

る

ろ

Memo

著者プロフィール

齋藤 優太（さいとう ゆうた）

1998 年北海道生まれ。2021 年に、東京工業大学にて経営工学学士号を取得。大学在学中から、企業と連携して反実仮想機械学習や推薦・検索システム、広告配信などに関する共同研究・社会実装に多く取り組む。2021 年 8 月からは米コーネル大学においても反実仮想機械学習などに関する研究を行い、NeurIPS・ICML・KDD・ICLR・RecSys・WSDM などの国際会議にて論文を多数発表。そのほか、2021 年に日本オープンイノベーション大賞内閣総理大臣賞を受賞。2022 年には WSDM Best Paper Runner-Up Award、Forbes Japan 30 Under 30、および孫正義育英財団第 6 期生に選出。著書に『施策デザインのための機械学習入門』（技術評論社）がある。

カバー・本文デザイン◆図エファイブ
組版協力　　　◆株式会社ウルス
担　　当　　　◆高屋卓也

はんじつかそうきかいがくしゅう
反実仮想機械学習
きかいがくしゅう　いんがすいろん　ゆうごうぎじゅつ　りろん　じっせん
機械学習と因果推論の融合技術の理論と実践

2024 年 4 月 26 日　初　版　第 1 刷発行
2024 年 6 月 1 日　初　版　第 2 刷発行

著　者　　齋藤優太
　　　　　さいとうゆうた
発行者　　片岡　巌
発行所　　株式会社技術評論社
　　　　　東京都新宿区市谷左内町 21–13
　　　　　電話 03–3513–6150 販売促進部
　　　　　　　　03–3513–6177 第 5 編集部
印刷／製本　港北メディアサービス株式
会社

定価はカバーに表示してあります

■本書についての電話によるお問い合わせはご
遠慮ください。質問等がございましたら、下記ま
で FAX または封書でお送りくださいますよう
お願いいたします。

〒162–0846
東京都新宿区市谷左内町 21–13
株式会社技術評論社第 5 編集部
FAX：03–3513–6173
「反実仮想機械学習」係

なお、本書の範囲を超える事柄についてのお問
い合わせには一切応じられませんので、あらか
じめご了承ください。

造本には細心の注意を払っておりますが、万一、
乱丁（ページの乱れ）や落丁（ページの抜け）が
ございましたら、小社販売促進部までお送りくだ
さい。送料小社負担にてお取り替えいたします。